Fritz Tödt

Elektrochemische Sauerstoffmessungen

Elektrochemische Sauerstoffmessungen

Konzentrationsmessungen oxydierender und reduzierender Stoffe durch galvanische Modellelemente

von

Fritz Tödt

Professor Dr.-Ing. habil., Oberregierungsrat an der Bundesanstalt für Materialprüfung, Berlin-Dahlem

Mit einem Geleitwort von
Prof. Dr.-Ing. Max Pfender
Präsident der Bundesanstalt für Materialprüfung, Berlin-Dahlem

Mit 237 Abbildungen

Walter de Gruyter & Co., Berlin

vormals G. J. Göschen'sche Verlagshandlung · J. Guttentag, Verlagsbuchhandlung · Georg Reimer · Karl J. Trübner · Veit & Comp.

1958

Geleitwort

In dem vorliegenden Buch sind theoretische Erkenntnisse über Vorgänge an Elektroden für das System Sauerstoff, Wasser und Wasserstoffsuperoxyd mit entsprechenden Arbeitsvorschriften zusammengefaßt. Eine Sammlung erprobter Anwendungsbeispiele für die elektrochemische Sauerstoffmessung bilden den Hauptinhalt. Die beschriebene Meßmethode wurde von *F. Tödt* zunächst geschaffen, um einen näheren Einblick in die Vorgänge der Korrosion von Metallen durch den im Korrosionsmittel gelösten Sauerstoff zu gewinnen. Im Verlauf der weiteren Entwicklung wurde dieses Verfahren im Rahmen der in der Bundesanstalt für Materialprüfung, Berlin-Dahlem, durchgeführten Arbeiten für vielseitige praktische Anwendungen ausgebaut. Es wird heute in der Betriebsüberwachung, zur Schadenverhütung und Substanzerhaltung in gleicher Weise benutzt wie für einschlägige Aufgaben der Forschung. Damit sind für Wissenschaftler und Ingenieure Möglichkeiten vor allem dort zusätzlich erschlossen, wo Chemie, Biologie und Medizin sich berühren. Bereits jetzt ist erkennbar, daß dieses Verfahren zur Erschließung neuer Arbeitsgebiete anregte. So führt diese Arbeit nicht nur in ein vielseitig nutzbares Meßverfahren ein, sondern zeigt auch, wie grundsätzliche Erkenntnisse zu neuen Methoden und Möglichkeiten führen.

Berlin-Dahlem, Mai 1958
Bundesanstalt für Materialprüfung

Prof. Dr. Max Pfender
Präsident

Vorwort

Im Laufe der letzten 10 Jahre wurde im Arbeitsbereich des Verfassers die elektrochemische Sauerstoffmessung für eine Reihe technischer und wissenschaftlicher Anwendungen entwickelt, wobei die kathodische Stromlieferung galvanischer Modellelemente mit ausreichend unpolarisierbarer Anode als Meßprinzip diente. Die Hauptanwendungsgebiete sind folgende: Sauerstoffspuren-Registrierung in Flüssigkeiten (Kesselspeisewasser zur Korrosionsverhütung: Oxyfluxgerät) und Gasen (Schutzgase, Synthesegase: Elcofluxgerät), Abwasserkontrolle (Sauerstofflot, biochemischer Sauerstoffbedarf), Messung der Atmungsgeschwindigkeit von Mikroorganismen, der Photosynthese, des Oxyhämoglobingehaltes, der antibiotischen Wirkung, des Sauerstoffverbrauchs von biologischen Wirkstoffen (Vitamin C), ganz allgemein Messung und Registrierung der Kinetik sauerstoffverbrauchender sowie sauerstoffbildender chemischer Reaktionen usw.

Dazu kommt die Möglichkeit, das galvanische Element im umgekehrten Sinn anzuwenden, d. h. nicht wie bei der elektrochemischen Sauerstoffmessung den Sauerstoff durch kathodische Reduktion zu messen, sondern umgekehrt reduzierende Substanzen, die durch anodische Oxydation oxydiert werden, wie Wasserstoffperoxyd, Wasserstoff, Kohlenmonoxyd, Vitamin C usw. Schließlich ist eine sich noch in der Entwicklung befindliche Sauerstoffmessung am Schluß des Buches mitaufgenommen, bei welcher durch Druck- bzw. Volumenänderungen eine Elektrolyse gesteuert wird, die den verbrauchten Sauerstoff automatisch ergänzt und konstant hält. Auf diese Weise kann im Flüssigkeitsraum und im Gasraum gemessen werden (Atmungsmessung einzelner Insekten).

Da die Ergebnisse in zahlreichen Veröffentlichungen in einer größeren Anzahl verschiedener Zeitschriften verstreut sind, erschien eine Zusammenfassung in Buchform wünschenswert, um so mehr, als die Entwicklung der je nach Anwendungszweck vielseitigen Meßmethoden im Großen und Ganzen als abgeschlossen gelten kann. An den Beginn des Buches ist die Gebrauchsanweisung eines Gerätes gesetzt (Bioflux), welches für die meisten der genannten Anwendungen entwickelt wurde, so daß diese Gebrauchsanweisung einen besonders schnellen Überblick über die Durchführung der Messung und damit auch über die Anwendungsmöglichkeiten vermittelt.

Berlin-Dahlem, Mai 1958 *Fritz Tödt*

Verzeichnis der Mitarbeiter

Damaschke, Kurt, Dr. agr.,
Wissenschaftlicher Mitarbeiter an der Bundesanstalt für Materialprüfung, Berlin-Dahlem, U. d. Eichen 86/87

Husmann, Wilhelm, Dr. Ing.,
Abt.-Vorsteher der Emschergenossenschaft und des Lippeverbandes, Essen-Stadtwald, Ahornzweig 1

Moyat, Peter, Dr. phil. nat.,
Hartmann & Braun AG, Frankfurt/Main W 13, Gräfstr. 97

Ohle, Waldemar, Dr.,
Hydrobiologische Anstalt der Max-Planck-Gesellschaft, Plön/Holstein

Pagel, Hans-Joachim,
Technischer Mitarbeiter an der Bundesanstalt für Materialprüfung, Berlin-Dahlem, U. d. Eichen 86/87

Rohrlich, Matei, Privatdozent Dr.phil.,
Regierungsdirektor in der Bundesforschuugsanstalt für Getreideverarbeitung, Berlin N 65, Seestraße 11

Schwarz, Wolfram, Dr. rer. nat.,
Wissenschaftlicher Mitarbeiter an der Bundesanstalt für Materialprüfung, Berlin-Dahlem, U. d. Eichen 86/87

Stracke, Gerhard, Dr. rer. nat.,
Wissenschaftlicher Mitarbeiter bei der Fachgruppe Wasserchemie, Essen, Emscherhaus

Teske, Günter, Dipl.-Ing.,
Wissenschaftlicher Mitarbeiter an der Bundesanstalt für Materialprüfung, Berlin-Dahlem, U. d. Eichen 86/87

Tödt, Fritz, Professor Dr. Ing.,
Oberregierungsrat an der Bundesanstalt für Materialprüfung, Berlin-Dahlem, U. d. Eichen 86/87

Wenzler, Ernst, Brauerei-Ingenieur,
Wissenschaftliche Abteilung der Firma C. H. Boehringer Sohn/Ingelheim

Zimmermann, Friedrich, Professor Dr. phil.,
Wissenschaftlicher Mitarbeiter an der Bundesanstalt für Materialprüfung, Berlin-Dahlem, U. d. Eichen 86/87

Inhaltsübersicht

BIOFLUX nach Tödt

Apparatur zur einfachen und schnellen elektrochemischen Sauerstoffmessung

1. Meßprinzip

Das Prinzip der elektrochemischen Sauerstoffmessung beruht auf dem Befund, daß die Stromdichte geeignet zusammengestellter galvanischer Elemente unter bestimmten Versuchsbedingungen als exaktes Maß für den im Elektrolyten gelösten Sauerstoff verwendet werden kann. Gegenüber der chemischen Sauerstoffbestimmung (z. B. nach Winkler) sind die Einfachheit und Schnelligkeit (sofortiges Ablesen oder automatische Registrierung der Stromstärke) sowie die zeitlich lückenlose Erfassung von Sauerstoffkonzentrationsänderungen bemerkenswert. Das Verfahren hat sich daher in den letzten Jahren wachsend neue teils technisch, teils wissenschaftlich wichtige Anwendungsgebiete erobert.

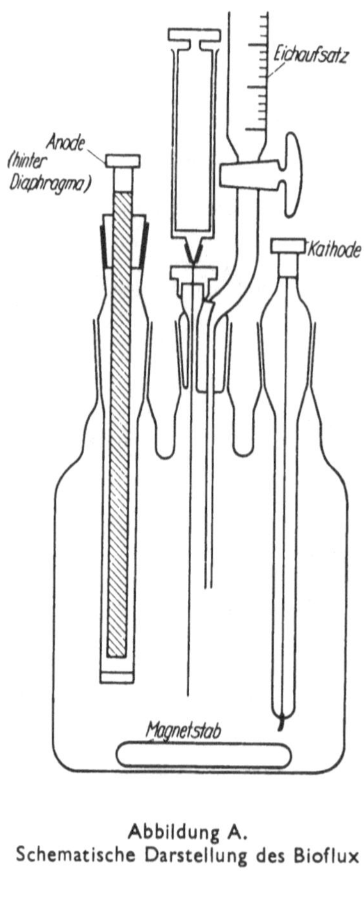

Abbildung A.
Schematische Darstellung des Bioflux

Durch Verwendung von Goldamalgamelektroden als Meßelektroden, welche eine hohe Überspannung haben, kann man in Kombination mit einer Zinkelektrode bei p_H-Werten von 6 bis 7 oder mehr messen, ohne zusätzliche Ströme durch direkte Wasserstoffentwicklung befürchten zu müssen. Zwischen p_H 6 bis 7 und etwa 3,5 ist in Verbindung mit Goldamalgam Eisen und unterhalb p_H 3,5 Blei als Anode brauchbar. Die Anoden werden meist durch ein Diaphragma von der Meßlösung getrennt und meist in einer gesättigten KCl- oder NaCl-Lösung untergebracht. Für Blei wird vorzugsweise Standardacetat als Elektrolyt im Anodenraum verwendet. Die Anoden sollen möglichst so ausgebildet sein, daß sie bis dicht an das Diaphragma heranreichen.

Da es sich bei der elektrochemischen Sauerstoffmessung um die Bestimmung von Diffusionsströmen (Grenz- bzw. Restströme) handelt, muß zur Erzielung quantitativer Ergebnisse eine gleichmäßige Flüssigkeitsbewegung vorhanden sein. Dies wird entweder erreicht durch gleichmäßige Durchströmung (Durchflußgefäß) oder durch eine in Abbildung A schematisch dargestellte Magnetrührung in einem von der Luft abgeschlossenen Meßgefäß, in welches durch Glasschliffe die eigentliche Meßelektrode (edle Elektrode, Kathode) und die Gegenelektrode (unedle Elektrode, Anode) sowie die zu messenden Lösungen eingefüllt werden.

2. Beschreibung der Apparatur

In der Abbildung B ist die meßfertige Apparatur ohne Thermostaten (Klein-Bioflux) dargestellt. Das Meßgefäß wird in die auf den Magnetrührer aufgesetzte Kunststoffwanne eingesetzt. In der Mitte des Bodens der Kunststoffwanne befinden sich 3 Gummizylinder zur Halterung des Meßgefäßes, welches in 2 Größen mit 50 und 100 ml Inhalt vorgesehen ist. Außer den beiden Einführungsschliffen für die beiden Elektroden sind am Meßgefäß noch 2 weitere Schliffe vorhanden. In den einen dieser Schliffe wird die Eichbürette, deren Wirkungsweise auf Seite XVII beschrieben ist, eingesetzt. Der 4. Schliff dient zur Aufnahme eines Gaseinleitungsrohres oder Thermometers.
Die Kunststoffwanne enthält noch für den Fall, daß ein Thermostat angeschlossen werden soll, ein Zufluß- und ein Abflußrohr. Der Wasserabfluß kann in 2 verschiedenen Höhen eingestellt werden, je nach Verwendung des 50 oder 100 ml enthaltenden Meßgefäßes. Die Thermostatisierung kann auch nach Abbildung C durch ein Kontaktthermometer und einen Heizwiderstand im Meßgefäß selbst stattfinden. Das zur Messung der Stromstärke dienende Meßinstrument ist wasserdicht gekapselt und enthält 8 Stromstärkemeßbereiche von 6 bis 1200 Mikroampere. Ferner ist ein Schalter für Kurzschluß angebracht.

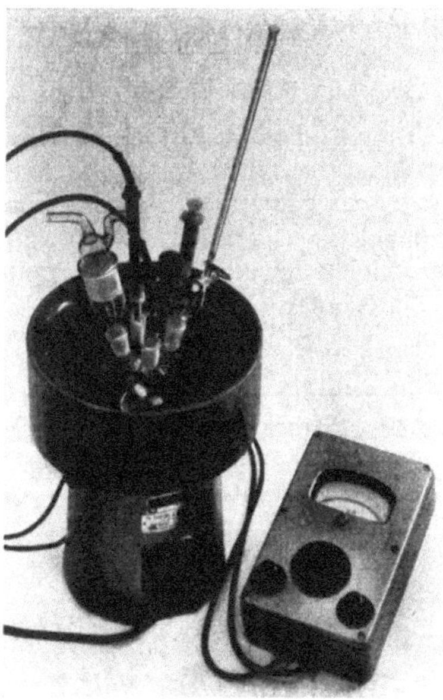

Abbildung B. Klein-Bioflux

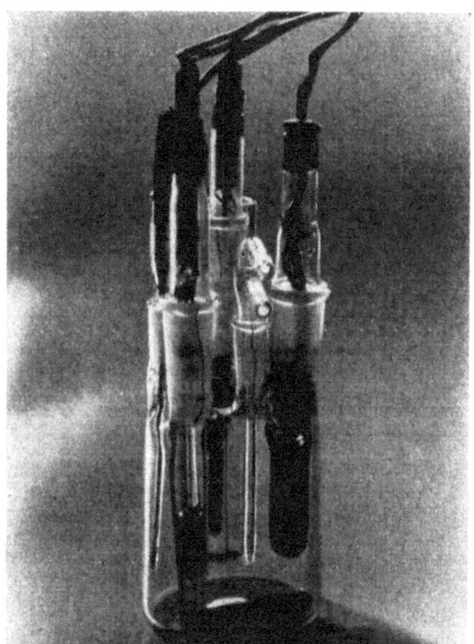

Abbildung C. Meßgefäß mit Thermostatisierung

Die Abbildung D zeigt eine Apparatur mit eingebautem Thermostaten und Magnetrührer (Groß-Bioflux). Elektrodengefäß, Kunststoffwanne und Meßinstrument entsprechen dem Klein-Bioflux. Unten an der Stirnplatte sind die Schalter zum Einschalten des Lichtnetzes, des Thermostaten und des Magnetrührers angebracht.

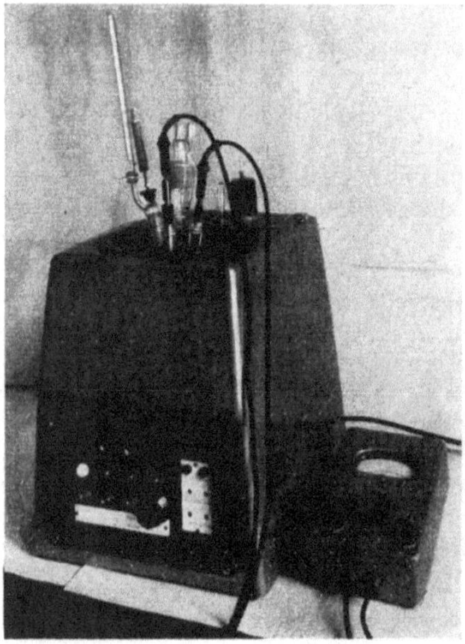

Abbildung D. Groß-Bioflux

3. Inbetriebnahme

a) **Klein-Bioflux:** Einlegen des Rührstäbchens in das Meßgefäß, Füllen des Meßgefäßes, Einsetzen des Meßgefäßes zwischen die 3 Gummizylinder, Anschließen des Meßinstrumentes an die Elektroden, Einschalten des Magnetrührers. Das Meßinstrument zeigt jetzt den gelösten Sauerstoff an. Es ist zweckmäßig, den Anodenraum einige Zeit vor der Messung mit gesättigter Kaliumchlorid- oder Natriumchloridlösung zu füllen, da eine gewisse Zeit vergehen kann, bis die Lösung das Diaphragma durchdringt und da bis zu diesem Zeitpunkt unter Umständen ein zu hoher innerer Widerstand zu niedrige Anzeigen hervorrufen kann.

b) **Groß-Bioflux:** Ein Unterschied zum Klein-Bioflux besteht nur darin, daß vorher das Kontaktthermometer auf die gewünschte Temperatur einzustellen ist und daß zur Inbetriebnahme die Schalter auf der Stirnplatte einzuschalten sind. Zum Anheizen des Thermostaten wird die Heizung auf 500 Watt und für den Betrieb auf 100 Watt geschaltet.

4. Eichung

Am Beginn jeder Messung ergibt sich automatisch ein Wert, welcher der bei Luftsättigung vorhandenen Sauerstoffkonzentration entspricht. Damit ist aber bereits die Beziehung zwischen abgelesener Stromstärke und Sauerstoffkonzentration, also auch die Eichkurve, gegeben. Jetzt braucht nur noch die Elektrodengröße so gewählt zu werden, daß die Eichkurve linear verläuft, was ohne Schwierigkeiten möglich ist. Es genügt also dann ein Punkt, der Luftsättigungswert, für die Eichung. Der Luftsättigungswert kann stets als exakte Meßgrundlage (oder Vergleichsgröße) benutzt werden. Sollten sich unter ungünstigen Meßbedingungen absinkende Stromwerte zeigen, die ihre Ursache in wenig übersichtlichen Konzentrationsverschiebungen innerhalb der Diffusionsschicht und an der Elektrodenoberfläche haben, wird eine einwandfreie Bestimmung des Luftsättigungswertes dadurch erreicht, daß der Strom nur so lange eingeschaltet bleibt, bis der angezeigte Wert nicht weiter steigt. Dies ist nach 10 bis 20 Sekunden der Fall. Wegen der starken Abhängigkeit der Diffusionsgeschwindigkeit von der jeweiligen Stellung der Elektroden und weiterer den Diffusionsweg beeinflussenden Faktoren muß der Luftsättigungswert bei jeder Versuchsreihe verschieden sein. Dies berührt jedoch die Genauigkeit der Ergebnisse nicht, da diese auf die unveränderliche Löslichkeit des Sauerstoffs, also eine Naturkonstante, bezogen werden, wie die im nächsten Abschnitt 5 durchgeführte Berechnung zeigt. Bei besonders hohen Anforderungen an die Genauigkeit ist die Luftsättigung auf 760 mm Normaldruck bezogen worden.

Eine weitere Eichung ist jederzeit dadurch möglich, daß man durch Gaseinleiten (z. B. Stickstoff) den Sauerstoff weitgehend austreibt (was in 1 bis 2 Minuten mit Hilfe des Schliffaufsatzes mit Einleitungsrohr erreicht wird) und jetzt bekannte Sauerstoffmengen hinzugibt. Dies geschieht, indem man mit Hilfe der auf dem Meßgefäß in einem Schliff angebrachten graduierten Bürette eine bekannte Anzahl von ml luftgesättigter Lösung zugibt. Dies erfolgt durch eine Injektionsspritze. Die zugefügte Menge wird an der graduierten Bürette abgelesen. Damit hat man die theoretisch zugesetzte Sauerstoffmenge und liest die dazugehörige Stromstärkeerhöhung ab. Eine solche Zugabeeichung ist in weniger als einer Minute durchführbar und gestattet jederzeit, in dem jeweiligen Meßbereich sich von der Richtigkeit der Eichung zu überzeugen. Die nachstehende Tabelle enthält Luftsättigungswerte bei verschiedenen Temperaturen und Salzgehalten. Wird mit anderen Lösungen gearbeitet, so kann der Luftsättigungswert mit der üblichen Sauerstoffmessung nach Winkler festgestellt werden.

Luftsättigungswerte in mg/Sauerstoff im Liter Lösung

t	H_2O	0,1 n	1 n KCl	1 n Na_2SO_4	1% Phosphatlsg.
20	9,1	8,6	6,9	6,3	8,4
30	7,5	7,1	6,0	5,45	7,0
40	6,4	6,1	5,2	4,8	6,1
50	5,5	5,2	4,6	4,2	5,2

5. Bisherige Ergebnisse und Berechnung der Q_{O_2}-Werte

Die offenbar größte und wichtigste Anwendungsmöglichkeit der elektrochemischen Sauerstoffmessung besteht in der Messung des Sauerstoffverbrauchs durch die Atmung von Mikroorganismen. Alle Einflüsse, welche die Atmung herabsetzen oder beschleunigen, sind auf diese Weise meßbar [7] (Messung der Gifteinwirkung, Abbildung E sowie der Atmungsbeschleunigung [7] Abbildung F). Nach Warburg wird die Atmung als Q_{O_2}-Wert angegeben (mm^3 verbrauchter Sauerstoff pro Stunde und mg Trockensubstanz). Die Umrechnung der am Stromanzeigeinstrument abgelesenen Werte in Q_{O_2} kann folgendermaßen vorgenommen werden: Durch die Ablesungen erhält man zunächst den Stromabfall in Mikroampere/Minute. Die bei Luftsättigung und 20^0 C im Liter gelöste Sauerstoffmenge von 8400 μg (nach der Tabelle in 1%igem

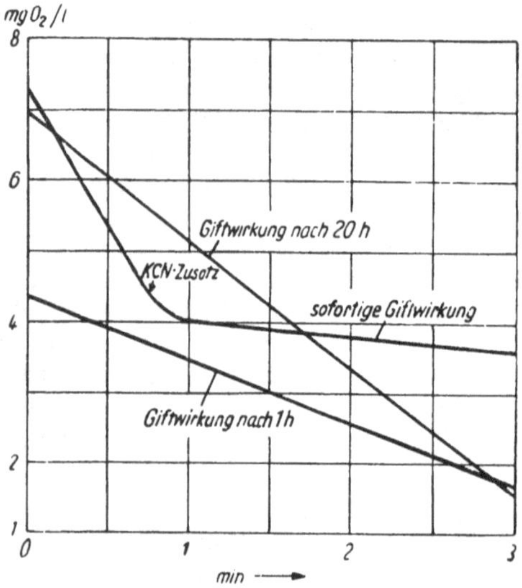

Abbildung E. Vergiftung von Hefe durch KCN. 1 % Hefe + 1 % Glukose, $5 \cdot 10^{-4}$molar KCN

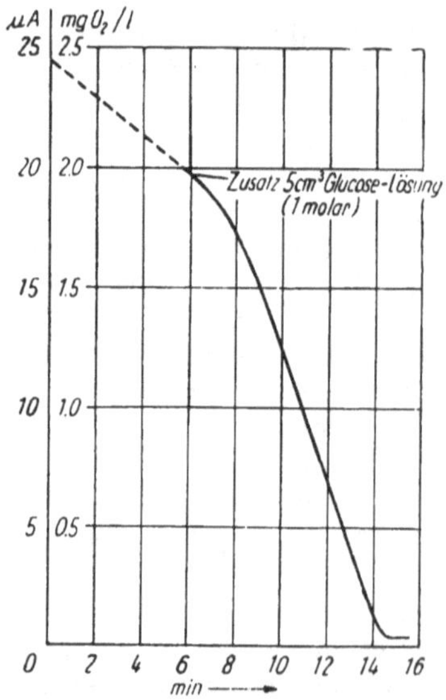

Abbildung F. Atmungsbeschleunigung der Grünalge Chlorella durch Glukose-Zusatz

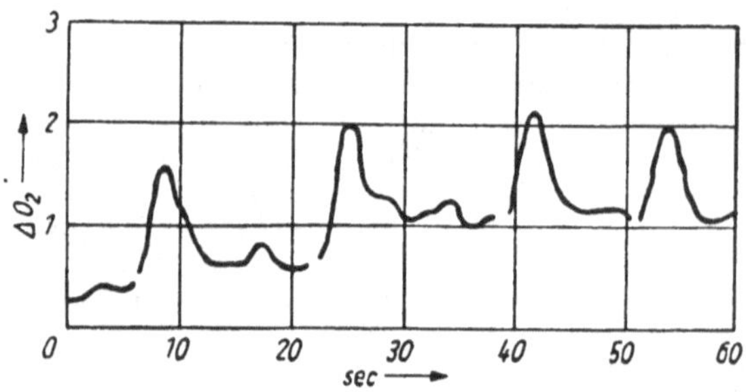

Abbildung G. Photosynthese durch Elektronenblitze von $2 \cdot 10^{-4}$sec

Phosphatpuffer) liefert, durch die bei Luftsättigung abgelesenen Mikroampere dividiert, den Sauerstoffgehalt pro Mikroampere Stromstärkeänderung, bezogen auf einen Liter. Dieser ergibt mit den abgelesenen Mikroampere pro Minute multipliziert die Sauerstoffänderung in μg Sauerstoff pro Minute und Liter. Um den Q_{O_2} zu erhalten, muß man jetzt noch mit 60 (Umrechnung von Minuten in Stunden) und 0,7 (Umrechnung von μg in mm³) multiplizieren und durch das Trockengewicht in mg pro Liter dividieren. Die gesamte Ausrechnung läßt sich durch die folgende Formel ausdrücken:

$$\frac{\text{Abgelesene Mikroampere pro Minute} \cdot 8400 \cdot 60 \cdot 0{,}7}{\text{Mikroampere bei Luftsättigung} \cdot \text{Trockengewicht in mg/Liter}}$$

Sämtliche Größen außer den abgelesenen Mikroampere pro Minute sind bei einer Versuchsreihe gleich, so daß sich für jede Versuchsreihe ein einfacher Faktor ergibt, mit welchem die abgelesenen Mikroampere pro Minute zu multiplizieren sind, um den

Q_{O_2}-Wert zu erhalten. Die zu messenden Organismenkulturen können, wie bei der Eichung beschrieben, mit der Injektionsspritze quantitativ zugegeben werden.
Auch die Photosynthese ließ sich in sehr einfacher Weise elektrochemisch messen. So konnte auf diesem Wege die durch die Grünalge Chlorella photosynthetisch entstandene Sauerstoffmenge bereits im Laufe weniger Sekunden durch ein schreibendes Galvanometer quantitativ registriert werden [7] (Abb. G). Die Empfindlichkeit im

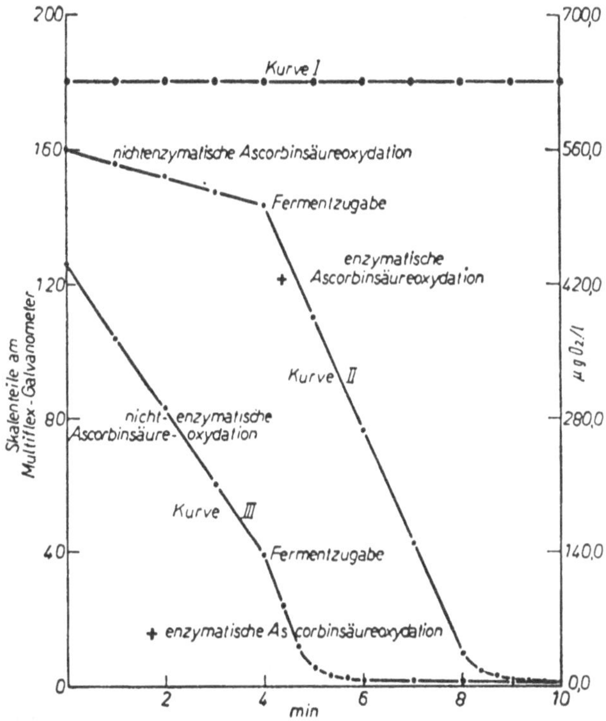

Abbildung H. Verfolgung des Reaktionsverlaufs der nichtenzymatischen und der enzymatischen Ascorbinsäureoxydation durch Kartoffelphenoloxydaselösung

Bereich geringer Sauerstoffgehalte ist praktisch unbegrenzt. Als weiteres Beispiel sei noch der durch Kartoffelphenoloxydase gesteigerte Sauerstoffverbrauch von Ascorbinsäure (Vitamin C) angeführt [6] (Abb. H). Die Messung ist auch in alkoholischen Lösungen und Mischungen von Alkohol und anderen organischen Lösungsmitteln möglich [22]. Außer Sauerstoff läßt sich mit derselben Apparatur unter Verwendung besonderer Elektroden auch der Gehalt an Wasserstoffperoxyd (Katalasewirkung) und gelösten Peroxyden messen, ohne daß der gelöste Sauerstoff die Messungen stört [18].

Das Verfahren gestattet es, den Verlauf sämtlicher Reaktionen zu registrieren, bei denen Sauerstoff entsteht oder verbraucht wird. So wurde die Sauerstoffaufnahme von zweiwertigem Eisen- und Manganhydroxyd in Abhängigkeit von den Versuchsbedingungen, insbesondere vom p_H-Wert, elektrochemisch gemessen. Die Ergebnisse zeigen sehr anschaulich, in welcher Weise man in kürzester Zeit mit einem Minimum an experimentellem Aufwand den kinetischen Verlauf solcher Vorgänge erfassen kann [4].

Literatur

[1] K. Damaschke, F. Tödt, D. Burk u. O. Warburg, An electrochemical demonstration of the energy cycle and maximum quantum yield in photosynthesis, Biochim. biophysica Acta **12**, 347 (1953).

[2] F. Tödt, R. Lenschau, W. Neudert u. K. Junkmann, Anwendung der elektrochem. O_2-Messung zur Beobachtung bakteriologischer Stoffwechselvorgänge, Z. Naturforsch. **9b**, 607 (1954).

[3] F. Tödt, K. Damaschke u. L. Rothbühr, Die elektrochemische Messung von Sauerstoff-Umsätzen bei der Photosynthese, Biochem. Z. **325**, 210—222 (1954).

[4] F. Tödt u. K. Stoklossa, Elektrochemische Messung der Oxydationsgeschwindigkeit von $Fe(OH)_2$ und $Mn(OH)_2$ durch gelösten Sauerstoff, Z. Elektrochem. **58**, 354—359 (1954).

[5] F. Tödt, R. Leschber u. H. Tarnow, Betriebskontrolle durch elektrochemische Messung der Atmungsgeschwindigkeit von Hefesuspensionen, Z. Naturforsch. **9b**, 743 (1954).

[6] G. Schenck u. G. Berg, Über die Bestimmung der enzymatischen und nichtenzymatischen Oxydation der Ascorbinsäure mit Hilfe der elektrochemischen Sauerstoffmessung nach F. Tödt, Med. Mschr., H. 10, 667—669 (1955).

[7] F. Tödt, Anwendung der elektrochemischen Sauerstoffmessung, Angew. Chemie, **9/10**, 266 bis 270 (1955).

[8] K. Damaschke, L. Rothbühr u. F. Tödt, Photosynthese unter anaeroben Bedingungen, Z. Naturforsch. **10b**, 572—578 (1955).

[9] K. Damaschke, L. Rothbühr u. F. Tödt, Über die Ausbildung der Giftwirkung verschiedener Gifte aus Chlorella pyrenoidosa im ersten Zeitraum, Z. Naturforsch. **10b**, 215—222 (1955).

[10] K. Damaschke, L. Rothbühr u. F. Tödt, Anwendung der elektrochemischen Sauerstoffmeßmethode für Messungen in biologischen Medien und ihre Ausführung, Biochem. Z. **326**, 424—432 (1955).

[11] W. Schwarz, Zur elektrochemischen Sauerstoffmessung nach F. Tödt, Werkstoffe u. Korrosion, H. 11, 527—535 (1955).

[12] F. Tödt, Neue Ergebnisse elektrochemischer Sauerstoffmessungen, DECHEMA-Monographien, 1956.

[13] K. Damaschke u. F. Tödt, Anwendung der elektrochemischen H_2O_2-Messung auf die Verfolgung des katalysierten Zerfalls von H_2O_2 durch Blutkatalase, Z. Naturforsch. **11b**, H. 11 (1956).

[14] K. Damaschke u. F. Tödt, Messung des an Hämoglobin gebundenen Sauerstoffs auf elektrochemischem Wege, Z. Naturforsch. **11b**, H. 12 (1956).

[15] F. Tödt u. G. Woldt, Über elektrochemische Sauerstoffmessungen in Zuckersäften, Z. Zuckerind. **11** (1956).

[16] M. Rohrlich, F. Tödt u. G. Ziehmann, Elektrochemische Methode zur Bestimmung der Lipoxydaseaktivität in Getreide und Getreideprodukten, Fette, Seifen, Anstrichmittel, Ernährungsindustrie 58 (1956).

[17] F. Tödt u. H.-J. Delavier, Die elektrochemische Messung der Oxydation von Glukose und Fruktose durch gelösten Sauerstoff, Z. Zuckerind. **3** (1957).

[18] K. Damaschke u. F. Tödt, Haltbarkeitskontrolle der Milch durch Messung der Keimzahl und der Katalaseaktivität mittels der elektrochemischen O_2- und H_2O_2-Meßmethode. Milchwissenschaft 89 (1957).

[19] K. Damaschke, R. Lorenz u. F. Tödt, Über den Einfluß von Zuckerzusätzen auf die Atmungsgeschwindigkeit von Hefesuspensionen. Z. Naturforsch. **12b**, 320 (1957).

[20] F. Tödt u. K. Damaschke, Die Hefeatmung bei sehr geringen O_2-Konzentrationen. Z. Naturforsch. **12b**, 680 (1957).

[21] F. Tödt u. F. Zimmermann, Elektrochemische Messung der Atmungsgeschwindigkeit von Hefesuspensionen in verschiedenen Pufferlösungen und bei verschiedenen p_H-Werten. Z Zuckerind. 271 (1957).

[22] F. Tödt u. W. Pietrulla, Über die Durchführung elektrochemischer O_2-Messungen in alkoholischen Lösungen und organischen Lösungsmittelgemischen. Z. Naturforsch. **12b**, 593(1957).

I.

Allgemeines

1. F. Tödt, Prinzip der elektrochemischen Sauerstoff-Messung

Das Prinzip der elektrochemischen Sauerstoff-Messung beruht auf dem Befund, daß die Stromdichte geeignet zusammengestellter galvanischer Elemente unter bestimmten Versuchsbedingungen als exaktes Maß für den im Elektrolyten gelösten Sauerstoff verwendet werden kann. Gegenüber der chemischen Sauerstoff-Bestimmung (z. B. nach *Winkler*) sind die Einfachheit und Schnelligkeit (sofortiges Ablesen oder automatische Registrierung der Stromstärke) sowie die zeitlich lückenlose Erfassung von Sauerstoffkonzentrationsänderungen bemerkenswert. Das Verfahren hat sich daher in den letzten Jahren wachsend neue teils technisch, teils wissenschaftlich wichtige Anwendungsgebiete erobert.

Es handelt sich bei der elektrochemischen Sauerstoffmessung um die Feststellung eines Grenzstromes, bei welchem die Diffusion des Sauerstoffs an die edlere Elektrode als langsamster Vorgang geschwindigkeitsbestimmend ist. Daher hängt die Stromstärke nur von der Sauerstoffdiffusion ab. Eine konstante Diffusionsgeschwindigkeit ist daher die erste Voraussetzung für eine quantitative und reproduzierbare elektrochemische Sauerstoffmessung.

Eine direkte potentiometrische Sauerstoff-Messung scheitert daran, daß an einer Sauerstoff-Elektrode (z. B. an einer in einen Sauerstoff-haltigen Elektrolyten tauchenden Platin-Elektrode) sich kein konstantes Potential einstellt. Dagegen ist die Stromlieferung galvanischer Elemente für quantitative Sauerstoff-Bestimmungen verwendbar, wenn durch entsprechende Wahl der Versuchsbedingungen der einzige stromliefernde Vorgang die Reduktion des gelösten Sauerstoffs an der edleren Elektrode ist. Diese kathodische Sauerstoff-Reduktion wird in der Elektrochemie als Depolarisation bezeichnet. Der primäre Vorgang besteht darin, daß sich das unedlere Metall des galvanischen Elements unter Bildung von Metallionen auflöst und die hierbei frei gewordenen Elektronen an der edleren Elektrode den Sauerstoff reduzieren. (Neutralisation der kathodisch abgeschiedenen Wasserstoffionen zu atomarem Wasserstoff, welcher den Sauerstoff reduziert oder OH-Ionenbildung aus Elektronen, Sauerstoff und Wasser.) Für die Praxis der elektrochemischen Sauerstoff-Messung kann der Mechanismus der kathodischen Sauerstoff-Reduktion als bedeutungslos angesehen werden. Wesentlich ist nur, daß zwischen dem elektrochemischen Sauerstoff-Umsatz und der gemessenen Stromstärke tatsächlich eine exakte und reproduzierbare Beziehung besteht. Das trifft zu, wenn die folgenden Bedingungen eingehalten werden.

Das Kathodenpotential darf nicht so unedel werden, daß eine Stromlieferung durch eine direkte Wasserstoff-Entwicklung eintreten kann. Die auf die Normalwasserstoffelektrode bezogenen Grenzpotentiale, bei denen nach der Spannungsreihe theoretisch eine gasförmige Wasserstoff-Entwicklung gerade eben beginnen kann, ergeben sich durch Multiplikation des p_H-Wertes der zu messenden Lösung mit 58 Millivolt. Bei einem p_H-Wert 7 ist man also bei Kathodenpotentialen, die edler sind als $7 \times 58 = 406$ Millivolt (bezogen auf das Normalwasserstoffpotential) absolut sicher vor zu hohen Strömen infolge von Wasserstoff-Entwicklung. Eine Überspannung verschiebt dieses Grenzpotential nach der unedlen Seite. Eine gleiche Verschiebung tritt dadurch ein, daß durch den kathodischen Strom die Lösung unmittelbar an der Elektrodenfläche alkalisch wird.

Das Potential der Sauerstoff-Meßelektrode muß immer so groß bleiben, daß ein für die Messung ausreichender Sauerstoff-Strom fließen kann. Das ist dann der Fall, wenn die Anode genügend unpolarisierbar bleibt, also sich nicht im Laufe der Zeit veredelt. Weiterhin dürfen keine Ionen mit kleiner Abscheidungsspannung wie z. B. Kupfer-Ionen, anwesend sein, da diese eben neben dem Sauerstoff-Strom einen zusätzlichen Strom bewirken. Die Messung muß ferner unabhängig vom p_H-Wert sowie von der Anwesenheit irgendwelcher im Elektrolyten gelösten Substanzen verlaufen. was innerhalb sehr weiter Grenzen der Fall ist. Schließlich müssen die Elektroden so ausgewählt sein, daß eine lineare Beziehung zwischen abgelesener Stromstärke und Sauerstoffkonzentration vorhanden ist.

Die verschiedenen Voraussetzungen für das Gelingen der elektrochemischen Sauerstoffmessung lassen sich, wie im nächsten Abschnitt gezeigt werden soll, überraschend leicht erfüllen.

2. F. Tödt, Die praktische Durchführung der elektrochemischen Sauerstoffmessung in einem von der Luft abgeschlossenen Meßgefäß

a) p_H-Einfluß und Auswahl der Elektroden [1]

Als Meßelektroden (edlere Elektroden) wurden bisher Platin, Gold, Nickel, Silber und Goldamalgam und als Bezugselektroden (unedlere Elektroden, Anoden) Zink, Eisen und Blei verwendet. Während in alkalischen Lösungen alle Elementkombinationen im großen und ganzen brauchbar sind, muß bei Platin-Eisen bereits bei schwach saurer Reaktion (unterhalb $p_H = 6$) mit zusätzlichen Strömen infolge direkter Wasserstoff-Entwicklung gerechnet werden. Daher ist Eisen in diesem Fall durch Blei zu ersetzen. Bei Gold ist die Überspannung höher als bei Platin, so daß die Gefahr von Wasserstoff-Strömen verringert ist. Bei Platin, Gold und Nickel kann die Messung erst dann begonnen werden, wenn sich bei konstantem Sauerstoff-Gehalt ein konstanter Strom eingestellt hat. Der Grund hierfür ist die unvermeidliche Bedeckung mit Sauerstoff (Oyxd-Haut), welche erst kathodisch reduziert werden muß. Vor Beendigung dieses Vorganges werden zu hohe Ströme gefunden. Man kann vor der Messung den Sauerstoff-Überschuß durch genügend langes Kurzschließen der Elemente beseitigen. Praktisch frei von dieser Störung ist die Goldamalgam-Elektrode, bei welcher bereits nach 15 sec ein weitgehend stabiler Wert sich eingestellt hat.

Durch Verwendung von Goldamalgam-Elektroden als Meßelektroden, welche eine hohe Überspannung haben, kann man in Kombination mit einer Zink-Elektrode bei p_H-Werten von 6 oder mehr messen, ohne zusätzliche Ströme durch direkte Wasserstoff-Entwicklung befürchten zu müssen. Zwischen p_H 6 und 3,5 ist in Verbindung mit Goldamalgam Eisen und unterhalb p_H 3,5 Blei als Anode brauchbar. Die Anoden werden meist durch ein Diaphragma von der Meßlösung getrennt und vorzugsweise in einer gesättigten KCl oder NaCl-Lösung untergebracht. Für Blei wurde Standardacetat als Elektrolyt im Anodenraum verwendet. Die Anoden sollen möglichst so ausgebildet sein, daß sie bis dicht an das Diaphragma heranreichen. Die Anordnung ist grundsätzlich erst dann meßfertig, wenn sich ein konstanter Strom eingestellt hat.

b) Flüssigkeitsbewegung

Wie im Abschnitt V, 2 gezeigt wird, kann zwar die elektrochemische Sauerstoffmessung auch in ruhender Lösung durchgeführt werden. Der Nachteil ist hierbei aber, daß man verhältnismäßig lange warten muß, bis die zu Beginn der Messung vorhandene Flüssigkeitsbewegung aufgehört hat. Bis zu diesem Zeitpunkt geht die Stromstärke um das Vielfache zurück. Außerdem tritt bei der geringsten Flüssigkeitsbewegung eine Erhöhung der Stromstärke ein, welche eine Messung unmöglich macht. Es wird daher fast ausschließlich bei einer konstanten Flüssigkeitsbewegung gearbeitet. Dies wird entweder erreicht durch gleichmäßige Durchströmung (Durchflußgefäß) oder durch eine in Abb. 1 schematisch dargestellte Magnetrührung in einem von der Luft abgeschlossenen Meßgefäß, in welches durch Glasschliffe die eigentliche Meßelektrode (edlere Elektrode, Kathode), die Gegenelektrode (unedlere Elektrode, Anode) sowie eine Zugabevorrichtung (Zugabeeichung, quantitative Zusätze) eingeführt wird.

Zur Erzielung einer für quantitative Messungen genügend konstanten Diffusionsgeschwindigkeit mußte erst eine langwierige Entwicklungsarbeit geleistet werden, wenn die Messungen nicht im Durchfluß, sondern in einem abgeschlossenen Flüssigkeitsvolumen durchgeführt werden (Entwicklung eines Magnetrührers mit ausreichend konstanter, vom Lichtnetz unabhängiger Tourenzahl, optimale Gestaltung und Halterung des Elektrodengefäßes (Abb. B, S. XV).

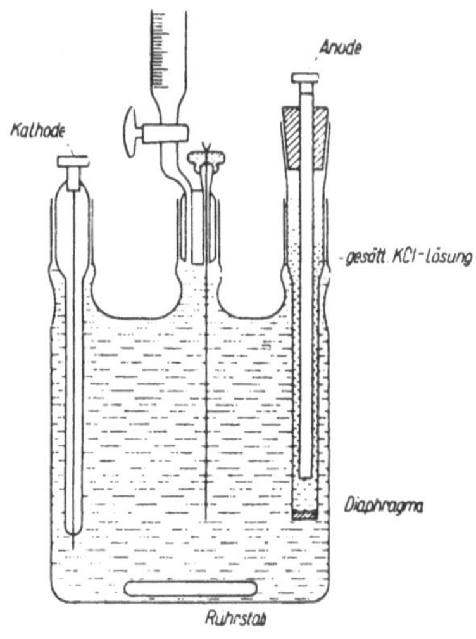

Abb. 1. Schema des Meßgerätes

c) Größe der Meßelektrode und Leitfähigkeit bzw. Salzgehalt [2]

Bei einem Salzgehalt von 200 mg/l erhält man bei etwa 0,1 cm² Elektrodengröße bis zur Luftsättigung lineare Eichkurven. Mit abnehmender Sauerstoffkonzentration sinkt der Einfluß des Salzgehaltes, so daß man beim Arbeiten mit niedrigem Sauerstoff-Gehalt die Empfindlichkeit der Messung durch Vergrößerung der Meßelektrode steigern kann. Da die Salzgehalte fast immer etwa 1000 mg Salz im Liter oder mehr betragen, ist eine Einschränkung der Anwendungen durch zu niedrige Leitfähigkeit nicht vorhanden. Je nach Salzgehalt und gewünschter Empfindlichkeit kann die Elektrodengröße zwischen wenigen mm² und mehreren 100 cm² schwanken. Im Bereich geringer Sauerstoffkonzentrationen kann auf diese Weise eine beliebig hohe Empfindlichkeit erreicht werden (S. 130 und 134).

d) Anwesenheit von Metallionen

Eine wesentliche Fehlerquelle, welche jedoch bei Kurzversuchen praktisch nicht stört, ist die Anwesenheit direkt abscheidbarer Metallionen, z. B. Kupferionen. Es konnten bisher in sämtlichen sehr verschieden gelagerten Fällen elektrochemische Sauerstoff-Messungen bei Verwendung von doppelt destilliertem praktisch Schwermetall-freiem Wasser ohne besondere Schwierigkeit ausgeführt werden.

e) Temperatur

Sämtlichen Elementkombinationen gemeinsam ist der Einfluß der Temperatur und Flüssigkeitsbewegung. Pro Grad Temperatursteigerung erhöhen sich die gemessenen Werte um 2 bis 3%, so daß für genaue Messungen konstante Temperaturen notwendig sind.

f) Eichung [1]

Am Beginn jeder Messung ergibt sich automatisch ein Wert, welcher der bei Luftsättigung*) vorhandenen Sauerstoffkonzentration entspricht**). Damit ist aber bereits die Beziehung zwischen abgelesener Stromstärke und Sauerstoffkonzentration, also auch die Eichkurve, gegeben. Nach Abschnitt I, 2, c braucht nur die Elektrodengröße so gewählt zu werden, daß die Eichkurve linear verläuft, was ohne Schwierigkeiten möglich ist. Es genügt also dann ein Punkt, der Luftsättigungswert, für die Eichung. Trotzdem sollen im folgenden die verschiedenen weiteren Eichmöglichkeiten beschrieben werden.

Eichung mit der Winklermethode: Man bestimmt zunächst den ursprünglich vorhandenen Sauerstoffgehalt (Luftsättigungswert 9,3 mg Sauerstoff im Liter bei 20° C) nach der Winkler-Methode, setzt dann durch Stickstoff- oder Kohlensäure-Einleiten den Sauerstoff-Gehalt herab und ermittelt jedesmal wieder den Sauerstoff nach *Winkler* sowie die zugehörigen Stromwerte. Dieses von uns kaum noch benutzte Eichverfahren ist umständlich und hat den Nachteil, daß gerade bei den immer mehr in den Vordergrund tretenden biochemischen und biologischen Anwendungsgebieten die Winkler-Methode in den meisten Fällen versagt.

Gaseichung: Wesentlich einfacher ist das Durchleiten von Gasen mit bekanntem Sauerstoffgehalt durch die Lösung. Man kann zwei Gase bekannten Sauerstoffgehalts (z. B. Luft und Reinstickstoff) miteinander mischen und durch die Flüssigkeit leiten. Da einem bekannten O_2-Gehalt des Gases ein bestimmter O_2-Gehalt der Flüssigkeit entspricht, ist die Eichung hierdurch gegeben.

Zugabeeichung: Die bei weitem eleganteste und einfachste Eichung besteht in der Zudosierung einer Lösung mit bekanntem Sauerstoffgehalt mit einer mittels Schliff ausgesetzten Pipette. Diese Methode ist so lange ohne Korrektur anwendbar, als die zugesetzte Menge klein im Verhältnis zum Gefäßvolumen ist. Benutzt man für die Eichung luftgesättigte Lösung, so muß man durch Einleiten eines sauerstofffreien Gases (z. B. Stickstoff) zunächst den Sauerstoff weitgehend austreiben, was bei Verwendung des in Abb. A gezeigten Schliffaufsatzes in 1 bis 2 Minuten möglich ist. Will man, was jedoch nur in besonderen Fällen nötig ist, bei der Eichung höhere Sauerstoff-Gehalte in der Lösung erhalten, dosiert man Sauerstoff-gesättigte wäßrige Lösungen (40 mg O_2/l) oder Sauerstoff-gesättigte Methanol-Lösung (230 mg O_2/l). Bei Sauerstoff-Sättigung der Zugabelösung muß für die Aufrechterhaltung der Sauerstoff-Atmosphäre im Zugabegefäß gesorgt werden. Die Zugabeeichung gestattet es, zu jedem Zeitpunkt sich durch Zudosierung praktisch ohne Zeitverlust von der Richtigkeit der Eichung zu überzeugen. Für bestimmte elektrochemische Fragestellungen, welche über die meist ausreichende rein empirische Eichung hinausgehen, ist die Aufnahme von Stromdichtepotentialkurven wichtig. Für die praktische Durchführung ist jedoch die Eichung ausreichend.

---

*) Die Luftsättigungswerte bei verschiedenen Temperaturen und Salzgehalten enthält die Tabelle, die in der am Schluß des Buches wiedergegebenen Gebrauchsanweisung des Bioflux vorhanden ist.

**) Der Luftsättigungswert kann stets als exakte Meßgrundlage (oder Vergleichsgröße) benutzt werden. Sollten sich unter ungünstigen Meßbedingungen absinkende Stromwerte zeigen, die ihre Ursache in wenig übersichtlichen Konzentrationsverschiebungen innerhalb der Diffusionsschicht und an der Elektrodenoberfläche haben, kann mittels der unter Abschnitt V, 1 beschriebenen intermittierenden Meßmethode eine einwandfreie Bestimmung des Luftsättigungswertes erreicht werden (10 bis 20 Sekunden nach Stromeinschalten Ablesung des angezeigten Wertes).

g) Abschließender Hinweis

Die in diesem Abschnitt beschriebenen und für die optimale Durchführung der elektrochemischen Sauerstoffmessung erforderlichen Vorbedingungen konnten zum Teil erst im Laufe des letzten Jahres erfüllt werden. Da aber zahlreiche Veröffentlichungen über die Anwendung dieser Methode in einem von der Luft abgeschlossenen Meßgefäß zum großen Teil eine Reihe von Jahren zurückliegen, konnte ein voller Erfolg der elektrochemischen Sauerstoffmessung nicht immer von allen Bearbeitern erzielt werden. Dies ist eine Notwendigkeit, die bei keiner Neuentwicklung, bei welcher naturgemäß im Anfangsstadium Verbesserungen vorgenommen werden müssen, vermieden werden kann. Daher erscheint es angebracht, am Anfang des Buches alles das, was zur optimalen praktischen Durchführung der Messung (Atmung, Fotosynthese, Messung des Verlaufs und der Kinetik sauerstoffverbrauchender Reaktionen) ausreicht, als Kurzfassung darzustellen, womit gleichzeitig die Gebrauchsanweisung für das Bioflux gegeben ist (S. XIV).

3. W. Schwarz, Die theoretischen Grundlagen der elektrochemischen Sauerstoffmessung nach F. Tödt

a) Prinzip der Meßmethode

Die Bruttoformel für die Gleichgewichtseinstellung einer Sauerstoffelektrode ist gegeben durch

$$O_2 + 4e + 2H_2O = 4OH' \qquad 1$$

Das für diese Gleichung aus thermodynamischen Daten errechenbare Normalpotential, d. h. also das Potential für einen Sauerstoffpartialdruck in der Gasphase von 1 at und einem p_H-Wert des Elektrolyten von 14 bei einer Temperatur von 25° C gegen die Normal-Wasserstoffelektrode, ist

$$E_{O_2} = + 0{,}402 \text{ V} \qquad 2$$

Eine Platinelektrode, die in einen sauerstoffhaltigen Elektrolyten taucht, weist ein labiles, nicht gut reproduzierbares Potential auf, das wesentlich unedler als das reversible Sauerstoffpotential ist. Auf Änderungen der Sauerstoff- und H-Ionen-Konzentration des Elektrolyten reagiert diese Elektrode nicht gesetzmäßig. Es gibt also an Platin — ebenso wie an anderen Metallen — keine reversibel arbeitende oder sich ungehemmt einstellende Sauerstoffelektrode. Das Potential einer solchen Elektrode kann daher kein Maß für die Sauerstoffkonzentration im Elektrolyten sein.

Läßt man durch eine solche Elektrode einen kathodischen Strom*) fließen, so findet schon bei kleinsten Stromdichten an der Elektrode eine Reduktion des Sauerstoffs statt [3]. Dabei hat sich das Potential zu unedleren Werten verschoben, die Elektrode ist polarisiert worden. Mit steigender Stromdichte wird die in der Zeiteinheit reduzierte Sauerstoffmenge größer und das Potential weiterhin unedler**).

---

*) Kathodischer Strom bedeutet, daß über den äußeren Stromzuführungsdraht Elektronen auf die zu betrachtende Elektrode fließen. Die an einer kathodisch belasteten Elektrode im Elektrolyten durch den Strom verursachten Reaktionen sind immer Reduktionen.
Für einen anodischen Strom gilt sinngemäß das gleiche mit entgegengesetzten Vorzeichen.

**) Es ist selbstverständlich, daß man, um den Stromkreis zu schließen, auch eine Anode in den Elektrolyten bringen muß. Art, Größe, Potential und die an der Anode dabei ablaufenden Reaktionen spielen bei dieser Anordnung keine Rolle und sind auf die Vorgänge an der Kathode ohne Einfluß.

Welcher Vorgang dabei die Veränderung des Potentials bewirkt, ist bisher noch unbekannt. Die früher häufig gemachte Annahme, daß durch den kathodischen Strom H-Ionen entladen und auf der Kathode abgeschieden werden, ist zwar richtig, doch ist es unwahrscheinlich, daß diese Wasserstoffbedeckung die Potentialveränderung der Elektrode bestimmt. Damit entfällt auch die Vorstellung, daß der Sauerstoff den abgeschiedenen Wasserstoff oxydiert und so als Depolarisator wirkt. Nähere Ausführungen hierzu sind von *H. Erlebach*, *U. Hässelbarth*, *W. Schwarz* [4] und *D. Winkelmann* [5] gemacht worden.

D. Winkelmann gelangt bei seinen Untersuchungen zu dem Ergebnis, daß die Bruttoreaktion

$$O_2 + 4H^+ + 4e = 2H_2O$$

wahrscheinlich in folgenden Einzelschritten verläuft:

$$\begin{aligned} O_2 &+ e \rightleftharpoons O_2^- \\ O_2^- &+ H^+ \rightleftharpoons HO_2 \\ HO_2 &+ e \rightleftharpoons HO_2^- \\ HO_2^- &+ H^+ \rightleftharpoons H_2O_2 \\ H_2O_2 &+ e \rightleftharpoons OH + OH^- \\ OH &+ e \rightleftharpoons OH^- \end{aligned} \qquad 1a$$

Wie man sieht, entsteht als Zwischenprodukt H_2O_2. Daraus folgt, daß sich eine stationäre Konzentration von H_2O_2 einstellt, die in etwa der Stromdichte proportional ist. Das heißt also, daß neben O_2 stets eine geringe Menge H_2O_2 — gebildet durch die Reduktion des Sauerstoffs, also durch den Meßvorgang — vorhanden ist. Genaue Angaben sind schwer zu machen, da stets der Zustand der Elektrode eine wesentliche Rolle spielt. Nähere Ausführungen zu diesen Problemen würden den Rahmen des Buches übersteigen, und es muß deshalb auf die Originalarbeit verwiesen werden.

Schematisch sieht die Versuchsdurchführung etwa wie in Abb. 2 gezeigt aus:

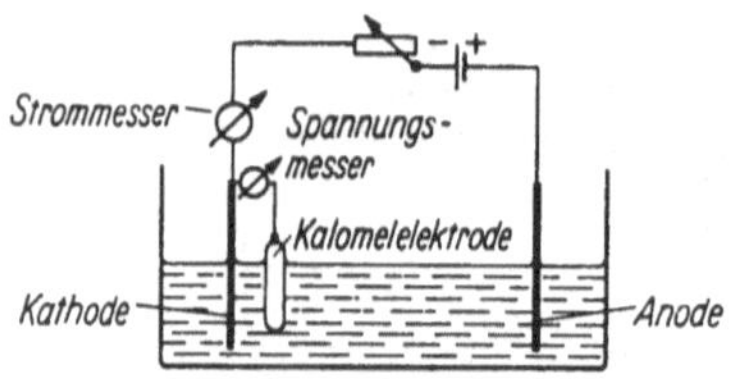

Abb. 2. Prinzip der Aufnahme von Stromdichte-Potential-Kurven (nach *W. Schwarz*, Werkstoffe und Korrosion 1955)

Dadurch, daß an der Kathode Sauerstoff reduziert und somit verbraucht wird, sinkt an der Kathode die Konzentration des im Elektrolyten gelösten Sauerstoffs. Hierdurch ist gegenüber den von der Elektrode weiter entfernten Flüssigkeitsschichten ein Konzentrationsgefälle entstanden. Durch dieses kann Sauerstoff aus der Lösung an die Elektrode herandiffundieren. Nun tritt an den Stellen, von denen der Sauerstoff wegdiffundiert, ebenfalls eine Verarmung auf, die wiederum Diffusion aus noch weiter entfernten Flüssigkeitsschichten verursacht. Dies führt also dazu, daß im Verlauf der Zeit eine an Sauerstoff verarmte Zone in die Lösung hineinwächst. In einer absolut ruhenden Lösung würde diese Zone schließlich bis an die Gefäßwand wachsen. Verwendet man dagegen eine gerührte Lösung, so sieht das Bild wesentlich übersichtlicher aus.

In einer gerührten Lösung gibt es — in modellmäßiger Vereinfachung — eine an der Elektrode haftende nicht mitgerührte, also ruhend zu denkende, Flüssigkeitsschicht. Ihre Dicke hängt vorwiegend von der Stärke der Rührung ab und liegt im allgemeinen zwischen 1 bis $5 \cdot 10^{-3}$ cm. Außerhalb der ruhenden Schicht, der sog. Diffusionsschicht, ist die Bewegung stark genug, um eine Verarmung an Sauerstoff zu verhindern. Die Verarmung wächst also, und zwar wegen der geringen Dicke der Diffusionsschicht in relativ kurzer Zeit, von der Elektrode bis zur Grenze der anhaftenden Schicht in die Lösung hinein. Da ein weiteres Wachsen der verarmten Schicht nicht möglich ist, hat sich also bald ein stationärer Zustand eingestellt, der modellmäßig durch ein lineares Konzentrationsgefälle, das von der Elektrode bis zur Grenze ruhende/bewegte Lösung reicht, gekennzeichnet ist. Abb. 3 zeigt dies schematisch.

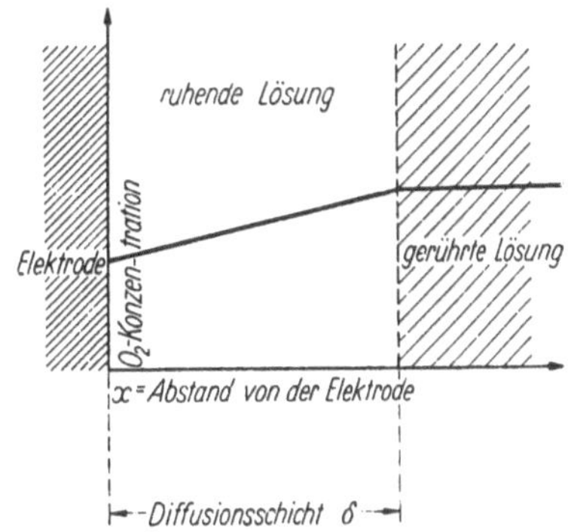

Abb. 3. Konzentrationsverlauf in der Diffusionsschicht (nach *W. Schwarz*, Werkstoffe u. Korrosion 1955)

Die Größe des Konzentrationsgefälles und damit also die Größe der Konzentration an Sauerstoff unmittelbar an der Kathode ist so groß, daß gerade so viel Sauerstoff an die Elektrode herandiffundiert, wie durch den Strom an ihr verbraucht wird.

Die Abhängigkeit der diffundierenden Substanzmenge vom Konzentrationsgefälle gibt das 1. *Fick*sche Gesetz:

$$\frac{dn}{dt} = Dq\frac{dc}{dx} \qquad 3$$

D = Diffusionskoeffizient (für Sauerstoff = $2{,}6 \cdot 10^{-5}$ cm^2/sec),
q = Querschnitt, also geometrische Oberfläche der Elektrode in cm^2.

Da es sich in unserem Beispiel um ein lineares Gefälle handeln soll, kann man

$$dc = \triangle c = c_{\text{Lös.}} - c_{\text{Elektrode}}$$

und

$$\frac{dn}{dt} = Dq\,\frac{c_{\text{Lös.}} - c_{\text{Elektrode}}}{\delta} \qquad 4$$

setzen, wenn δ die Dicke der Diffusionsschicht ist. Durch Multiplikation mit zF auf beiden Seiten ergibt sich für den Strom i

$$i = \frac{dn}{dt} \cdot zF = Dq \cdot zF\,\frac{c_{\text{Lös.}} - c_{\text{Elektrode}}}{\delta} \qquad 5$$

z = Anzahl der ausgetauschten Elektronen,
F = Faradaysche Zahl.

Aus der Formel ergibt sich nun, daß die herandiffundierende Sauerstoffmenge einen Höchstwert erreichen kann, nämlich dann, wenn die Sauerstoffkonzentration an der Elektrode auf sehr kleine Werte, also praktisch auf Null, gesunken ist. Eine weitere Verkleinerung der Konzentration bringt praktisch keine weitere Steigerung des Gefälles und somit keine Steigerung der Diffusionsgeschwindigkeit mit sich. Der Ausdruck

$$\frac{dn}{dt} = Dq\,\frac{c_{\text{Lös.}}}{\delta} \qquad 6$$

stellt also bei einer vorgegebenen Konzentration der Lösung den maximalen Sauerstofffluß auf die Kathode dar. Somit ist also auch dem Strom, der die Reduktion bewirkt, eine Grenze gesetzt. Es fließt der für die Sauerstoffreduktion maximale Strom, der sog. Diffusionsgrenzstrom [6]

$$i_g = DqzF\frac{c_{\text{Lös.}}}{\delta} \qquad 7$$

Diese Beziehung läßt erkennen, daß der Diffusionsgrenzstrom bei konstanter Rührung, also konstantem δ, in jedem Falle der Sauerstoffkonzentration der Lösung proportional ist. *H. Erlebach*, *U. Hässelbarth* und *W. Schwarz* [4] zeigen, daß diese Proportionalität tatsächlich nur im Diffusionsgrenzstromgebiet gegeben ist*).

Weiter zeigt Gleichung 7, daß der Strom der Oberfläche der Kathode q proportional und der Dicke δ der Diffusionsschicht, die von der Stärke der Rührung abhängt, umgekehrt proportional ist. Durch Vergrößerung der Kathode und Steigerung der Rührung kann i_g größer und damit die Messung empfindlicher gemacht werden.

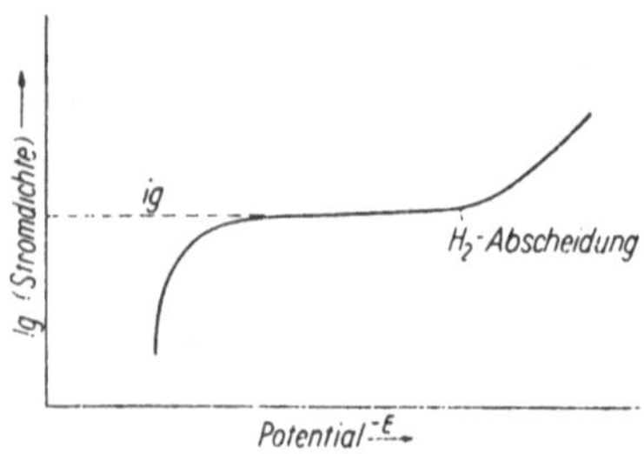

Abb. 4. Stromdichte-Potential-Kurve der kathodischen Sauerstoffreduktion (nach *W. Schwarz*, Werkstoffe u. Korrosion 1955)

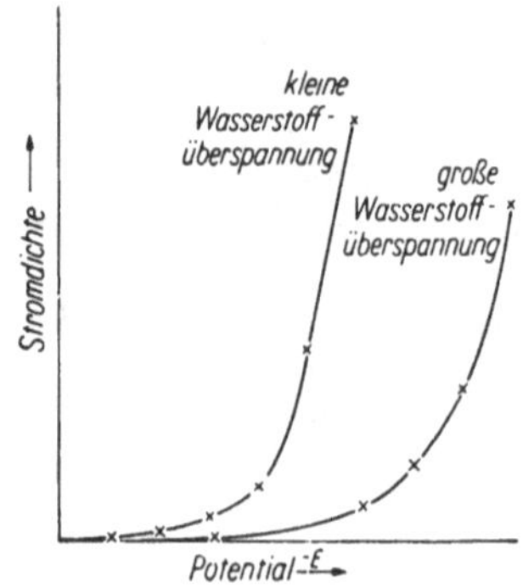

Abb. 5. Stromdichte-Potential-Kurve der Entladung von H^+ bei verschiedener Überspannung (nach *W. Schwarz*, Werkstoffe u. Korrosion 1955)

Der Versuch, den Strom nach Erreichen des Diffusionsgrenzstromes durch Regeln am Potentiometer weiter zu steigern, führt zu einer außerordentlich raschen Änderung des Potentials. Diese Änderung geht bis zum Erreichen eines Potentials, bei dem ein anderer stromverbrauchender Vorgang einsetzen kann, beispielsweise die Wasserstoffabscheidung. Eine graphische Darstellung, die sog. Stromdichte-Potential-Kurve, bei der zweckmäßigerweise, um ein großes Intervall von i überstreichen zu können, lg i aufgetragen wird, zeigt also folgendes Bild: (Abb. 4).

Diese Betrachtungen ergeben folgende Forderungen:

1. eine gerührte Lösung zu verwenden.

In einer absolut ruhenden Lösung würde, wie oben ausgeführt, δ immer weiter wachsen, ein konstanter Wert würde sich erst nach sehr langer Zeit einstellen. Da es aber absolut ruhende Lösungen nicht gibt, weil stets geringfügige Erschütterungen und Konvektionen (durch ungleichmäßige Erwärmung im Raum) der Lösung vorliegen, die nicht konstant zu halten sind, würde der Wert von δ sehr leicht schwanken und eine unnötige Fehlerquelle darstellen.

2. dürfen keine Stoffe, die im Potentialbereich vom Beginn der Sauerstoffreduktionskurve bis zum Ende des Diffusionsgrenzstromgebietes reduzierbar oder abscheidbar sind, vorliegen. In diesem Falle würde sich dem Sauerstoffreduktionsstrom ein weiterer Strom überlagern und damit einen zu hohen Sauerstoffgehalt vortäuschen. Eine Abscheidung würde außerdem eine Veränderung der Kathodenoberfläche bedingen und auch zu Fehlern Anlaß geben.

*) Diese Forderung ist nicht ohne weiteres selbstverständlich, da, wie Abb. 4 zeigt, i außerdem eine Funktion von E ist.

Hier sollen nun noch einige Betrachtungen zum Ende der Diffusionsgrenzstromgebietes eingefügt werden. Wie zuvor geschildert, hat das Diffusionsgrenzstromgebiet eine Breite, die durch das Einsetzen eines anderen Vorgangs gegeben ist. Bei der Sauerstoffreduktion wird dies stets der Beginn einer merklichen Wasserstoffabscheidung sein. Diese erfolgt durchaus nicht erst am reversiblen Wasserstoffpotential, das durch das *Nernst*sche Gesetz in Abhängigkeit vom p_H-Wert der Lösung bei 25° C gegen die Normal-Wasserstoffelektrode zu:

$$E_H = -0{,}059 \text{ Volt} \cdot p_H \qquad 8$$

gegeben ist. Vielmehr erfolgt eine Entladung von H-Ionen auch schon vorher, wenngleich in diesem Fall der Wasserstoff nicht gasförmig entweichen kann, sondern im gelösten Zustand von der Elektrode in die Lösung diffundieren muß. Die Größe des hierbei fließenden Stromes ist dabei weitgehend eine Funktion der Wasserstoff-Überspannung des gewählten Kathodenmaterials, wie es in Abb. 5 schematisch für den Fall, daß kein Sauerstoff vorhanden ist, veranschaulicht wird.

Diese Tatsache ist später von Bedeutung und es wird nochmals darauf Bezug genommen.

Es konnte also gezeigt werden, daß die Aufnahme von Stromdichte-Potential-Kurven eine Möglichkeit bietet, den Sauerstoffgehalt einer Lösung zu ermitteln. Man braucht lediglich in einer Lösung bekannten Sauerstoffgehaltes, z. B. Luftsättigung, eine Stromdichte-Potentialkurve aufzunehmen und erhält alle anderen Sauerstoffkonzentrationen aus dem Verhältnis der Diffusionsgrenzströme.

$$c_{O_2} = c_{O_2\,\text{Luftsättigung}} \cdot \frac{i_g}{i_{g,\,\text{Luftsättigung}}} \qquad 9$$

Dieses Verfahren gleicht genau den polarographischen Bestimmungsmethoden, lediglich, daß hierbei nicht wie sonst üblich tropfendes Quecksilber, sondern eine feste Elektrode verwendet wird. Der Nachteil gegenüber der Tropfelektrode ist der, daß die Oberfläche nicht dauernd erneuert wird und somit jede Abscheidung auf der Oberfläche vermieden werden muß. Da diese aber auch aus schon genanntem Grund (Vortäuschung eines zu großen Sauerstoffstromes durch Überlagerung eines Abscheidungsstromes) verhindert werden muß, ist der Nachteil gegenüber der Tropfelektrode gering. Dagegen ist der Vorteil der, daß an einer festen Elektrode die sog. Kapazitätsströme*) fortfallen und so die Empfindlichkeit der Methode erheblich weiter getrieben werden kann, d. h. es sind noch wesentlich kleinere Sauerstoffkonzentrationen als mit der Tropfelektrode meßbar.

Der nächste Schritt ist nun der, daß man zur Sauerstoffmessung nicht jedesmal eine vollständige Stromdichte-Potential-Kurve aufnimmt, sondern die Kathode ständig im Potentialbereich des Diffusionsgrenzstromgebietes arbeiten läßt. Damit ist man zu einer kontinuierlichen Sauerstoffkonzentrationsmessung gelangt. Es gilt lediglich eine Anordnung zu treffen, die die Kathode ständig auf dem benötigten Potential hält.

Tauchen eine unpolarisierbare und eine leichtpolarisierbare Elektrode in ein und denselben Elektrolyten und werden sie außerhalb davon elektrisch leitend verbunden, so zwingt die unpolarisierbare Elektrode der leicht polarisierbaren ihr Potential auf. Zwischen beiden bleibt lediglich ein geringer Potentialunterschied, der durch den

*) Jeder neu aus der Kapillare austretende Tropfen muß erst auf das gerade herrschende Potential gebracht werden, wozu eine bestimmte Strommenge fließen muß, die nicht zur Reduktion des Sauerstoffs dient.

Spannungsabfall, verursacht durch den fließenden Strom in den äußeren und den Elektrolytwiderständen, bedingt ist.

Diese Tatsache wurde von *F. Tödt* [3] nun dazu benutzt, um die Kathode in einfachster Weise auf dem gewünschten Potential zu halten:

Die Kathode wird über ein Strommeßinstrument mit einer unpolarisierbaren Anode, die mit der Kathode in elektrolytischer Verbindung steht, leitend verbunden. Die Kathode nimmt dann ein Potential an, das aus den eben genannten Gründen um den Betrag fließender Strom mal Summe aller im äußeren Stromkreis und im Elektrolyten (Elektrolytenwiderstand, Diaphragma usw.) auftretenden Widerstände edler bleibt, also

$$E_{\text{Kathode}} = E_{\text{Anode}} + i\Sigma R \qquad 10$$

Diese Vorgänge wurden von *W. Schwarz* [7] ausführlich behandelt.

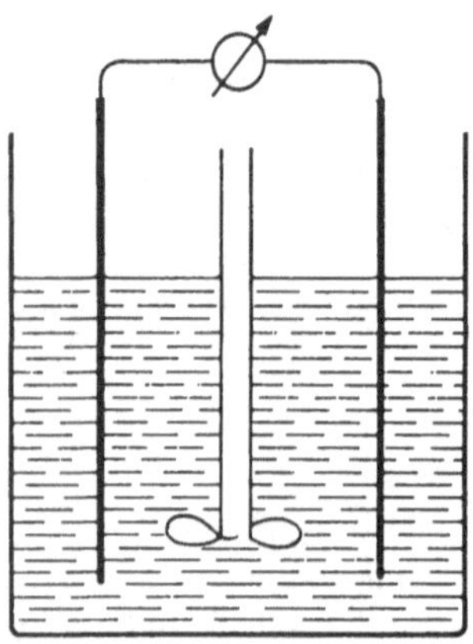

Abb. 6. Schema der Meßanordnung nach *F. Tödt* (nach *W. Schwarz*, Werkstoffe u. Korrosion 1955)

Man hat lediglich eine Anode zu suchen, die im Potentialbereich des Diffusionsgrenzstromes liegt, dann ist der nun über das Meßinstrument zur Kathode fließende Strom genau wie bei der bisher beschriebenen Anordnung dem Sauerstoffgehalt der Lösung proportional. Diese Anordnung zeigt Abb. 6.

Weil nun kein Strom von außen durch die Anordnung geschickt zu werden braucht, sondern sie sich wie ein Element verhält, wird sie oft „Modellelementanordnung" genannt.

Aus dem eben genannten ist wiederum klar, welche Bedingung weiterhin zu beachten ist:

Das Produkt $i \cdot \Sigma R$ ist möglich klein zu halten (auf keinen Fall größer als 30 mV), d. h. die Widerstände im äußeren Stromkreis (Meßinstrument) und im Elektrolyten sind klein zu halten, bzw. wo das nicht möglich ist, muß durch Verkleinerung der Kathodenoberfläche der Strom genügend klein gehalten werden. Daß diese Verkleinerung der Kathodenoberfläche noch den Vorteil einer recht weiten Unabhängigkeit vom Salzgehalt mit sich bringt, hat *W. Schwarz* [7] bereits ausgeführt. (Um den Widerstand des Meßinstrumentes klein zu halten, empfiehlt es sich beispielsweise beim Arbeiten mit dem hochempfindlichen Multiflexgalvanometer, für größere Ströme nicht die eingebauten Bereicherweiterungen mit den Schaltstellungen 1 : 1, 1 : 10, 1 : 100 zu benutzen. Die Schaltung ist nämlich so eingerichtet, daß auf sämtlichen Meßbereichen der Eingangswiderstand des Instrumentes gleich bleibt, d. h. das Produkt $i \cdot R$ stark ansteigt. Es ist zweckmäßiger, stets die empfindlichste Stellung zu benutzen und die Bereichserweiterung durch Anlegen äußerer Shunts vorzunehmen, wobei das Produkt $i \cdot R$ für Vollausschlag konstant bleibt.)

b) Wasserstoffstrom

Es wurde bereits ausgeführt, daß neben dem Sauerstoffstrom auch stets ein weiterer Strom, der der Entladung von H-Ionen dient, der sog. „Wasserstoffstrom" fließt. Seine Größe steigt mit unedler werdendem Potential. Die gemessene Kurve setzt sich also aus zwei Teilvorgängen zusammen: (Abb. 7 und 8).

Obwohl also der Strom schon bei relativ edlen Potentialen fließt, macht er sich neben dem Sauerstoffstrom infolge seiner äußerst geringen Größe nicht bemerkbar. Zu unedlen Potentialen hin steigt er rapide an und überwiegt schließlich den Sauerstoffstrom. Dies ist glücklicherweise aber fast immer erst im Potentialbereich des Sauerstoff-Diffusionsgrenzstromgebietes der Fall. Man sieht also, daß die Breite des Diffusionsgrenzstromgebietes durch das Auftreten eines größeren Wasserstoffstromes begrenzt ist. Je kleiner der Sauerstoffstrom, bei desto edleren Potentialen überwiegt der Einfluß des Wasserstoffstromes und desto schmäler wird das Diffusionsgrenzstromgebiet (Ausführliches s. [4]).

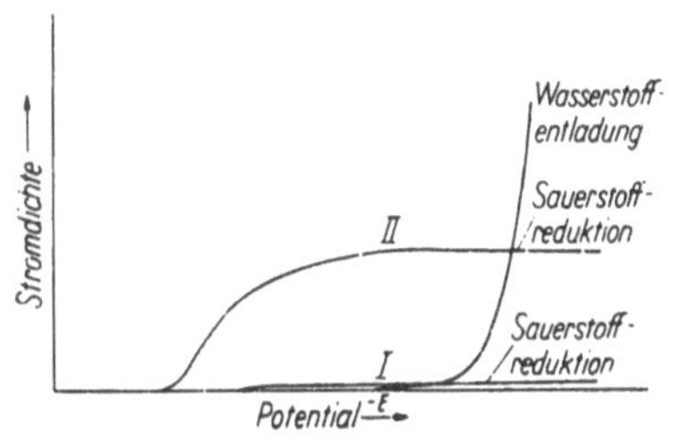

Abb. 7. Einzeldarstellung von kathodischer Sauerstoffreduktion bei zwei verschiedenen Konzentrationen und Entladung von H^+ (nach *W. Schwarz*, Werkstoffe u. Korrosion 1955)

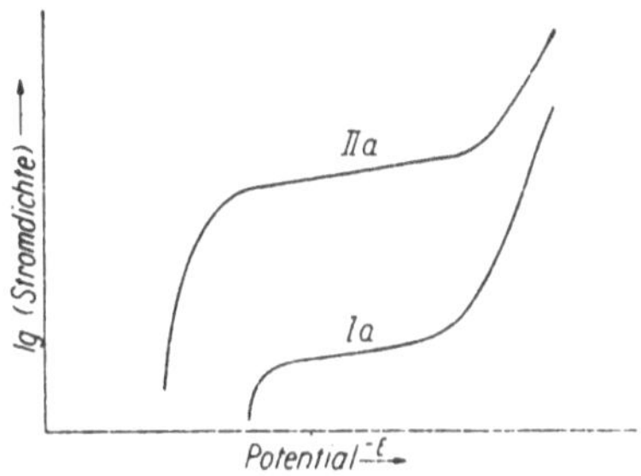

Abb. 8. Überlagerung der Kurven aus Abb. 7 (nach *W. Schwarz*, Werkstoffe u. Korrosion 1955)

c) Wahl des Elektrolyten

Da, wie eben gezeigt wurde, die Breite des Diffusionsgrenzstromgebietes durch den Wasserstoffstrom, der kurz vor Erreichen des reversiblen Wasserstoffpotentials größere Werte annimmt, begrenzt ist, und das reversible Wasserstoffpotential nach Gleichung 8 vom p_H-Wert abhängt, erhält man also die breitesten Diffusionsgrenzstromgebiete in alkalischer Lösung [4].

Wenn man also bei der Wahl des Elektrolyten freie Hand hat, wird man eine Lösung möglichst alkalischen p_H-Wertes wählen. Erlaubt doch ein breites Diffusionsgrenzstromgebiet eine größere Freiheit in der Auswahl der Anode. Außerdem kann bei einem solchen breiten Gebiet auch von der Forderung, daß das Produkt von $i \cdot \Sigma R$ den Wert von rd. 30 mV nicht übersteigen soll, Abstand genommen werden, da das Kathodenpotential ruhig etwas wandern darf.

Ist man durch andere Faktoren gezwungen, ein saures Medium als Elektrolyten zu benutzen, so muß man die Verengung des Diffusionsgrenzstromgebietes durch andere Maßnahmen (geeignetes Kathodenmaterial) bekämpfen.

In jedem Fall wird man jedoch bestrebt sein, eine Pufferlösung als Elektrolyten zu verwenden, um eine Verschiebung des p_H-Wertes in unmittelbarer Nähe der Kathode zum alkalischen (alkalische Zone) — werden doch laufend bei der Reduktion des Sauerstoffs OH-Ionen gebildet — zu verhindern [8] [4].

d) Wahl der Anode

Die Auswahl der Anode ist durch folgende Bedingungen festgelegt:

1. Sie muß hinreichend unpolarisierbar sein.
2. Ihr Potential (es ist fast immer ein sog. Korrosionspotential) muß innerhalb des Potentialbereiches des Diffusionsgrenzstromgebietes liegen. In erster Näherung liegt dieses Potential

immer etwa 50 bis 150 mV edler als das reversible Wasserstoffpotential. Überschlagsmäßig kann man also ansetzen:

$$E_A = -0{,}059 \text{ Volt} \cdot p_H + 0{,}050 \ldots 0{,}150 \text{ Volt} \qquad 11$$

3. Ihr Potential muß auch über längere Zeit konstant bleiben.
4. Die Anode selbst darf keine störende Substanzen in den Elektrolyten bringen. (Edle Schwermetallionen).

Oftmals ist es nicht möglich, ein Metall zu finden, das in dem zu verwendenden Elektrolyten das benötigte Potential annimmt. In diesem Falle bleibt der Weg offen, die Anode in eine andere geeignete Lösung tauchen zu lassen und diese vom Elektrolyten durch ein Diaphragma abzutrennen (Abb. 9, beachte aber S. 10 über den Spannungsabfall an Widerständen!).

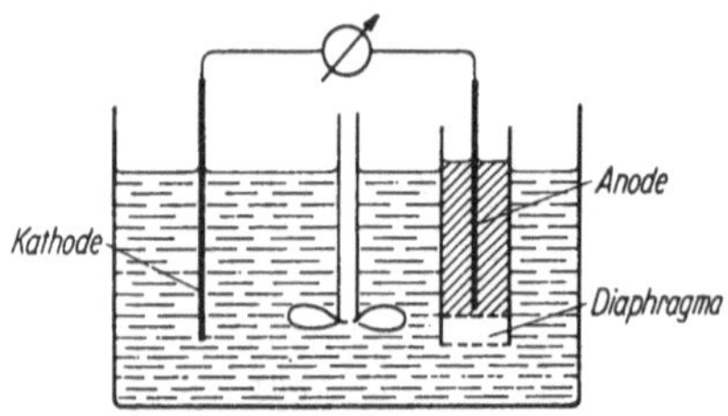

Abb. 9. Sauerstoff-Meßanordnung nach *F. Tödt* mit separatem Anodenraum (nach *W. Schwarz*, Werkstoffe u. Korrosion 1955)

c) Wahl der Kathode

Die Kathode muß leicht polarisierbar sein. Das Kathodenmaterial ist zunächst in keiner Weise kritisch, doch wird es immer zu empfehlen sein, eine möglichst unangreifbare Elektrode zu wählen. Für extreme Ansprüche in dieser Richtung ist Platin stets geeignet.

Wie gezeigt wurde, wird mit sinkendem p_H-Wert das Diffusionsgrenzstromgebiet schmäler und die Gefahr, daß ein Wasserstoffstrom überwiegt, immer größer. Andererseits wurde schon (Abb. 5) ausgeführt, daß die Größe der Wasserstoffüberspannung einen wesentlichen Einfluß auf die Größe des Wasserstoffstroms nimmt. Zurückgreifend auf Abschnitt c kann man also durch die Wahl einer Kathode mit großer Wasserstoffüberspannung das Diffusionsgrenzstromgebiet auch in saurer Lösung in gewissen Grenzen verbreitern.

Als unangreifbare Elektrode mit größerer Überspannung kommt zunächst Gold in Frage [9]. Die größte Wasserstoffüberspannung besitzt Quecksilber. Bei Verwendung von Quecksilber ist jedoch zu beachten, daß an Quecksilberelektroden zwei Diffusionsgrenzstromgebiete für die Sauerstoffreduktion auftreten! (Abb. 10). Diese Erscheinung ist schon von *Kolthof* [10] festgestellt und von *Damaschke* und *Rothbühr* [11] in Anwendung auf die kontinuierliche Sauerstoffmessung beschrieben worden. Oftmals wird der flüssige Aggregatzustand des Quecksilbers seine Verwendung erschweren. In diesem Fall kann zu einer fast festen Amalgam- (Quecksilber-Gold-Amalgam) Elektrode gegriffen werden, wie sie für diese Verwendung zuerst von *H. G. Tödt* [12] und dann ausführlicher von *F. Tödt* und *G. Petsch* [13] beschrieben worden ist.

Da sich jedoch nach etlichen Betriebsstunden auch an Platin infolge Vergiftungserscheinungen eine größere Überspannung ausbildet, ist die Forderung, daß speziell Platinelektroden bei Nichtgebrauch in einem Hilfselektrolyten mit der Anode kurzgeschlossen aufzubewahren sind, begründet.

Da jedoch spezifische Oberflächeneigenschaften des Kathodenmaterials ebenfalls einen gewissen Einfluß auf die Reproduzierbarkeit der Ströme haben, ist das geeignetste Material am besten empirisch zu ermitteln. Z. B. hat sich nach Arbeiten von *W. Simon* [14] Kohle als Kathode in Lösungen mit sehr hohem Calciumbicarbonatgehalt gut bewährt, da dieses Material ein Absinken des Stroms infolge Bedeckung der Oberfläche der Elektrode mit Calciumcarbonat zurückhält. (Zur Bedeckung der Elektrode mit Calciumcarbonat vgl. auch: *F. Tödt* und *H. G. Todt* [2].)

f) Wahl des Meßinstrumentes

Hierbei ist lediglich zu beachten, daß es vorteilhaft ist, ein möglichst niederohmiges und möglichst empfindliches Instrument zu verwenden, um den Strom nicht unnötig groß werden zu lassen. Beide Forderungen sind durch Gleichung 10 bedingt.

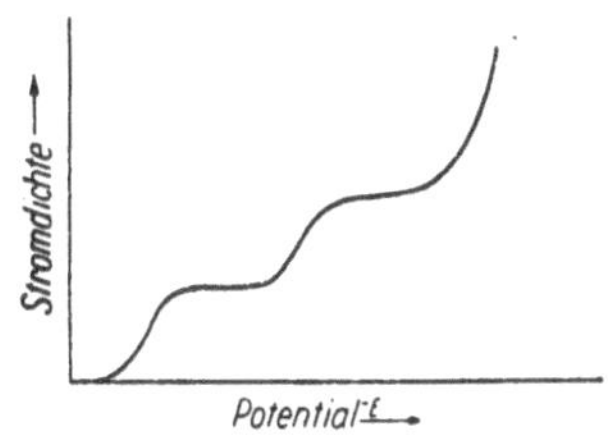

Abb. 10. Stromdichte-Potential-Kurve der kathodischen Sauerstoffreduktion an einer Hg-Elektrode (nach *W. Schwarz*, Werkstoffe u. Korrosion 1955)

Sollten unvermeidliche Schwankungen des Zeigers durch stets vorhandene Unregelmäßigkeiten in der Flüssigkeitsströmung (Schwankung von δ) durch das Shunten nicht genügend gedämpft sein, so kann man parallel zum Instrument einen Kondensator von der Größenordnung 100 bis 1000 μF legen. Allerdings muß man dabei beachten, daß schnelle Änderungen des Sauerstoffgehaltes dabei verzögert (einige Sekunden) wiedergegeben werden.

g) Die Temperaturabhängigkeit

Die Sauerstoffdiffusionsgrenzströme sind temperaturabhängig. Abb. 11 Kurve I zeigt den Verlauf des Diffusionsgrenzstromes in Abhängigkeit von der Temperatur (° C) wie er von *J. Heinrich* [15] experimentell ermittelt wurde.

Das Maximum bei etwa 60° C läßt erkennen, daß zwei Vorgänge, die einander gegenläufig sind, die Temperaturabhängigkeit bestimmen. Der eine wird mit steigender Temperatur den Strom vergrößern, während der andere Vorgang mit steigender Temperatur den Strom kleiner werden läßt.

Dieser zweite Vorgang ist leicht zu deuten: Mit steigender Temperatur nimmt, trotz konstanten Patrialdruckes des Sauerstoffs in der Gasphase, die Löslichkeit des Sauerstoffs im Elektrolyten ab. (Diese Abnahme hängt von der Art der verwendeten Lösung ab.) Es sinkt also die Sauerstoffkonzentration und damit die Größe des Diffusionsgrenzstromes. Sorgt man für einen konstanten Sauerstoffgehalt bei allen Temperaturen,

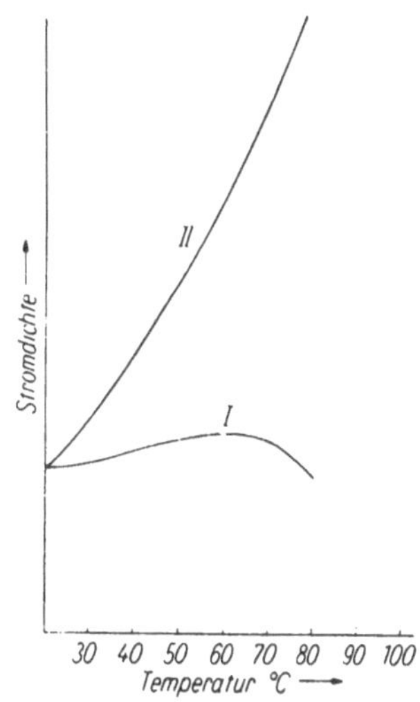

Abb. 11. Temperaturabhängigkeit des Stromes bei der Sauerstoffmessung (nach *W. Schwarz*, Werkstoffe u. Korrosion 1955)

z. B. indem das Gefäß ohne Gaspolster bis oben hin gefüllt und fest verschlossen wird, wodurch kein Sauerstoff gasförmig aus der Lösung entbunden werden kann, so erhält man Kurve II. Man sieht also, daß der gegenläufige Vorgang entfällt und somit wirklich die eben genannten Umstände diesen Vorgang ausmachen.

Der Vorgang, der mit steigender Temperatur eine Vergrößerung der Ströme bewirkt, ist aus Gleichung 7 zu entnehmen. In dieser sind die Größen D und δ die temperaturabhängigen. Der Diffusionskoeffizient wird mit steigender Temperatur größer. Die Zähigkeit und damit die Dicke der Diffusionsschicht nimmt zu höheren Temperaturen hin ab. *J. Heinrich* [15] konnte zeigen, daß die Temperaturabhängigkeit des Diffusionsgrenzstromes der Gleichung

$$i_g = K \cdot e^{-\frac{A}{RT}} \qquad 12$$

gehorcht.

K = eine von Fall zu Fall verschiedene Konstante
R = die Gaskonstante
T = die absolute Temperatur in °K
A = eine Aktivierungskonstante (3900 cal/Mol)

Ist für eine absolute Temperatur T_1 der Diffusionsgrenzstrom $i_{g,1}$ gemessen worden, kann die Konstante K errechnet werden:

$$K = i_{g,1} \cdot e^{\frac{A}{RT_1}}$$

Dieser Wert in Gleichung 12 eingesetzt ergibt:

$$i_{g,2} = i_{g,1} \cdot e^{1963\,°K \cdot \left(\frac{1}{T_1} - \frac{1}{T_2}\right)} \qquad 13$$

Hat man also $i_{g,1}$ und T_1 gemessen, setzt diese Werte und den Wert der Temperatur T_2, auf die umgerechnet werden soll, in Gleichung 13 ein, ergibt sich der Wert des Diffusionsgrenzstromes für die Temperatur T_2 als $i_{g,2}$ nach obiger Formel. Diese Beziehung gilt aber, wie bereits gesagt wurde, nur für den Fall, daß man eine Änderung der Sauerstoffkonzentration mit der Temperatur verhindert hat (völlig gefülltes, fest verschlossenes Gefäß).

Tabelle 1 gibt für einige Temperaturen den Koeffizienten an, mit dem der Diffusionsgrenzstrom von 20°C zu multiplizieren ist, um den Wert für andere Temperaturen zu erhalten.

Tabelle 1

Temp. °C	Umrechnungs-faktor
20	1,00
25	1,12
30	1,25
35	1,38
40	1,53
50	1,86

h) Das Eichen

Nach dem bisher ausgeführten ist ersichtlich, daß die Aufnahme von Stromdichte-Potentialkurven einen sicheren Weg zum Auffinden des Diffusionsgrenzstromgebietes darstellt. Jedoch erfordert die Aufnahme derartiger Kurven eine gewisse Technik [4] sowie einen gewissen Aufwand an Geräten und Zeit.

Nun ist jedoch ein anderer kürzerer Weg gangbar, der es zwar nicht erlaubt unmittelbar das Diffusionsgrenzstromgebiet aufzufinden, jedoch eine Prüfung zuläßt, ob man sich mit einer gewählten Elektrodenkombination im Diffusionsgrenzstromgebiet oder zumindest in einem verwertbaren Potentialbereich befindet. Im Gegensatz zur Aufnahme von Stromdichtepotentialkurven erlaubt diese Methode auch im laufenden

Betriebszustand eine Überprüfung. (Wie unter e beschrieben wurde, ändert sich ja z. B. die Wasserstoffüberspannung an Platin im Laufe der Zeit.)

Da bereits dargelegt wurde, daß eine direkte Proportionalität zwischen Stromdichte und Sauerstoffkonzentration der Lösung im Diffusionsgrenzstromgebiet gewährleistet ist, muß andererseits eine direkte Proportionalität zwischen den beiden Größen, d. h. also eine geradlinige Eichkurve beweisen, daß die Kathode im Diffusionsgrenzstromgebiet bzw. in einem günstigen Potentialbereich arbeitet.

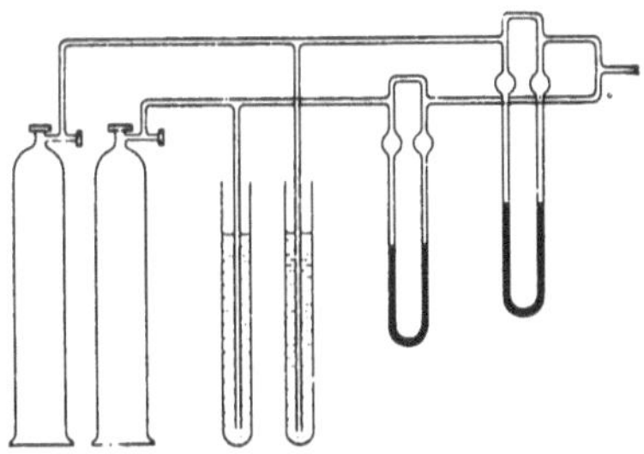

Abb. 12. Anordnung zur Herstellung von Gasgemischen (nach *W. Schwarz*, Werkstoffe u. Korrosion 1955)

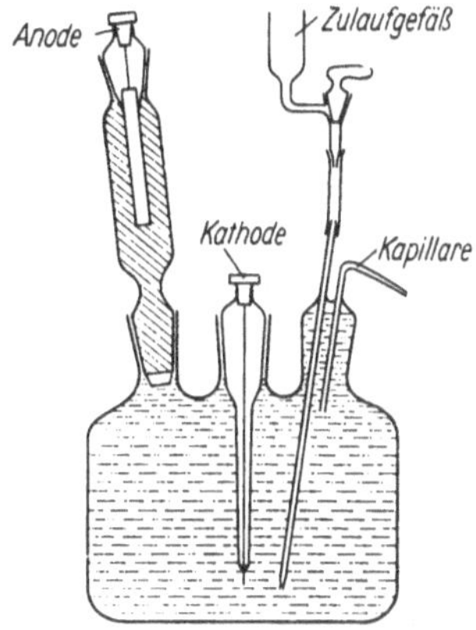

Abb. 13

Abb. 13. Anordnung zur Eichung durch Zugabe definierter Lösungen (nach *W. Schwarz*, Werkstoffe u. Korrosion 1955)

Zur Aufnahme von Eichkurven stehen mehrere Wege offen:

1. ein von *G. Teske**) angegebenes und untersuchtes Verfahren.

Nach dem *Henry*schen Gesetz stellt sich eine dem Partialdruck des Sauerstoffs in der Gasphase proportionale Konzentration in der Lösung ein.

Leitet man also durch und über den Elektrolyten ein inertes Gas (am zweckmäßigsten Stickstoff, der von der Fa. Osram mit einem Sauerstoffgehalt von nur 0,0001 Vol.-% geliefert wird) mit verschiedenem Sauerstoffgehalt, so hat man ein einfaches Mittel, um den Sauerstoffgehalt der Lösung einfach und genau variieren zu können.

Die Änderung des Sauerstoffgehaltes im inerten Gas läßt sich auf zwei Wegen erreichen.

a) Man kann das inerte Gas und Luft (oder Sauerstoff) mittels zweier Strömungsmesser in verschiedenen variablen Verhältnissen mischen (Abb. 12).

Die beiden Flüssigkeitssäulen dienen der Aufrechterhaltung eines konstanten Druckes in der Gasleitung vor den Strömungsmessern. Die Strömungsmesser werden mit Hilfe eines Gasometers geeicht.

Die Sauerstoffkonzentration des gemischten Gases ergibt sich aus der Beziehung:

$$c_{O_2,\,\mathrm{Misch.}} = \frac{w_1 \cdot c_{O_2,1} + w_2 \cdot c_{O_2,2}}{w_1 + w_2} \qquad 14$$

wobei w_1 und w_2 die Strömungsgeschwindigkeiten (in cm/sec) der beiden verwendeten Gase und $c_{O_2,1}$ bzw. $c_{O_2,2}$ ihren Sauerstoffgehalt (in Vol.-% Sauerstoff) bedeuten. $c_{O_2\mathrm{Misch.}}$ ist dann der Sauerstoffgehalt (in Vol.-%) des gemischten Gases [11].

*) Aus einer noch nicht veröffentlichten Arbeit.

b) Zu einer Gasbombe mit reinem Stickstoff (sein Sauerstoffgehalt kann dabei meist gleich Null gesetzt werden) mit dem Druck p_1 wird Luft oder Sauerstoff zugepreßt, bis der Druck auf p_2 gestiegen ist. Der Sauerstoffgehalt des in der Bombe gemischten Gases berechnet sich dann zu:

$$c_{O_2,\,Misch.} = \frac{c_{O_2,1} \cdot p_1 + c_{O_2,2}\,(p_2 - p_1)}{p_2} \qquad 15$$

Dabei ist: $c_{O_2 Misch.}$ die Konzentration an Sauerstoff (in Vol.-%) des gemischten Gases, $c_{O_2,1}$ und $c_{O_2,2}$ die Sauerstoffgehalte (in Vol.-%) der beiden zu mischenden Gase, p_1 der Druck (in at), den die Bombe nach Füllung mit dem Gas der Sauerstoffkonzentration $c_{O_2,1}$ aufweist, und p_2 ist der Gesamtdruck, den die Bombe nach Füllung mit den Gasen der Konzentration $c_{O_2,1}$ und $c_{O_2,2}$ besitzt.

Es lassen sich so alle möglichen Variationen durchführen, z. B. indem man zu reinem Stickstoff solchen mit größerem Sauerstoffgehalt zumischt, so daß man sich Gase von 100 Vol.-% Sauerstoff bis herunter zu 0,0001% herstellen kann.

Die Verwendung von Reinstickstoff und höher sauerstoffhaltigem Stickstoff ist auch bei der unter a) genannten Methode zu empfehlen.

2. Ein von *O. Warburg* vorgeschlagenes. von *Rüffer* [17] zuerst benutztes und von *W. Simon*, *K. Damaschke* und *L. Rothbühr* [18] weiterentwickeltes Verfahren.

Dieses Verfahren ist jedoch mit genügender Genauigkeit nur durchzuführen, wenn über dem Elektrolyten kein Gasraum vorhanden ist. Man benutzt eine in Abb. 13 schematisch wiedergegebene Anordnung.

In den zuvor durch Einleiten von Stickstoff weitgehend von Sauerstoff befreiten Elektrolyten wird, nachdem man das Elektrolytgefäß unter Vermeidung jeglicher Gasblase bis oben gefüllt hat, aus einem kalibrierten Rohr (Bürette) luftgesättigte Elektrolytlösung zulaufen gelassen. Aus der Kapillare, die die Rückdiffusion von Luftsauerstoff verhindert, tritt eine entsprechende Menge der Lösung aus.

Aus der abgemessenen Menge der zugesetzten luftgesättigten Elektrolytlösung kann man schrittweise die danach im Elektrolyten vorliegende Sauerstoffkonzentration errechnen.

$c_{O_2,\,Luft}$ = Konzentration der luftgesättigten Zusatzlösung in mg/l
ΔV = Volumen der zugesetzten Lösung in cm^3
Vol. = Volumen des Meßgefäßes in cm^3
$c_{O_2,\,Elektrolyt}$ = Konzentration an O_2 des Elektrolyten nach Zusatz von ΔV luftgesättigter Lösung in mg/l.

$$c_{O_2,\,Elektrolyt} = \frac{c_{O_2,\,Luft} \cdot \Delta V}{Vol.} \qquad 16$$

Das aus der Kapillare austretende Volumen kann so lange unberücksichtigt bleiben, wie das zugesetzte Volumen sehr klein gegen das Gefäßvolumen bleibt.

Will man durch Zudosieren auf größere Konzentrationen kommen, muß man das aus der Kapillare austretende Volumen rechnungsmäßig berücksichtigen. Eine einfache von *W. Schwarz* und *W. Simon* aufgestellte und nachgeprüfte Beziehung ergibt dann folgendes:

Es sei die Voraussetzung gemacht, daß die zugesetzte Lösung sich sehr schnell mit dem Elektrolyten vermischt (was durch genügend langsames Zufließenlassen der Zusatzlösung erreicht werden kann). Die Konzentration des Elektrolyten an Sauerstoff zu einem beliebigen Zeitpunkt der Zugabe sei c_{O_2}. Dann ist die Konzentration der bei einem sehr kleinen Zusatz dv austretenden Lösung ebenfalls c_{O_2}. Die Menge Sauerstoff, die also aus dem Elektrolytgefäß beim Überlaufen aus der Kapillare entfernt wird, ist dann gegeben durch:

$$-\,dn = dv \cdot c_{O_2}$$

Die zugesetzte Sauerstoffmenge ist:

$$+\,dn = dv \cdot c_{O_2,\,Luft}$$

Das ergibt sich an wirklich dem Elektrolyten zugeführter Sauerstoffmenge

$$\begin{aligned} dn &= dv \cdot c_{O_2,\,Luft} - dv \cdot c_{O_2} \\ &= dv\,(c_{O_2,\,Luft} - c_{O_2}) \end{aligned}$$

und somit eine Zunahme der Konzentration im Gefäß von

$$dc_{O_2} = \frac{dv\,(c_{O_2,\,Luft} - c_{O_2})}{Vol.}$$

Eine Integration von 0 bis ΔV ccm Zusatz, ausgehend von der Konzentration Null des Elektrolyten an Sauerstoff, liefert

$$\int_0^{c_{O_2}} \frac{dc_{O_2}}{c_{O_2,\,Luft} - c_{O_2}} = \int_0^{\Delta V} \frac{dv}{Vol.}$$

$$c_{O_2} = c_{O_2,\,Luft}\left(1 - e^{-\frac{\Delta V}{Vol.}}\right) \qquad 17$$

Will man die rechnungsmäßige Berücksichtigung des austretenden Volumens vermeiden, bleibt noch der Weg, die Sauerstoff-Konzentration der zuzusetzenden Lösung zu vergrößern, um das zuzusetzende Volumen klein zu halten. Man kann beispielsweise die Lösung statt mit Luft mit Sauerstoff sättigen, wodurch man auf 5fach kleinere Zusätze kommt. Oder man setzt luft- oder sauerstoffgesättigtes Methanol zu. Die Sättigungskonzentration von Methanol liegt 5- bis 6mal höher als die von wäßrigen Lösungen. Oftmals wird es allerdings nicht möglich sein, Methanol zuzusetzen, und man muß auf das oben geschilderte Verfahren zurückgreifen.

3. Ein weniger eingeführtes Verfahren wurde von *S. Kahan*, *W. Schwarz* und *W. Simon* verwendet.

Man entwickelt mit einem Paar Hilfselektroden elektrochemisch Sauerstoff in dem Elektrolytgefäß. Die geflossene und gemessene Elektrizitätsmenge gibt den Zuwachs der Sauerstoffkonzentration. Auch hierbei muß das Gefäß bis obenhin ohne Gaspolster gefüllt sein, da anderenfalls die Lösung wieder Sauerstoff an die Gasphase verliert.

In jedem Fall muß man natürlich den Wert der Luftsättigungskonzentration kennen. Diesen entnimmt man geeigneten Tabellen, oder man führt in dem gewählten Elektrolyten bei der gleichen Temperatur, bei der auch gemessen werden soll, eine Winklerbestimmung durch.

i) Der „Zehrungseffekt"

Da an der Kathode ständig Sauerstoff reduziert wird, tritt ein laufender Verbrauch an Sauerstoff auf. Solange mit Lösungen gearbeitet wird, über denen sich ein Gaspolster befindet oder durch die Gas hindurchgeleitet wird, ist diese Tatsache nicht von Bedeutung, da aus der Gasphase der verbrauchte Sauerstoff schnell nachgeliefert wird. Anders dagegen in geschlossenen und vollständig gefüllten Gefäßen. Hier kann sich der ständige Sauerstoffverbrauch besonders bei großen Kathoden in einem raschen Abfall der Sauerstoffkonzentration und damit des Stromes auswirken. Auf diese Tatsache wurde von *F. Tödt* und Mitarbeitern bereits vor längerer Zeit hingewiesen.

W. Dirscherl und *K. Otto* [19] haben kürzlich ebenfalls die Zehrung beschrieben. Aus der Ähnlichkeit der Sauerstoffzehrung mit den Verhältnissen bei monomolekularen Reaktionen haben sie gefolgert, daß der Abfall des Diffusionsgrenzstromes durch den Sauerstoffverbrauch bei der elektrochemischen Reduktion einem Gesetz

$$i_g = i_{g,o} \cdot e^{-kt} \qquad 18$$

gehorcht und diesen Verlauf auch experimentell bestätigen können, k bedeutet dabei eine „unbekannte Reaktionsgeschwindigkeitskonstante", die von den Autoren empirisch aus den gemessenen Werten ermittelt wurde. Eine einfache Überlegung gestattet es jedoch, die Größen, die in k enthalten sind, aufzuzeigen und k rechnerisch zu ermitteln.

Der durch den Strom bedingte Sauerstoffverbrauch (Mol/sec) ist gegeben durch:

$$-\frac{dn}{dt} = \frac{i_g}{zF}$$

Diese Menge auf das Volumen V des Gefäßes bezogen ergibt die Abnahme der Sauerstoffkonzentration:

$$-\frac{dc_{O_2,\,Lös.}}{dt} = \frac{i_g}{zFV} \qquad 19$$

Der Diffusionsgrenzstrom i_g ist durch Gleichung 7 zu

$$i_g = \frac{zFDq}{\delta} \cdot c_{O_2,\,Lös.}$$

gegeben. Durch Differenzieren nach dt erhält man:

$$\frac{di_g}{dt} = \frac{zFDq}{\delta} \cdot \frac{dc_{O_2,\,Lös.}}{dt}$$

oder

$$\frac{dc_{O_2,\,Lös.}}{dt} = \frac{di_g}{dt} \cdot \frac{\delta}{zFDq}$$

Dieser Ausdruck in Gleichung 19 eingesetzt, führt nach Umformung zu:

$$\frac{di_g}{i_g} = -\frac{Dq}{\delta V} \cdot dt$$

Durch Integration von t = 0 bis t erhält man:

$$i_g = i_{g,o} \cdot e^{-\frac{Dq}{\delta V}t} \qquad 20$$

Die von *Dirscherl* und *Otto* genannte Konstante k ist also durch

$$k = \frac{Dq}{\delta V} \qquad 21$$

gegeben.

Setzt man den Ausgangsstrom $i_{g,0}$ in A, den Diffusionskoeffizienten D in cm^2/sec, die Größe der Elektrode q in cm^2, die Dicke der Diffusionsschicht δ in cm (errechenbar aus Gleichung 7, meist 1 bis $5 \cdot 10^{-3}$ cm), das Gefäßvolumen V in cm^3 und die Zeit t in sec in Gleichung 20 ein, so erhält man die Größe des nach der Zeit t fließenden Diffusionsgrenzstromes i_g.

j) Zusammenfassung aller zu beachtenden Bedingungen

1. Die Art und Größe des Elektrodengefäßes wird durch das Ziel der Arbeit bestimmt. In jedem Fall ist auf guten Verschluß zu achten, damit von außen kein Sauerstoff zudiffundieren kann (Schliffgefäß).

2. Die Rührung soll konstant und kräftig sein. Sie bestimmt die Dicke der Diffusionsschicht δ und somit nach Gleichung 7 die Größe des Diffusionsgrenzstromes. Starke Rührung erhöht also die Empfindlichkeit der Messung. Ungerührte Lösungen sind nicht zu empfehlen (vgl. a).

3. Der Elektrolyt darf keine, beim Potential an dem die Kathode arbeitet, abscheidbare oder reduzierbare Stoffe enthalten (Ag^+, Cu^{++}, Cl_2, MnO_4^-, usw.). Die Leitfähigkeit soll hinreichend groß sein[7]. Bei freier Wahl des pH-Wertes, wird man zweckmäßigerweise alkalische Lösungen wählen (vgl. c).

4. Die Kathode muß leicht polarisierbar sein. Die Größe der Kathode bestimmt nach Gleichung 7 die Größe der Diffusionsgrenzstromes und damit die Empfindlichkeit der Messung.

Die Kathode muß sich in der Nähe des Rührers befinden, da nur so gute Reproduzierbarkeit gewährleistet ist.

Bei großen Sauerstoffkonzentrationen sollen nicht zu große Kathoden gewählt werden, da sonst eine unzulässige Veredelung des Kathodenpotentials durch Spannungsabfall an den Widerständen auftritt. Bei kleineren Sauerstoffkonzentrationen kann man größere Elektroden verwenden, muß jedoch den Zehrungseffekt beachten. In saurer Lösung wird zweckmäßigerweise ein Kathodenmaterial mit großer Wasserstoffüberspannung verwendet.

5. Die Anode bestimmt das Potential der Kathode. Sie ist dementsprechend zu wählen. Sie muß hinreichend unpolarisierbar sein. Bei Verwendung eines Diaphragmas ist dessen Widerstand zu berücksichtigen. Bei geringen Leitfähigkeiten muß der Abstand der Anode zur Kathode klein gehalten werden.

6. Das Meßinstrument. Die Empfindlichkeit desselben richtet sich nach den zu messenden Strömen. Der Innenwiderstand des Instrumentes sei möglichst klein.

7. Die Temperatur muß während einer Versuchsreihe konstant bleiben.

k) Messung anderer oxydierender oder reduzierender Substanzen

Ebenso wie O_2 können auch andere geeignete oxydierende Substanzen gemessen werden. Die Vorgänge verlaufen dabei ganz analog, z. B.

$$Cl_2 + 2e = 2Cl^-$$
$$J_2 + 2e = 2J^-$$
$$H_2O_2 + 2e = 2OH^-$$

Auch Ionen wie MnO_4^-, CrO_4^{2-} u. ä. sind meßbar.

Ganz allgemein bietet jedes Redoxsystem die Möglichkeit auf dem eben beschriebenen Wege gemessen zu werden, dazu gehören dann auch $Fe^{++} \rightleftharpoons Fe^{+++}$ $Ce^{+++} \rightleftharpoons Ce^{++++}$ und entsprechende Systeme. Manche von ihnen bilden ebenfalls gut ausgeprägte Grenzstromgebiete. Die Aufnahme einer Stromdichte-Potential-Kurve gibt am ehesten Aufschluß über die Anwendbarkeit der Methode und über das zweckmäßigste Potential-Gebiet.

Bei all diesen Reaktionen wird der zu messende Stoff an der Kathode reduziert. Oftmals wird man jedoch an der Bestimmung reduzierender Substanzen interessiert sein. Diese müssen dann an der Elektrode oxydiert werden. Der Strom fließt in diesem Fall in der entgegengesetzten Richtung. Die Elektrode arbeitet also als Anode. So ist es z. B. möglich im Elektrolyten gelösten Wasserstoff zu messen:

$$H_2 = 2H^+ + 2e$$

Im Abschnitt V wird ein praktisches Beispiel dazu beschrieben.

Anfangs wurde angeführt, daß H_2O_2 als oxydierender Stoff kathodisch meßbar ist. Aus dem Reaktionsschema (1 a) geht ja hervor, daß H_2O_2 eine Zwischenstufe bei der Reduktion von O_2 ist. Wenn H_2O_2 neben O_2 gemessen werden soll, ist dieser Weg nicht gangbar, da sich beide Ströme überlagern. In diesem Fall kann man die Tatsache ausnützen, daß H_2O_2 auch als Reduktionsmittel fungieren kann, also

$$H_2O_2 = O_2 + 2e + 2H^+$$

Nach *D. Winkelmann* [5] gliedert sich diese Bruttoreaktion in folgende Einzelschritte auf:

$$H_2O_2 \rightleftharpoons H_2O_2^+ + e \qquad H_2O_2 \rightleftharpoons HO_2^- + H^+$$

$$H_2O_2^+ \rightleftharpoons HO_2 + H^+ \qquad HO_2^- \rightleftharpoons HO_2 + e$$

$$HO_2 \rightleftharpoons H^+ + O_2^-$$

$$O_2^- \rightleftharpoons O_2 + e$$

Das H_2O_2 wird an der Anode also zu Sauerstoff oxydiert. Das Potentialgebiet für diese Reaktion liegt weit genug von der Sauerstoffentwicklung durch Zersetzung von H_2O entfernt, so daß eine einwandfreie Messung möglich ist. Diese erlaubt H_2O_2 und O_2 von einander unabhängig zu messen. Für die Messung des H_2O_2 durch einen anodischen Grenzstrom wird später im Abschnitt V ein praktisches Beispiel gezeigt werden.

Es wurde gezeigt, daß nach der Methode von F. *Tödt* sowohl oxydierende wie auch reduzierende Substanzen bestimmt werden können. Dabei ist die Meßelektrode im ersten Fall Kathode, im zweiten Anode. Es soll daher im folgenden ganz allgemein immer nur von Meß- bzw. Arbeitselektrode und Gegenelektrode gesprochen werden.

l) Elektronische Konstanthaltung des Potentials der Meßelektrode

Oftmals ist es nicht möglich, eine Anode (allgemeiner: Gegenelektrode, da z. B. bei der H_2O_2-Messung die Anode die Meßelektrode ist) zu finden, die ein geeignetes Potential aufweist. Da das Potential der Anode aber das der Kathode bestimmt und dieses durch den Verlauf der Stromdichte-Potential-Kurve auf bestimmte Werte festgelegt wird, muß man nach Wegen suchen, der Kathode (allgemeiner: Meßelektrode, siehe oben) das erforderliche Potential zu erteilen.

Hat man eine unpolarisierbare Gegenelektrode, die lediglich ein unbrauchbares Potential aufweist zur Verfügung, kann man wie folgt verfahren:

Zwischen Arbeitselektrode*) und unpolarisierbarer Gegenelektrode wird eine feste Spannung angelegt. Das Potential der Arbeitselektrode ist dann um die vom Potentiometer abgegriffene Spannung vom Potential der Gegenelektrode verschieden (Abb. 14).

*) Dieser Ausdruck ist dem Wort „working-electrode" des angloamerikanischen Schrifttums angelehnt.

Dieses Prinzip liegt fast immer den polarographischen Messungen zugrunde. Die unpolarisierbare Gegenelektrode ist dabei durch die Quecksilberboden-, Kalomel-Elektrode o. ä., das Potentiometer durch die Walze des Polarographen gegeben.

Diese Anordnung weist noch erhebliche Mängel auf.

Gelegentlich wird jedoch der Fall eintreten, daß keinerlei brauchbare, unpolarisierbare Gegenelektrode zur Verfügung steht. In diesem Fall muß man das Potential der Meßelektrode elektronisch auf dem gewünschten Potential festhalten und kann dann eine beliebige Gegenelektrode verwenden. Eine hierzu dienende elektronische Einrichtung wird „Potentiostat" genannt [20].

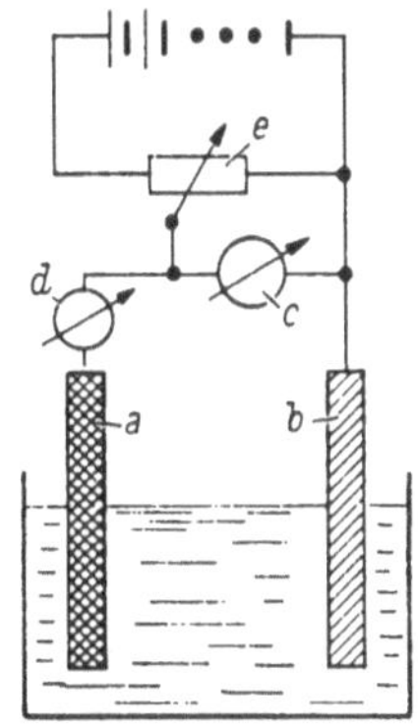

Abb. 14. Einfachste Form eines Potentiostaten. *a* Meßelektrode; *b* unpolarisierbare Elektrode; *c* Spannungsmesser; *d* Strommesser; *e* Potentiometer (nach *W. Schwarz*, Chemie-Ing.-Techn. 1956)

m) Prinzip eines Potentiostaten

Abb. 15 zeigt an einer einfachen Schaltung am übersichtlichsten die Arbeitsweise eines Potentiostaten.

a ist die Arbeitselektrode, deren Potential konstant gehalten werden soll. *b* ist eine Vergleichselektrode (z. B. Kalomel). *c* ist eine Gegenelektrode aus beliebigem Material.

Am Potentiometer *d* wird eine Spannung abgegriffen, die gleich dem Potential ist, das die Arbeitselektrode endgültig gegen die Vergleichselektrode annehmen soll. Das Galvanometer *e* ist als Relais ausgebildet, derart, daß der Zeiger bei Anschlag an den rechten oder linken Kontakt den Motorstromkreis schließt. Weicht das Potential der Arbeitselektrode vom eingestellten Sollwert ab, so gelangt diese Potentialdifferenz auf das Galvanometer. Wird diese Spannung und damit der Zeigerausschlag groß genug, schließt der Zeiger je nach Vorzeichen der Spannung einen Kontakt und setzt damit den reversierbaren Motor *f* in Gang. Dieser Motor ist mit dem Schleifer eines Widerstandes *g*, der die Stromstärke im Elektrolysestromkreis regelt, gekuppelt. Fließt, wie in der Zeichnung angenommen, durch die Arbeitselektrode ein kathodischer Strom, und ist das Potential dieser Elektrode zu unedel geworden, bewegt der Motor den Schleifer in der Richtung, daß der Elektrolysestrom kleiner wird, und zwar so lange, bis die Elektrode wieder annähernd das Sollpotential erreicht hat. Der Galvanometerzeiger fällt vom Kontakt ab, und der zur Aufrechterhaltung dieses Potentials erforderliche Strom ist eingestellt worden. Dabei bleibt eine kleine Abweichung des Elektrodenpotentials vom Sollwert bestehen, da dem Galvanometer eine gewisse Spannung zugeführt werden muß, um es zum Ansprechen zu bringen. Die Größe dieser Potentialabweichung ist durch die Empfindlichkeit des Galvanometerrelais gegeben.

Diese Regeleinrichtung weist folgende Mängel auf: Die unsichere Kontaktgabe bei kleinen Spannungen, den relativ hohen Stromverbrauch des Galvanometerrelais, der die Vergleichselektrode belastet, und vor allem die lange Regelzeit. Durch die Schwarz-Weiß-Steuerung des Servomotors neigt diese Anordnung außerdem zu einer ständigen Überregelung, die sich in Schwingungen sehr kleiner Frequenz äußert.

Es lag auf der Hand, das Relais durch eine Elektronenröhre zu ersetzen, und so sind Geräte auf verschiedenster Grundlage entwickelt worden, teils vollelektronisch, teils noch mit mechanischen Regelgliedern unter Verwendung von Thyratrons, Regeltrafos, amplitudengesteuerten Multivibratoren, Photozellen usw.

Bei vollelektronisch arbeitenden Geräten ohne Trägerfrequenzverstärker liegt der Elektrolyt im Kathodenstromkreis der Endröhre, Abb. 16.

Der Nachteil dieser sonst recht übersichtlichen Anordnung liegt darin, daß bei fehlender Berührung der Elektroden mit dem Elektrolyten die gesamte Anodenspannung der Endröhre, also 50 bis 300 V, an den beiden Elektroden liegt. Daher erfordert das Arbeiten mit diesen Geräten einige Vorsicht.

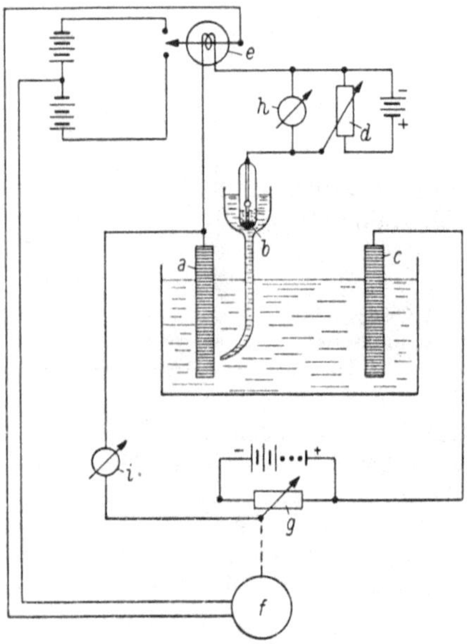

Abb. 15. Schaltung des Potentiostaten. *a* Arbeitselektrode; *b* Vergleichselektrode; *c* Gegenelektrode; *d* Potentiometer; *e* Galvanometer; *f* Motor; *g* Regelwiderstand; *h* Voltmeter; *i* Strommesser (nach *W. Schwarz*, Chemie-Ing.-Techn. 1956)

Von dieser Schwierigkeit wird man durch Gebrauch eines trägerfrequenzmodulierten Verstärkers befreit. Eine solche Modulation geschieht bereits durch einen im Eingang liegenden Zerhacker für die zugeführte Meßspannung. Die weiteren Stufen sind dann als Wechselspannungsverstärker mit relativ einfachem Aufwand aufzubauen. Der Ausgang enthält einen Übertrager, der die hohe Anodenwechselspannung der Endröhre in eine den normalen Bedürfnissen entsprechende, leicht zu handhabende Spannung von rd. 10 V umwandelt. Diese wird schließlich gleichgerichtet, wobei gleichzeitig erreicht werden kann, daß bei Wechsel der Polarität der Eingangsspannung die Ausgangsspannung ebenfalls umgepolt wird (Ringmodulator, mit dem Zerhacker synchronlaufender Pendelgleichrichter u. ä.). Allen Zerhackerverstärkern ist eine gute Nullpunktskonstanz auch über lange Zeiten gemeinsam.

Den prinzipiellen Aufbau vollelektronischer Potentiostaten zeigt Abb. 17. Die Funktion dieser Schaltung entspricht sinngemäß der in Abb. 15 gezeigten. Eine Abweichung des Elektrodenpotentials vom Sollwert wird dem Verstärkereingang zugeführt und steuert kontinuierlich den Ausgangsstrom. Der hohe Eingangswiderstand des Verstärkers stellt praktisch keine Belastung für die Vergleichselektrode dar und ermöglicht weiterhin, das Potentimeter für die Sollwertvorgabe sehr hochohmig ausführen zu können. An Stelle eines Akkumulators oder einer anderen Gleichspannungsquelle kann dann ein Normalelement treten. Bei Verwendung von geeichten Widerständen und Stufenschaltern wird man von einem Instrument zur Kontrolle der Sollspannung unabhängig.

Eine Polarisation der Gegenelektrode hat auf die Potentialeinstellung keinen Einfluß. Man ist also in der Lage, blankes Platin als Gegenelektrode benutzen zu können. Gerade dies ist für medizinische und biologische Messungen oft sehr erwünscht, da angreifbare Elektroden meist einen störenden Einfluß (Vergiftung!) auf das zu untersuchende Medium ausüben.

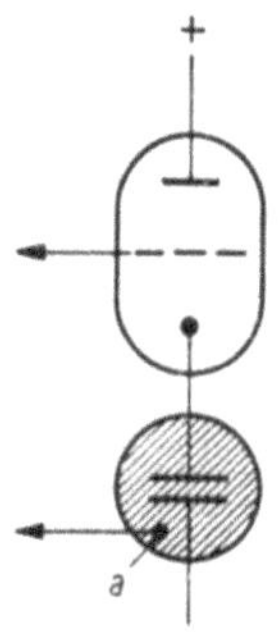

Abb. 16. Elektrode im Kathodenstromkreis der Endröhre. *a* Vergleichselektrode (nach *W. Schwarz*, Chemie-Ing.-Techn. 1956)

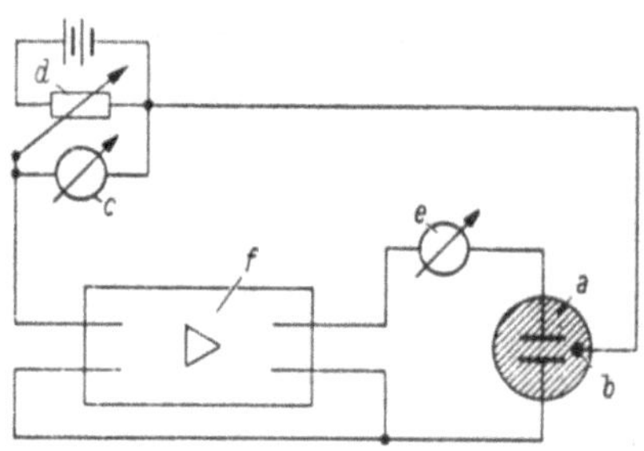

Abb. 17. Aufbau eines vollelektronischen Potentiostaten. *a* Elektrolysenzelle; *b* Vergleichselektrode; *c* Spannungsmesser; *d* Potentiometer; *e* Strommesser; *f* Verstärker (nach *W. Schwarz*, Chemie-Ing.-Techn. 1956)

Auch der Einfluß der Ohmschen Widerstände ist belanglos geworden. Nach wie vor hat man natürlich darauf zu achten, daß die Vergleichselektrode (bzw. die Luggin-Kapillare) in unmittelbarer Nähe der Meßelektrode befestigt wird, da andernfalls der mitgemessene Spannungsabfall im Elektrolyten Einfluß auf die Potentialeinstellung hat. Ansonsten spielen jedoch Widerstände des Elektrolyten und des Außenstromkreises (Meßinstrument) keine Rolle. Natürlich darf der Spannungsabfall an den Widerständen nicht größer als die vom Verstärker maximal abgebbare Spannung werden.

Für die unter k erwähnte Messung von H_2O_2 u. ä. hat sich der Potentiostat gut bewährt. Seine Anwendung wird in dem betreffenden Abschnitt näher erläutert (S. 159).

n) Vorgänge in der Diffusionsschicht

Wenn mit der Diffusionsgrenzstrom-Messung eine chemische Reaktion verfolgt werden soll, durch die der zu messende Stoff verbraucht wird, dann muß man sich darüber im klaren sein, daß dieser Verbrauch auch innerhalb der Diffusionsgrenzschicht erfolgt. Dadurch kann der lineare Verlauf des Konzentrationsgefälles gestört werden, und der Strom ist nicht mehr ohne weiteres der Konzentration des gelösten Stoffes proportional.

Dabei sind zwei Fälle zu unterscheiden: 1. Die Reaktion, die den zu messenden Stoff verbraucht, verläuft homogen in der ganzen Lösung (z. B. chemische Umsätze wie die Autoxydation von Na_2SO_3 [21], die Atmung von Mikroorganismen wie Hefe, Chlorella usw.). 2. Der zu messende Stoff wird nur an der Meßelektrode durch chemischen Umsatz verbraucht (Katalyse).

Diese Frage ist von *D. Winkelmann* [22] eingehend erörtert worden. Dabei zeigte sich, daß man alle Reaktionen, deren Halbwertszeiten nicht unter der Größe von einigen Sekunden liegen, ohne weiteres mit den bisher und im folgenden beschriebenen Methoden messen kann.

4. F. Tödt, Die historische Entwicklung der elektrochemischen Sauerstoffmessung

a) Eigene Arbeiten bzw. von eigenen Arbeiten ausgehende Untersuchungen

Durch eigene Stromstärkemessungen an verschiedenen galvanischen Elementen (Zink-Platin, Zink-Kupfer, Cadmium-Platin, Cadmium-Kupfer, Blei-Kupfer, Blei-Platin) wurde bereits vor 30 Jahren festgestellt, daß die Stromstärke in erster Linie von dem an die edlere Kathode diffundierenden Sauerstoff abhängig ist [23]. Gegen-

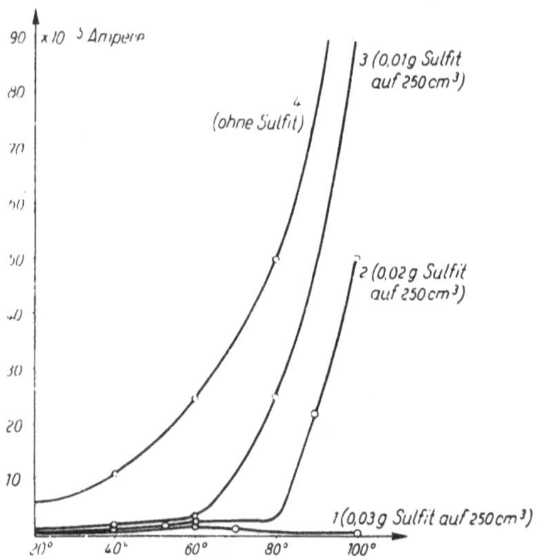

Abb. 18. Stromrückgang bzw. Sauerstoffverbrauch durch Natriumsulfit (nach *F. Tödt*, Z. Ver. dtsch. Zuckerind. 1929)

über dieser Abhängigkeit vom Sauerstoff spielen die übrigen Faktoren, die sonst das elektrochemische Verhalten galvanischer Elemente bestimmen, eine untergeordnete Rolle. So sind die gemessenen Ströme weitgehend unabhängig von der E. M. K. der benutzten Kette, vom inneren Widerstand, von der Größe der unedleren Metallelektrode sowie vom Abstand der Elektroden. Es handelt sich um Restströme, die proportional mit der an die Kathode gelangenen Sauerstoffmenge zunehmen und daher als Maß für den in der Elektrodenflüssigkeit gelösten Sauerstoff dienen können.

Es ließ sich auf diese Weise mit der Elementkombination Cadmium-Platin der Sauerstoffverbrauch durch Natriumsulfit zwischen Zimmertemperatur und 100° C sehr einfach verfolgen [24] (Abb. 18).

Eine weitere Anwendung bestand in der Messung der Korrosionsverhütung bzw. Passivität des Eisens sowie ganz allgemein in der zeitlichen Verfolgung kurzzeitiger Korrosionsänderungen. Die Einfachheit und Bequemlichkeit einer derartigen Korrosionsstrommessung hat zu zahlreichen Versuchen geführt, auf dieser Grundlage Korrosionskurzprüfungen durchzuführen (Korrosimeter bzw. Oxydimeter nach *Tödt*) [25]. Weiterhin hat man die Dichtigkeitsprüfung von Anstrichen auf diesem Wege vorgenommen [26]. Außergewöhnlich geringe Mengen an Sauerstoff ließen sich elektrochemisch dadurch feststellen, daß der Stromfluß, den ein aus Cadmium und Platin bestehendes galvanisches Element lieferte, kurzzeitig ausgeschaltet und dann wieder eingeschaltet wurde. Nach dem Einschalten war der Strom erhöht und ging wieder auf den ursprünglichen konstanten Strom, welcher durch die Diffusion des gelösten Sauerstoffs an die Platinoberfläche verursacht war, zurück. Der auf diese Weise erhaltene Mehrbetrag an Coulomb konnte bis zu 3×10^{-7} Coulomb $= 2{,}4 \times 10^{-11}$ g Sauerstoff gemessen werden [27]. Dies bedeutet, daß noch der tausendste Teil einer monomolekularen Sauerstoffschicht auf der Platinoberfläche auf diese Art meßbar ist, ohne daß die Empfindlichkeitsgrenze erreicht war. Dies bedeutet weiterhin, daß die Empfindlichkeit der elektrochemischen Messung des gelösten Sauerstoffs beliebig gesteigert werden kann. Die erste technische, in größerem Ausmaß durchgeführte Anwendung der elektrochemischen Sauerstoffmessung ist die Sauerstoffregistrierung im Kesselspeisewasser, auf welche dem Verfasser 1933 ein deutsches Reichspatent erteilt wurde [28]. Es wurde auch hier ein aus Platin und Cadmium bestehendes galvanisches Element benutzt. Die Weiterentwicklung dieser Messung in den letzten Jahren ist in einem besonderen Abschnitt behandelt, ebenso die elektrochemische Sofortmessung des in offenen Gewässern und im Abwasser gelösten Sauerstoffs.

Einen besonders breiten Raum dieses Buches nimmt die Messung biologischer Sauerstoffumsätze ein (Atmung, Photosynthese), weil sich auf diesem Gebiet eine außerordentlich vielseitige Anwendungsmöglichkeit ergibt. Die Methode ist im Laufe der letzten Jahre durch eine große Anzahl experimenteller Arbeiten (unter anderem etwa 30 Diplom- und Doktorarbeiten) in verschiedener Hinsicht entscheidend verbessert worden. Einzelheiten darüber enthalten die verschiedenen Abschnitte dieses Buches, so daß im folgenden nur die wichtigsten diesbezüglichen Punkte kurz zusammengefaßt zu werden brauchen.

Zunächst ist die Auswahl der Elektrodenkombination von entscheidender Bedeutung [1]. Als edlere Elektrode hat sich die Goldamalgamelektrode dadurch als überlegen erwiesen, daß sehr schnell der richtige Wert erhalten wird, während bei Platin, Gold und Nickel erst das Abklingen der Oxydbedeckung (zu hohe Ströme) abgewartet werden muß. Die Auswahl der unedlen Elektrode (meist in einer besonderen Lösung durch ein Diaphragma abgetrennt) richtet sich nach dem p_H-Wert (in sauren Lösungen bis p_H 1 Blei, zwischen p_H 3,5 und 6 Eisen und oberhalb p_H 6 Zink).

Die Größe der edleren Elektrode liegt je nach Leitfähigkeit und Sauerstoffkonzentration zwischen 1 mm² und 250 cm² (S. 3). Mit abnehmender Leitfähigkeit und zunehmendem Sauerstoffgehalt muß die edlere Elektrode immer kleiner werden, um die erforderliche lineare Beziehung zwischen abgelesener Stromstärke und Sauerstoffgehalt zu erhalten (S. 3). Die Beziehungen zwischen Leitfähigkeit, Sauerstoffkonzentration und Elektrodenoberfläche sind experimentell so weit geklärt, daß für jeden Anwendungsfall die optimale Elektrodengröße angegeben werden kann. Die Reproduzierbarkeit der Messung erfordert eine ausreichende Konstanthaltung der Diffusionsgeschwindigkeit, was entweder im Durchfluß erreichbar ist (z. B. Sauerstoffmessung im Kesselspeisewasser) oder durch einen Magnetrührer, der wie bereits im Abschnitt 2 bemerkt wurde, erst in einer für elektrochemische Sauerstoffmessungen geeigneten Form (Unabhängigkeit der Tourenzahl vom Lichtnetz) entwickelt werden mußte. Schließlich kommt es auf eine zweckmäßige und einfache Halterung der Elektrodengefäße an. Eine wirklich brauchbare Endlösung (Bioflux, S. XIV) ergab sich auch hier erst in jahrelanger Laboratoriumsarbeit. Die Lösung der hier kurz angedeuteten Aufgaben, welche zu einer außerordentlich vielseitigen Anwendungsmöglichkeit führte[00]), war nur dadurch möglich, daß der Verfasser durch ausreichende

Forschungsmittel (ERP-Mittel) unterstützt wurde und während einer Reihe von Jahren einen Personenkreis von zeitweise über 30 Personen, meist Chemiker, ausschließlich für die elektrochemische Sauerstoffmessung ansetzen konnte. Außerdem fand eine Zusammenarbeit mit einer großen Anzahl von wissenschaftlichen Instituten und anderen Stellen statt und findet noch statt.

b) Fremde Arbeiten

Wegen der besonderen Bedeutung und vielseitigen Anwendungsmöglichkeit der Sauerstoffmessung sind die Bemühungen, hier auf elektrochemischem Wege Meßmethoden zu entwickeln, außerordentlich zahlreich. Der Charakter und insbesondere der geringe Umfang dieses Buches schließt aus, auf diese Untersuchungen näher einzugehen. Es können daher in der Hauptsache nur Literaturangaben gemacht werden. Zu den elektrochemischen Sauerstoffmessungen gehört zweifellos auch die polarographische Sauerstoffmessung. Sie weicht allerdings schon dadurch, daß Stromspannungskurven verwandt werden, von der diesem Buch zugrunde liegenden Methode der reinen Strommessung durch galvanische Elemente mit ausreichend unpolarisierbarer unedler Elektrode ab.

Eine Sauerstoffbestimmung durch Aufnahme von Stromspannungskurven führen *Kolthoff* und *Laitinen* [29] durch. Sie stellten fest, daß für diesen Zweck eine feste Elektrode der tropfenden Quecksilberelektrode überlegen ist und verwandten daher einen Platindraht (Durchmesser 0,5 mm, Länge 4 mm). Bei Luftsättigung fanden sie mit dieser Elektrode in Ruhe 3,5 Mikroampere und bei einer Rotation der Platinelektrode mit 600 Umdrehungen pro Minute 60 Mikroampere. Eine im folgenden wiedergegebene Zusammenstellung von Anwendungen polarographischer Sauerstoffbestimmungen (z. T. mit einer tropfenden Quecksilberelektrode und z. T. mit festen Mikroelektroden) enthält das Buch von *Kolthoff* und *Lingane* [30].

Die polarographische Sauerstoffbestimmung wurde von *Petering* und *Daniels* [31] zum Studium der Photosynthese und Atmung von Grünalgen (Chlorella pyrenoidosa) verwandt, sowie der Atmung von Hefe, Blutzellen und menschlichem Gewebe. Durch diese Untersuchungen wurde festgestellt, daß die polarographische Methode der klassischen Manometrie und der *Winkler*schen Sauerstoffbestimmung überlegen ist, und zwar besonders bei geringen Sauerstoffänderungen. Die Zellatmung von Pflanzenwurzeln wurde polarographisch von *Wanner* [32] gemessen, indem der Betrag der Sauerstoffdiffusion durch die Flüssigkeitsschicht in Berührung mit den Wurzeln bestimmt wurde. *Blinks* und *Skow* [33] benutzten die Tropfelektrode sowie eine Platin-Mikroelektrode zur Sauerstoffmessung bei der Photosynthese. *Baumberger* [34] beschäftigte sich mit dem Verhältnis des Sauerstoffverbrauchs von Hefe zum Redoxpotential. *Beecher*, *Follansbee*, *Murphy* und *Craig* [35] entwickelten eine Technik für polarographische Sauerstoffmessungen in 1 ml Proben von Lymphe und anderen biologischen Flüssigkeiten. Methoden zur Sauerstoffbestimmung im Blutplasma beschrieben *Berggren* [36] und *Wiesinger* [37].

Hill [38] berichtete über die kontinuierliche Registrierung der Sauerstoffkonzentration in physiologischen Flüssigkeiten unter Verwendung einer Platin-Mikroelektrode. Nach *Giguere* und *Lauzier* [39] kann gelöster Sauerstoff im Seewasser mit der Platin-Mikroelektrode bis zu einer Konzentration von 0,02 ml/l gemessen werden. *Manning* [40] konstruierte eine Tropfelektrodenvorrichtung, welche in Seen oder in fließendem Wasser eine Registrierung der Sauerstoffkonzentration ermöglichte. Eine polarographische Zelle für diesen Zweck wurde weiterhin von *Spoor* [41] entwickelt. *Zan'ko*, *Manusova* und *Nikitin* [42] stellten einen Vergleich an zwischen der polarographischen und colorimetrischen (Oxydation von Cu $(NH_3)_4{}^{++}$) Sauerstoffbestimmung im Wasser. Mit der polarographischen Feststellung des biochemischem Sauerstoffbedarfs verunreinigter Gewässer beschäftigte sich als erster *Ingols* [43], der eine kontinuierlich arbeitende Sauerstoff-Meßapparatur zur Abwasserkontrolle von Fabriken fertigstellte. Weiterhin wurden die Vorteile der polarogaphischen Sauerstoffbestimmung im Abwasser von *Moore*, *Morris* und *Okum* [44] betont, die hierfür ein einfaches Gerät benutzten. Schließlich wurde die polarographische Bestimmung von gelöstem Sauerstoff in Milchprodukten von *Hartmann* und *Garrett* [45] beschrieben, in Böden von *Karsten* [46] und in Orangensaft von *Lewis* und *McKenzie* [47].

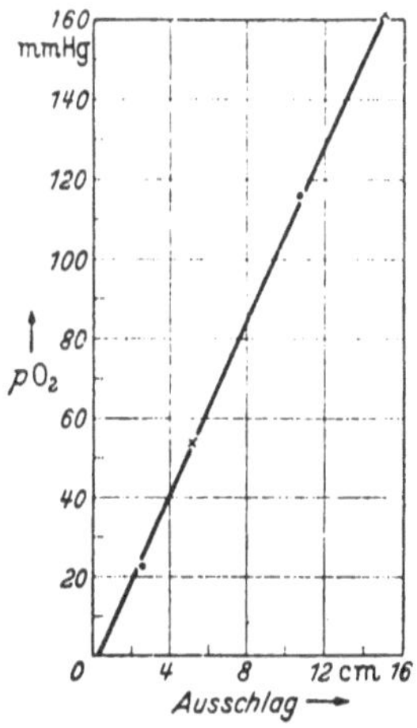

Abb. 19. Eichkurven für pO_2 in Ringerlösung bei 37° C mit Ringer-Kalomelbezugselektrode (nach *H. Bartels*, Pflügers Arch. ges. Physiol. Menschen, Tiere 1950)
× = Meßpunkte f · pO_2 ohne CO_2
· = Meßpunkte für pO_2 mit CO_2

Abb. 20. Zeitverlauf der Atmung. Kurve 1–5: Versuche mit Gewebeschnitten aus Wurzeln von *Daucus carota* (nach *H. I. Küster*, Ber. dtsch. bot. Ges. 1955)

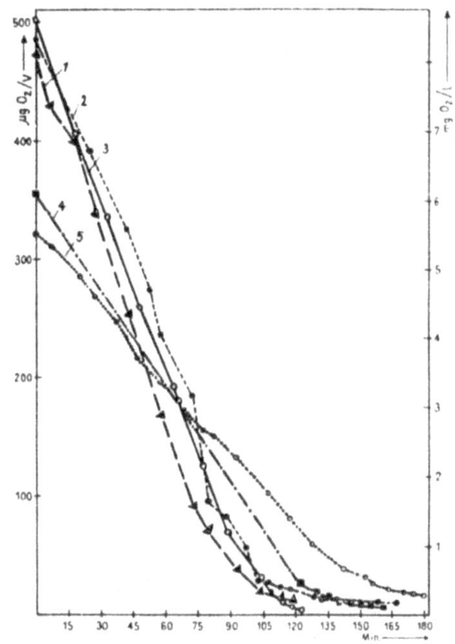

Abb. 20

Sehr eingehende Angaben über die Genauigkeit der polarographischen Sauerstoffbestimmung macht *Bartels*, wie die folgende Abbildung 19 zeigt [48]. Das von *Bartels* benutzte Galvanometer hatte eine Empfindlichkeit von 10^{-9} Ampere. Das entspricht bei dem von *Bartels* angegebenen Ausschlag von 15 cm bei 160 mm Hg O_2 (etwa Luftsättigung) einer Stromstärke von $1{,}5 \times 10^{-7}$ Ampere, wenn man die von *Bartels* angegebene Galvanometerempfindlichkeit von 10^{-9} Ampere auf 1 mm Ausschlag bezieht, wie es bei Spiegelgalvanometern üblich ist.

Demgegenüber erhält man bei der elektrochemischen Sauerstoffmessung für Luftsättigung 100 Mikroampere, wenn man eine sehr kleine Elektrode verwendet. Diese Elektrode liefert eine lineare Eichkurve bis zur Luftsättigung. Das bedeutet also, daß in diesem Falle die elektrochemische Sauerstoffmessung fast tausendmal so empfindlich ist wie die polarographische Sauerstoffmessung. Arbeitet man im Bereich geringer Sauerstoffkonzentrationen, so gestattet die elektrochemische Sauerstoffmessung durch Benutzung einer größeren Meßelektrode noch eine weitere Empfindlichkeitssteigerung um das Zehnfache und mehr.

Anstatt der von uns benutzten Magnetrührung erzeugen *Oehme* und *Noack* [49] sowie *Küster* die erforderliche Diffusionsgeschwindigkeit an der Meßelektrode durch Vibrationselektroden. *Küster* [50] untersuchte auf diese Weise die Atmung pflanzlicher Gewebeschnitte. Die Ergebnisse sind in der Abb. 20 enthalten.

Bei den Untersuchungen von *Zeidler* und *U. Taubeneck* [51] wird als Vibrationselektrode ein Golddraht von 42 mm² und als Gegenelektrode eine gesättigte Calomelelektrode verwandt, wobei die elektrolytische Verbindung zwischen Anoden- und Kathoden-

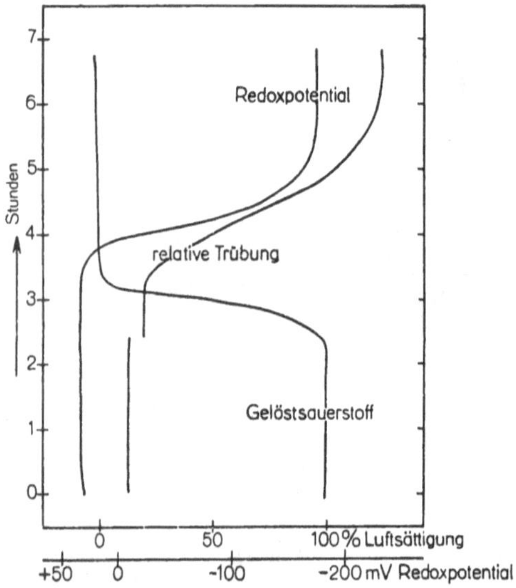

Abb. 21. Ergebnisse der Registrierung an einer Bakterienkultur. *Proteus vulgaris* SG 2 in gepuffertem Fleischwassernährboden bei 37° C. Der Zeitpunkt der Beimpfung ist an der sprunghaften Änderung der relativen Trübung erkennbar (nach *H. Zeidler* und *U. Taubeneck*, Zbl. Bakteriol., Parasitenkunde, Infektionskrankh. Abt. II 1956)

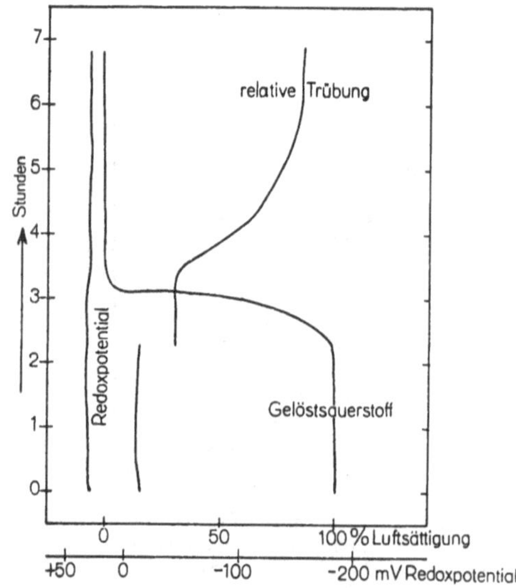

Abb. 22. Ergebnisse der Registrierung an einer Bakterienkultur. *Micrococcus pyogenes var. aureus* SG 511 in gepuffertem Fleischwassernährboden bei 37° C (nach *H. Zeidler* und *U. Taubeneck*, Zbl. Bakteriol., Parasitenkunde, Infektionskrankh. Abt. II 1956)

raum durch ein mit KCl-Agar (6% Agar, 6% KCl) gefülltes Glasverbindungsstück hergestellt wird. Zwei mit dieser Anordnung registrierte Atmungskurven sind in den folgenden Abb. 21 und 22 dargestellt, welche die gleichzeitig registrierten relativen Trübungs- und Redoxpotentialwerte enthalten.

Die Abbildungen 21 und 22 zeigen, daß das Potential, das vor der Beimpfung in gepufferten Fleischwassernährböden bei pH 7 gemessen wurde, nicht merklich durch gelösten Sauerstoff beeinflußt wird. Die Annahme, daß die Ausbildung des negativen Potentials durch die von Bakterien verursachte Entfernung des Gelöstsauerstoffs zustande kommt und durch bestimmte Elektrodeneigenschaften zeitlich verzögert angezeigt wird, ist nicht begründet. Es wurden Registrierversuche mit Bakterienarten vorgenommen, wobei nach der Beimpfung der Gelöstsauerstoff verbraucht wurde, ohne daß eine Potentialänderung auftrat.

Literatur

[1] *F. Tödt*, Anwendung der elektrochemischen Sauerstoffmessung, Angew. Chem. **9/10**, 266 bis 270 (1955).

[2] *F. Tödt* und *H.-G. Todt*, Elektrochemische Bestimmung des Sauerstoffgehaltes von Oberflächengewässern, Vom Wasser **20**, 72–126 (1953), Verlag Chemie, Weinheim/Bergstraße.

[3] *F. Tödt*, Die Messung der kathodischen Sauerstoffreduktion durch geeignete Modellelemente, Z. Elektrochem. **56**, H. 3, 163–169 (1952).

[4] *U. Hässelbarth*, Zur Versuchsmethodik der Aufnahme von Stromdichte-Potentialkurven bei der kathodischen Sauerstoffreduktion, Diplomarbeit, Freie Universität, Berlin (1954).

H. Erlebach, Der Einfluß des p_H-Wertes auf den Vorgang der kathodischen Sauerstoffreduktion, Diplomarbeit, Freie Universität, Berlin (1954).

[5] *D. Winkelmann*, Das elektrochemische Verhalten des Systems $O_2/H_2O_2/H_2O$ an blankem Platin und platiniertem Platin, Dissertation, Freie Universität, Berlin (1955).

D. Winkelmann, Untersuchungen über das elektrochemische Verhalten von O_2-H_2O_2-H_2O am blanken und platinierten Platin Z. Elektrochem., Ber. Bunsenges. physik. chem. **60**, 731 (1956).

[6] *F. Tödt, S. Kahan* und *W. Schwarz*, Über den Einfluß der Diffusionsschicht auf die elektrochemische Bestimmung des Sauerstoffs und der Oxydbedeckung von Metallen, Z. Elektrochem., Ber. Bunsenges. physik. chem. **56**, 19 bis 23 (1952).

[7] *W. Schwarz*, Der Einfluß der Außen- und Elektrolytwiderstände auf die Arbeitsweise elektrochemischer Modellelemente mit einer leicht polarisierbaren Elektrode, Werkstoffe und Korrosion **6**, 211–216 (1953).

[8] *K. J. Vetter*, Aus einer noch nicht veröffentlichten Arbeit.

[9] *Erdey-Gruz* und *Volmer*, Zur Theorie der Wasserstoffüberspannung, Z. physik. Chem. **150**, 203–213 (1930).

[10] *I. M. Kolthoff* und *Miller*, J. Amer. Chem. Soc. **63**, 1013 (1941).

[11] *K. Damaschke, L. Rothbühr* und *F. Tödt*, Anwendung der elektrochemischen Sauerstoffmeßmethode für Messungen in biologischen Medien und ihre Ausführung, Biochem. Z. **326**, H. 6, 424–432 (1955).

[12] *F. Tödt, W. Schwarz* und *H.-G. Todt*, Elektrochemische Bestimmung des Sauerstoffgehaltes von Oberflächengewässern, Gesundheits-Ing. **13/14** (1954).

[13] *F. Tödt* und *G. Petsch*, Über die Weiterentwicklung des „Sauerstofflotes zur elektrochemischen Sofortablesung des in offenen Gewässern gelösten Sauerstoffs, Gesundh. Ing. **718**, 104–106 (1955).

[14] *W. Simon*, Elektrochemische Sauerstoffmessung in Nährlösungen bei der Penicillinherstellung, Diplomarbeit, T. U. Berlin (1954).

[15] *J. Heinrich*, Der Einfluß der Temperatur auf die kathodische Sauerstoffreduktion, Diplomarbeit, Freie Universität, Berlin (1954).

[16] *D. Winkelmann*, Die elektrochemische Messung der Autoxydationsgeschwindigkeit des Natriumsulfits in wäßriger Lösung, Diplomarbeit Freie Universität, Berlin (1954).

[17] *H. Rüffer*, Die elektrochemische Bestimmung des Sauerstoffumsatzes in Bodensuspensionen sowie in Chlorellasuspensionen, Diplomarbeit T. U. Berlin (1954).

[18] *F. Tödt, K. Damaschke* und *L. Rothbühr*, Die elektrochemische Messung von Sauerstoffumsätzen bei der Photosynthese, Biochem. Z. **325**, 210–222 (1954).

[19] *W. Dirscherl* und *K. Otto*, Polarographie mit vibrierender Platinmikroelektrode, Chemie-Ing.-Techn. **26**, **6**, 321 (1954).

[20] *W. Schwarz*, Der Potentiostat als Hilfsmittel für die Polarographie und Amperometrie Chemie-Ing.-Techn. **6**, 423 (1956).

[21] *D. Winkelmann*, Die elektrochemische Messung der Oxydationsgeschwindigkeit von Na_2SO_3 durch gelösten Sauerstoff, Z. Elektrochem., Ber. Bunsenges. physik. Chem. **59**, 891 (1955).

[22] *D. Winkelmann*, Der Einfluß der Reaktionsgeschwindigkeit auf die Stromdichte beim

Verfolgen von Reaktionsverläufen durch den Diffusionsgrenzstrom, Z. Elektrochem., Ber. Bunsenges. physik. Chem. **59**, 895 (1955).

[23] *F. Tödt*, Korrosion und Reststrom I-III, Z. Elektrochem. **586** u. **853** (1928).

F. Tödt, Zur Lokalstromtheorie der Korrosion und Passivität, Physik. Chem. **148**, 434–440 (1930).

[24] *F. Tödt*, Die laufende Anzeige des Gehaltes an gelöstem Sauerstoff sowie des durch Natronlauge bewirkten Rostschutzes durch Strommessung, Z. Ver. dtsch. Zuckerind. 680–694 (1929).

[25] *G. Gollnow*, Neue Methoden zur vergleichenden Korrosionsmessung von Metallen, Chemiker-Ztg. **110** (1930). Ein neues Verfahren zur gleichzeitigen Korrosionskurzprüfung verschiedener Metalle, Gießerei **665** (1930). Über Methoden und Apparate zur Korrosionsprüfung von Metallen, Chem. Fabrik **326** (1931).

[26] *F. Tödt*, Messung und Verhütung der Metallkorrosion, Verlag Walter de Gruyter & Co. 64–71 (1941).

F. Tödt, Korrosion und Korrosionsschutz, Verlag Walter de Gruyter & Co. **947** (1955).

G. Jakob, Elektrizität in Geschirren, Brauerei **25**, 145–146 (1930).

J. K. Wirth, Zur Prüfung der Eisenkorrosion unter Schutzfilmen, Chem. Fabrik **455** (vgl. 142 u. **144**). 1938). *J. K. Wirth* Über die Korrosion unter Schutzfilmen, K. 69–76 (vgl. 142 u. 143 (1940).

Zusammenfassende Darstellung: *F. Tödt*, Messung und Verhütung der Metallkorrosion, Verlag Walter de Gruyter & Co. 141 bis 146 (1941).

[27] *F. Tödt*, Die Entstehung und der elektrochemische Abbau von Oxydschichten auf Metallen, Z. Elektrochem. angew. physik. Chem. **54**, H. 6, 488 (1950).

[28] *F. Tödt*, Verfahren zum fortlaufenden Messen und Anzeigen von in strömendem Wasser gelöstem Sauerstoff, DRP. 663080, 12. Febr. 1933.

[29] *I. M. Kolthoff* und *H. A. Laitinen*, Special articles, The voltametric determination of oxygen, Science, 16. August, **92**, No. 2381, 152–154 (1940).

[30] *I. M. Kolthoff* und *J. J. Lingane*, Polarography, V **2**, 554–556 (1952), Interscience Publishers, New York, London.

[31] *H. G. Petering* und *F. J. Daniels*, J. Am. Chem. Soc. **60** 2796 (1938).

[32] *H. Wanner*, Helv. Chim. Acta **28**, 23 (1945).

[33] *L. R. Blinks* und *R. K. Skow*, Proc. Natl. Acad. Sci. U. S. **24**, 413, 420 (1938). *L. R. Blinks*, *M. L. Darsie* und *R. K. Skow*, J. Gen. Physiol. **22**, 255 (1938).

[34] *J. P. Baumberger*, Cold. Spring Harbor Symposia, Quant. Biol. **7**, 195 (1939).

[35] *H. K. Beecher*, *R. Follansbee*, *A. J. Murphy* und *F. N. Craig*, J. Biol. Chem. 197 (1942).

[36] *S. M. Berggren*, Acta Physiol. Scandinavica, **4**, Suppl. XI, 92 (1942).

[37] *K. Wiesinger*, Helv. Physiol. Pharmacol. Acta **6**, 13 (1948).

[38] *D. K. Hill*, J. Physiol. **105**, 24 (1946).

[39] *P. A. Giguere* und *L. Lauzier*, Can. J. Research. **23**, 76 (1945).

[40] *W. M. Manning*, Ecology, **21**, 509 (1940).

[41] *W. A. Spoor*, Science **108**, 421 (1948).

[42] *A. N. Zan'ko*, *F. A. Manusova* und *A. D. Nikitin*, Zavodskaya Lab. 8, 937 (1939).

[43] *R. S. Ingols*, Sewage Works J. **13**, 1097 (1941). Ind. Eng. Chem. Anal. Ed. **14**, 256 (1942).

[44] *E. W. Moore*, *J. C. Morris* und *D. A. Okun*, Sewage Works J. **20**, 1041 (1948).

[45] *G. H. Hartman* und *O. F. Garret*, Ind. Eng. Chem. Anal. Ed. **14**, 641 (1942).

[46] *S. Karsten*, Amer. J. Bot. **25**, 14 (1938).

[47] *V. H. Lewis* und *H. A. McKenzie*, Anal. Chem. **19**, 643 (1947).

[48] *H. Bartels*, Die Bestimmung des physikalisch gelösten Sauerstoffs in biologischen Flüssigkeiten mit der Quecksilbertropfelektrode, Pflügers Arch. ges. Physiol. Menschen, Tiere **252**, 273 (1950).

[49] *F. Oehme* und *D. Noack*, Eine vibrierende Elektrode mit auswechselbaren Einsätzen für elektrochemische Arbeiten, Chemische Technik **7**, 270 (1955).

[50] *H.-J. Küster*, Herstellung und Anwendung einer Vibrationskathode für die elektrochemische Sauerstoffbestimmung nach *Tödt*, Ber. dtsch. bot. Ges. LXVIII, H. 4, 186–187 (1955).

[51] *H. Zeidler* und *U. Taubeneck*, Eine Methode zur gleichzeitigen Registrierung von Gelöstsauerstoff, Redoxpotential, Wasserstoffionenkonzentration und relativer Trübung in Bakterienkulturen, Zbl. Bakteriol., Parasitenkunde, Infektionskrankh. Abt. II (1956), VEB.-Verlag, G. Fischer, Jena.

II.

F. Tödt, Chemische Anwendungen der elektrochemischen Sauerstoffmessung

1. Die elektrochemische Messung der Oxydationsgeschwindigkeit von $Fe(OH)_2$ und $Mn(OH)_2$ durch gelösten Sauerstoff [1]

Die Reaktion zwischen $Fe(OH)_2$ sowie zwischen $Mn(OH)_2$ und gelöstem O_2 wurde durch die den jeweiligen O_2-Gehalt anzeigende Stromlieferung der galvanischen Elemente Fe-Pt und Zn-Pt gemessen. Wird der gelöste Luftsauerstoff einmal durch Stickstoff und zum anderen durch $Fe(OH)_2$ entfernt, so ist nach Abb. 23 die hierdurch bedingte Potentialänderung ebenso wie die Stromstärkeänderung nur vom Sauerstoffgehalt abhängig. Nach dem Entfernen des Sauerstoffs durch N_2-Einleiten wurde anschließend durch Lufteinleiten der Sauerstoff wieder auf den Sättigungswert gebracht. Dabei wurden Strom (= O_2-Gehalt) und Potential der Kathode, der Anode am Diaphragma im Elektrolyten und der Anode hinter dem Diaphragma in der gesättigten KCl-Lösung gemessen. Zum anderen wurde der Sauerstoff durch Reaktion mit Fe^{++} entfernt. Die Fe^{++}-Mengen wurden in der Größenordnung von 1 bis 2 Äquivalenten (berechnet auf 1 Mol O_2 = 4 Äquivalente) zugegeben. Auch ein Überschuß (= 10 Äqu. O_2) zeigte keinen Einfluß. Allerdings änderte sich hierbei der p_H-Wert um 0,7 Einheiten. Eine schwache Polarisation der Eisenanode ist in Abb. 23 bei p_A erkenntlich. Sie beträgt bei $10 \cdot 10^{-6}$ A ungefähr 0,015 V und ist ohne Einfluß auf die Messung. Der Eisenstab war 12 cm lang mit einem Durchmesser von 2,5 mm. Aus der Abbildung geht eindeutig hervor, daß eine Oxydation von Fe^{++} durch Sauerstoff durch Stromstärkemessungen verfolgt werden kann.

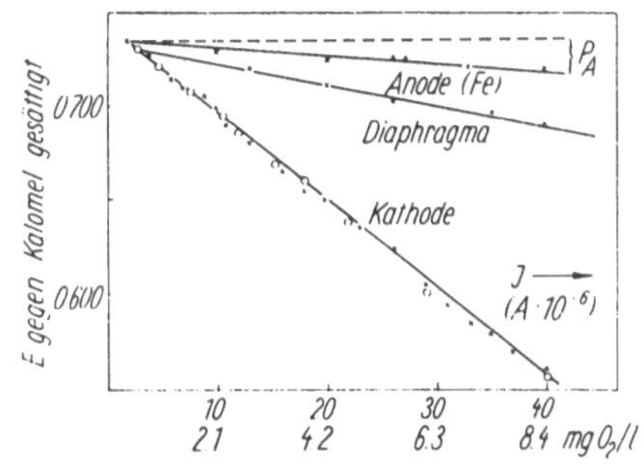

Abb. 23. Abhängigkeit des Potentials und der Stromstärke vom Sauerstoffgehalt (nach *F. Tödt* und *K. Stoklossa*, Z. Elektrochem. angew. physik. Chem. 1954)

Potentialverhalten bei O_2-Entfernung durch N_2 — × --- × durch Fe^{++} = o — o — o

Der in Abb. 24 wiedergegebene Versuch zeigt, daß die Reaktion nach der Gleichung erfolgt:

$$4\,Fe(OH)_2 + O_2 + 2\,H_2O = 4\,Fe(OH)_3 \text{ Bruttoformel.}$$

Bei p_H = 10 wurde zunächst reiner Sauerstoff eingeleitet (t = 24° C). Winkler-Bestimmung und elektrochemische Messung ergaben einen Sauerstoffgehalt von 42 mg/l,

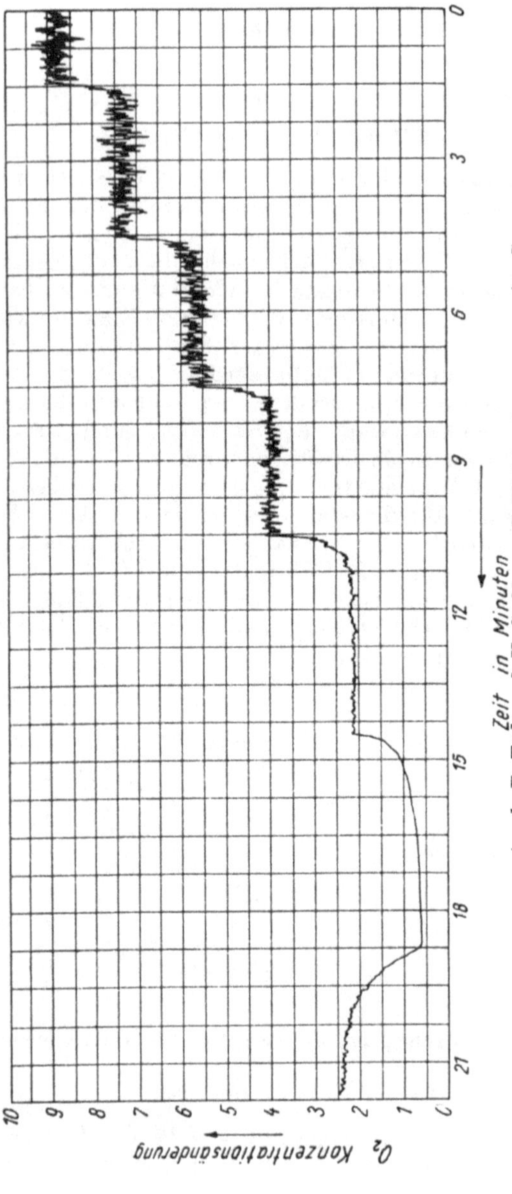

(nach F. Tödt und K. Stoklossa, Z. Elektrochem. angew. physik. Chem. 1954)

das entspricht erwartungsgemäß dem 5fachen des Luftsättigungswertes (8,42 mg/l). Nun wurde das Gefäß durch Unterbrechung des Sauerstoffeinleitens von der Umgebung abgeschlossen und fünfmal eine Fe^{++}-Menge zugesetzt, welche dem Luftsättigungswert von 8,42 mg O_2/l nach der genannten Gleichung äquivalent war. Wie Abb. 24 erkennen läßt, nimmt der Sauerstoffgehalt in gleichen Mengen ab, und zwar jedesmal um den theoretisch zu erwartenden Luftsättigungswert von 8,4 mg O_2/l. In der Abb. 24 stellt die vorletzte Stufe zwischen den Randzahlen 12 und 15 den Luftsättigungswert dar. Er wurde nach Abschluß der letzten Reduktion bei 20 durch normales Lufteinleiten wieder reproduziert. Die geringe Differenz rührt von einer Nullpunktsverschiebung her. Nachdem auf diese Weise die lineare Beziehung zwischen registrierter Stromstärke und Änderung des Gehaltes an gelöstem Sauerstoff experimentell gesichert war, wurde bei den folgenden Versuchen zu luftgesättigten Lösungen (O_2 = 8,4 mg/l) eine dem Sauerstoff äquivalente Fe^{++}-Menge zugesetzt und die hierauf erfolgende Reaktion zwischen dem gelösten Sauerstoff und den Fe^{++}-Ionen am Linienschreiber registriert. Wie die Abb. 25 zeigt, liefert die registrierte Stromkurve quantitativ den zeitlichen Verlauf der Oxydation.

Die in derselben Weise bei drei verschiedenen p_H-Werten registrierten Werte sind in der Tabelle 2 zusammengestellt.

Als Restsauerstoffgehalt bei Gegenwart von einem Überschuß von $Fe(OH)_2$ wurden auf Grund gleicher Versuche gefunden:

Für pH 8,3 = 0,050 mg/l O_2
9,3 = 0,030 mg/l O_2
10,3 = 0,020 mg/l O_2

Diese Mengen O_2 reagieren also praktisch nicht mehr mit $Fe(OH)_2$. Auf Grund dieser Versuche läßt sich leicht erkennen, welche Mengen an O_2 und $Fe(OH)_2$ man bei gegebenem pH nebeneinander finden kann.

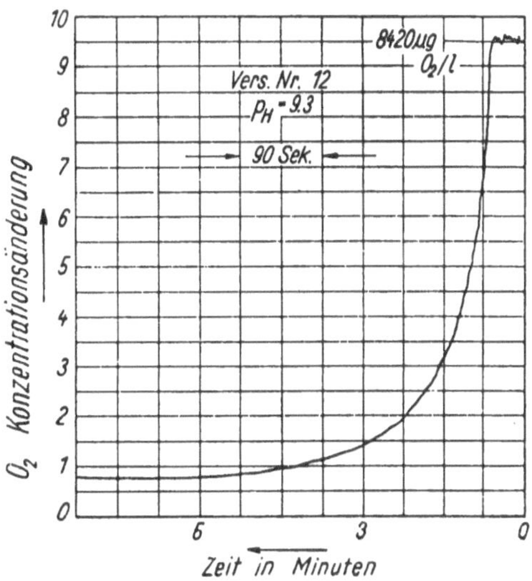

Abb. 25. Registrierung des Sauerstoffverbrauchs durch $Fe(OH)_2$ (nach *F. Tödt* und *K. Stoklossa*, Z. Elektrochem. angew. physik. Chem. 1954)

Tabelle 2

pH = 8,3 äquivalente Menge		pH = 9,3 O_2 – Fe^{++} äquival. Menge		pH = 10,3 O_2–Fe^{++} äquival. Menge		O_2–Fe^{2+}
Zeit sec	Strom A 10^{-6}	O_2 mg/l	Strom A 10^{-6}	O_2 mg/l	Strom A 10^{-6}	O_2 mg/l
0	42	8,420	42	8,420	42	8,420
10	30,1	6,110	29	5,810	21	4,210
20	24,7	5,005	22	4,410	14	2,810
30	21,9	4,450	19	3,810	11	2,205
40	19,2	3,900	15,5	3,105	9,2	1,850
50	16,8	3,410	13,5	2,705	7,7	1,540
60	15,3	3,105	11,5	2,305	6,5	1,300
80	12,6	2,554	9,5	1,902	5,0	1,000
100	10,8	2,200	7,5	1,502	4,0	0,800
120	9,3	1,880	6,5	1,303	3,1	0,630
150	7,6	1,545	5,1	1,062	2,7	0,550
180	6,4	1,300	4,3	0,861	2,3	0,460
210	5,9	1,200	3,8	0,762	2,2	0,450
240	5,3	1,060	3,4	0,682	2,0	0,400
300	4,8	0,960	2,9	0,582	1,8	0,360

In einer Reihe weiterer Versuche wurde die Reaktionsgeschwindigkeit zwischen $Mn(OH)_2$ und Sauerstoff untersucht. Bei pH 10 und dem gleichen Soda-Borat-Puffer wie bei der Tab. 2 konnte überhaupt keine Reaktion mit dem gelösten Luftsauerstoff festgestellt werden. Erst bei wesentlich stärker alkalischen Lösungen werden Reaktionsgeschwindigkeiten beobachtet, welche mit ansteigendem pH-Wert zunehmen. Jedenfalls ist die Reaktionsgeschwindigkeit zwischen $Mn(OH)_2$ und O_2 außerordentlich viel geringer als die Reaktionsgeschwindigkeit zwischen $Fe(OH)_2$ und O_2.

2. Elektrochemische Messung des an Hämoglobin gebundenen Sauerstoffs[2])

Die elektrochemische Messung des an Hämoglobin gebundenen Sauerstoffs kann dadurch erfolgen, daß man das Blut in eine sauerstoffarme Elektrolytlösung gibt, den Sauerstoff in Freiheit setzt und den so erhaltenen Anstieg der Sauerstoffkonzentration auf die übliche Weise elektrochemisch bestimmt. Zur Freisetzung des Sauerstoffs dienten zwei Methoden.

1. Verwendung einer Lösung von pH 1 $\left(\frac{n}{10}\ HCl \text{ oder } \frac{n}{5}\ H_2SO_4\right)$. In diesem Fall wird nur die Hälfte des Sauerstoffs abgespalten, da die andere Hälfte durch das entstandene Methämoglobin gebunden wird. Aus diesem Grunde ist diese Methode nur für O_2-gesättigtes Blut bzw. zur Hb-Bestimmung anwendbar.
2. Die Austreibung des Sauerstoffs durch Kohlenoxyd, wobei der gesamte Sauerstoff des Oxyhämoglobins in die Elektrolytlösung geht. Diese Methode dient zur O_2-Bestimmung im Blut beliebiger O_2-Konzentrationen.

Bei beiden Methoden wurde 1 ml Blut auf etwa 80 ml Lösung (Inhalt des Meßgefäßes) zugesetzt. Das galvanische Element bestand bei der Säuremethode aus Goldamalgam-Blei und bei der Kohlenoyxdmethode aus Goldamalgam-Zink. Eine Eichkurve ist in der Abb. 26 enthalten.

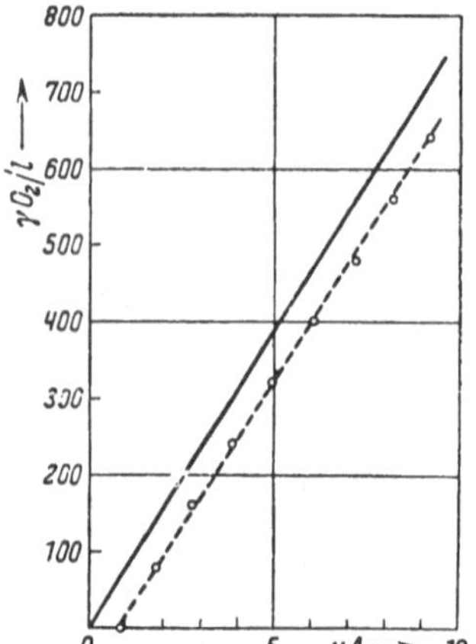

Abb. 26. Eichkurve in CO-ges. Elektrolytlösung pH 7,2 bei 37° C (nach *K. Damaschke* und *F. Tödt*, Z. Naturforsch. 1956)

Zur Durchführung der Säuremethode wurde zunächst durch Stickstoffeinleiten der Sauerstoff bis auf einen nicht ins Gewicht fallenden Rest entfernt (Dauer etwa 2 min). Nach Blutzugabe kann dann sofort der freigesetzte Oxyhämoglobinsauerstoff gemessen werden. Eine Eichung ist jederzeit durch Zugabe von einem oder mehreren ml luftgesättigter Lösung möglich. Bei der Kohlenoxydmethode wird durch Einleiten von Kohlenoxyd der Sauerstoff entfernt und dann ebenfalls nach Blutzugabe sofort der vom Oxyhämoglobin in Lösung gegangene Sauerstoff abgelesen. Einige Ergebnisse derartiger Messungen nach beiden Methoden sind in der Tabelle 3 enthalten.

Zahlenbeispiel für eine Eichung und Messung: In 1 l luftgesättigter Phosphatpuffer-Lösung sind bei 37° C 6500 γ O_2 = 4550 mm^3 O_2 gelöst. Erhält man jetzt durch 1 ml Eichflüssigkeit einen Ausschlag von 1,2 μA, dann sind dies 6,5 γ O_2. Nun wird 1 ml des der Vene oder Arterie entnommenen Blutes (das Blut wird mit Vetren aufgezogen) in das Elektrodengefäß gespritzt und der Stromzuwachs abgelesen. Er sei 25 μA, dann ist der O_2-Gehalt dieses ml Blutes = 135 γ.

Tabelle 3

Vergleichende Untersuchungen in a) CO-ges. Lsg.; b) n/10-HCl; Zahlenwerte μg O_2 pro ml Blut

I. Rinderblut

a	b (× 2)
135	68
121	63
137	71
128	64,5
131	65,5
128	66

1 ml Blut enthält bei gesunden Männern 0,16 g Hb, diese können 214,4 mm^3 O_2 = 306 μg O_2 binden. Um diesen Höchstwert zu erreichen, der vom Hb-Gehalt abhängig ist, wurde das Blut entweder mit Luft oder O_2 abgesättigt, was keine Unterschiede ergab und davon dann 1 ml in das Elektrodengefäß gebracht. Aus dem erhaltenen Wert kann man ohne weiteres den Hb-Gehalt errechnen. Bei den Versuchen zeigte sich, daß je nach der Dauer der Stauung bei der Blutentnahme aus der Armvene der O_2-Gehalt zwischen 50 und 200 γ lag. Die O_2-Gehalte des venösen Blutes schwankten außerdem stark, je nachdem ob die Versuchsperson nüchtern war oder gerade gegessen hatte. Nach dem Essen sank der O_2-Gehalt in der Armvene. Das belüftete Blut zeigte bei gesunden Versuchspersonen zwischen 250 und 333 γ O_2/ml, je nach dem Hb-Gehalt. Es wurde also aller am Hb gebundener Sauerstoff gefunden. Die Reproduzierbarkeit lag bei anfänglich $\pm$ 5% und konnte durch feinere Kalibrierung des Eichaufsatzes auf $\pm$ 2% gebracht werden.

3. Die elektrochemische Messung der Oxydation von Glukose und Fruktose durch gelösten Sauerstoff bei verschiedenen Temperaturen, p_H-Werten und Zuckerkonzentrationen [3]

Über die Umsetzung von Zucker mit Sauerstoff in gelöster Form liegen bereits eine ganze Anzahl von Arbeiten vor, die sich auf die Oxydation von ein- und mehrfachen Zuckern erstrecken. In der Hauptsache wurden jene Untersuchungen aber unter Verwendung von Alkali, Erdalkali und Schwermetallen und deren Salzen durchgeführt, wobei eine starke positive, katalytische Wirkung jener Metalle festgestellt worden war. Die dabei gemessenen Temperaturen erstrecken sich auf den Bereich von + 10° C bis zur Siedetemperatur. *Warburg*, *Meyerhof* und andere [4,5,6] untersuchten vor allem die Oxydation von Fruktose durch gelösten Sauerstoff. Es wurde dabei durch manometrische Messung der Sauerstoffänderung die Reaktionsgeschwindigkeit vorzugsweise bei 38° C in Abhängigkeit von verschiedenen Faktoren, wie Salzgehalt der Lösungen, Art des Puffers, Einfluß von Metallen und Giften als positive oder negative Katalysatoren untersucht. Nach diesen Arbeiten wirken Schwermetalle sowie steigende Phosphat- und OH-Ionenkonzentrationen stark beschleunigend und Gifte wie KCN und Pyrophosphat hemmend. Infolge der hohen Empfindlichkeit der elektrochemischen Sauerstoffmessung schien es lohnend, festzustellen, ob noch in neutraler Lösung bei Zimmertemperatur auf elektrochemischem Wege Effekte meßbar sind, und zum anderen, wie weit die Reaktion sehr geringer Zuckerspuren mit Sauerstoff noch verfolgt werden kann. Als galvanisches Element war für diesen

Zweck Goldamalgam gegen Zink in gesättigter KCl-Lösung geeignet. Die Messungen wurden bei verschiedenen Zuckerkonzentrationen, bei pH-Werten von 6, 7, 8, 10, 12 und 13,5 und bei Temperaturen von 20, 30, 40 und 50° C vorgenommen. Die durch potentiometrische pH-Messungen kontrollierten pH-Werte von 6, 7, 8 und 12 sind mit Phosphatpufferlösungen erhalten, pH 10 mit einem Karbonatpuffer und pH 13,5 mit NaOH. Die Pufferlösungen waren folgendermaßen zusammengesetzt:

Tabelle 4

Phosphatpuffer	7,980 g	Na_2HPO_4		
	+ 1,437 g	KH_2PO_4	pH	6,05
	7,268 g	Na_2HPO_4		
	+ 3,522 g	KH_2HPO_4	pH	7,09
	11,508 g	Na_2HPO_4		
	+ 0,281 g	KH_2PO_4	pH	8,10
	11,867 g	Na_2HPO_4	pH	9,05
Bicarbonat —	12,877 g	$Na_2CO_3 \cdot 10\ H_2O$		
Carbonatpuffer	+ 0,84 g	$NaHCO_3$	pH	10,05
Phosphatpuffer	+ 11,867 g	Na_2HPO_4	pH	12,00
NaOH	+ n NaOH			
NaOH	0,2 n NaOH		pH	13,50

Sämtliche Werte sind in Mikrogramm verbrauchtem Sauerstoff je Liter Lösung in einer Minute angegeben. Der Einfluß des pH-Wertes zwischen pH 6 und 10 und zwischen 20 und 50° C ist in der Tab. 5 und Abb. 27 wiedergegeben und der Einfluß der Zuckerkonzentration bei pH 9 und 40° in der Tab. 6. Ein Beispiel für den Verlauf der Messungen zeigt die Abb. 28 (Stromstärkeabfall durch Fruktose bei pH 8 und 10 bei 40° C) und den Einfluß des Sauerstoffgehaltes die Abb. 29 und 30.

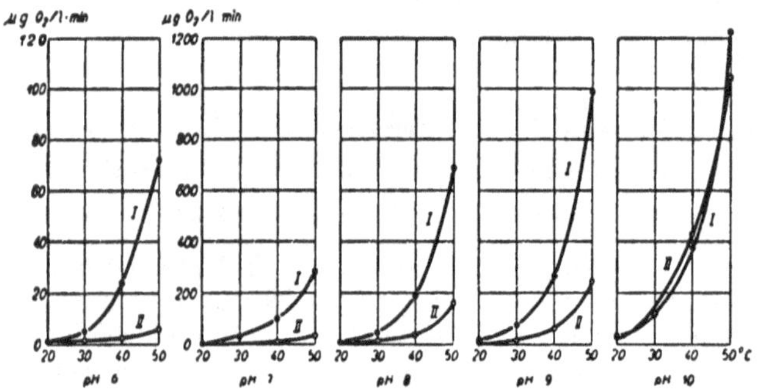

Abb. 27. Abhängigkeit der Reaktionsgeschwindigkeit [$\mu g\ O_2/l \cdot min$] in 0,5 molarer Fruktose (I) und Glukoselösung (II) von der Temperatur und dem pH-Wert (nach *F. Tödt* und *H. J. Delavier*, Z. Zuckerind. 1957)

Nach Tab. 5 steigt bei Fruktose die Reaktionsgeschwindigkeit mit dem gelösten Sauerstoff bei wesentlich niedrigeren pH-Werten und Temperaturen an als bei Glukose.

Die Empfindlichkeit der Methode reicht aus, um auch noch bei pH 6 und 7 die Reaktion von Sauerstoff mit Fruktose und Glukose zu verfolgen. Bei pH 6 und 20° C war bei Glukose keine Reaktion mehr festzustellen. Bei den Werten unter 20 µg Sauerstoffverbrauch je Liter und Minute wurde alle 5 Minuten eine Ablesung gemacht und der Strom nur für die Messung eingeschaltet. Hierdurch wird der Sauerstoffverbrauch durch die Messung (Sauerstoffzehrung) ausgeschaltet. Dieser bei sehr hoher Empfindlichkeit zu berücksichtigende Effekt wird im folgenden noch eingehend behandelt. Im Durchschnitt reagiert nach Tab. 5 die Fruktose 3- bis 10mal schneller als Glukose.

Tabelle 5

Absolute Reaktionsgeschwindigkeiten von 0,5 Mol Glukose bzw. Fruktose/l mit gelöstem Luftsauerstoff in $\mu g\ O_2/l \cdot min$

pH	Temp. °C	Glukose	Fruktose
6	20	nicht meßbar	1,3
	30	1,8	5
	40	2,5	24
	50	6	72
7	20	0 5	5
	25	0,8 – 1,5	5
	30	1,7 – 3,8	30
	40	8 – 10	100
	50	31	287
8	20	2,2	7,5
	30	15	47
	40	33	190
	50	165	690
9	20	3,0	13 – 18
	30	15	73
	35	35	
	40	62	267
	50	245	985
10	20	25	30
	30	125	115
	40	430	375
	50	1045	1230

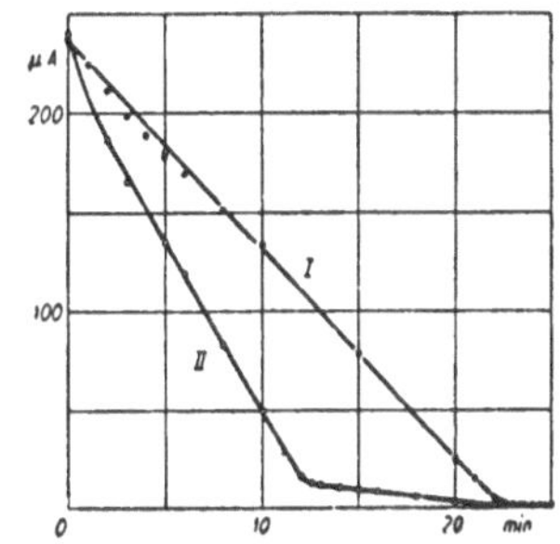

Abb. 28. Stromstärkeabnahme in 0,5 molarer Fruktoselösung von 40 °C bei pH = 8 (I) und pH = 10 (II) (nach *F. Tödt* und *H. J. Delavier*, Z. Zuckerind. 1957)

Tabelle 6

Abhängigkeit der Reaktionsgeschwindigkeit [$\mu g\ O_2/l \cdot min$] von der Zuckerkonzentration

0,1	0,2	0,25	0,5	1,0	2,0	Mol/l
31,5	43	52	77	82	73	Glukose
84	105	115	295	160	95,5	Fruktose

Bemerkenswert ist die Tatsache, daß nach Abb. 29 die Reaktionsgeschwindigkeit unabhängig von der Sauerstoffkonzentration verläuft (Reaktion nullter Ordnung in bezug auf den Sauerstoff). Der Charakter der Reaktion ist also bei den Versuchen der Abb. 29 der gleiche wie bei der Atmung, bei der ebenfalls unabhängig von der Sauerstoffkonzentration in der Zeiteinheit gleiche Sauerstoffmengen verbraucht werden. Erst bei sehr geringer Sauerstoffkonzentration wird ebenso wie bei der Atmung der Sauerstoffverbrauch geringer. Feststellungen dieser Art waren bei der bisher für derartige Messungen üblichen Manometrie nicht möglich, weil hierzu die Meßempfindlichkeit bei weitem nicht ausreichte. Man sieht aus der Abb. 30, daß noch Umsätze weit unter 100 Mikrogramm Sauerstoff im Liter quantitativ faßbar sind. Daher erschien es lohnend, die Messungen auf möglichst geringe Glukose- und Fruktosekonzentrationen auszudehnen, deren Reaktion mit Sauerstoff bisher (jedenfalls mit einfachen Mitteln) nicht gemessen werden konnte. Wie die Tab. 7 und die Abb. 31 bis 34 erkennen lassen, ist es möglich, bis zu 10^{-6} Mol Fruktose/l herunter die Reaktionsgeschwindigkeit mit Sauerstoff noch zu messen.

Bei einer Verringerung des Zuckergehaltes um das Zehnfache sinkt nach Tab. 7 der Sauerstoffverbrauch um das 3- bis 6fache (bei 10^{-3} und 10^{-6} mol Fruktose um das Zehnfache). Bei 10^{-6} mol Fruktose hängt das stärkere Absinken mit der Tatsache zusammen, das bei sehr geringen Sauerstoffgehalten der Sauerstoffverbrauch abnimmt. Bei den Versuchen der Abb. 33 (10^{-5} und 10^{-6} Mol Fruktose/l) ist dieses Gebiet erreicht. 10^{-5} mol Fruktose ergeben zwischen 11,5 und 6 Mikrogramm Sauerstoff im Liter eine konstante Reaktionsgeschwindigkeit von 3,5 Mikrogramm Sauerstoff je Liter und Minute. Zwischen 3 bis 4 Mikroampere ist die Geschwindigkeit auf die Hälfte und zwischen 2 bis 3 Mikroampere auf ein Drittel abgesunken. Wenn man dies beim Vergleich der Reaktionsgeschwindigkeiten von 10^{-5} und 10^{-6} mol Fruktose berücksichtigt, so ist der Reaktionsablauf bei 10^{-6} mol anstatt 12 mal etwa 3- bis 4 mal langsamer als bei 10^{-5} mol. Bei den übrigen Ergebnissen der Tabelle 7 und der Abb. 31 bis 34 lagen die gemessenen Stromstärken zwischen 30 bis 80 Mikroampere, entsprechend Sauerstoffgehalten von 360 bis etwa 1000 μg Sauerstoff im Liter. Die Abb. 31 bis 33 zeigen, daß in diesem Sauerstoffbereich die Reaktionsgeschwindigkeit durch Änderungen des Sauerstoffgehaltes nicht beeinflußt wird. Die Reaktion von Glukose mit Sauerstoff war in n/1000, n/10000 und n/100000 Lösung etwa doppelt so langsam wie bei Fruktose (Abb. 34).

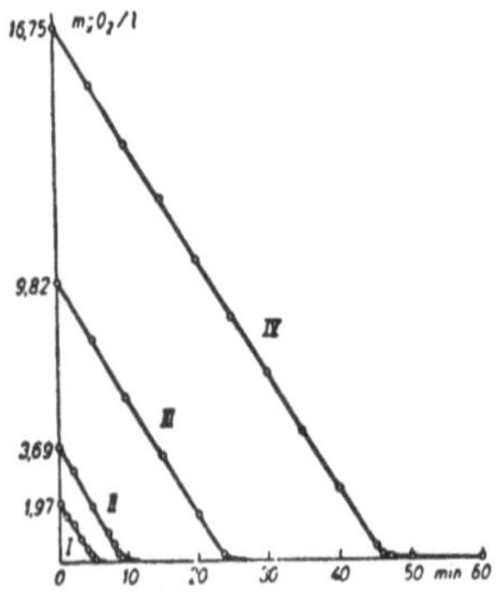

Abb. 29. Reaktionsverlauf in 0,5 molarer Glukoselösung, 40° C und pH = 10, bei vier verschiedenen O_2-Anfangskonzentrationen (nach *F. Tödt* und *H. J. Delavier*, Z. Zuckerind. 1957)

Eine Messung der Reaktion von 10^{-6} Mol Fruktose/l mit Sauerstoff (Abb. 33) bedeutet, daß 0,18 mg Fruktose im Liter = 0,000018% Fruktose noch deutlich faßbar ist. Das ist eine Empfindlichkeit, welche diejenige der Polarisation um mehr als das Zehntausendfache übertrifft. Hiermit ist aber, wie die folgenden Betrachtungen zeigen, die Grenze vermutlich noch nicht erreicht. Die Stromstärke hat nach Zusatz von 10^{-6} Mol Fruktose/l in einer Stunde von 4,2 bis 2,8 Mikroampere abgenommen.

Tabelle 7

Reaktionsgeschwindigkeiten sehr geringer Zuckermengen mit gelöstem Sauerstoff bei 50° C und pH-Werten von 10, 12 und 13,5

Temp. ° C	pH	Mol Fruktose/l	[μg O_2/l · min]
50	10	$1 \cdot 10^{-1}$	420
		$1 \cdot 10^{-2}$	100
		$1 \cdot 10^{-3}$	10
		$1 \cdot 10^{-4}$	2,9
	12	$1 \cdot 10^{-3}$	77
		$1 \cdot 10^{-4}$	15
		$1 \cdot 10^{-5}$	2,7
	13,5	$1 \cdot 10^{-5}$	3,5–1,1
		$1 \cdot 10^{-6}$	0,29
		Mol Glukose/l	
	12	$1 \cdot 10^{-3}$	37
		$1 \cdot 10^{-4}$	7,5
		$1 \cdot 10^{-5}$	1,3

Daß diese Abnahme durch die Reaktion zwischen Fruktose und Sauerstoff bedingt ist, unterliegt nach der Tabelle 7 (gesetzmäßige Abnahme des Sauerstoffverbrauchs mit abnehmendem Zuckergehalt) keinem Zweifel. Allerdings überlagert sich bei dieser auf das äußerste gesteigerten Empfindlichkeit der bereits kurz erwähnte Sauerstoffverbrauch durch den Meßvorgang, d. h. durch die Reduktion des Sauerstoffs an der Meßelektrode. Diese Sauerstoffmenge ergibt sich in einfacher Weise aus dem *Faraday*schen Gesetz, nach dem 96540 Amperesekunden einem elektrochemisch umgesetzten

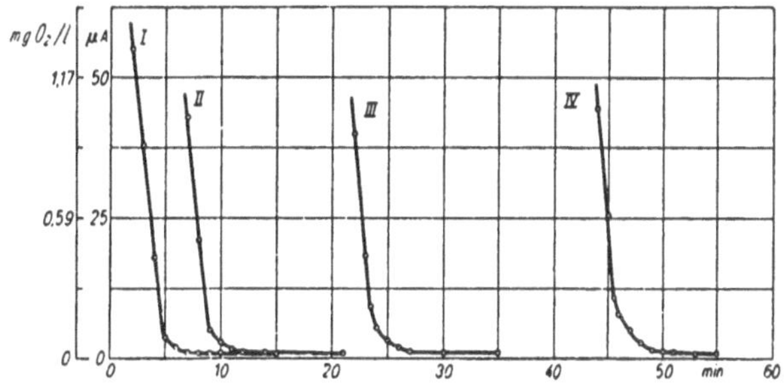

Abb. 30. Reaktionsverlauf (aus Abb. 29) bei geringen O_2-Konzentrationen (nach *F. Tödt* und *H. J. Delavier*, Z. Zuckerind. 1957)

Äquivalent entsprechen, also 8 g Sauerstoff. Beträgt z. B. der abgelesene Wert 4 μA, so werden in 1 Stunde ungefähr 14000 Mikroamperesekunden = 0,014 Amperesekunden = 1,2 Mikrogramm Sauerstoff durch die Messung verbraucht. Das für die Werte der Tab. 7 benutzte Elektrodengefäß mit 365 ml Inhalt enthält bei 4 μA etwa 16 Mikrogramm Sauerstoff, so daß pro Stunde etwa 7% des vorhandenen Sauerstoffs verbraucht werden. Eine etwas umständlichere Berechnung der Zehrung wird notwendig, wenn man die Betrachtung auf so lange Zeiten ausdehnt, daß die allmähliche Verringerung des Sauerstoffgehaltes berücksichtigt werden muß. Dies ist jedoch im

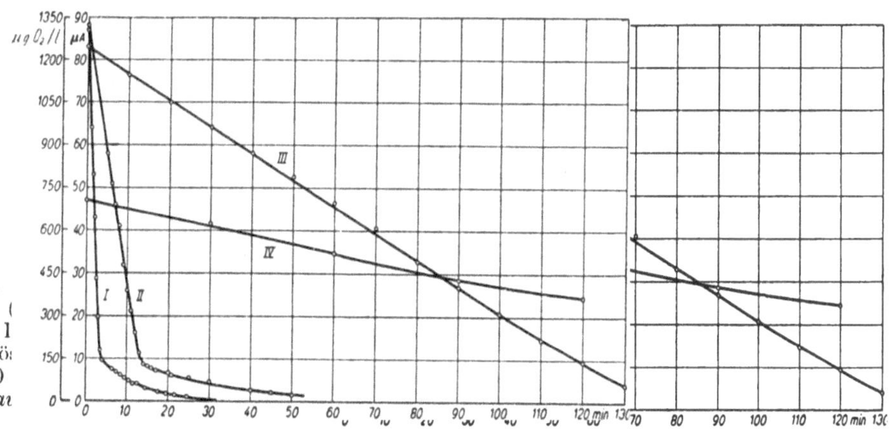

Abb. 10⁻¹ (und 1 toselö = 10 *Delai*

allgemeinen nicht notwendig, da es mehrere einfache Mittel gibt, die Sauerstoffzehrung so weit herabzusetzen, daß sie bedeutungslos wird. Z. B. intermittierende Messungen, Vergrößerung des Flüssigkeitsvolumens, Verkleinerung der Meßelektrode. Von der in einer Stunde von 10^{-6} mol Fruktose verbrauchten, 1,4 Mikroampere entsprechenden Sauerstoffmenge sind also 7% von 4 Mikroampere, also rund 0,3 Mikroampere, abzuziehen. Der Restbetrag von 1,1 μA entspricht ungefähr 0,28 Mikrogramm Sauerstoff je Liter und Minute. Die in reinen Pufferlösungen beobachteten Sauerstoffzehrungswerte lagen in der erwarteten Größenordnung von 7% pro Stunde. Eine Ausschaltung der Sauerstoffzehrung ist, wie es bei der Messung der geringen in Tab. 5 aufgeführten Reaktionsgeschwindigkeiten durchgeführt wurde, am einfachsten dadurch möglich, daß man bei länger dauernden Vorgängen nur für die Ablesung den Strom einschaltet. Außerdem sinkt die Zehrung auf die Hälfte, wenn man das Flüssigkeitsvolumen verdoppelt oder die Größe der Meßelektrode auf die Hälfte verringert. Ob eine noch weitere Steigerung der Empfindlichkeit (Messung von Lösungen mit weniger als 10^{-6} Mol Fruktose/l) Bedeutung besitzt, soll hier nicht entschieden werden. Als bemerkenswert verdient noch erwähnt zu werden, daß bei einem mit 10^{-6} mol Fruktose durchgeführten Versuch annähernd $2 \cdot 10^{-6}$ Äquivalente Sauerstoff verbraucht werden, ohne daß ein Endpunkt oder auch nur eine Verlangsamung der Reaktion bemerkbar war.

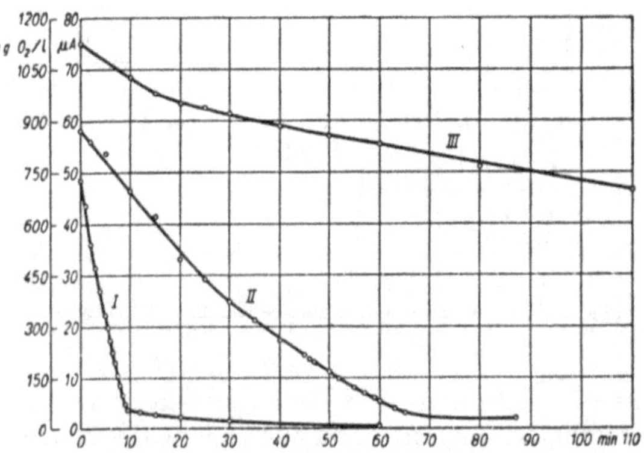

Abb. 32. Reaktionsverlauf in 10^{-3} (I), 10^{-4} (II) und 10^{-5} (III) molarer Fruktoselösung bei 50° C und $p_H = 12$ (nach *F. Tödt* und *H. J. Delavier*, Z. Zuckerind. 1957)

Ein Versuch, bei dem 0,001 Mol KCN/l während der Reaktion von 0,25 mol Fruktose bei p_H 8 und 35° C zugesetzt wurde, ist in der Abb. 35 enthalten.

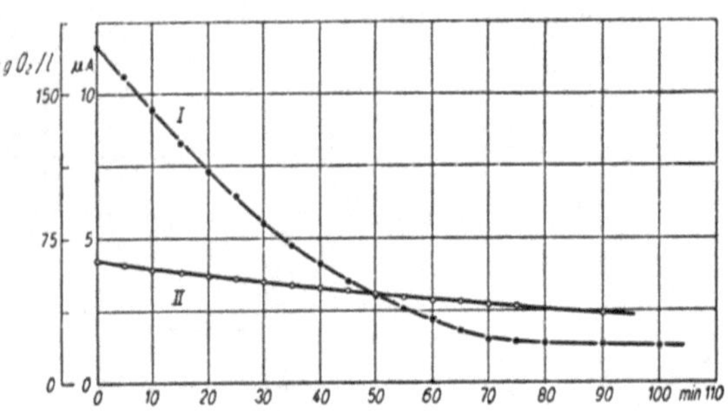

Abb. 33. Reaktionsverlauf in 10^{-5} (I) und 10^{-6} (II) molarer Fruktoselösung bei 50 C° und $p_H = 13{,}5$ (nach *F. Tödt* und *H. J. Delavier*, Z. Zuckerind. 1957)

Sofort nach dem KCN-Zusatz tritt eine Erhöhung der Reaktionsgeschwindigkeit auf den zwanzigfachen Betrag ein, jedoch nur für kurze Zeit. Während der ersten min nach dem KCN-Zusatz hat sich die Reaktionsgeschwindigkeit, die unter diesen Versuchsbedingungen ohne KCN 44 Mikrogramm Sauerstoff je min und Liter beträgt, auf annähernd 900 Mikrogramm Sauerstoff je min und Liter erhöht. In jeder weiteren min nimmt dann die Reaktionsgeschwindigkeit stark ab, erreicht nach 15 min etwa die Normalgeschwindigkeit und sinkt dann noch weiter ab. Nach 100 min ist der Sauerstoffverbrauch gegenüber der Normalgeschwindigkeit auf ungefähr den zehnten Teil verlangsamt. Dieser KCN-Einfluß war in seinem Verlauf so überraschend, daß er in längeren Zeitabständen mehrfach wiederholt wurde. Das Ergebnis war das gleiche. Wurde anstatt KCN die entsprechende Menge an KOH zugesetzt, trat keine Änderung der Reaktionsgeschwindigkeit ein. Der KCN-Effekt ist als ° unabhängig

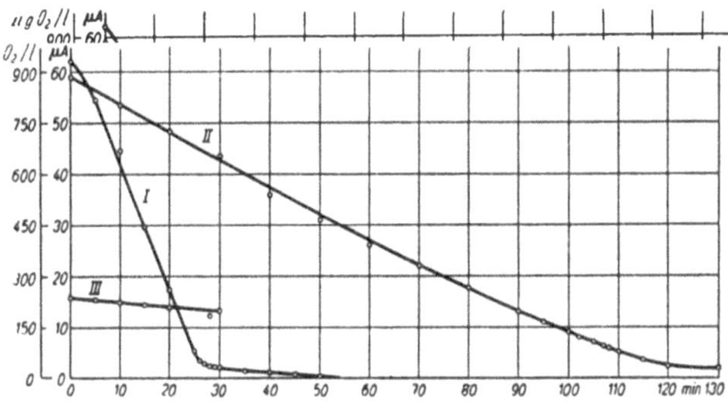

Abb. 34. Reaktionsverlauf in 10^{-3} (I), 10^{-4} (II) und 10^{-5} (III) molarer Glukoselösung bei 50° C und $p_H = 12$ (nach *F. Tödt* und *H. J. Delavier*, Z. Zuckerind. 1957)

vom p_H-Wert. Ohne eingehende weitere Untersuchungen (Änderungen der KCN- und Fruktosekonzentration, der Temperatur, des p_H-Wertes, Einbeziehung von Glukose usw.) eine Deutung zu versuchen, erscheint nicht angebracht. Noch in mancher anderen Richtung könnte eine Fortsetzung der hier mitgeteilten Ergebnisse lohnend sein. Erwähnt sei nur, daß die hier erreichte Empfindlichkeit der elektrochemischen Messung des Sauerstoffverbrauchs von Fruktose eine Verfolgung der Saccharoseinversion in Bezirken ermöglicht, in denen bisher eine Untersuchung der Inversionsgesetze nicht möglich war.

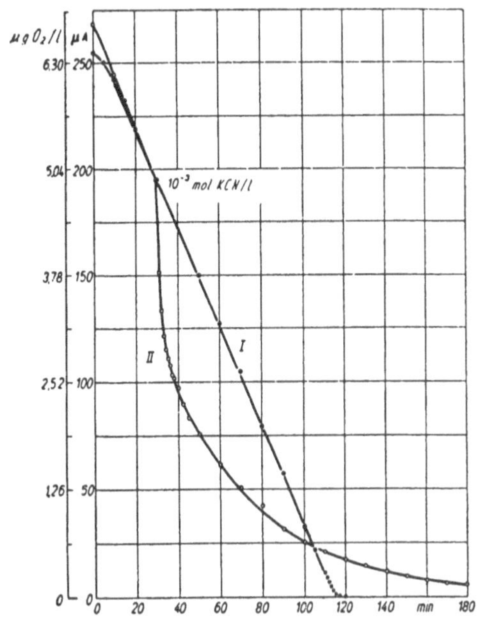

Abb. 35. Reaktionsverlauf in 0,25 molarer Fruktoselösung bei 35° C und $p_H = 8$ ohne (I) und mit Zusatz von 10^{-3} Mol KCN/l (II) (nach *F. Tödt* und *H. J. Delavier*, Z. Zuckerind. 1957)

[1] *F. Tödt* und *K. Stoklossa*, Die elektrochemische Messung der Oxydationsgeschwindigkeit von $Fe(OH)_2$ und $Mn(OH)_2$ durch gelösten Sauerstoff, Z. Elektrochem. angew. physik. Chem. **58**, Nr. 5, 354–359 (1954).

[2] *K. Damaschke* und *F. Tödt*, Messung des an Hämoglobin gebundenen Sauerstoffs auf elektrochemischem Wege, Z. Naturforsch. **11b**, H. 12, 687–689 (1956).

[3] *F. Tödt* und *H.-J. Delavier*, Die elektrochemische Messung der Oxydation von Glukose und Fruktose durch gelösten Sauerstoff, Z. Zuckerind. **7**, Nr. 3, 109–115 (1957).

[4] *O. Warburg* und *M. Yabusoe*, Über die Oxydation von Fructose in Phosphatlösungen, Biochem. Z. **146**, H. 3/4, 380–386 (1924).

[5] *O. Meyerhof* und *K. Matsuoka*, Über den Mechanismus der Fructoseoxydation in Phosphatlösungen, Biochem. Z. **150**, H. 1/2, 1–11 (1924).

[6] *H. A. Krebs*, Über die Rolle der Schwermetalle bei Autoxydation von Zuckerlösungen, Biochem. Z. **180**, H. 4/6, 377–394 (1927).

III.

Biologische Anwendungen der elektrochemischen Sauerstoffmessung

1. K. Damaschke, Atmungsmessungen von Hefe

a) Versuchsmaterial und vergleichende Atmungsmessungen mit der manometrischen und makrometrischen Methode

Als Ausgangsmaterial diente eine vom Institut für Gärungsgewerbe Berlin zur Verfügung gestellte Backhefe, die dort laufend auf ihre Zusammensetzung untersucht wurde, damit immer ein möglichst gleichbleibendes Material zur Verfügung stand. Die Zusammensetzung war folgende:

5–10% *Torula utilis* (Wildhefe)
5– 8% sprossende Backhefe
1% tote Backhefezellen
Rest lebende Backhefezellen.

Der Trockensubstanzgehalt betrug zwischen 27 und 30%. Die Hefe wurde, wenn nicht anders vermerkt in einer 1%igen Suspension eines 1,3%igen Phosphatpuffers vom pH 5,4 untersucht, welchem 1% Glukose zugesetzt war.
Die ersten Atmungsmessungen sind von *Tödt-Teske* und *Windisch-Heumann* [1] durchgeführt worden. Sie stellten zuerst fest, daß bei allen abgetöteten Zellen kein O_2-Verbrauch stattfindet, bei allen lebenden Zellen dagegen eine elektrochemisch meßbare O_2-Abnahme im Substrat festzustellen war. Je nach den Versuchsbedingungen lagen die elektrochemisch erhaltenen Werte jeweils im Bereich der gasvolumetrisch (nach *Warburg*) bzw. makrometrisch (nach *F. Windisch*) ermittelten Oxydationsquotienten. In der Arbeit konnte weiterhin gezeigt werden, daß der Ablauf des zellularen Oxydationsvorganges in einem Konzentrationsbereich zwischen 8 und 1 mg O_2 im Liter gleichmäßig war. Daraus geht hervor, daß bei Hefe keine Luft-Sättigung des Substrates für das unbeeinträchtigte Funktionieren des Stoffwechselprozesses erforderlich ist.

b) Atmungsmessung der Hefe zur Betriebs- und Gütekontrolle

Tödt, Leschber und *Tarnow* [2] versuchten über die Messung der Atmungsgeschwindigkeit der Hefe neue Wege zur Betriebskontrolle der Hefefabrikation zu finden. In ersten grundlegenden Messungen stellten sie die Abhängigkeit der Atmungszeit von der Zellkonzentration fest. Sie konnten zeigen, daß die Atmungszeit der Konzentration der Hefezellen umgekehrt proportional ist. Auf Grund dieses Ergebnisses waren sie in der Lage, in der Hefefabrik den Wachstumsvorgang während der Züchtung elektrochemisch zu verfolgen. Die Untersuchungen ergaben, daß die Atmungsintensität der einzelnen Hefezellen während des Züchtungsvorganges konstant bleibt.
Auf dem Gebiet der Gütekontrolle der Hefe konnte durch Anwendung der elektrochemischen O_2-Messung ein neuer Weg aufgezeigt werden. Neben der äußeren Beschaffenheit dient heute der Backversuch zur Triebkraftbestimmung zur Beurteilung

der Güte der Hefe. Er ergibt jedoch keine absoluten Werte. Da nun sowohl die Triebkraft (Gärkraft) wie die Atmung Ausdruck der Lebenskraft einer Hefe sind, lag es nahe, ihre gegenseitigen Beziehungen zu untersuchen. Es zeigte sich, daß bei reinen Hefen ein Zusammenhang zwischen dem Alter der Hefe, der Gärkraftminderung und der Atmung besteht (Abb. 36). Die kürzere Atmungsmessung kann hier den zeitraubenden Backversuch zur Triebkraftbestimmung wenn nicht immer ersetzen, so doch weitgehend ergänzen.

c) Der Einfluß von Zuckerzusätzen auf die Hefeatmung

Dieselben Autoren untersuchten noch den Einfluß einiger Zucker auf die Atmung und stellten einmal die unterschiedliche Beschleunigung der Atmung fest, und fanden,

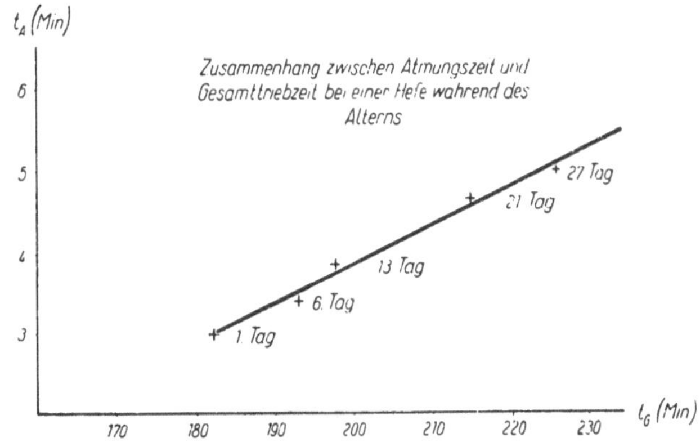

Abb. 36
(nach *F. Tödt, R. Leschber* u. *H. Tarnow*, Die Branntweinwirtschaft 1954)

daß die Atmungsgeschwindigkeit nicht beliebig gesteigert werden kann, sondern über einen bestimmten Betrag nicht hinausging. Abb. 37 zeigt den Einfluß fünf verschiedener Zucker auf die Atmungsgeschwindigkeit. Für diese Versuche wurde eine eintägige Hefe verwendet. Bei weiteren Versuchen durch *H. Rüffer* [3] zeigte sich jedoch, daß zur Messung von Atmungsstimulierungen das Ausgangsmaterial zu ungleichmäßig ist, um vergleichende Messungen durchzuführen.

Verwendet man frisch hergestellte Verkaufshefe ohne jeden Zuckerzusatz, so ergeben sich in Abhängigkeit von der Dauer der Messung sehr unterschiedliche Atmungszeiten zwischen 5 und 25 min bei 1%igen Hefesuspensionen in luftgesättigter Lösung. Der Atmungsverlauf ist annähernd geradlinig. Wird die Probe nach Veratmung des O_2 erneut belüftet und die Atmung gemessen, so ist die Atmungsintensität meist geringer.

Belüftet man die Probe längere Zeit, (etwa 30 min) so wird die Atmung immer geringer. Gibt man jedoch jetzt eine geringe Menge Glukose zu, so steigt die Atmungsintensität wieder an, d. h. die Anfangsatmungsgeschwindigkeit einer Hefe ist stark abhängig von der Menge des aus der Fabrikation mitgebrachten Gehalts an veratembaren Substanzen. Um vergleichende Versuche durchführen zu können, müssen diese Stoffe erst entfernt werden. Wir versuchten dies zuerst durch Auswaschen der Zellen zu erreichen, kamen aber damit nur auf $^1/_3$ der Anfangsatmungsintensität. Wir gingen dann dazu über, die Nährstoffe durch die Hefe selbst unter dauernder O_2-Zufuhr veratmen zu lassen. Nach etwa zweistündiger Begasung mit O_2 bleibt dann eine geringe aber gut meßbare endogene Atmung übrig, welche auf Kosten eigener Zellsubstanz abläuft. Diese Atmung hat eine konstante Geschwindigkeit und kann nun als Ausgangswert für Versuche mit atmungsstimulierenden Substanzen benutzt werden. Abb. 38 zeigt die Abnahme der Atmungsintensität einer frischen Backhefe mit der Atmungszeit. Schon nach 20 min Begasung mit O_2 ist die Atmungsintensität von 2,7 auf 0,7 mg O_2/l/min zurückgegangen. Nach 7 Stunden ist der O_2-Verbrauch auf 1,7% der Anfangsatmungsintensität abgesunken. Wie aus der Abb. 38 ersichtlich, besteht die Eigenatmung aus zwei Komponenten, der schnellen Atmung *a*

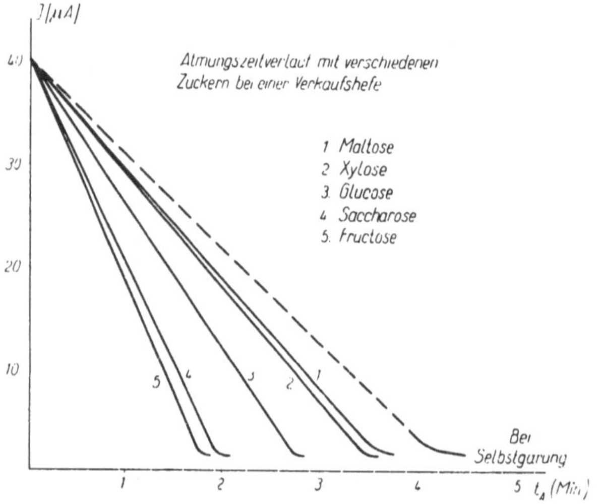

Abb. 37 (nach *F. Tödt, R. Leschber* und *H. Tarnow*, Die Branntweinwirtschaft 1954)

und der nach etwa 100 min auftretenden Atmung *b*, welche langsam und linear verläuft.

Die erste Komponente *a* der Eigenatmung läßt auf den Abbau leicht oxydierbaren Materials schließen, das von der Züchtung her in der Hefe verblieben ist. Der Kurventeil *b* könnte dadurch erklärt werden, daß schwer angreifbare Kohlenhydrate, wie etwa Glykogen, der Oxydation zugängig gemacht werden. In dem Bereich der Kurve *b* war es nun möglich, atmungsstimulierende Substanzen zu untersuchen, da man sich immer auf die gleiche Atmungsintensität beziehen konnte [4].

Die Atmungsintensität einer 1%igen Hefesuspension beträgt bei 20° C in 1,3%igem Phosphatpuffer vom pH 5,4 nach Zusatz von 1% Glukose ungefähr 2,7 mg O_2/l/min. Nach zweistündiger Atmungszeit (ohne Glukosezusatz) beträgt sie nur noch 0,24 mg O_2/l/min. Diese Atmungsintensität wurde bei unseren folgenden Versuchen als Ausgangswert benutzt, da sie gut reproduzierbar ist und die Atmungsgeschwindigkeit im Teil *b* der Kurve nur langsam aber konstant mit der Zeit abnimmt.

Bis zu einer Dauer von 6 Stunden konnte die im Teil *b* der Kurve bestehende Atmungsintensität als Ausgangswert benutzt werden, da bis zu diesem Zeitpunkt die eingetretene Verringerung der Atmung durch Zugabe von Glukose rückgängig gemacht werden kann. Später tritt eine irreversible Schädigung der Hefeatmung ein, die anfangs gering ist, aber mit der Zeit immer stärker wird. Wahrscheinlich machen sich bei längerer Versuchsdauer Mangelerscheinungen bemerkbar. Es muß betont werden, daß die Meßlösung von den für die Ernährung der Hefe wichtigen Stoffen nur Phosphat und Kalium enthält. Dehnt man jedoch die Atmungszeit nicht über 6 Stunden aus, so erzielt man auch mit der Phosphatpufferlösung brauchbare Ergebnisse.

Es konnte nun die atmungsfördernde Wirkung verschiedener Zucker (p. a.-Substanzen der Fa. Merck) studiert werden. Abb. 39 zeigt das Diagramm eines Versuches, bei dem zuerst die langsame Abnahme der O_2-Konzentration bis zum Punkt *A* zu sehen ist. Diese Atmungsintensität nennen wir die Ausgangsatmungsintensität. Bei *A*

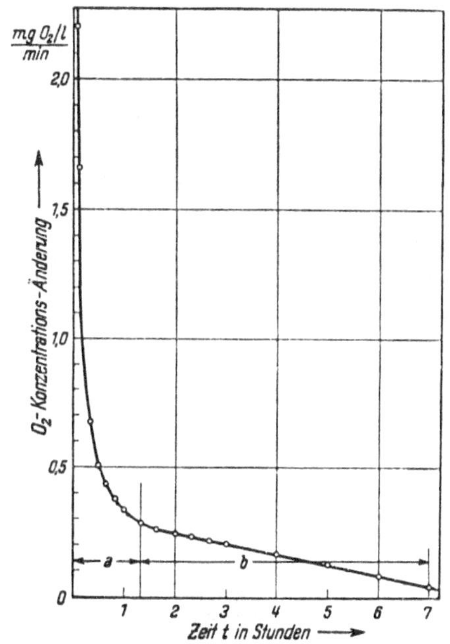

Abb. 38. Abnahme der Atmungsintensität einer frischen Bäckerhefe mit der Atmungszeit (nach *K. Damaschke*, *R. Lorenz* und *F. Tödt*, Z. Naturforsch. 1957)

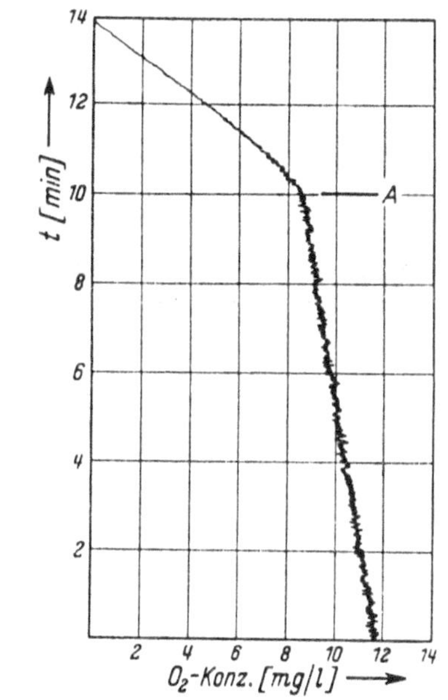

Abb. 39. Anderung der Atmungsintensität einer 1-proz. Hefesuspension nach Zugabe von 154 mg/l = 85,4 · 10^{-5} Mol/l Glukose (nach *K. Damaschke*, *R. Lorenz* und *F. Tödt*, Z. Naturforsch. 1957)

erfolgt die Zugabe von 154 mg/l Glukose. Nach etwa einer min hat sich ein für diese Glukosekonzentration charakteristischer Maximalwert der Atmungsintensität eingestellt.

Die atmungsfördernde Wirkung verschiedener Zucker ist in Abb. 40 dargestellt. Bei der Zugabe gleicher Mengen verschiedener Zucker zu langsam atmenden Hefen erzielt man verschiedene Atmungseffekte. Zwischen den bestimmten Zuckerkonzentrationen zugehörigen charakteristischen Maximalwerten der Atmungsintensität und den Zuckerkonzentrationen besteht eine lineare Abhängigkeit. Glukose zeigt die stärkste atmungsfördernde Wirkung. Bereits ein Zusatz von 4,5 mg/l bewirkt eine Steigerung der Atmungsintensität um 0,07 mg O_2/l/min. Durch Zugabe von 154 mg/l erhält man die maximale Atmungsintensität von 2,7 mg O_2/l/min.

In der folgenden Tabelle sind diejenigen Zuckerkonzentrationen angegeben, die notwendig sind, um die Atmungsintensität um 0,1 mg O_2/l/min zu erhöhen. Die atmungsfördernde Wirkung ist auf Glukose = 100 bezogen.

Vergleicht man die atmungsfördernde Wirkung der Hexosen, so fällt auf, daß Galaktose nur den 55. Teil der atmungsfördernden Wirkung der Glukose hat. Hier ergibt sich eine Parallele zur Gärfähigkeit. Dasselbe gilt für l-Sorbose, diese beschleunigt die Hefeatmung überhaupt nicht und wird, wie bekanntlich alle Zucker der l-Reihe, nicht vergoren.

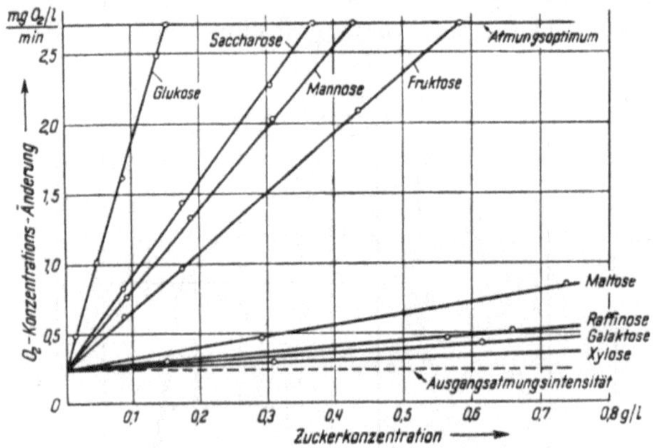

Abb. 40. Atmungsstimulierung einer 1-proz. Hefesuspension durch verschiedene Zucker (nach *K. Damaschke*, *R. Lorenz* und *F. Tödt*, Z. Naturforsch. 1957)

Tabelle 8

Die atmungsfördernde Wirkung verschiedener Zucker

Zuckerart	Konzentration [mg/l]	Vielfache der Glukosekonz.	Atmungsfördernde Wirkung [%]
Glukose	6,2	1	100
Saccharose	14,4	2,3	43,5
Mannose	16,8	2,7	37,0
Fruktose	22,8	3,7	27,0
Maltose	124	20	5,0
Raffinose	270	44	2,3
Galaktose	342	55	1,8

Es interessierte nun festzustellen, wie lange die atmungsfördernde Wirkung bei Zugabe verschiedener Zuckermengen der einzelnen Zucker anhält und welche Atmungsintensität erreicht wird. Die erhaltenen Meßwerte sind in Tabelle 9 zusammengestellt.

Wir wollen nun einmal den Verlauf der Atmungsintensitätskurven verschiedener Zucker verfolgen. Betrachten wir als erste den Verlauf der Änderung der Atmungsintensität für zwei verschiedene Glukosekonzentrationen von der Zugabe bis zur Erreichung des Atmungsoptimums (Abb. 41).

Bei (2) handelt es sich um diejenige Glukosemenge von 159 mg/l, die notwendig ist, um das Atmungsoptimum zu erreichen, bei (1) um eine geringere Menge von 87,1 mg/l. Bemerkenswert ist der Abfall der Atmungsintensität sofort nach Erreichung der Maximalwerte. Die Zeitdauer der Atmungsstimulierung nimmt mit der Zuckerkonzentration zu, d. h. steigert man die Zuckerzugabe über 159 mg Glukose, so kann man die Atmungsintensität des Atmungsoptimums eine Zeitlang aufrechterhalten. Der Verlauf der Atmungsintensitätskurven war bei den untersuchten Hexosen sowie bei der Saccharose gleich. Ganz anders verhielten sich dagegen Maltose und Raffinose

Tabelle 9

Abhängigkeit der Atmungsintensität und Dauer der Atmungsstimulierung von den verschiedenen Zuckerkonzentrationen

Zuckerkonzentration [mg/l]	[Mol/l · 10^{-4}]	Atmungsgeschwindigkeit [mg O_2/l/min]	Zeitdauer der Atmungsstimulierung [min]
	Glukose		
3,0	1,7		
4,5	2,5	0,31	26
6,2	3,4	0,34	35
15,4	8,5	0,48	47
43,5	24,2	1,02	68
74,0	41,1	1,45	86
87,1	48,3	1,61	90
139,2	77,3	2,48	97
153,9	85,4	2,71	124
	Mannose		
92,3	51,3	0,77	73
184,6	102,5	1,32	88
307,7	170,9	2,03	107
430,8	239,2	2,71	154
	Fruktose		
87,1	48,3	0,63	70
174,1	96,7	0,96	83
435,4	241,8	2,09	130
584,6	324,6	2,71	177
	Galaktose		
615,4	341,7	0,42	25
1230,8	683,4	0,58	85
2153,9	1195,9	0,85	–
6153,9	3417,1	1,95	105
8923,3	4954,8	2,71	112
	Saccharose		
87,1	25,5	0,83	77
174,1	50,9	1,44	94
304,7	89,1	2,27	125
350,8	102,5	2,61	–
369,2	107,9	2,71	180
	Maltose		
292,2	85,4	0,47	294
738,5	215,9	0,84	–
923,1	276,1	1,00	–
2153,9	629,6	1,96	–
	Raffinose		
148,5	29,6	0,29	222
564,4	111,9	0,46	268
659,6	131,5	0,52	–
1188,3	237,0	0,70	–
2970,8	589,1	1,42	–

(Abb. 42 und 43). Wie aus Abb. 42 ersichtlich, nimmt bei Maltose die Atmungsintensität nach Erreichung des Maximalwertes langsam und konstant ab. Die Zugabe der Raffinose dagegen bewirkt eine mehrere Stunden andauernde konstante Atmungsgeschwindigkeit, die von der Zuckerkonzentration abhängig ist; danach fällt die Atmungsgeschwindigkeit ebenfalls linear ab.

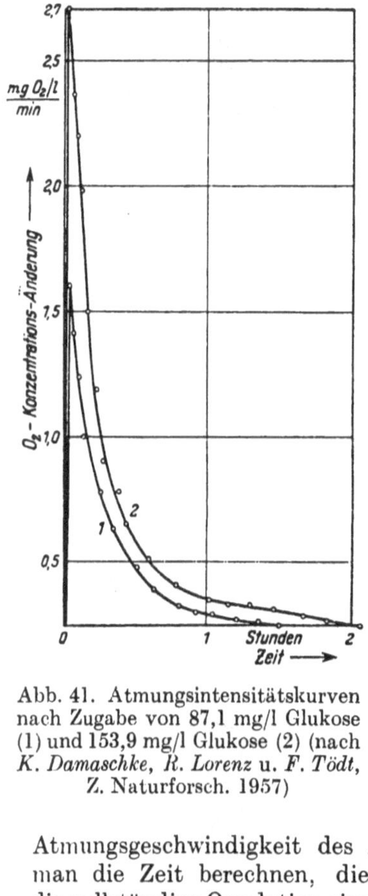

Abb. 41. Atmungsintensitätskurven nach Zugabe von 87,1 mg/l Glukose (1) und 153,9 mg/l Glukose (2) (nach *K. Damaschke*, *R. Lorenz* u. *F. Tödt*, Z. Naturforsch. 1957)

Aus der Abb. 41 kann man durch graphische Integration die Gesamtmenge an veratmetem Zucker feststellen, welche für 154 mg/l Glukosezusatz etwa 25% betrug. Etwas niedriger lagen die Zahlen bei Fruktose, Mannose, Saccharose und Raffinose; bei Maltose waren es nur 10% und bei Galaktose sogar nur 0,5% [5].

Überschreitet man die für die Erreichung des Atmungsoptimums erforderliche Zuckerkonzentration, so kann man die Atmungsgeschwindigkeit des Atmungsoptimums für einige Zeit aufrechterhalten. Je größer die zugegebene Zuckermenge ist, desto länger ist auch die Zeitdauer der konstanten Atmung. Der weitere Verlauf der Atmungsintensitätskurven unterscheidet sich nicht wesentlich von dem, der durch diejenige Zuckermenge bedingt ist, die gerade für die Erzielung des Atmungsoptimums ausreicht. Nimmt man an, daß die Zeitdauer der konstanten Atmung die Oxydationszeit für die zusätzlich gegebene Zuckermenge ist, kann man folgende Berechnungen durchführen. Nach der Gleichung

$$C_6H_{12}O_6 + 6\,O_2 = 6\,CO_2 + 6\,H_2O$$

ist für die Oxydation einer bestimmten Hexosemenge eine bestimmte O_2-Menge nötig. Da die Atmungsgeschwindigkeit des Atmungsoptimums 2,7 mg O_2/l/min beträgt, kann man die Zeit berechnen, die bei dieser Atmungsgeschwindigkeit der Hefe für die vollständige Oxydation einer bestimmten Hexosemenge gebraucht wird. Der Vergleich der gemessenen Zeitdauer der konstanten Atmung mit der berechneten ermöglicht die Berechnung der oxydierten Hexosemenge. Die Ergebnisse sind in der folgenden Tabelle zusammengestellt.

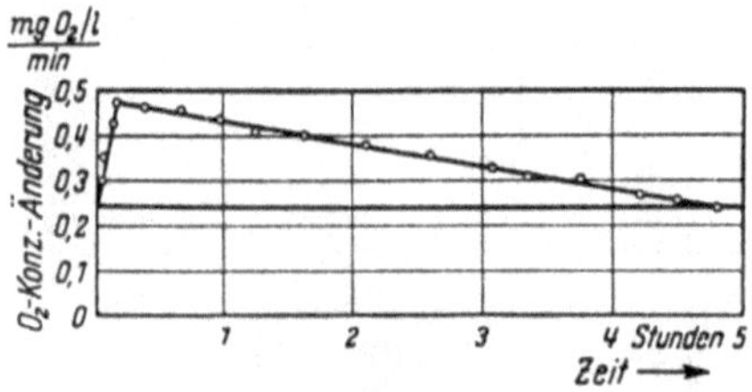

Abb. 42. Atmungsintensitätskurve nach Zugabe von 292,2 mg/l Maltose (nach *K. Damaschke*, *R. Lorenz* und *F. Tödt*, Z. Naturforsch. 1957)

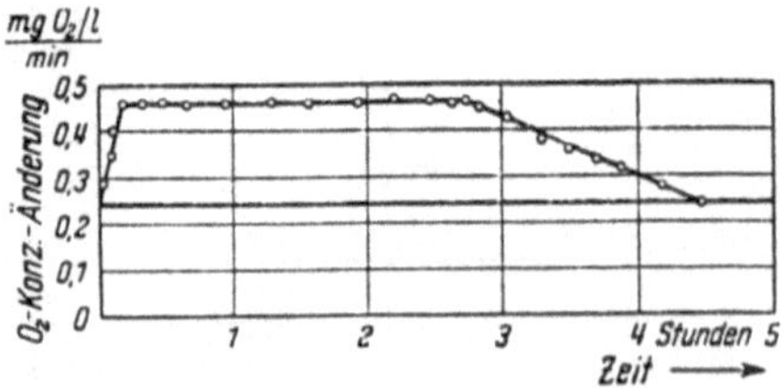

Abb. 43. Atmungsintensitätskurve nach Zugabe von 564,4 mg/l Raffinose (nach *K. Damaschke*, *R. Lorenz* und *F. Tödt*, Z. Naturforsch. 1957)

Tabelle 10

Berechnung des durch Atmung oxydierten Anteils verschiedener Zucker aus der Zeitdauer der konstanten Atmung

Zuckerkonzentration [mg/l]	[Mol/l · 10^{-5}]	Zeitdauer der konstanten Atmung theoretisch [min]	gemessen [min]	Oxydierter Anteil [%]
		Glukose		
30,8	17,1	12,1	–	–
153,9	85,4	60,5	5,3	8,7
215,9	119,8	84,9	7,6	8,9
307,7	170,9	121,1	14,0	11,6
		Fruktose		
153,9	85,4	60,5	5,0	8,3
307,7	170,9	121,1	12,6	10,4
		Mannose		
153,9	85,4	60,6	4,8	7,9
307,7	170,9	121,1	13,0	10,7
		Saccharose		
153,9	45,0	63,7	10,0	15,7
307,7	89,9	124,4	20,2	15,9

Aus dieser Tabelle ist zu entnehmen, daß der durch die Atmung oxydierte Anteil der Zucker mit steigender Menge zunimmt. Die untersuchten Hexosen zeigen dabei weitgehende Übereinstimmung. Bei Saccharose war der oxydierte Anteil etwas größer und wies keine Unterschiede bei zwei verschiedenen Konzentrationen auf.

Zur Bestimmung des durch die Atmung oxydierten Anteils einer zugegebenen Zuckermenge kann man auch die Atmungsintensitätskurven heranziehen. Die Flächeninhalte unter diesen Kurven werden durch graphische Integration ermittelt und werden mit den entsprechenden Werten der vollständigen Oxydation verglichen. Abb. 44 zeigt Atmungsintensitätskurven verschiedener Zucker nach Zugabe der für die Erreichung

Tabelle 11

Berechnung des durch Atmung oxydierten Anteils verschiedener Zucker aus den durch graphische Integration ermittelten Flächeninhalten unter den Atmungsintensitätskurven

Zuckerart	Zuckerkonzentration [mg/l]	[Mol/l · 10^{-5}]	Oxydierter Anteil %
Glukose	153,9	85,4	24,3
Fruktose	584,6	324,6	16,8
Mannose	430,8	239,2	16,1
Galaktose ...	8923,2	4954,8	0,42
Saccharose ..	369,2	107,9	21,0
Maltose	292,3	85,4	9,7
Raffinose ...	564,4	111,9	21,5
Xylose	7692,3	5125,5	0,16

des Atmungsoptimums nötigen Zuckermenge. Die Auswertung der Kurven ist in Tabelle 11 vorgenommen.

Da der Atmungsprozeß die Energie für die Synthese der Zellsubstanz liefert, kann man aus der atmungsfördernden Wirkung und aus dem oxydierten Anteil eines Zuckers auf seine Verwertbarkeit schließen. Backhefen verwerten nach dem Geschilderten Glukose, Fruktose, Mannose und Saccharose größenordnungsmäßig gleich gut. Maltose und Raffinose werden trotz ihrer bedeutend geringeren atmungsför-

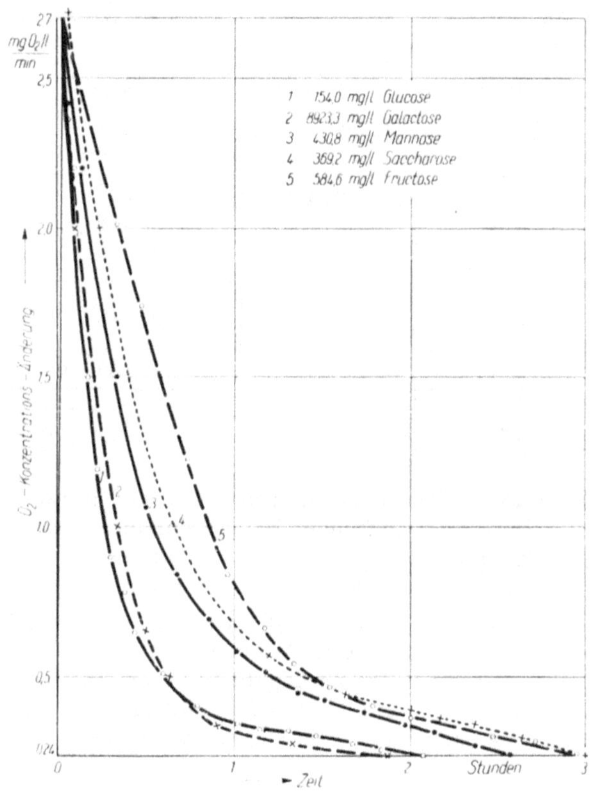

Abb. 44. Atmungsintensitätskurven nach Zugabe verschiedener Zucker (nach *K. Damaschke* und *R. Lorenz*, Z. Zuckerind. 1957)

dernden Wirkung noch einigermaßen gut verwertet, weil anscheinend ihre Spaltung sehr langsam erfolgt, und dadurch die Zeitdauer der Atmungsstimulierung wesentlich verlängert wird. Galaktose dagegen wird für den Stoffwechsel der Hefe schlecht ausgenutzt und Xylose fast garnicht.

d) Einwirkung von Giften auf die Atmung von Hefesuspensionen

Das Studium des Einflusses von Giften auf die Atmung von Hefesuspensionen gestaltete sich erheblich einfacher. Bei diesen Untersuchungen wurde immer von der maximalen Atmungsintensität, wie man sie durch Zugabe von Glukose erhält, ausgegangen. *Ewald* und *Bruchmann* [6] stellten rein qualitative Versuche über die Hemmung der Atmung durch Azid und Jodessigsäure an. Sie stellten eine von der Azid-Konzentration abhängige Atmungshemmung fest, bei Zugabe von Jodacetat konnten sie jedoch keine Beeinflussung der Hefeatmung finden.

Damaschke und *Mundt* [7] untersuchten den Einfluß nachfolgender Verbindungen auf die Atmungsintensität: Kaliumcyanid, Natriumazid, Natriumsulfid, Hydroxylaminhydrochlorid, Natriumfluorid, Kaliumrhodanid und 2,4-Dinitrophenol.

Die Versuche wurden mit einer 0,5%igen frischen Hefesuspension unter Zusatz von 0,5% Glukose bei 25° C durchgeführt.

Da die Atmungskurven der Hefe von Luftsättigung bis zu ganz geringen O_2-Konzentrationen geradlinig verlaufen, wurde für die Versuche eine O_2-Konzentration von etwa 5 Vol. % O_2 gewählt, weil die elektrochemische O_2-Meßmethode bei geringeren O_2-Konzentrationen empfindlicher ist. Bei der Auswertung der Kurven wurde die unbeeinflußte Atmungsgeschwindigkeit = 100% gesetzt. Nach der Giftzugabe stellt sich die neue Atmungsgeschwindigkeit meist nach wenigen Sekunden ein. Die Atmungshemmung wird in den Diagrammen in Prozenten angegeben.

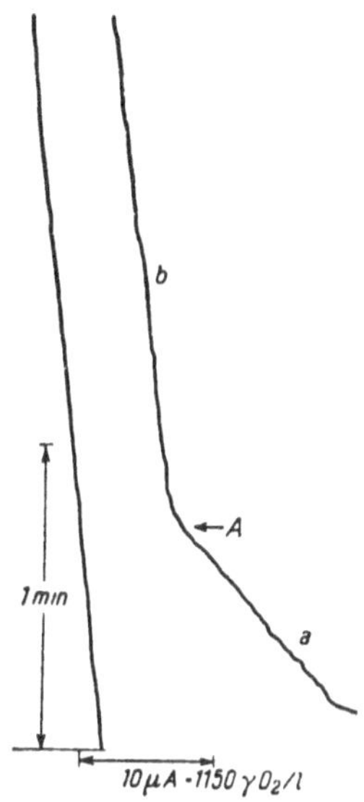

Abb. 45. Hemmung der Atmung durch Zugabe von Na_2S als Gift bei Punkt A (Original-Schreiberkurve) (nach *K. Damaschke* und *H. P. Mundt*, Z. Naturforsch. 1957)

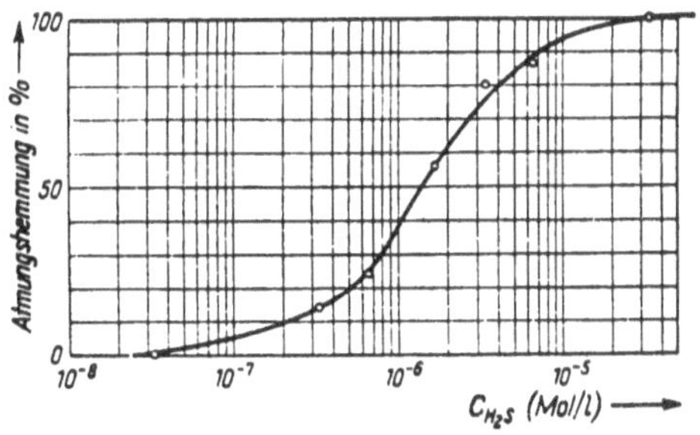

Abb. 46. Abhängigkeit der Atmungshemmung von der angewendeten Na_2S-Konzentration (nach *K. Damaschke* und *H. P. Mundt*, Z. Naturforsch. 1957)

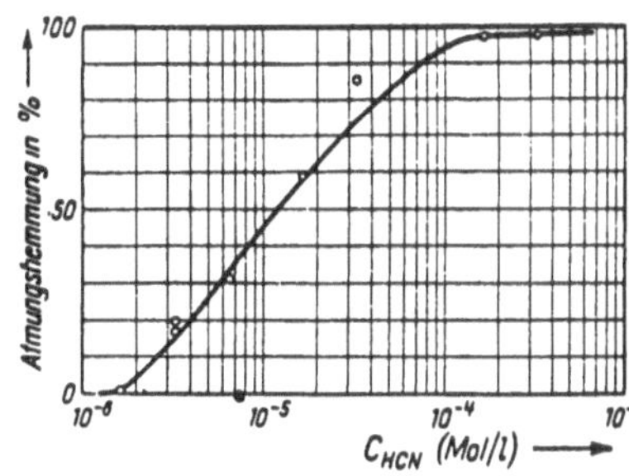

Abb. 47. Abhängigkeit der Atmungshemmung von der angewendeten HCN-Konzentration (nach *K. Damaschke* und *H. P. Mundt*, Z. Naturforsch. 1957)

Die Abb. 45 zeigt im Kurvenast *a* die ungestörte Atmung der Hefe. Bei Punkt *A* erfolgt die Giftzugabe ($6{,}6 \cdot 10^{-6}$ Mol/l Na_2S). Die Giftwirkung setzt sofort ein und schon nach 6 sec hat sich die neue geringere Atmungsgeschwindigkeit (Kurvenast *b*) eingestellt. Die Hemmung beträgt in diesem Fall 86,5%.

Abb. 46 zeigt die Atmungshemmung durch Natriumsulfid in Abhängigkeit von der Na_2S-Konzentration. Da sich oft gezeigt hatte, daß meist nur undissoziierte Verbindungen eine Giftwirkung ausüben, z. B. bei Untersuchungen von Chlorella [8], ist das Ausmaß der Vergiftung nicht von der zugegebenen Salzkonzentration, sondern von der Konzentration an freier undissoziierter Säure abhängig. Deshalb ist es angebracht, die Konzentration bei Zugabe von Salzen auf die freie Säure bzw. Base nach dem MWG umzurechnen. Für H_2S beträgt die Halbwertskonzentration, die eine 50%ige Atmungshemmung hervorruft $1{,}4 \cdot 10^{-6}$ Mol/l H_2S. Das Konzentrations-Intervall zwischen beginnender und vollkommener Hemmung erstreckt sich etwa von $2 \cdot 10^{-8}$ bis $2 \cdot 10^{-5}$ Mol/l, umfaßt also drei Zehnerpotenzen.

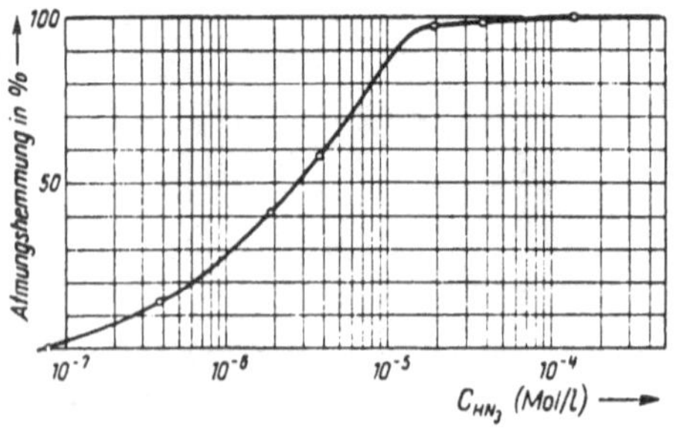

Abb. 48. Abhängigkeit der Atmungshemmung von der angewendeten HN_3-Konzentration (nach *K. Damaschke* und *H. P. Mundt*, Z. Naturforsch. 1957)

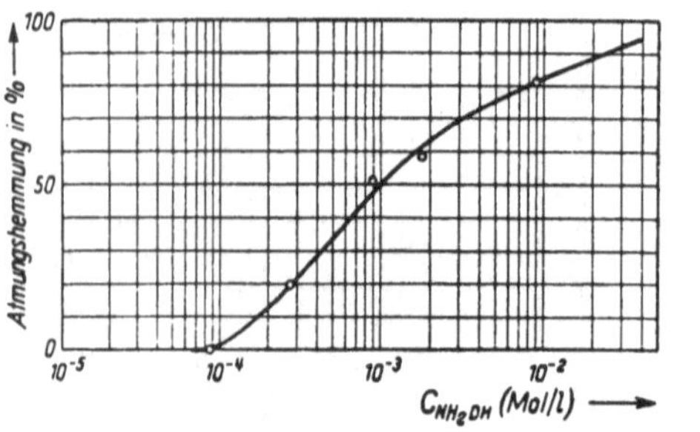

Abb. 49. Abhängigkeit der Atmungshemmung von der angewendeten NH_2OH -Konzentration (nach *K. Damaschke* und *H. P. Mundt*, Z. Naturforsch. 1957)

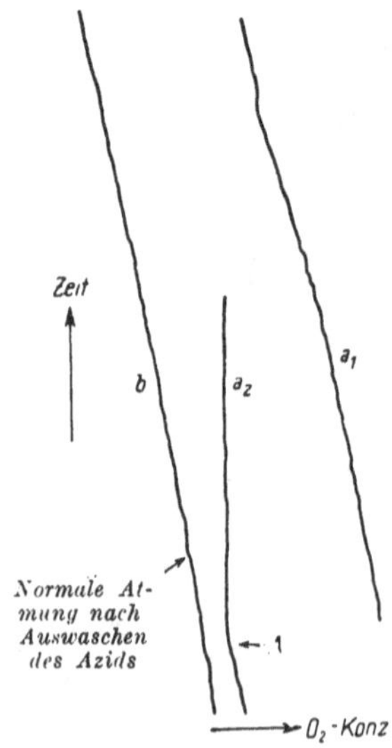

Abb. 50. Völlige Hemmung der Atmung durch Zugabe von Natriumazid ($3{,}3 \cdot 10^{-4}$ Mol/l) bei Punkt A und Aufhebung der Hemmung durch Auswaschen (nach *K. Damaschke* und *H. P. Mundt*, Z. Naturforsch. 1957)

Die Hemmung durch Kaliumcyanid wird durch Abb. 47 wiedergegeben. Hier beträgt die Halbwertskonzentration $c_{1/2} = 1{,}2 \cdot 10^{-5}$ Mol/l HCN. Das Konzentrationsintervall, in dem die Wirkung von der Konzentration abhängig ist, beträgt hier zwei Zehnerpotenzen. Völlige Hemmung ist auch bei hohen Konzentrationen nicht zu erreichen, 2 bis 3% der ursprünglichen Atmung bleiben bestehen. Für diese dürfte ein Mechanismus anzunehmen sein, der keine eisen- bzw. schwermetallhaltigen Fermente benötigt. Abb. 48 zeigt die Vergiftung durch Natriumazid. Die Halbwertskonzentration beträgt $2{,}7 \cdot 10^{-6}$ Mol/l HN_3. Das Konzentrationsintervall von beginnender bis zur vollständigen Hemmung umfaßt etwa $2^1/_2$ Zehnerpotenzen.

Abb. 49 gibt die Hemmung durch Hydroxylamin-hydrochlorid wieder. Bei der Zugabe zeigte sich, daß die volle Giftwirkung erst nach 1 bis 2 min auftrat, also nach einer Zeitspanne, in der die Hefe den noch vorhandenen Sauerstoff schon veratmet hat. Deshalb wurde die Atmungsgeschwindigkeit durch geringere Hefeeinwaage herabgesetzt. Die auf diese Art gewonnenen Kurven, die der Abb. 49 zugrunde liegen, zeigen dann die der vollen Giftwirkung entsprechende Hemmung. Die Halbwertskonzentration beträgt $1{,}1 \cdot 10^{-3}$ Mol/l Base, ist also wesentlich höher als die der anderen Gifte. Eine völlige Hemmung war nicht zu erreichen.

Kaliumrhodanid bewirkte sogar erst bei einer Konzentration von $3{,}3 \cdot 10^{-2}$ Mol/l eine Hemmung von 33,3%.

Um festzustellen, ob die Vergiftung mit Natriumazid reversibel ist, wurde die Hefe, nachdem völlige Atmungshemmung eingetreten war, auf einer Zentrifuge abgeschleudert und ausgewaschen. Sie zeigte anschließend wieder die normale Atmung. Diesen Vorgang gibt Abb. 50 wieder: Kurventeil a_1 zeigt die normale Atmung, bei Punkt A erfolgt die Giftzugabe. Nach etwa 4 sec ist die Atmung völlig gehemmt. Kurve b gibt die Atmungsgeschwindigkeit nach dem Abschleudern und Auswaschen wieder. Wie man sieht, ist die Atmungsgeschwindigkeit der Kurve a_1 und b gleich.

Natriumfluorid zeigte bei geringen Konzentrationen keinen Einfluß auf die Hefeatmung. Es hemmt bekanntlich die Enolasewirkung und verhindert die Bildung von Brenztraubensäure, wodurch sich die Phosphoglycerinsäure anreichert. Bei höheren Konzentrationen kamen wir zu folgenden Ergebnissen (unveröffentlicht):

$1 \cdot 10^{-3}$ Mol/l NaF	keine Atmumgsänderung
$2 \cdot 10^{-2}$ Mol/l	keine Atmungsänderung
$3 \cdot 10^{-2}$ Mol/l	29%ige Atmungshemmung
$5 \cdot 10^{-2}$ Mol/l	67%ige Atmungshemmung

Eine Stimulierung der Atmung wurde lediglich mit 2,4-Dinitrophenol bei einer Konzentration von $0{,}4 \cdot 10^{-3}$ Mol/l erhalten. Bei einer 0,2%igen Hefesuspension betrug die Stimulierung etwa 100%.

Alle Versuche ergaben, daß eine starke Hemmung nur bei schwachen Elektrolyten auftritt. Dieser Umstand stützt die Annahme, daß die Konzentration an undissoziierter Säure oder Base für die Hemmung maßgebend ist. Für die gesamten Erscheinungen dürfte in starkem Maße auch der Transport der Gifte durch die Zellwand bestimmend sein.

c) Der Einfluß von Temperatur und p_H auf die Hefeatmung

Die Abhängigkeit der Hefeatmung von der Versuchstemperatur wurde von *Tödt* und *Zimmermann* [9] untersucht. Das Ergebnis zeigt die Abb. 51. Wir sehen eine starke Abhängigkeit des Atmungsquotienten (Q_{O_2}) von der Versuchstemperatur. Bei 10° C beträgt dieser 5,6 und steigt bei Erwärmung anfangs langsamer und ab 30° C schneller an, bis er bei 44° C sein Maximum erreicht. Wird die Temperatur weiter erhöht, so fällt der Quotient bis 50° C erst langsam und anschließend bis 58° C schnell ab. Bei 58,5° C ist die Hefe tot.

Alle Versuche waren bisher in einer 1,3%igen Phosphatpufferlösung vom p_H 5,4 durchgeführt worden. Es war nun einmal interessant festzustellen, welchen Einfluß andere Pufferlösungen mit verschiedenen p_H-Werten auf die Hefeatmung haben. *Tödt* und *Zimmermann* [10] untersuchten Phosphat-, Citrat-, Borax- und Acetatpufferlösungen mit p_H-Werten zwischen 2,2 und 11. Sie erhielten Q_{O_2}-Werte, die zwischen 22 und 40 streuten, ohne daß sich ein ausgesprochener Einfluß des p_H-Wertes oder der chemischen Zusammensetzung des Puffers bemerkbar machte. Nur in Acetatpuffer mit geringeren p_H-Werten als 5 sanken die Q_{O_2}-Werte so stark ab, daß sich beim p_H 4,6 nur noch Werte zwischen 0,9 und 5 ergaben. Dieser Effekt ist in Abb. 52 wiedergegeben. Die Abb. 52 zeigt die registrierte Änderung des Sauerstoffgehaltes einer Hefesuspension bei p_H 5,5 und p_H 4,6. Die Schreibgeschwindigkeit ist so eingestellt, daß einer Änderung um die Zahl 1 (drei Rechtecke) 120 sec entsprechen. Bis kurz vor der Zahl 23 ist der konstante Luftsättigungswert der Pufferlösung geschrieben. Dann

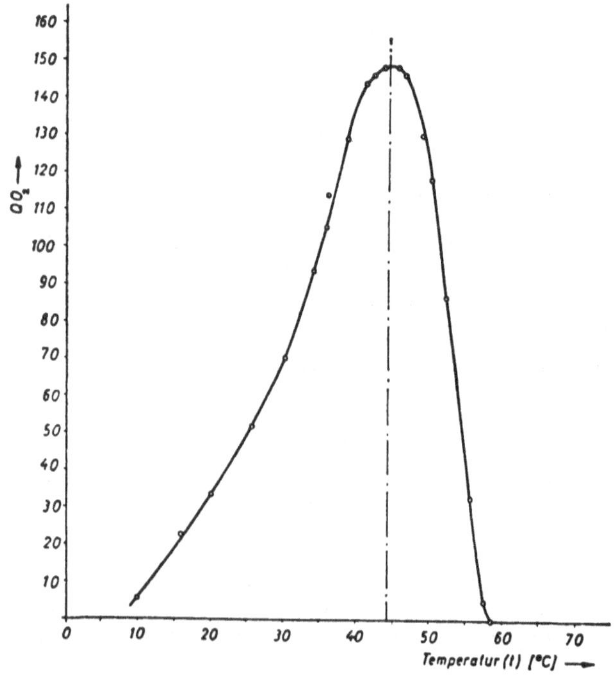

Abb. 51. Q_{O_2}-Werte halbprozentiger Hefesuspensionen in ihrer Abhängigkeit von der Versuchstemperatur (nach *F. Tödt* und *F. Zimmermann*, Branntweinwirtschaft 1957)

erfolgte die Zugabe der Hefe zu dem Acetatpuffer mit p_H 4,6. Man sieht eine recht langsame Abnahme des Sauerstoffgehaltes, entsprechend einer sehr langsamen Atmung, für die sich ein Q_{O_2}-Wert von 3,15 ergibt. Bei *a* wurden dem Elektrolyten von 330 ml 3 ml 3n-NaOH zugefügt, wodurch sich der p_H-Wert auf 5,5 erhöhte. Die Atmungsgeschwindigkeit beginnt mit der Veränderung des p_H-Wertes zu steigen, durchläuft eine Reihe von Zwischenwerten und erreicht nach etwa $2^1/_2$ min den endgültigen Wert von 25. Bei *b* wurden 3 ml 3n-HCl zugesetzt, womit der ursprüngliche p_H-Wert von 4,6 wieder hergestellt wurde. Fast sofort sinkt die Atmungsgeschwindigkeit wieder ab und erreicht sehr schnell den kleinen Q_{O_2}-Wert von 3,5. Die Umstellung der Atmungsintensität auf den geringen Wert erfolgt wesentlich schneller als die vom geringen auf den hohen Wert.

Um zu zeigen, daß in Phosphatpuffer eine während der Atmung vorgenommene p_H-Änderung um 2 p_H-Einheiten keinen wesentlichen Einfluß auf die Atmungsgeschwindigkeit hat, wurden einem Phosphatpuffer mit einem p_H-Wert von 5,4 dreimal je 5 ml 4,5%ige Natronlauge zugesetzt. Der p_H-Wert stieg beim ersten Zusatz auf 6,0, beim zweiten auf 6,5 und beim dritten auf 7,5. Wie die Abb. 53 erkennen läßt, sind die Zeitpunkte der Zusätze durch kurzes Ausschalten markiert (kurz nach 17, kurz vor 21 und kurz nach 24). Die Atmung verläuft nach den Zusätzen mit etwa gleicher Geschwindigkeit weiter, wie auch die Q_{O_2}-Werte zeigen. Selbst zwischen p_H 5,4 und p_H 7,5 ist kein wesentlicher Unterschied im Verlauf der Atmung festzustellen. Bei Punkt 19,3 und 22,7 sind die durch die Atmung fast auf den Nullpunkt abgesunkenen Sauerstoffwerte durch Einleiten von Sauerstoff wieder erhöht worden und zwar auf Werte, die dem Mehrfachen des Luftsättigungswertes entsprechen.

Während dem Acetatpuffer eine Sonderstellung zukommt, verhalten sich die übrigen Pufferlösungen übereinstimmend .Wird im Acetatpuffer der p_H-Wert bis auf etwa 3 gesenkt, erhält man Q_{O_2}-Werte unter 1. Erhöht man den p_H-Wert einer derartigen,

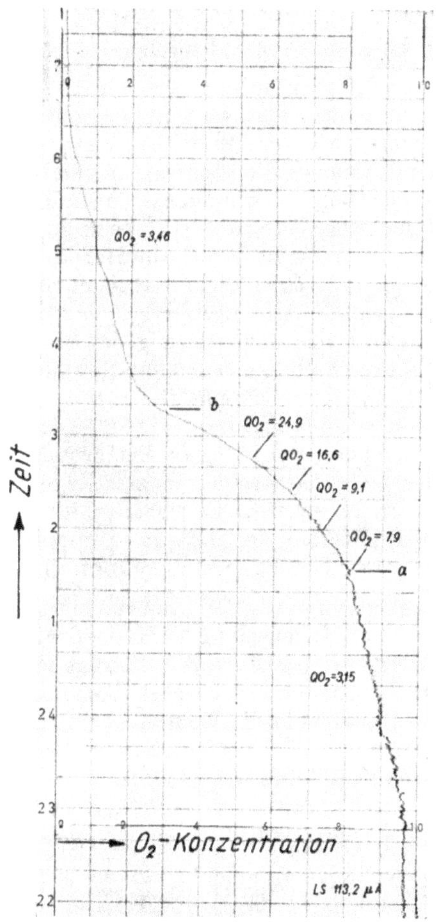

Abb. 52. Atmung einer Hefesuspension in Acetatpuffer bei p_H 4,6 und 5,5 (nach *F. Tödt* und *F. Zimmermann*, Z. Zuckerind. 1957)

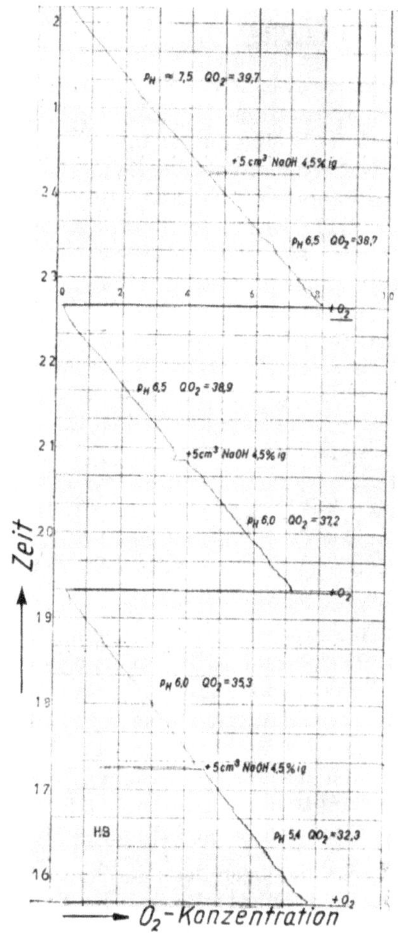

Abb. 53. Atmung einer Hefesuspension in Phosphatpuffer p_H 5,4; 6,0; 6,5 und 7,5 (nach *F. Tödt* und *F. Zimmermann*, Z. Zuckerind. 1957)

nicht merkbar atmenden Hefesuspension auf 5,5, zeigt sich, daß es nicht mehr möglich ist, die Atmung wieder in Gang zu bringen. Der Acetatpuffer hat also bei einem pH-Wert, bei dem die Hefesuspension im Citratpuffer noch normal atmet, eine Abtötung der Hefe verursacht. Der Citratpuffer zeigt auch nicht den im Acetatpuffer gemessenen Effekt der sehr starken pH-Abhängigkeit der Atmung zwischen pH 4,6 und pH 5,4. Zwischen pH 2,2 und 8 ergab die Atmung von Hefesuspensionen in Citratpuffer in annähernd 50 Meßreihen Q_{O_2}-Werte zwischen 23 und 42, ohne daß es möglich gewesen wäre, einen wesentlichen Einfluß des pH-Wertes auf den Q_{O_2}-Wert nachzuweisen. Eine biologische Erklärung der hier beschriebenen Effekte soll nicht versucht werden. Uns kommt es vielmehr darauf an, zu zeigen, daß die elektrochemische Sauerstoffmessung in der hier angewandten Form Einzelheiten und Feinheiten der Atmung von Mikroorganismen überraschend einfach zu verfolgen gestattet.

f) Hefeatmung bei sehr geringen Sauerstoffkonzentrationen

Es konnte gezeigt werden, daß die Atmung von Mikroorganismen bei sehr geringen O_2-Konzentrationen unabhängig von derselben verläuft. So wurde z. B. durch elektrochemische O_2-Messung gefunden, daß die Grünalge Chlorella in Phosphatpuffer suspendiert, den gelösten Sauerstoff bis zu einer Sauerstoffkonzentration von 10 bis 20 μg/l veratmet, ohne daß eine meßbare Verringerung der Atmungsgeschwindigkeit eintrat [11]. Es soll nun im Folgenden über Versuche berichtet werden, welche das Ziel hatten, festzustellen, bis zu welcher unteren Grenze an gelöstem O_2 die Hefeatmung noch meßbar ist und die Abhängigkeit der Atmungsgeschwindigkeit von der Sauerstoffkonzentration studiert werden [12]. Abb. 54 zeigt die Atmungskurve einer 1%igen Hefesuspension bei pH 5,4 und 25° C. Sie wurde durch Registrierung des Stromes mittels eines Multiflex-Galvanometers mit nachgeschaltetem Nachlaufschreiber erhalten. Die Atmungsgeschwindigkeit läßt sich aus dem Schreibstreifen des Nachlaufschreibers, der auf eine Trommel mit bestimmter Umlaufgeschwindigkeit gespannt ist und die variabel ist, ablesen. Die Abbildung dient gleichzeitig als Eichgrundlage, denn man braucht nur die Zeit zu messen, in der der im Elektrolytgefäß gelöste Sauerstoff von 8,2 mg O_2/l von der Hefe veratmet ist. In unserem Fall beträgt die Zeit genau 2 min. Bei Punkt A der Kurve beginnt die Atmung der Hefe. Hier entspricht die Stromstärke von 13,5 μA dem Luftsättigungswert von 8,2 mg Sauerstoff im Liter.

Die Kurve durchläuft bei einem Galvanometernebenschluß von 120 Ohm zunächst einmal die Zeitachse und dann nochmals bei dem gleichen Nebenschluß die Hälfte der Zeitachse bis zum Punkt B. Die Zeit, in welcher die Walze einmal umläuft, beträgt 1 min. Am Punkt B wird die Empfindlichkeit durch Einschalten eines Nebenwiderstandes von 600 Ohm auf das 5-fache erhöht. Der jetzt ansteigende Kurventeil ist durch die zeitliche Verzögerung der Galvanometereinstellung bis zur richtigen Anzeige im neuen Meßbereich verursacht. Gleichzeitig atmet die Hefe weiter (extrapoliert bis zum Punkt C), so daß der bei B einsetzende Anstieg des Ausschlages verlangsamt wird. Nach dem Umkehrpunkt wird dann in steigendem Maße die Atmung angezeigt.

Bei D ist die durch das Umschalten auf eine 5 fache Empfindlichkeit zu erwartende Einstellung vollständig erreicht. Das ist daran zu erkennen, daß von D ab die Kurve linear verläuft. Die Zeit von B bis D beträgt 20 sec, da die gesamte Abszissenlänge (ein Trommelumlauf) einer min entspricht. Der konstant abfallende Kurventeil zwischen D und K verläuft genau 5 mal steiler als vor Einschalten des 600-Ohm-Nebenschlusses, ein Beweis sowohl für die konstante Eichgrundlage als auch für den linearen Verlauf der Atmung. Von Punkt K ab, also bei 200 μg O_2, beginnt die Atmung langsamer zu werden. Dieser Knickpunkt K kann, wie die Abb. 54 zeigt, nur annähernd angegeben werden. Das gilt auch für die weiteren Abbildungen.

Es werden während eines Umlaufs also in einer min 4100 μg Sauerstoff veratmet. Daraus ergibt sich die Eichung der Ordinate in Sauerstoff durch einfaches Ausmessen. Diese „Zeiteichung" konnte durch eine direkte Zugabeeichung bestätigt werden, indem nach Entfernung des gelösten Sauerstoffs durch Stickstoffeinleiten luftgesättigte Lösung zugesetzt wurde. Für die weiteren Messungen, bei denen eine 2,5 cm² große Meßelektrode zur Erzielung einer hohen Empfindlichkeit im Bereich geringer Sauerstoffkonzentrationen verwendet wurde, konnte daher die Zeiteichung zugrundegelegt werden. Ein mit dieser hohen Empfindlichkeit registrierter Atmungsverlauf ist in den Abb. 55 und 56 enthalten.

Die angegebenen Sauerstoffkonzentrationen beziehen sich alle auf einen Liter und sind durch die beschriebene Zeiteichung ermittelt. Auch ist ebenso wie in Abb. 54 die Empfindlichkeit um das 5 fache erhöht (Ersatz des Nebenschlusses von 10 Ohm durch einen solchen von 50 Ohm bei 1250 μg Sauerstoff). Von dem in Abb. 55 markierten Knickpunkt ab nimmt wiederum die Atmungsgeschwindigkeit zunächst allmählich und dann immer schneller ab. Die in der Abb. 55 eingetragene Abnahme der Atmungsgeschwindigkeit

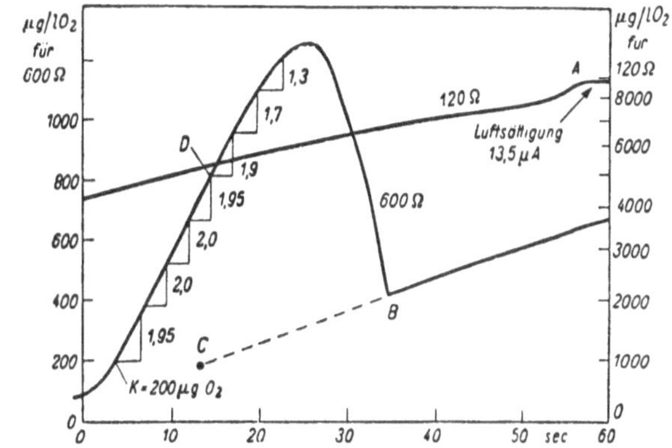

Abb. 54. Atmungsverlauf einer 1-proz. Hefesuspension, $p_H = 5{,}4$, Elektrode 0,1 cm² (nach *F. Tödt* und *K. Damaschke*, Z. Naturforsch. 1957)

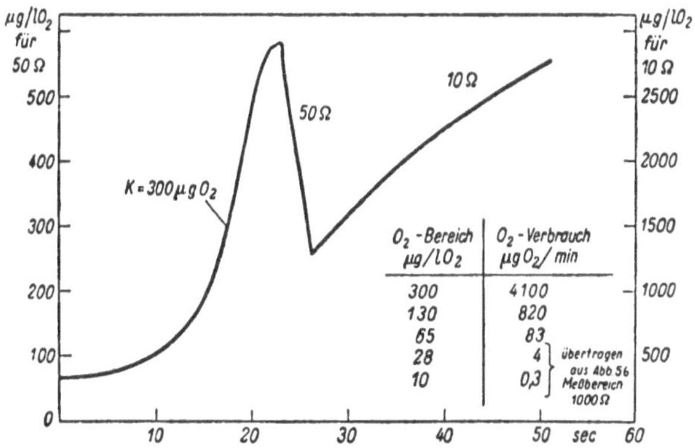

Abb. 55. Atmungsverlauf einer 1-proz. Hefesuspension, $p_H = 5{,}4$, Elektrode 2,5 cm² (nach *F. Tödt* und *K. Damaschke*, Z. Naturforsch. 1957)

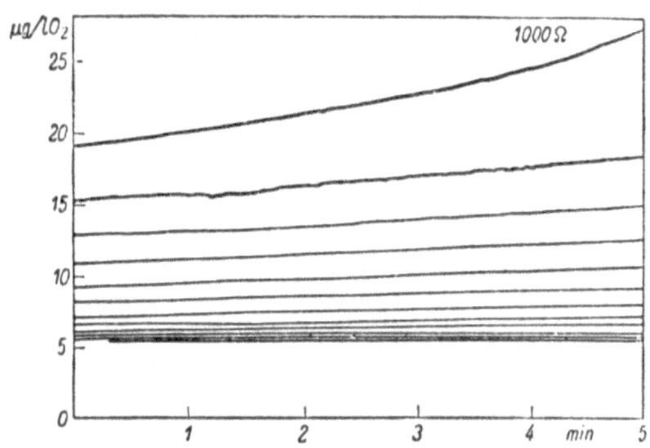

Abb. 56. Weiterer Verlauf der Atmungskurve Abb. 55 zwischen 0 und 28 μg/l O_2 (nach *F. Tödt* und *K. Damaschke*, Z. Naturforsch. 1957)

mit sinkendem Sauerstoffgehalt ist durch graphische Abschätzung der Steilheit der Kurve unterhalb von K erhalten. Die letzten zwei Werte sind in gleicher Weise der Abb. 56 entnommen, welche die zeitliche Fortsetzung des in Abb. 55 dargestellten Atmungsverlaufs mit 20 mal höherer Empfindlichkeit wiedergibt, wobei gleichzeitig der Zeitmaßstab von 1 min auf 5 min umgeschaltet war. Man erkennt aus diesen Zahlen, daß die Atmung von 300 bis 10 μg Sauerstoff um über das Zwölftausendfache abnimmt. Die Atmung sinkt also 400 mal schneller als der Sauerstoffgehalt, und zwar am schnellsten zwischen 130 und 30 μg Sauerstoff.

Auch bei p_H-Änderungen zwischen 5,4 und 9 sowie bei Änderungen der Hefekonzentration zwischen 0,1 und 1% blieb der Charakter des Atmungsverlaufs immer der gleiche. Im Bereich sehr geringer Sauerstoffkonzentrationen, also unter 20 μg O_2/l ist die Abnahme der Atmung der Abnahme der Sauerstoffkonzentration proportional. Der O_2-Verbrauch ist hier also ein von der Diffusion abhängiger Vorgang.

Alle diese Versuche zeigen, daß man mit der kontinuierlichen elektrochemischen O_2-Meßmethode, die man beliebig zeitlich auflösen kann, Ergebnisse erzielen kann, die mit anderen Methoden nicht zu gewinnen sind. Besonders im Bereich geringer O_2-Konzentrationen besteht eine fast unbegrenzte Möglichkeit, schnell ablaufende beeinflußte und unbeeinflußte Lebensvorgänge zu verfolgen und zu beobachten.

2. K. Damaschke, Messung von Sauerstoffumsätzen an Grünalgen

a) Messung der Photosynthese und der Atmung

Da bei der elektrochemischen O_2-Messung nach *Tödt* die abgelesene oder registrierte Stromstärke ein genaues Maß für die in Lösung befindliche O_2-Menge ist, lag es nahe, diese Methode auch zur Untersuchung der Photosynthese zu benutzen [13].

Der gesamte Kohlenstoff der Pflanzen stammt aus der Kohlensäure der Luft und des Wassers. Die Überführung der energiearmen Kohlensäure in Kohlenhydrate mit Hilfe des Lichts als Energiequelle bildet die Grundlage des gesamten pflanzlichen und damit auch des tierischen und menschlichen Lebens auf der Erde.

Die Bruttoreaktion der Photosynthese kann schematisch mit $CO_2 + 4\,H_2O +$ Licht $(h\nu) \dashrightarrow \{CH_2O\} + 3H_2O + O_2$ angesetzt werden. Die entstandene O_2-Menge ist also ein Maß für die Photosynthese.

Zur Assimilation von einem Molekül CO_2 sind unter optimalen Bedingungen ungefähr 3 Lichtquanten notwendig, was einer Ausnutzung von etwa 80% entspricht. Es gibt keinen anderen Prozeß, der mit einem ähnlichen Nutzeffekt abläuft. Dabei ist zu bedenken, daß die photochemische Reaktion durch ein einziges Lichtquant angeregt wird.

Der Grundvorgang der photosynthetischen Assimilation ist die Reduktion von CO_2 zu H—C—OH (mit je einer freien Bindung nach oben und unten am C) mit Hilfe von aktiviertem Wasserstoff. Diese Reduktion ist die Summe mehrerer fermentativ gesteuerter Schritte, welche vom CO_2 zum fertigen Kohlenhydrat (meist Glukose) führen und lichtunabhängig sind, deshalb Dunkelreaktionen genannt werden.

Demgegenüber steht die Lichtreaktion, welche unter Mithilfe der Lichtenergie aus H_2O [H] aktiviert, wobei O_2 frei wird. Die Lichtreaktion ist ein photochemischer Prozeß und deshalb temperaturabhängig. Sie ist an Chlorophyll gebunden.

Als Untersuchungsobjekt für unsere photosynthetischen Arbeiten diente eine von *O. Warburg* zur Verfügung gestellte Grünalge *Chlorella pyrenoidosa*, welche von uns weiter gezüchtet wurde.

Es wurden zunächst einmal Vergleichsversuche zwischen der elektrochemischen und der manometrischen O_2-Messung unter gleichen Versuchsbedingungen durchgeführt. Diese Versuche wurden im Max-Planck-Institut für Zellphysiologie (*O. Warburg*) ausgeführt und zeigten eine gute Übereinstimmung beider Methoden.

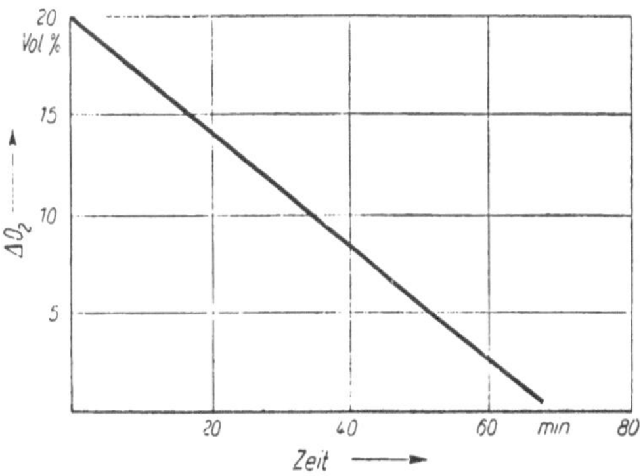

Abb. 57. Atmungsverlauf einer Chlorellasuspension von 20 Vol.% O_2 ab

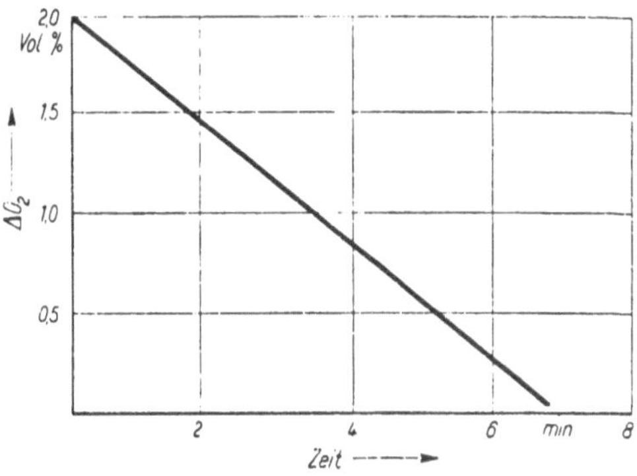

Abb. 58. Atmungsverlauf einer Chlorellasuspension von 2 Vol.% O_2 ab

Da die hohe Empfindlichkeit der elektrochemischen Methode nur bei geringeren O_2-Konzentrationen zur Geltung kommt und manometrisch meist zwischen 20 und 100 Vol% O_2 gemessen wird, mußten erst Versuche bei niedrigen O_2-Konzentrationen vorgenommen werden, um dort das Verhalten der *Chlorella* zu studieren. Es war dies leicht über die Messung der Atmungsgeschwindigkeit möglich, bei welcher ja bekanntlich O_2 verbraucht wird. Ist nun die Geschwindigkeit der O_2-Abnahme bei allen O_2-Konzentrationen gleich, so ist damit der Beweis geführt, daß man auch bei niedrigen O_2-Konzentrationen arbeiten kann.

Abb. 59. Verstärkte Atmung nach 2 min Lichteinstrahlung. ↑ Beginn der Lichteinstrahlung; vorher Kompensation

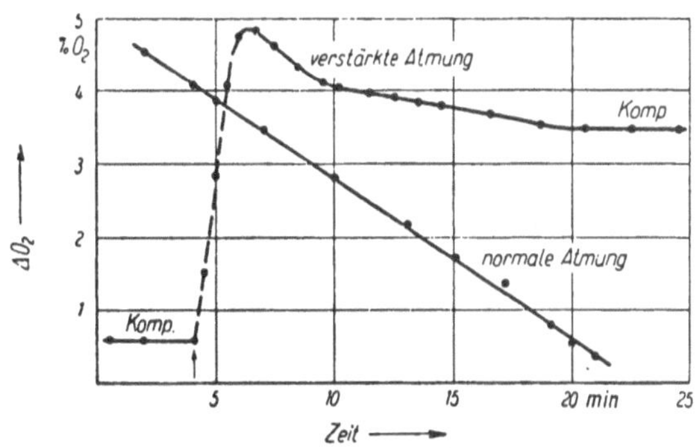

Die Messungen ergaben, daß die Atmungsgeschwindigkeit bei allen O_2-Konzentrationen gleich ist. Dies ist aus den Abb. 57 und 58 zu ersehen, welche völlig geradlinige Atmungskurven von 21 Vol.% O_2 bis praktisch 0 Vol.% zeigen (dieselbe Beobachtung wurde auch bei der Aufnahme von Atmungskurven von Hefesuspensionen gemacht). Abb. 59 zeigt noch einmal eine Atmungskurve von 5 bis 0 Vol.% O_2, welche erkennen läßt, daß die Atmung völlig konstant ist. Aus diesem Grunde ist es möglich die Atmung zu kompensieren, d. h. soviel Licht einzustrahlen, daß sich der Sauerstoffverbrauch durch die Atmung mit der Sauerstoffproduktion durch die Lichteinstrahlung das Gleichgewicht halten. Anschließend wurde 2 min Licht eingestrahlt und man sieht, daß es fast 15 min dauert, ehe die Kompensation wieder

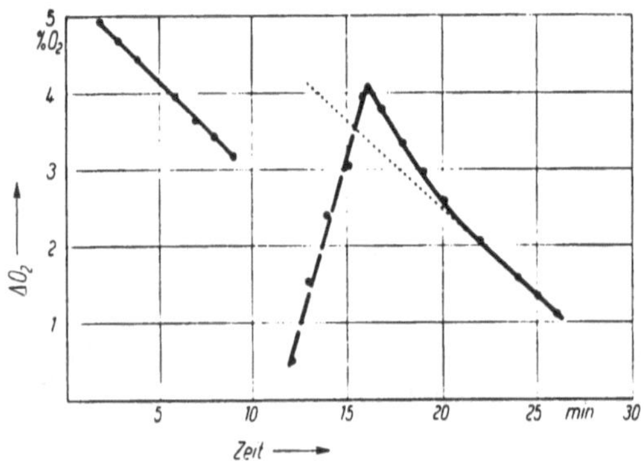

Abb. 60. Verstärkte Atmung nach einer Belichtung von 5 min

erreicht ist. Nach der Belichtung war eine verstärkte Atmung eingetreten. Um dies noch deutlicher zu machen, wurde nicht kompensiert und während der normalen Atmung Licht gegeben. Man erhält dann einen Kurvenverlauf, wie ihn Abb. 60 zeigt. Es ist deutlich sichtbar, wie nach der Belichtung die Atmung verstärkt ist und erst später den alten Wert erreicht.

Es wurden anschließend Versuche mit Prof. *Warburg* und Prof. *Dean Burk* (Head of Cytochemistry Section, National Institut of Health, Bethesda, Md. USA) unternommen, um Aussagen über die maximale Quantenausbeute bei der Photosynthese machen zu können, welche gleichzeitig eine elektrochemische Beweisführung des Kreisprozesses darstellten [14].

Es konnte gezeigt werden, daß sich unter geeigneten experimentellen Bedingungen die Ausbeute in diesem Kreisprozeß der theoretischen Grenze, welche durch den ersten und zweiten thermodynamischen Hauptsatz festgelegt ist, nähert und 2,5 bis 3 Quanten Licht pro Molekül erzeugten Sauerstoffs beträgt (Abb. 61).

Unter normalen Photosynthesebedingungen konnten von uns diese Ausbeuten nicht erreicht werden, auch gelang es uns nicht, die Photosynthese durch geeignete Hell-Dunkelperioden in Hell- und Dunkelreaktion aufzuspalten.

b) Über die Einwirkung von Giften auf die Photosynthese und Atmung

Wegen des großen zeitlichen Auflösungsvermögens und der Möglichkeit, Vorgänge, die innerhalb von Sekunden ablaufen zu registrieren, wurde als nächstes die zeitliche Ausbildung der Giftwirkung verschiedener Gifte auf die Photosynthese und die Atmung von *Chlorella p.* studiert [8]. Bisher war es nicht möglich die Wirkung schnell wirkender Gifte messend zu verfolgen. Die verschiedenen Gifte wurden in Abhängigkeit von der Einwirkungsdauer und der Giftkonzentration untersucht. Zu diesem Zwecke wurden zuerst Blindversuche mit den zu benutzenden Giften durchgeführt und ihr Einfluß auf die Elektroden festgestellt. Die Versuche wurden in einem 80 ml Elektrodengefäß mit der Elementkombination Goldamalgam gegen Zink in einem 1,3%igen Phosphatpuffer vom pH 5,4 bei 25 ° C durchgeführt.

Nach der Füllung des Elektrodengefäßes mit der Grünalgensuspension wurde die O_2-Konzentrationsänderung verfolgt, d. h. die Photosynthese oder die Atmung registriert. Hatte sich eine konstante Rate eingestellt, wurde das Gift zugegeben

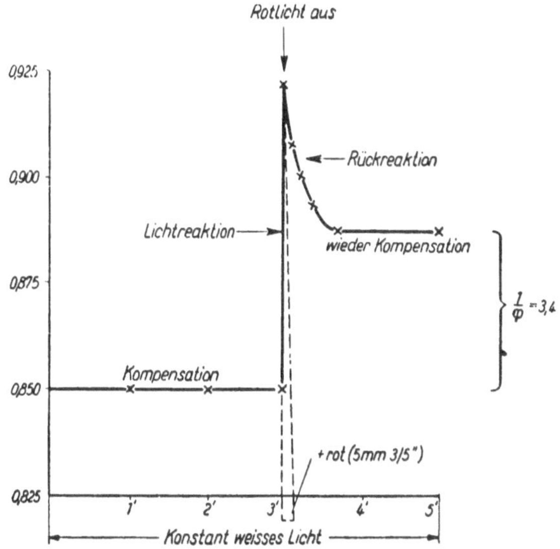

Abb. 61. Photosynthesezyklus während kompensierter Atmung (nach *K. Damaschke, F. Tödt, D. Burk* und *O. Warburg*, Biochim. biophysica Acta 1953)

(mittels einer Spritze und der Zugabebürette direkt in das Gefäß). Durch die intensive Rührung von 1000 U/min war es in etwa einer sec gleichmäßig verteilt.

Die Abb. 62 zeigt die Hemmung der Photosynthese durch Cyanwasserstoff.

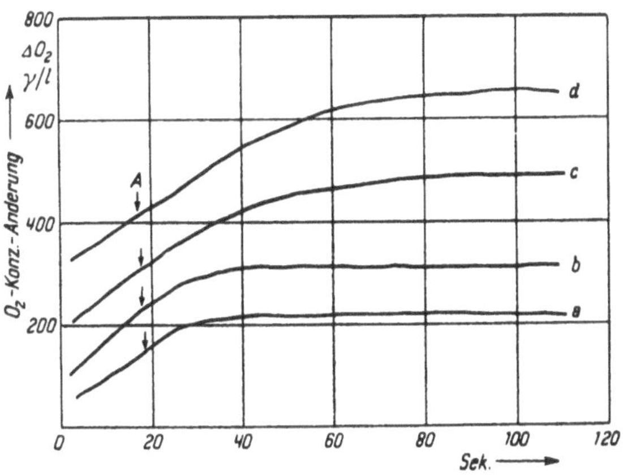

Bei „A" erfolgt Zugabe an KCN:

Versuch	[ml]	[m]	KCN entspricht HCN Mol/l im Gefäß
a	2,0	1/10	$2{,}4 \cdot 10^{-3}$
b	2,5	1/20	$1{,}5 \cdot 10^{-3}$
c	1,0	1/20	$6 \cdot 10^{-4}$
d	0,5	1/20	$3 \cdot 10^{-4}$

Abb. 62. Hemmung der Photosynthese durch Cyanwasserstoff (nach *K. Damaschke, L. Rothbühr* und *F. Tödt*, Z. Naturforsch. 1955)

Die Wirkung des Giftes ist schon nach wenigen Sekunden klar zu erkennen. Die Stickstoffwasserstoffsäure (Abb. 63) wirkt schon bei viel geringeren Konzentrationen als HCN wie nachstehende Tabellen zeigen:

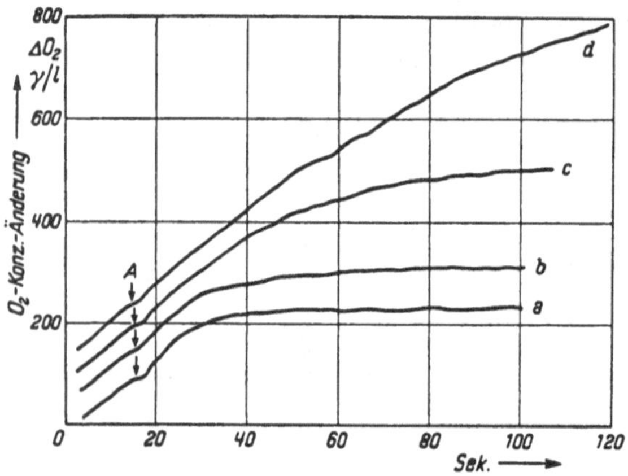

Zugabe an NaN_3:

Versuch	[ml]	[m]	Mol/l NaN_3	Mol/l HN_3
a	2	1	$2{,}4 \cdot 10^{-2}$	$3{,}7 \cdot 10^{-3}$
b	2	1/10	$2{,}4 \cdot 10^{-3}$	$3{,}7 \cdot 10^{-4}$
c	3	1/100	$3{,}6 \cdot 10^{-4}$	$5{,}5 \cdot 10^{-5}$
d	1	1/100	$1{,}2 \cdot 10^{-4}$	$1{,}8 \cdot 10^{-5}$

Abb. 63. Hemmung der Photosynthese durch Stickstoffwasserstoffsäure. Bei „A" erfolgt Zugabe. Der plötzliche Anstieg nach der Zugabe bedeutet keine Stimulierung, sondern wurde durch den etwas größeren Sauerstoffgehalt der Zugabelösung hervorgerufen. Auch die bei *d*) angewandte Giftkonzentration genügt, um die Photosynthese im Endzustand auf 15% herabzumindern (nach *K. Damaschke*, *L. Rothbühr* und *F. Tödt*, Z. Naturforsch. 1955)

Tabelle 12a

Zeitlicher Ablauf bei der Vergiftung der Photosynthese durch Cyanwasserstoff. $t = 25°$ C; Chlorella-Konzentration: 1 mm³ Zellen/cm³ Lsg., Phosphatpuffer = pH 5,4; 15000 Lux

Konzentration an HCN in [Mol/l]	Merklicher Beginn der Einwirkung nach [sec]	$t_{1/2}$ [sec]	Konstante Schädigung nach [sec]
$2{,}4 \cdot 10^{-4}$	25		150
$3 \cdot 10^{-4}$	20	51	120
$6 \cdot 10^{-4}$	5–10	34	60
$1{,}2 \cdot 10^{-3}$	momentan		30
$1{,}5 \cdot 10^{-3}$	momentan	10,8	20
$2{,}4 \cdot 10^{-3}$	momentan	8,1	10–15
$6 \cdot 10^{-3}$	momentan	0	5

Tabelle 12b

Zeitlicher Ablauf der Vergiftung der Photosynthese durch Stickstoffwasserstoffsäure. $t = 25$ °C; Chlorella-Konzentration: 1 mm³ Zellen/cm³ Lsg. Phosphatpuffer = pH 5,4; 15000 Lux

Konzentration an HN_3 in [Mol/l]	Merklicher Beginn der Einwirkung nach [sec]	$t_{1/2}$ [sec]	Konstante Schädigung nach [sec]
$9 \cdot 10^{-6}$	25		160
$1{,}8 \cdot 10^{-5}$	45	78	120
$3{,}7 \cdot 10^{-5}$	15		100
$5{,}5 \cdot 10^{-5}$	momentan	7,6	5
$3{,}7 \cdot 10^{-4}$	momentan	8,1	4
$3{,}7 \cdot 10^{-3}$	momentan	3,8	4

H_2S zeigt bei einer Konzentration von $6 \cdot 10^{-4}$ Mol/l im Gefäß eine sofortige Giftwirkung auf die Photosynthese (100%), während bei der Anwendung von $6 \cdot 10^{-5}$ Mol/l H_2S die Giftwirkung erst nach 40 Sekunden sichtbar wird und nach etwa 3 Min. völlige Hemmung erreicht wird.

Bei Hydroxylamin dauert es noch länger, ehe eine Giftwirkung zu erkennen ist. In Abb. 64 ist der Einfluß dreier verschiedener Gifte gleicher Konzentration auf die Photosynthese dargestellt.

Zugaben:

a) 0,6 cm^3 1-*m* $NH_2OH \cdot HCl$ = 7,2 · 10^{-3} Mol/l $NH_2OH \cdot HCl$ entsprechend 1,5 · 10^{-3} Mol/l NH_2OH.
b) 2,5 cm^3 *m*/20-KCN = 1,5 · 10^{-3} Mol/l KCN entsprechend 1,5 · 10^{-3} Mol/l HCN.
c) 1 cm^3 1-*m* NaN_3 = 1,2 · 10^{-2} Mol/l NaN_3 entsprechend 1,8 · 10^{-3} Mol/l HN_3.
Bei „A" erfolgt Zugabe.

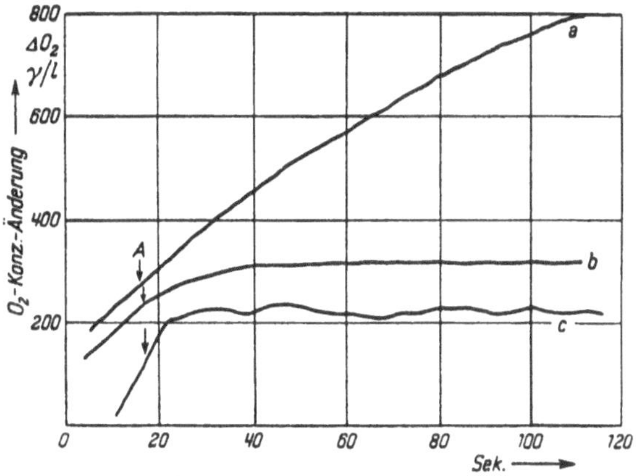

Abb. 64. Hemmung der Photosynthese durch verschiedene Gifte gleicher Konzentration Bei „A" erfolgt Zugabe (nach *K. Damaschke*, *L. Rothbühr* und *F. Tödt*, Z. Naturforsch. 1955)

Als nächstes wurde der Einfluß der Gifte auf die Atmung der *Chlorella* studiert. Dabei zeigte sich, daß sehr hohe Konzz. wie z. B. 10^{-2} Mol/l Cyanwasserstoff und 10^{-3} Mol/l H_2S ohne besondere Wirkung auf die Atmung waren. Nur die Stickstoffwasserstoffsäure hemmt die Atmung ab $1 \cdot 10^{-5}$ Mol/l. Stimulierend auf die Atmung wirkte dagegen Hydroxylamin in einer Konzentration von $5 \cdot 10^{-3}$ Mol/l, jedoch trat die Stimulation erst nach einer Einwirkungsdauer von 50 sec auf.

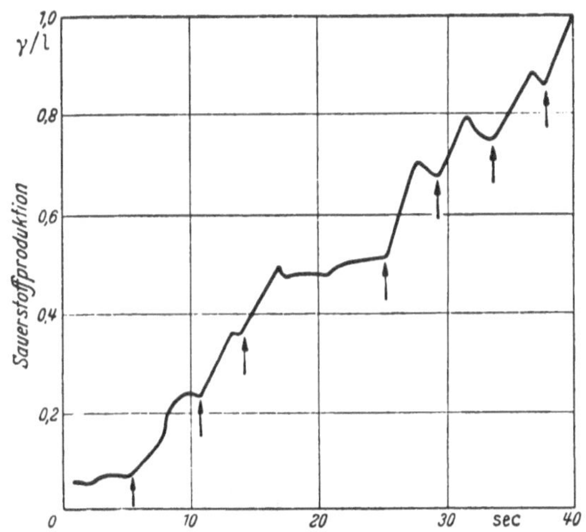

Abb. 65. Sauerstoffproduktion von Chlorella p. bei Belichtung mit Einzelblitzen von 10^{-5}sec Dauer (Originalaufnahme). Die Pfeile deuten die Blitze an. t = 25° C; CO_2 = 2,5%; pH = 5,4; 3,8 μl Zellen/ml Lsg.; O_2-Konzentrationsbereich 20 γ/l O_2 (nach *K. Damaschke* und *L. Rothbühr*, Biochem. Z. 1955)

c) Messung der langsamsten Dunkelreaktion der Photosynthese

Die langsamste Dunkelreaktion wurde mit Hilfe von Lichtblitzen von 10^{-5} sec Dauer untersucht [15]. Als Lichtblitzquelle wurde ein Großstroboskop der Firma AEG benutzt mit einer von Osram entwickelten Hochdruck-Xenon-Hochleistungslampe in einem Quarzrohr. Das Maximum der spektralen Verteilung liegt zwischen 400 und 500 mμ. Bisher waren Versuche mit so kurzen Lichtblitzen nur im rein roten Licht mit Neonentladungsröhren durchgeführt worden.

Die Empfindlichkeit der O_2-Messung wurde durch Anwendung einer Meßelektrode von 6 cm^2 Oberfläche soweit getrieben, daß die O_2-Produktion eines einzelnen Lichtblitzes von 10^{-5} sec Dauer gemessen und registriert werden konnte. Die Abb. 65 zeigt ein geschriebenes Kurvenblatt mit mehreren Lichtblitzen. Die O_2-Produktion pro Blitz beträgt 10^{-8} g O_2/Gefäß.

Wir bestimmten nun elektrochemisch die Reaktionszeit der langsamsten Dunkelreaktion der Photosynthese durch Lichtblitze von 10^{-5} sec Dauer und Variation der Dunkelzeit.

Als erster hatte *Blackman* festgestellt, daß die Photosynthese gemessen an der O_2-Produktion bei Steigerung der Lichtintensität zunächst proportional zu derselben ansteigt, dann aber in einen konstanten Wert — die Lichtsättigung — übergeht. Er nimmt an, daß im proportionalen Teil die Lichtreaktion geschwindigkeitsbestimmend

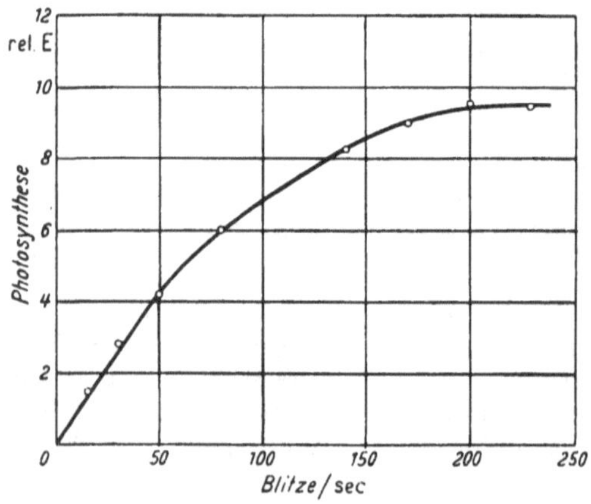

Abb. 66. Abhängigkeit der Photosynthese von der Blitzfrequenz bei gleicher Blitzintensität. t = 25° C; CO_2 = 5%; pH = 5,4; 0,2 µl Zellen/ml Lsg. (nach *K. Damaschke* und *L. Rothbühr*, Biochem. Z. 1955)

ist und im Gebiet der Lichtsättigung die langsamste Dunkelreaktion. Werden intensive Blitze auf die Algen geworfen, deren Intensität so groß ist, daß die Photosynthese von der Intensität unabhängig ist (Blitzsättigung), so wird die Photosynthese bei Erhöhung der Blitzfrequenz zunächst proportional zu derselben ansteigen. Wenn die Reaktionsgeschwindigkeit der langsamsten Dunkelreaktion mit der Dunkelzeit zwischen zwei Blitzen vergleichbar wird, dann beginnt die Kurve von der Geradlinigkeit abzuweichen, um sich der Lichtsättigung zu nähern. Abb. 66 zeigt eine derartige Kurve bei 25° C. Aus ihr ist ersichtlich, daß die Abweichung von der Geradlinigkeit etwa bei 50 Blitzen pro sec, d. h. bei einer Dunkelzeit von 0,02 sec erfolgt. Erheblich besser kann man diesen Wert erkennen, wenn man die Versuchsergebnisse so umrechnet, daß die Gesamtphotosynthese durch die Ausbeute pro Blitz ersetzt

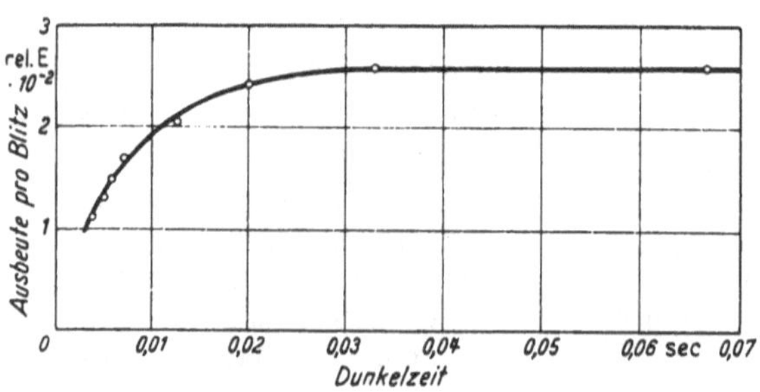

Abb. 67. Abhängigkeit der Ausbeute pro Blitz von der Dunkelzeit zwischen den Blitzen bei konstanter Blitzenergie. t = 25° C; CO_2 = 5%; pH = 5,4; 0,2 µl Zellen/ml Lsg. (nach *K. Damaschke* und *L. Rothbühr*, Biochem. Z. 1955)

wird und die Blitzfrequenz durch die Dunkelzeit zwischen den Blitzen (reziproke Blitzfrequenz). Daraus ergibt sich (Abb. 67), daß die Ausbeute an Sauerstoff pro Blitz mit Verlängerung der Dunkelzeit zunächst stark ansteigt, dann aber konstant bleibt. Die Dunkelzeit, die mindestens notwendig ist, um die maximale Ausbeute pro Blitz zu erhalten, stellt, wie schon erwähnt, die Arbeitszeit einer Reaktion bzw. die Regenerationszeit eines Katalysators dar.

Abb. 68 zeigt wieder etwa 0,02 sec für die „maximale Dunkelzeit“ bei 25° C. Ein analoger Versuch für t = 0° C ergab etwa 0,2 sec (Abb. 69).

Lichtsättigung ist dann erreicht, wenn jeder „Assimilationsapparat“ sein Kohlensäuremolekül mit einem Blitz wirklich reduziert. Die Zahl der reduz. Kohlensäure-

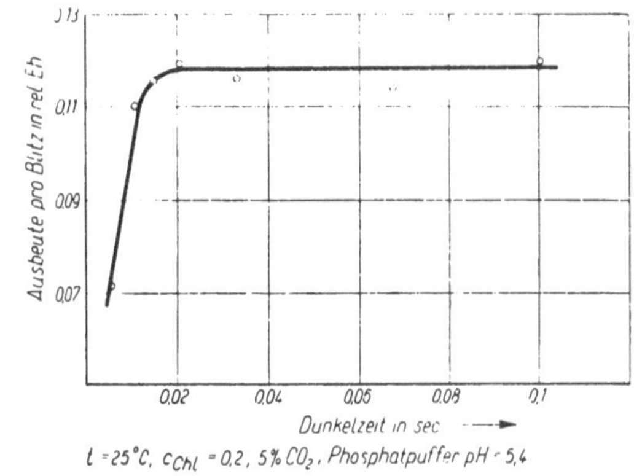

Abb. 68. Abhängigkeit der Ausbeute pro Blitz von der Dunkelzeit zwischen den Blitzen mit ebenfalls konstanter, aber geringerer Blitzenergie als Abb. 67. (nach *K. Damaschke* und *L. Rothbühr*, Biochem. Z. 1955)

moleküle sei n. Im kontinuierlichen Licht reduziert bei Lichtsättigung jeder Assimilationsapparat sein Kohlensäuremolekül in der Reaktionszeit τ, d. h. in τ sec werden n Kohlensäuremoleküle reduziert. Um den Wert von τ zu errechnen, ist die maximale Ausbeute pro Blitz (n) zu dividieren durch die Ausbeute pro sec bei kontinuierlichem Licht für den Fall der Lichtsättigung. $n / \frac{n}{\tau} = \tau$ in sec. Abb. 70 zeigt eine

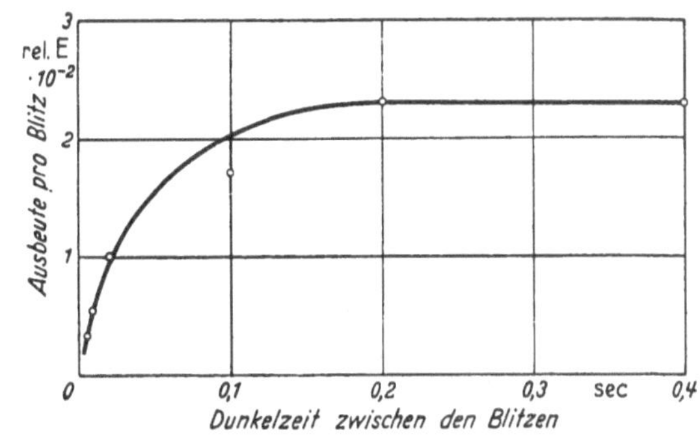

Abb. 69. Abhängigkeit der Ausbeute pro Blitz von der Dunkelzeit zwischen den Blitzen bei konstanter Blitzenergie. t = 0° C; CO_2 = 5%; pH = 5,4; 0,2 µl Zellen/ml Lsg. (nach *K. Damaschke* und *L. Rothbühr*, Biochem. Z. 1955)

Blitzsättigungskurve bei der Blitzfrequenz von 2 Hz und 25° C. Die Blitzsättigung beträgt also in diesem Fall 0,63 rel. Einheiten pro min, die Ausbeute pro Blitz $\frac{0,63}{120}$, weil 120 Blitze pro min gegeben wurden. Die Sauerstoffproduktion in kontinuierlichem Licht für die gleiche Zellsuspension wurde zu 20,0 rel. Einheiten pro min für den Fall der Lichtsättigung ermittelt. Die Ausbeute im kontinuierlichen Licht pro sec ist also $\frac{200}{60}$. Daraus ergibt sich

$$\tau = \frac{\frac{0,63}{120}}{\frac{200}{60}} = \frac{0,63}{40} = 0,016 \text{ sec bei } 25^\circ \text{ C.}$$

Das ist die gleiche Zeit, die wir vorher durch die direkte aber ungenauere Methode gefunden hatten.

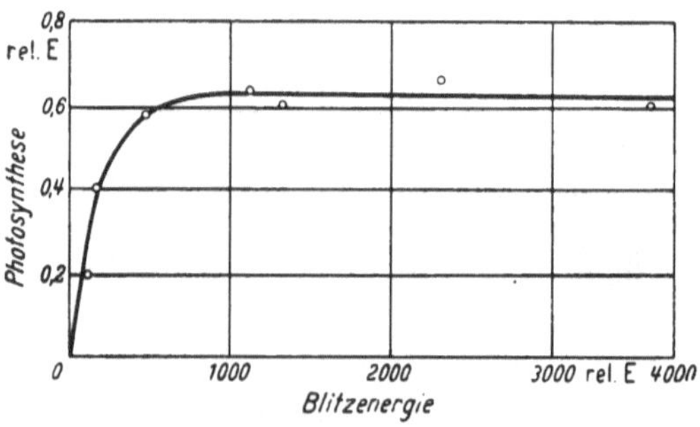

Abb. 70. Abhängigkeit der Photosynthese von der Blitzenergie bei konstanter Blitzfrequenz. Photosynthese in rel. Einheiten pro Minute. 2 Blitze pro Sekunde. t = 25° C; CO_2 = 5%; pH = 5,4; 0,2 µl Zellen/ml Lsg. (nach *K. Damaschke* und *L. Rothbühr*, Biochem. Z. 1955)

Weitere Werte bei anderen Temperaturen für die Reaktionszeit τ der langsamsten Dunkelreaktion durch Aufnahme von Blitzsättigungskurven nach *Emerson* und *Arnold* und nach *Gaffron* zeigt nachstehende Tabelle:

Temperatur	Reaktionszeit τ
3 °C	0,094 sec
15 °C	0,03 sec
25 °C	0,016 sec

Die Werte stimmen im wesentlichen mit den von *Emerson* und *Arnold* sowie von *Clendening* im roten Licht mit Lichtblitzen von 10^{-5} sec Dauer erhaltenen überein.

d) Einwirkung von Giften auf die langsamste Dunkelreaktion der Photosynthese

Die Anwendung von Giften hat sich als ein ausgezeichnetes Mittel erwiesen, um den Gesamtprozeß der Photosynthese in einzelne Teile zu zerlegen. Wir versuchten die Arbeitszeit der langsamsten Dunkelreaktion durch Gifte zu beeinflussen. Richtungsweisende Versuche sind zuerst von *Warburg* durchgeführt worden. Er stellte 2 Klassen von Giften — Katalysatorgifte und Narkotika — heraus. Erstere wirken auf Schwermetalle und sind von hoher chem. Spezifität, letztere wirken mehr physikalisch, indem sie durch Oberflächenbedeckung die wirksamen photosynthetischen Organe blockieren.

Die Lichtblitzversuche ergaben, daß bei mittleren Giftkonzentrationen die Arbeitszeit der langsamsten Dunkelreaktion der Photosynthese bei der ersten Gruppe von Giften, zu welcher neben dem Cyanwasserstoff auch das Formaldehyd und die Jodessigsäure gehören, nicht verändert wird. Die Übereinstimmung im Gifttyp ist nach unserer Ansicht darauf zurückzuführen, daß die Gifte auf ein und dasselbe Enzymsystem wirken, wobei die Blausäure den Schwermetallfaktor, Jodessigsäure und Formaldehyd den Eiweißfaktor angreifen. Außerdem geht aus den Lichtblitzversuchen hervor, daß die Reaktionen, die durch dieses Enzymsystem katalysiert werden, unter normalen Bedingungen nicht geschwindigkeitsbestimmend sind, sondern es erst in vergiftetem Zustand werden.

Die einzige Ausnahme bildet das Hydroxylamin, das die Photosynthese bei allen Lichtintensitäten um den gleichen Faktor hemmt.

Die zweite Gruppe von Giften, zu der die Stickstoffwasserstoffsäure, der Schwefelwasserstoff und o-Phenanthrolin gehören und die auf die Enzyme der O_2-Befreiung wirken, beeinflußt die Arbeitszeit der langsamsten Dunkelreaktion der Photosynthese ebenfalls nicht.

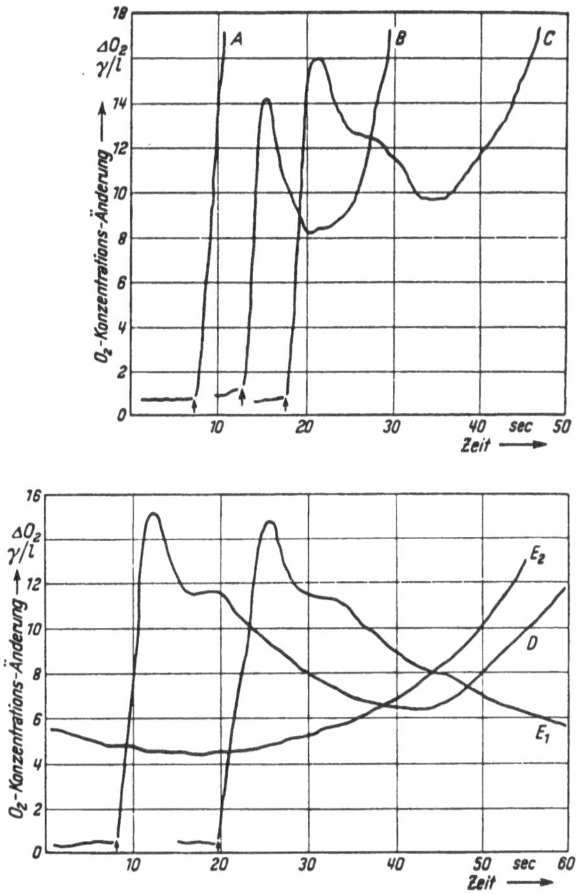

Abb. 71 und 72. Verlängerung der Induktionsperiode durch die Zeitdauer der anaeroben Inkubation (Originalphotographie). ↑ Beginn der Belichtung. pH = 5,4; 2 μl Zellen/ml Lsg.; 10000 Lux. Inkubation durch Eigenatmung. Inkubationszeit: A = 0 min; B = 2 min; C = 15 min; D = 30 min; $E_1 + E_2$ = 90 min (Walze läuft 2 mal herum) (nach *K. Damaschke*, *L. Rothbühr* und *F. Tödt*, Z. Naturforsch. 1955)

Der Mechanismus der langsamsten Dunkelreaktion der Photosynthese wird also durch keines der üblichen Photosynthesegifte oder Katalysatorgifte beeinflußt, sondern kann nur durch Temperaturänderung beschleunigt oder verlangsamt werden.

e) Photosynthese unter anaeroben Bedingungen

Vorzüglich eignet sich die elektrochemische O_2-Meßmethode zum Studium des anaeroben Verhaltens von Mikroorganismen, denn je geringer die O_2-Konzentration ist, um so empfindlicher kann gemessen werden. Dies hängt einmal mit dem Bau der Meßinstrumente selbst zusammen, da die Ablesegenauigkeit mit geringer werdenden Stromwerten steigt, zum anderen kann man bei geringen O_2-Konzentrationen relativ große Meßelektroden verwenden, da diese bei niedrigen Konzentrationen gerade Eichkurven liefern. Man erreicht so ein starkes Auflösungsvermögen der O_2-Achse.

Da gerade bei der Photosynthese von Grünalgen nach O_2-Entzug viele Widersprüche in der Literatur bestanden, versuchten wir Klarheit in diese Befunde hineinzubringen, da es die Methode gestattet, den innerhalb einer Sekunde vor sich gehenden Sauerstoffverbrauch oder seine Erzeugung registrierend zu verfolgen.

Wir verfolgten die Zeitdauer bis zum Beginn der Photosynthese nach vorhergegangener anaerober Inkubation im sauren und alkalischen Gebiet [11]. Die Abb. 71 und 72 zeigen die Verlängerung der Induktionsperiode durch die Zeitdauer der anaeroben Inkubation.

Läßt man *Chlorella* allen vorhandenen Sauerstoff veratmen und belichtet gleich danach, so beginnt sogleich die Photosynthese und erreicht nach kurzer Zeit die konstante Photosyntheserate.

Die nachstehenden Tabellen zeigen die Abhängigkeit der Belichtungsdauer bis zum Beginn einer kräftigen Photosynthese von der Zeitdauer der anaeroben Inkubation bei p_H 5,4 und p_H 9,0.

Tabelle 13a

Zeitdauer der anaeroben Inkubation	Belichtungsdauer bis zum Beginn einer kräftigen Photosynthese
2 min	7 sec
5 min	15 sec
15 min	20–30 sec
30 min	45–60 sec
60 min	2 min
12 Stdn.	10 min
50 Stdn.	20 min

Abhängigkeit der Belichtungsdauer bis zum Beginn einer kräftigen Photosynthese von der Zeitdauer der anaeroben Inkubation. Phosphatpuffer p_H 5,4; $c_{Chl} = 1$; $T = 25°$ C

Tabelle 13b

Zeitdauer der anaeroben Inkubation	Belichtungsdauer bis zum Beginn einer kräftigen Photosynthese
3 min	10 sec
30 min	15 sec
1 Std.	40 sec
2 Stdn.	50 sec
4 Stdn.	1 min
5 Stdn.	1,5 min
20 Stdn.	2–3 min
40 Stdn.	4–5 min

Notwendige Belichtungszeit bis zum Beginn einer kräftigen Photosynthese in Abhängigkeit von der Zeitdauer der anaeroben Inkubation. Phosphatpuffer p_H 9,0; $c_{Chl} = 1-2$; 7000 Lux

Die gefundenen Zeiten sind gut reproduzierbar. Die Photosynthese wird auch nach vielstündiger Inkubation vollständig wiederhergestellt.

Im alkalischen Gebiet bei p_H 9 ergeben sich ähnliche Kurven wie im schwach sauren Gebiet, nur ist die Inkubationszeit, wie aus Tab. 13b ersichtlich, kürzer. Abb. 73 zeigt die O_2-Konzentrationsänderung einer Chlorellasuspension nach 14stündiger

Inkubation in Carbonat-Bicarbonatpuffer, um zu zeigen, daß die unterschiedlichen Ergebnisse zu anderen Autoren, welche mit diesem Puffer gearbeitet haben, nicht am Puffer liegen. In unserem Versuch wurde nach 0,8 min belichtet, und bereits nach 3 min war eine kräftige Photosynthese im Gange. Wie wir feststellen konnten, ist es auch ohne Bedeutung, ob der vorhandene Sauerstoff veratmet, mit einem Stickstoff/Kohlensäuregemisch oder mit reinem Stickstoff ausgetrieben wird.

Bemerkenswert ist, daß bei Belichtung zuerst immer ein O_2-Stoß erfolgt von etwa 10 γ O_2/l, welcher meist trotz weiterer Belichtung wieder verbraucht wird; anschließend erfolgt ein erneuter Anstieg zu einem zweiten und oft auch zu einem dritten O_2-Maximum, wie es die nachstehend abgebildeten Kurven zeigen. Ähnliche Kurven sind von anderen Autoren auch erhalten worden (Abb. 74, 75).

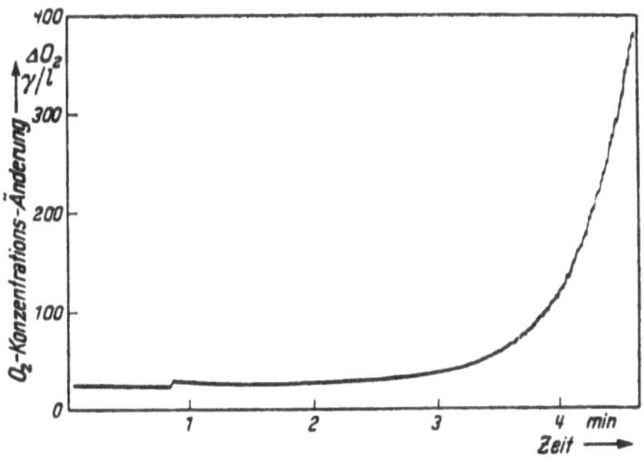

Abb. 73. Belichtung nach 14stündiger Inkubation in Carbonat-Bicarbonatpuffer pH = 9,0 (Originalphotographie). Inkubation durch Eigenatmung. 1 μl Zellen/ml Lsg.; 10000 Lux. Beginn der Belichtung bei 0,8 min (nach *K. Damaschke*, *L. Rothbühr* und *F. Tödt*, Z. Naturforsch. 1955)

Der erste O_2-Stoß ist nicht immer genau gleich, wir nehmen an, daß er die O_2-Menge ist, die nötig ist, um die Atmung anzuregen und wieder in Gang zu setzen. Wahrscheinlich wird im Licht weiter O_2 produziert, dieser wird jedoch in der Zelle verbraucht (evtl. zur Oxydation von Hemmstoffen oder zur Aktivierung von

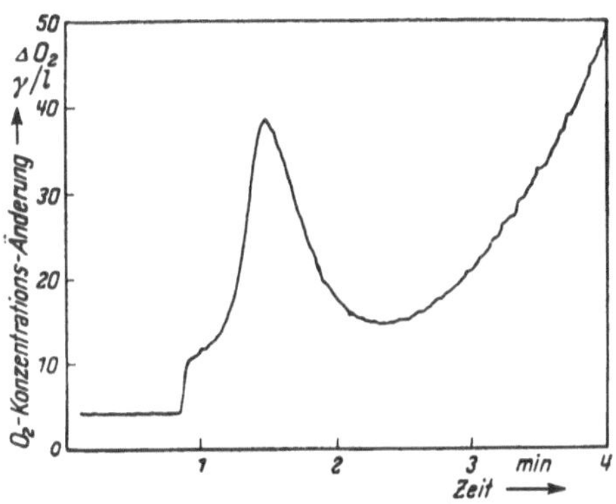

Abb. 74. Belichtung bei 0,8 min nach 2 Stdn. anaerober Inkubation durch Einleiten von Reinstickstoff ohne Kohlensäure. pH = 5,4; 10000 Lux; 2 μl Zellen/ml Lsg. (nach *K. Damaschke*, *L. Rothbühr* und *F. Tödt*, Z. Naturforsch. 1955)

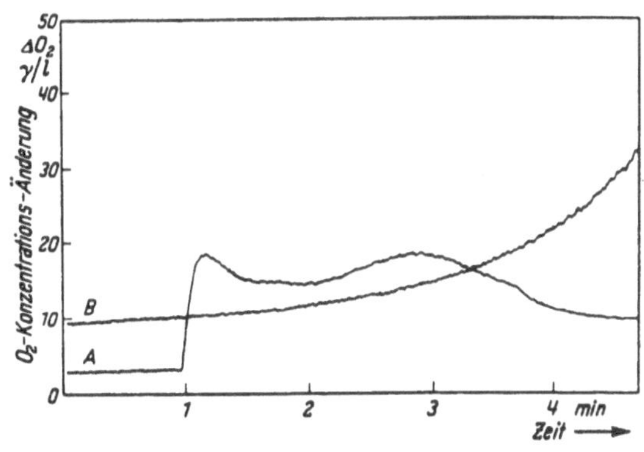

Abb. 75. Belichtung bei 0,9 min nach 14 Stdn. anaerober Inkubation und Zusatz von 0,5% Fruktose. pH = 5,4; 7000 Lux; 2 μl Zellen/ml Lsg. (nach *K. Damaschke*, *L. Rothbühr* und *F. Tödt*, Z. Naturforsch. 1955)

Enzymsystemen). Meßbar wird der O_2 erst dann wieder, wenn die Produktion den Verbrauch übersteigt.

Aus der Gesamtheit der hier beschriebenen Versuche kann man den Schluß ziehen, daß zum Beginn der Photosynthese kein Sauerstoff erforderlich ist, da in den Zellen eine Substanz vorhanden ist, die bei Belichtung eine begrenzte Menge O_2 liefert. Der Lauf der normalen Photosynthese kann allerdings nur dann in Gang gehalten werden, wenn durch den ersten O_2-Stoß die Atmung angeregt wird und O_2 produziert wird.

3. Sonstige biologische Anwendungen

a) F. Tödt. Die Anwendung der elektrochemischen Sauerstoffmessung zur Feststellung der antibiotischen Wirkung von Penicillin auf Staphylokokken [15]

Da die antibiotische Wirkung auf eine Kultur von Mikroorganismen mit einer entsprechenden Hemmung bzw. Herabsetzung der Atmung verbunden sein muß, erschien auch hier die Anwendung der elektrochemischen Sauerstoffmessung sinnvoll. Die im folgenden beschriebenen Atmungsmessungen wurden mit dem Staphylokokkenstamm SG 511 der chemischen Fabrik Schering bei 37° C durchgeführt. Das in der Abb. 76 gezeigte Meßgefäß hat ein Volumen von 15 ml und ist für den vorliegenden Zweck abgeändert, um einmal zur Vermeidung einer Infektion ein Verspritzen des Gefäßinhaltes zu verhindern und außerdem das Gefäß so klein zu halten, daß gleichzeitig mehrere Meßanordnungen mit einem Magnetrührer betrieben werden konnten.

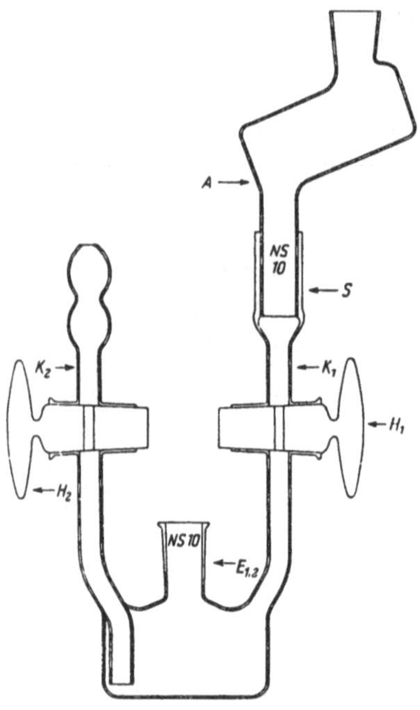

Abb. 76. Meßgefäß (nach *F. Tödt, R. Lenschau, W. Neudert* und *K. Junkmann*, Z. Naturforsch. 1954)

$E_{1,2}$ sind zwei NS 10-Schliffe (in der Abb. hintereinander) für die Elektroden und K_1 und K_2 Einfüll- bzw. Belüftungsröhrchen, deren enger lichter Durchmesser 2 bis 3 mm beträgt, um das „tote" Volumen beim Rühren möglichst klein zu halten. Beim Belüften weicht die Flüssigkeit aus der Meßzelle teilweise durch K_1 nach A aus. Zusätze von Reagenzien (Antibioka usw.) während der Messung werden bei K_1 (A wird dabei entfernt) mittels einer Injektionsspritze mit langer Kanüle durch die kurzzeitig geöffnete Bohrung bei H_1 eingeführt. Dabei wird die O_2-Konzentration im Meßgefäß praktisch nicht verändert. $H_{1,2}$ sind zwei gut eingeschliffene, dichte Hähne zum Abschluß der Flüssigkeit gegen den Luftsauerstoff. Die Hähne sind aus Raumgründen um 90° aus der Zeichenebene herausgedreht angeordnet. A stellt ein Ausweichgefäß dar, welches ein Verspritzen der Kulturflüssigkeit beim Belüften verhindert. Der obere Hals wird mit einem sterilen Wattepfropfen verschlossen. Die Belüftung wird entweder mit einem filtrierten (zwischengeschaltetes Wattefilter), keimfreiem Druckluftstrom, der bei K_2 eingeführt wird, oder besser durch Ansetzen eines Vakuums bei K_1, durchgeführt. Die Verwendung des Vakuums ist auch wegen des anschließenden Rücklaufes der Kulturflüssigkeit in die Meßzelle zweckmäßiger. Gerührt wird mit einem Magnetrührer. Die Elektroden sind so eingepaßt, daß die Platinspitze einerseits und das Tondiaphragma (Gegenelektrode, Anode) andererseits etwa 10 mm über dem Gefäßboden liegen, so daß das Magnetstäbchen in der Rührbewegung nicht gehindert wird. Der Anodenraum ist am unteren Ende mit einem Tondiaphragma abgeschlossen und mit konzentrierter KCl-Lösung gefüllt, in die eine Pb-Stabelektrode eintaucht.

Durchführung der Messung

Vorbereitung der Meßzelle: Die Glasteile wurden nach gründlicher Reinigung bei 180° C sterilisiert. Die Platinelektrode wird vor jeder Messung in $n/10$-HCl gebeizt, während die Bleielektode bei Nichtbenutzung in Standardacetat stand. Zur Eichung der Meßanordnung wurden die O_2-Konzentrationen nach *Winkler* bestimmt. Der Luft-Sättigungswert betrug bei 37° C 6,4 mg/l und ist in den Abbildungen = 100% relativer Sauerstoffgehalt angegeben.

Beschickung der Apparatur: Die Meßzelle wird unter sterilen Bedingungen durch E_1 mit etwa einem Drittel des Füllvolumens an steriler Nährlösung gefüllt. Dann werden rasch hintereinander die gemessenen Mengen Bakterienaufschwemmung und Penicillinlösung hinzugefügt. Anschließend wird E_1 mit der Stabelektrode verschlossen und der Rest der Nährlösung durch K_1 bis zu den Hähnen H_1 und H_2 luftblasenfrei nachgefüllt. Bei der Füllung von mehreren Meßzellen bringt ein planvolles „Fließbandarbeiten" durch zwei Personen einen wesentlichen Zeitgewinn.

Die sorgfältig verschlossenen Gefäße werden in die Thermostatengefäße, die auf den Magnetrührern stehen, eingesetzt und unter Rühren der Temperaturausgleich abgewartet. Eine Stunde nach Einsetzen der Elektroden konnte mit der Messung begonnen werden.

Messung: Die erste Messung gibt bei entsprechend verdünnten Einsaaten den Sättigungswert an. Jede Ablesung wird etwa 3 min nach Stromschluß (Konstanz der Zeigerstellung) durchgeführt. Nach Beendigung des Versuchs wird durch Belüftung die Luft-Sättigung wieder hergestellt und der entsprechende Stromwert kontrolliert. Abweichungen vom Anfangswert lagen innerhalb der normalen Meßschwankungen.

Bereitung der Kulturen: Flüssige Bouillonkulturen wurden täglich mit einer 4 mm Normalöse überimpft und bei 37° C 18 Stdn. bebrütet. Nach 10 Tagen wurde die Kultur aus einer Schrägkultur erneuert. Die Keimzahlen solcher Kulturen genügten für Untersuchungen mit verdünnten Einsaaten (Beobachtungen innerhalb einer Veratmungsphase).

Einsaaten mit hoher Keimzahl (kurzzeitige Veratmungsphase von wenigen min) wurden wie folgt hergestellt: 0,2 ccm flüssiger Kultur werden auf einer Bouillon-Agarplatte ausgespachtelt und 48 Stdn. bei 37° C bebrütet. Die Kultur wird anschließend mit 5 ccm Bouillon abgeschwemmt und nach Bedarf verdünnt.

Nährlösung: Die Nährlösung muß aus elektrochemischen Gründen frei von Schwermetallionen sein (Schutz der Elektrode). Sie war wie folgt zusammengesetzt:

2,5 l permutiertes oder bidestilliertes Wasser,
25 g Liebig-Extrakt,
25 g Pepton-Witte,
7,5 g NaCl,
5 g Na_2HPO_4.

Penicillinlösung: Als Stammsubstanz für alle Versuche wurde ein zu 1650 IE/mg getestetes, homogenes, aus einer Produktionscharge stammendes Präparat von Penicillin-Natrium verwandt. Das Salz wurde in physiologischer Kochsalzlösung gelöst und durch Seitzfilter steril filtriert. Die Lösung wurde für jeden Versuch stets frisch hergestellt.

Bei hoher Dichte der Keimeinsaat wurde die Zeit gemessen, in welcher der O_2-Vorrat der Meßzelle (bei der verwendeten Bouillon: 6,4 mg O_2/l) verbraucht war. Durch wiederholtes Belüften und neuerliche Bestimmung der Geschwindigkeit des Sauerstoffverbrauchs zu verschiedenen Zeiten, also in verschiedenen Vermehrungsstadien, kann das Wachstum erfaßt werden. Je nachdem, ob zwischen den Meßphasen belüftet wird oder anaerobe Verhältnisse zugelassen werden, besteht die Möglichkeit, an der gleichen Kultur in zwei Parallelversuchen den Unterschied zwischen anaerobem und aerobem Wachstum objektiv zu erfassen. Aus Abb. 77 und 78 ersieht man den Verlauf eines anaerob geführten Versuches. Abb. 77 zeigt als Kontrollversuch die normale Entwicklung einer Staphylokokkenkultur, charakterisiert durch den Anstieg der Veratmungsgeschwindigkeit bei den einzelnen Meßphasen. Abb. 78 gibt die Schädigung (Abfall der Veratmungs-Geschwindigkeit) der gleichen Kultur durch Penicillinzusatz wieder. Eine Ausnahme bildet der erste Wert unmittelbar nach dem Zusatz, nach welchem eine Aktivierung stattfand.

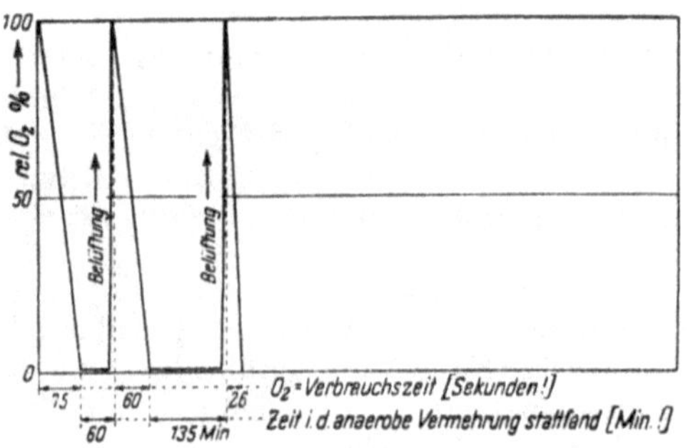

Abb. 77. O_2-Verbrauchszeiten bei fortschreitender Vermehrung. Ohne Penicillinzusatz (Kontroll-Vers.). Sehr große Keimzahl (nach *F. Tödt*, *R. Lenschau*, *W. Neudert* und *K. Junkmann*, Z. Naturforsch. 1954)

Die Dichte der Einsaat kann andererseits so klein gewählt werden, daß sich die Veratmung des O_2-Vorrates über mehrere Stdn. erstreckt und die Beobachtung in einer Phase erfolgt. Hierbei werden O_2-Umsatz und Vermehrung zusammen erfaßt und können allgemein als Charakterisierung der Lebensaktivität bei Desinfektionsversuchen angesehen werden. Den Verlauf solcher Versuche zeigen die Abb. 79 und 80. Um den Einfluß des Antibiotikums auf die Lebenstätigkeit der Bakterien zu verfolgen, wurden zwei Versuchsreihen mit je einem Leerversuch durchgeführt:

a) Variierende Bakterieneinsaat — konstanter Penicillinzusatz in allen Gefäßen;
b) Variierender Penicillinzusatz — konstante Einsaat von Bakterien in allen Gefäßen.

Aus etwa 80 reproduzierbaren Versuchen wurde für jede Versuchsreihe ein Diagramm als Bildbeispiel ausgewählt. Abb. 79 zeigt von Anfang an eine deutliche Hemmung der Atmung durch das Antibiotikum (vgl. den Leerversuch und den entsprechenden Versuch). Nach 4 Stdn. hört die Atmung auf (gekennzeichnet durch einen konstanten O_2-Wert).

Aus Abb. 80 ist ersichtlich, daß anscheinend in bestimmten Verhältnisbereichen Keimzahl/Penicillinkonzentration das Antibiotikum zunächst anregend auf die Atmung wirken kann (vgl. Leerversuch). Anschließend zeigt die Kurve ebenfalls einen horizontalen Verlauf — die Atmung wurde eingestellt. Bei 3,5 IE Penicillin ist anscheinend die Grenzkonzentration für die vorliegende Keimzahl erreicht, so daß die angegebene Penicillinmenge zwar noch hemmend wirkt, aber nicht mehr zur vollständigen Einstellung der Lebenstätigkeit ausreicht (langsamer, monotoner Abfall der Kurve -- Einstellung der Vermehrungstätigkeit ?).

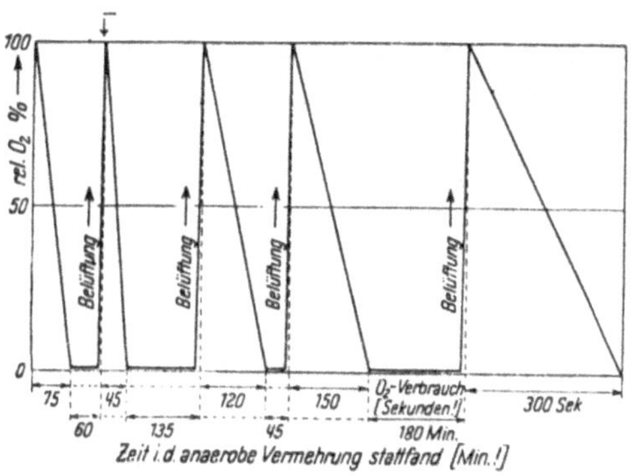

Abb. 78. 350 IE Penicillin zugesetzt. Sehr große Keimzahl (nach *F. Tödt*, *R. Lenschau*, *W. Neudert* und *K. Junkmann*, Z. Naturforsch. 1954)

Mit Hilfe einer graphischen Darstellung (Abb. 81 u. 82) wurde untersucht, inwieweit zwischen der O_2-Atmungszeit und den Keimzahlen der Einsaat aller Leerversuche Proportionalität besteht. Die Keimzahlen stammen aus Plattentesten. Solche Untersuchungen würden wahrscheinlich bei konzentrierten Kulturen, bei denen mit der O_2-Verbrauchsgeschwindigkeit die Keimzahl, praktisch ohne Störung einer während der Messung erfolgten Vermehrung, erfaßt wird, zu besseren Ergebnissen führen. Darüber hinaus wäre die mikroskopische Zählung nach *Breed* wohl dem Plattentest vorzuziehen.

Vorliegende Messungen zeigen, daß die elektrochemische Methode durch die apparative und meßtechnische Weiterentwicklung reproduzierbare Ergebnisse beim O_2-Umsatz von aeroben und fakultativ aeroben Kulturen gibt.

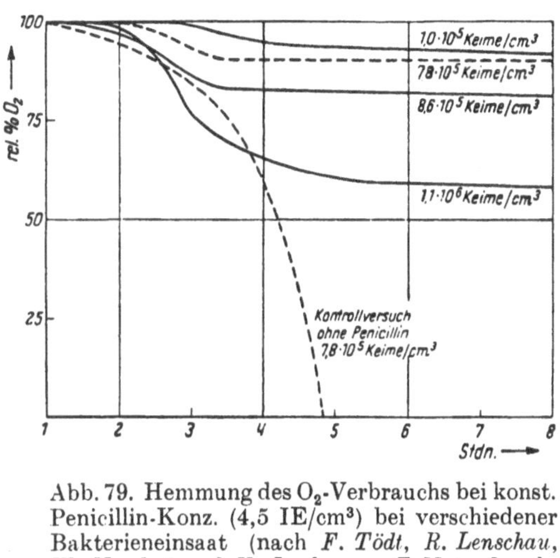

Abb. 79. Hemmung des O_2-Verbrauchs bei konst. Penicillin-Konz. (4,5 IE/cm³) bei verschiedener Bakterieneinsaat (nach *F. Tödt*, *R. Lenschau*, *W. Neudert* und *K. Junkmann*, Z. Naturforsch. 1954)

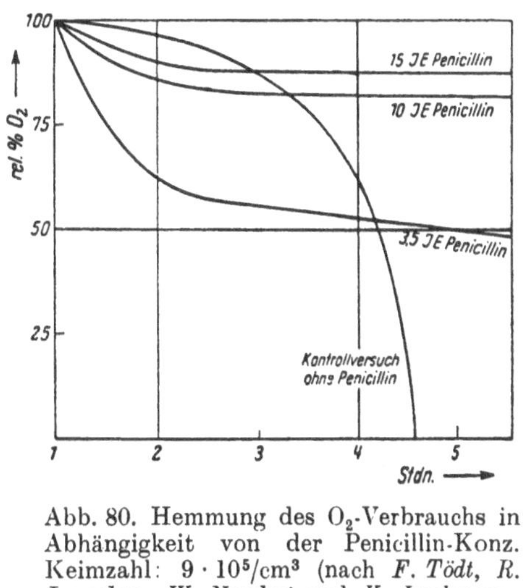

Abb. 80. Hemmung des O_2-Verbrauchs in Abhängigkeit von der Penicillin-Konz. Keimzahl: $9 \cdot 10^5/cm^3$ (nach *F. Tödt*, *R. Lenschau*, *W. Neudert* und *K. Junkmann*, Z. Naturforsch. 1954)

Eine große Bedeutung kommt bei vielen mikrobiologischen Arbeiten einer genauen und schnellen Bestimmung von Keimzahlen zu. Die Nachteile und großen Schwankungen der Plattenmethode sind bekannt. Die größten Fehler entstehen durch Klümpchenbildung, da jede Anhäufung von Keimen bei der indirekten Methode nur als ein Keim erfaßt wird.

Die direkte Zählmethode nach *Breed*, bei der die in den Klümpchen vereinigten Keime zahlenmäßig in der Regel auch nicht voll erfaßt werden können, dürfte den wahren Keimzahlen näherkommen. Der Nachteil besteht hier in der sehr schlechten Differenzierungsmöglichkeit zwischen lebenden und toten Keimen.

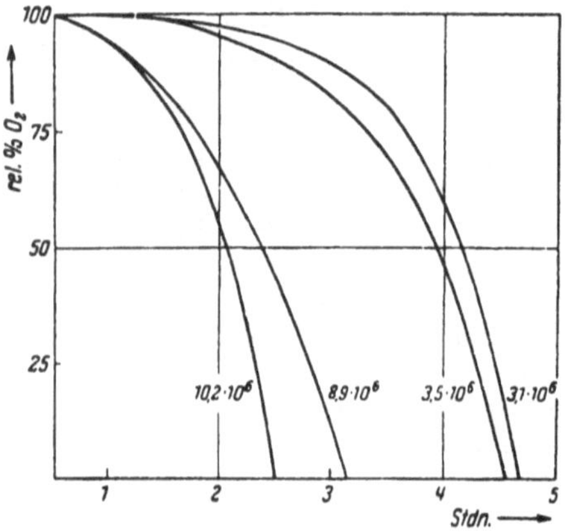

Abb. 81. Zeitlicher O_2-Verbrauch in Abhängigkeit von der Keimzahl (nach *F. Tödt, R. Lenschau, W. Neudert* und *K. Junkmann*, Z. Naturforsch. 1954)

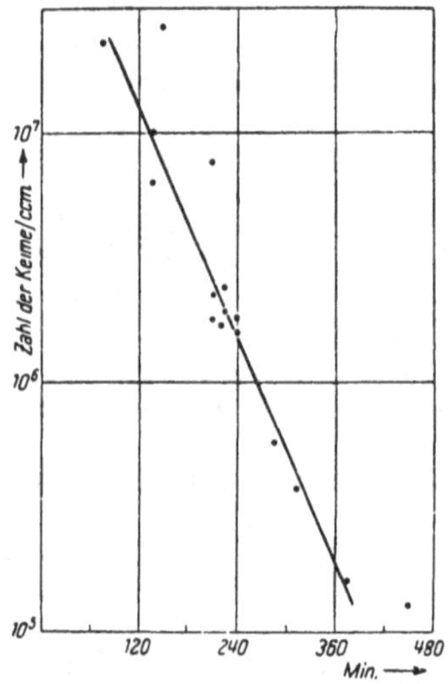

Abb. 82. Beziehung zwischen der Keimzahl und der Zeit, in welcher der gesamte vorhandene O_2 veratmet wird (nach *F. Tödt, R. Lenschau, W. Neudert* und *K. Junkmann*, Z. Naturforsch. 1954)

Die elektrochemische Methode erfaßt dagegen die biologisch wirksamen Keime, da in erster Näherung unterstellt werden kann, daß die Mikroorganismen symbath mit ihrem O_2-Umsatz — gleiche Kulturbedingungen vorausgesetzt — ihre biologische Wirksamkeit ausüben. Zur Feststellung des Verhältnisses Keimzahl/O_2-Verbrauch kann auf die *Breed*sche Zählmethode zurückgegriffen werden, wobei die Differenzierung zwischen lebenden und toten Keimen mit modernen Mitteln (Fluoreszenzmikroskopie, Phasenkontrast) und geeigneten Färbemethoden usw. versucht werden müßte. Für eine einmalige Eichung wäre der unzweifelhaft höhere Aufwand an experimentellen Mitteln tragbar.

b) F. Tödt, Die Messung des Sauerstoffverbrauchs enzymatischer Reaktionen

Bestimmung der Oxydation von Vitamin C: *Schenck* und *Berg* [16] bestimmten die Oxydation von Vitamin C auf elektrochemischem Wege. Sie erörtern den Unterschied der elektrochemischen Messung gegenüber der *Warburg*schen Manometrie. Bei *Warburg* ist der Sauerstoff in relativ großer Menge als Vorrat während der Messung vorhanden und kann sich ständig im Reaktionsmilieu nachlösen, während man bei der elektrochemischen Methode auf die einmal gelöste Menge Sauerstoff angewiesen ist. Man muß also bei dem Arbeiten mit der elektrochemischen Methode die Reaktionskomponenten bedeutend mehr auf die begrenzte Menge Sauerstoff abstimmen. Man kann mit der von *Schenck* und *Berg* modifizierten Form des Gerätes während einer laufenden Messung mit Hilfe einer Einspritzvorrichtung eine beliebige Zahl von Reaktionskomponenten hinzufügen und somit reaktionsbeschleunigende oder reaktionshemmende

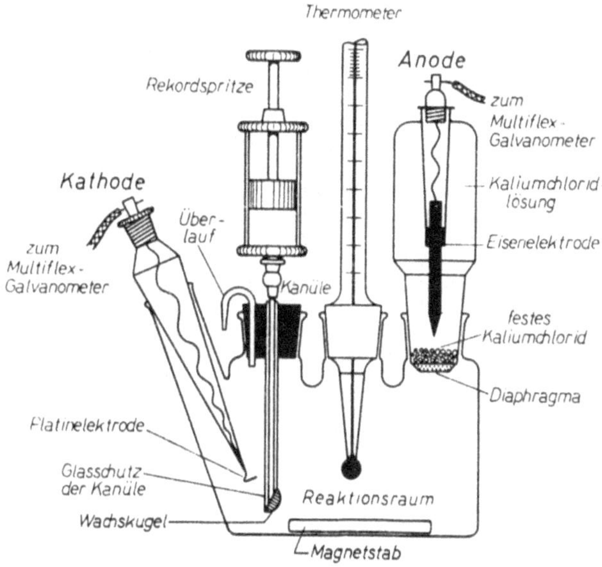

Abb. 83. Apparatur zur elektrochemischen Sauerstoffmessung (nach *G. Schenck* und *G. Berg*, Med. Mschr. 1955)

Stoffe vom Augenblick ihrer Zugabe an in ihrer Wirkung genau verfolgen. Es ist also möglich, den Reaktionsbeginn genau festzulegen und mehrere zusammengehörende Reaktionen in einem Versuch ablaufen zu lassen. Da man mittels eines eingebauten Thermometers die Reaktionstemperatur messen kann, ist man bei diesem Gerät nicht auf einen Thermostaten angewiesen und hat die Möglichkeit, bei geeigneter Glaswahl des Reaktionsgefäßes das Reaktionsgut während des Versuches Bestrahlungen auszusetzen, wie es im Thermostaten durch die Absorption der Wasserschicht nicht möglich ist. Die Größe des Reaktionsgefäßes kann den gegebenen Mengen weitgehend angepaßt werden. In der folgenden Abb. 83 ist das von *Schenck* und *Berg* benutzte Elektrodengefäß schematisch dargestellt.

In der Tabelle 14 und Abbildung 84 ist der Reaktionsverlauf der nichtenzymatischen und der enzymatischen Ascorbinsäureoxydation durch eine teilweise gereinigte Kartoffelphenoloxydaselösung gezeigt. Das Substrat enthielt 0,0037 mol Ascorbinsäure, 0,00005 mol Brenzkatechin, 0,032 Mol sec Natriumphosphat und 0,236 Mol prim. Kaliumphosphat pro Liter.

Es wurde die sich an den Elektroden einstellende Stromstärke als relative Stromstärke zur vorhandenen vollkommenen Luftsättigung angegeben. Dabei gelangte das Substrat ohne die sauerstoffverbrauchenden Bestandteile Ascorbinsäure und Fer-

Tabelle 14

Sauerstoffverbrauch der enzymatischen und der nichtenzymatischen Ascorbinsäureoxydation
Kurve I Luftsättigungswert des Substrates ohne Reaktion.
Kurve II + III Sauerstoffverbrauch der enzymatischen und der nichtenzymatischen Ascorbinsäureoxydation (Kurve II mit einer geschützten Einspritzvorrichtung, Kurve III mit ungeschützter Einspritzvorrichtung).

Der Luftsättigungswert des Reaktionsgefäßes beträgt 630 γ Sauerstoff bei 25° C Reaktionstemperatur (entsprechend einer Löslichkeit des Sauerstoffs von 8 mg/l).

Eisen-Platin-Elektrode

Reaktionszeit		Skalenwerte Kurve des Multiflex			Skalenwerte in μA			Skalenwerte in γ Sauerstoff		
min	sec	I	II	III	I	II	III	I	II	III
0		180,0	160,0	126,0	90,0	80,0	63,0	630,0	560,0	441,0
1			156,0	105,0		78,0	52,0		546,0	368,0
2			152,0	83,0		76,0	41,5		532,0	290,0
3			147,0	62,0		73,5	31,0		514,5	217,0
4			144,0	40,0		72,0	20,0		504,0	140,0
	20		134,0	24,0		67,0	12,0		469,0	84,0
	40		122,0	12,0		61,0	6,0		427,0	42,0
5			111,0	6,0		55,5	3,0		388,0	21,0
	20		100,0	4,0		50,0	2,0		350,0	14,0
	40		88,0	3,0		44,0	1,5		308,0	10,5
6			78,0	2,5		39,0	1,25		273,0	8,75
7			43,0	2,3		21,5	1,15		150,5	8,05
8			10,0	2,0		5,0	1,0		35,0	7,0
	20		5,0	—		2,5	—		17,5	—
	40		4,0	—		2,0	—		14,0	—
9			3,8	2,0		1,9	1,0		13,3	7,0
	20		3,8	—		1,9	—		13,3	—
	40		3,6	—		1,8	—		12,6	—
10			2,8	2,0		1,4	1,0		9,8	7,0

ment zur Verwendung. Wie aus Kurve I zu ersehen ist, wird bei dieser Messung kein Sauerstoff verbraucht, so daß die Stromstärke ständig konstant bleibt.

Die Luftsättigungswerte in Abhängigkeit von der Temperatur können dem D'Ans-Lax entnommen werden. Alle während der Reaktion abgelesenen weiteren Stromwerte verhalten sich relativ proportional zu dem angesetzten Sauerstoffanfangsgehalt. In der Tabelle 14 sind für die beschriebenen Kurven neben den am Multiflexgalvanometer abgelesenen relativen Skalenteilen die dem apparativen Aufbau entsprechend erhaltenen Stromstärken angegeben. Außerdem sind diese Stromstärken in der Abhängigkeit von den Dimensionen des Gefäßes auf die effektiv umgesetzten Sauerstoffmengen umgerechnet.

Bis zur 4. Minute war nach Kurve II, Abb. 84 der Sauerstoffverbrauch durch die nichtenzymatische Ascorbinsäureoxydation bedingt. Durch das Einspritzen von 0,5 ccm teilweise gereinigter Kartoffelphenoloxydaselösung in der 4. Minute wurde der Sauerstoffverbrauch der enzymatischen Ascorbinsäureoxydation eingeleitet. Von der 9. Minute an blieb der Restsauerstoff konstant, man kann diese Menge als Sauerstoffreaktionsminimum für die betreffende Reaktion ansehen.

Kurve III zeigt dagegen den gleichen Reaktionsvorgang nur mit einer Einspritzvorrichtung, bei der die Metallteile nicht gegen ihre Umgebung durch Glas oder Wachs geschützt waren. In diesem Versuch wurde die nichtgewünschte nichtenzymatische

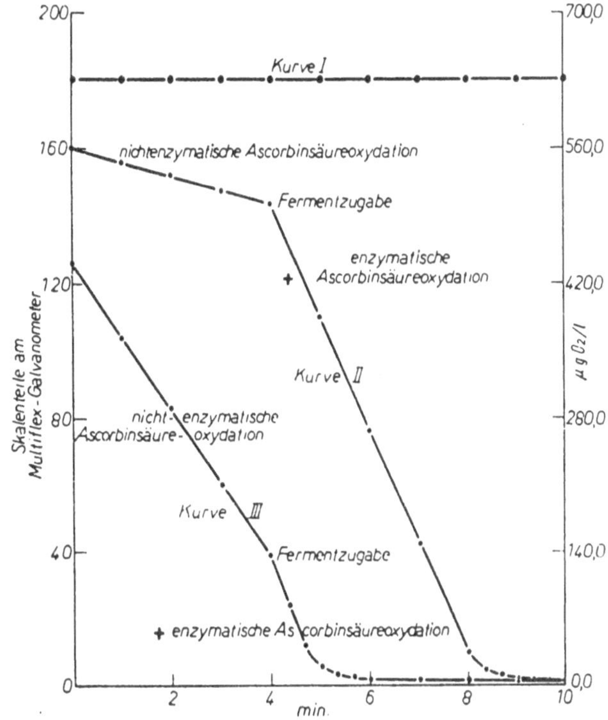

Abb. 84. Kurvenbild zu Tabelle 14 (nach *G. Schenk* und *G. Berg*, Med. Mschr. 1955)

Ascorbinsäureoxydation durch die von der Kanüle in Lösung gehenden Metallionen derartig stark gefördert, daß eine einwandfreie Sauerstoffmessung der enzymatischen Oxydation durch Sauerstoffmangel nicht mehr möglich war.

c) M. Rohrlich und F. Tödt, Bestimmung der Lipoxydaseaktivität [17]

Für die Bestimmung der Lipoxydase-Aktivität wird zunächst eine Emulsion durch Auffüllen von 10 ml eines Linolsäure-Linolensäure-Gemisches auf 250 ml mit Wasser unter starkem Rühren hergestellt (evtl. unter Verwendung eines Emulgators). Diese Emulsion wird in das Meßgefäß gefüllt und mit Luft gesättigt. Ist die Meßzelle luftblasenfrei gefüllt, wird der Strom des enzymfreien Substrates abgelesen. Für die Herstellung des Enzym-Extraktes werden 10 g Schrot und 5 g Sand mit 40 ml Wasser einige Zeit verrührt. Nach Zentrifugieren werden 2 ml der überstehenden Lösung mit Hilfe der Injektionsspritze in das Meßgefäß gebracht.

Tritt eine enzymatische Oxydation der ungesättigten Fettsäuren ein, so sinkt der Strom mit abnehmendem Sauerstoffgehalt der Emulsion. Die Sauerstoffabnahme gemessen in mg/l kann von min zu min abgelesen werden. Nach Verbrauch des in der Lösung vorhandenen Sauerstoffs kann die Messung abgebrochen oder nach Belüften des Substrates in der Meßzelle wiederholt werden. In Tabelle 15 sind einige Werte für die Lipoxydase-Aktivität verschiedener Getreidearten und -erzeugnisse unter Berücksichtigung der Einwaage und Umrechnung auf 1 g aufgeführt.

Die Lipoxydase-Bestimmung mit Hilfe der geschilderten Methodik gibt die Möglichkeit, die enzymatische Oxydation der Linol- und Linolensäure, insbesondere in den ersten Minuten, und somit auch die Reaktionskinetik der Lipoxydaseaktivität zu messen.

Tabelle 15

Lipoxydaseaktivität von Getreide und Getreidemahlprodukten

Getreideprodukt	eigene Werte $\mu g\ O_2/min \cdot g$	Literaturangaben
Sojaschrot	345–400	320–380
Weizenschrot	18–22	12–40
Weizenmehl (nach 10 Wochen)	7,3	–
Weizenkeime		
frisch abgetrennt	248–256	250–280
nach 10 Wochen	155	–
Roggenkeime		
frisch abgetrennt	110	100–130
nach 15 Wochen	70	–

d) F. Tödt, Elektrochemische Sauerstoffmessungen in der Milch [18]

Mit einem Element bestehend aus Zink in gesättigter KCl-Lösung und Goldamalgam in Form eines Kugelausschnitts zur Vermeidung des Ansetzens von Fetttröpfchen wurde in abgekochter Milch eine brauchbare Eichkurve erhalten (Abb. 85).

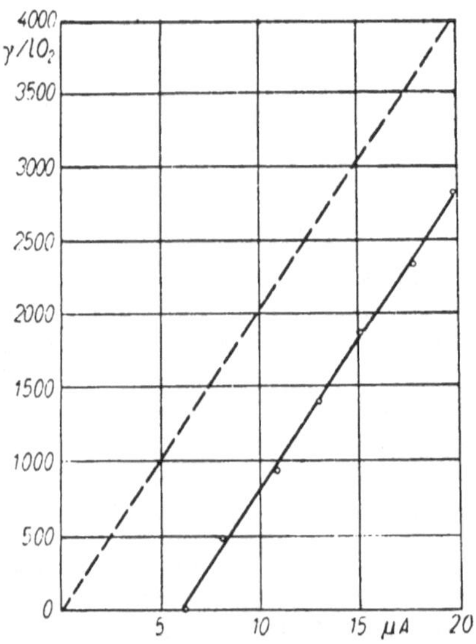

Abb. 85. Eichkurve für Sauerstoff bei 18° C in abgekochter Milch. Zugabeeichung (nach *K. Damaschke* und *F. Tödt*, Milchwissenschaft 1957)

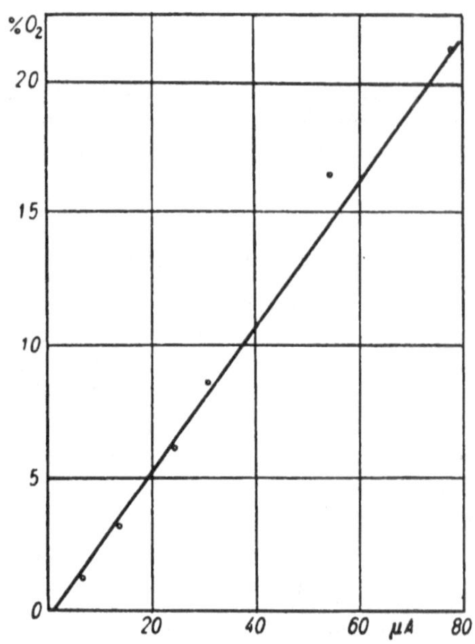

Abb. 86. Eichkurve für Sauerstoff bei 18° C in abgekochter Milch. Gaseichung (nach *K. Damaschke* und *F. Tödt*, Milchwissenschaft 1957)

Die Eichpunkte der Abb. 85 wurden durch Zugabe von luftgesättigter Methanol-lösung erhalten.

1 ml luftgesättigter Methanollösung enthält bei 20° C 48 γ O_2; Wasser dagegen nur 9 γ. Erhält man bei der Zugabe für jeden ml zugegebener Eichflüssigkeit denselben Stromzuwachs, so ist die Eichkurve gerade und man kann in der vorliegenden Elektrolytlösung messen. Die ausgezogene Linie der Abb. 85 zeigt die durch die Zugabe von luftgesättigtem Methanol erhaltene Kurve. Da jedoch nicht von einer O_2 freien Lösung ausgegangen wurde, sondern von einer mit einem beliebigen O_2-Gehalt, geht diese Kurve nicht durch den Nullpunkt. Verschiebt man diese Kurve jedoch parallel durch den Nullpunkt, so erhält man die gestrichelte Kurve, aus der man für jeden

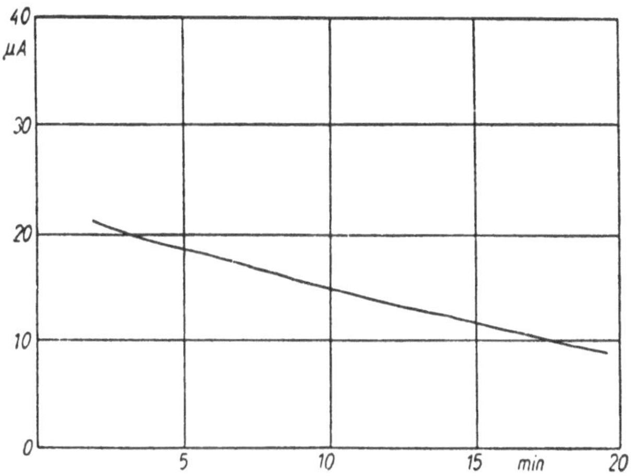

Abb. 87. Atmungskurve in Milch (nach *K. Damaschke* und *F. Tödt*, Milchwissenschaft 1957)

Stromwert den zugehörigen O_2-Wert ablesen kann. In Abb. 86 ist eine Eichkurve in Milch abgebildet, welche erhalten wurde, indem aus zwei Gasbomben bekannten O_2-Gehaltes (z. B. Sauerstoff und Stickstoff) Gasgemische bekannten O_2-Gehaltes hergestellt wurden, welche durch die Milch geleitet wurden. Da einem bekannten O_2-Gehalt des Gases ein bestimmter O_2-Gehalt der Flüssigkeit entspricht, ist somit eine sichere Eichgrundlage gegeben.

Ein anderes Kriterium für die Anwendbarkeit der Methode ist die Aufnahme einer Atmungskurve. Werden in gleichen Zeiten gleiche Sauerstoffmengen verbraucht, d. h. sinkt der Strom am Meßinstrument in derselben Zeit immer um denselben Betrag, so erhält man eine gerade Atmungskurve. Dies besagt gleichzeitig, daß die Atmung der betreffenden Organismen unabhängig vom Sauerstoffdruck ist. Dies ist, wie Abb. 87 zeigt, bei der Milch und den darin befindlichen Milchsäurebakterien der Fall.

Auf Grund dieser Ergebnisse konnte erwartet werden, daß mit zunehmender Säuerung der Milch, welche mit der Vermehrung der Milchsäurebakterien parallel läuft, eine Steigerung des Sauerstoffverbrauchs bzw. der Atmungsgeschwindigkeit eintritt. Dies ist in der Tat, wie die Tabellen 16 bis 18 zeigen, der Fall.

Für diese Versuche wurde die Flaschenmilch in ein Becherglas gegossen und bei Zimmertemperatur stehen gelassen. Die in der ersten senkrechten Spalte der Tabellen angegebenen Stunden bedeuten also die Lagerzeit bei Luftberührung und

Zimmertemperatur. Die Tabellen lassen klar erkennen, daß bereits eine Erhöhung der Atmungsgeschwindigkeit um das Mehrfache eintritt, bevor die Säuerung durch den p_H-Wert oder die Alkalitätsbestimmung angezeigt wird. Die elektrochemische Sauerstoffmessung ist nach diesen orientierenden Vorversuchen, welche selbstverständlich vor einer eventuellen praktischen Anwendung erweitert werden müssen, zur Frühanzeige der Säuerung bzw. zur Haltbarkeitskontrolle geeignet.

Tabelle 16

Stdn.	Titr.	p_H	Atmg. γ O_2/l	x-fache Atmung
0	6,0	6,6	373	1
4	6,0	6,6	510	1,37
8	6,1	6,6	1620	4,35
Probe verschlossen in den Eisschrank gestellt bei 3° C 16 Stdn.				
10	7,0	6,5	2110	5,65
14	8,3	6,5	2500	6,7
Probe über Nacht wieder in den Eisschrank gestellt				
18	14,0	6,2	4170	11,2
20	18,4	5,1	3900	10,5

Tabelle 17

Stdn.	Titr.	Atmung γ O_2/l	x-fache Atmung
0	5,8	238	1
4	5,7	296	1,24
21 ½	6,0	2380	10
26 ½	8,4	4840	20

Tabelle 18

Stdn.	Titr.	p_H	Atmung γ O_2/l	x-fache Atmung
0	5,9	6,4	478	1
5	5,9	6,4	575	1,2
Probe verschlossen i. d. Eisschrank gestellt v. 15—8 Uhr				
6	5,95	6,4	1740	3,6
10	5,9	6,4	1910	4,0

e) F. Tödt, Die Anwendung der elektrochemischen Sauerstoffbestimmung zur Feststellung der Keimfähigkeit

Messung der Keimfähigkeit von ***aspergillus oryzae***: [19] 50 mg der *aspergillus* wurden in einer Nährlösung aus 2% Mehl (vom ganzen Korn), 1% Sojamehl und 0,5% $CaCO_3$ in Leitungswasser aufgeschlämmt und bei p_H 4 und 30° C verschieden lange Zeit geschüttelt. Nach 24 Stunden Schüttelzeit wurde eine elektrochemische Sauerstoffmessung durchgeführt, wobei der gelöste Luftsauerstoff in 10 min veratmet wurde. Diese Zeit verringerte sich mit zunehmender Schütteldauer (5 Stunden Schütteln zwischen 1 und 2 min). Die mikrobiologische Testung ergab, daß es sich hierbei um eine reine Keimung ohne Infektion handelte. Ohne Keimung war keine Atmung vorhanden. Temperaturen bis 90° C hatten keinen Einfluß auf die Keimung. Bei 100° C waren die Konidien keimungsunfähig geworden.

Weiterhin wurde die Beständigkeit der Konidien gegenüber Desinfektionsmitteln untersucht. Auf 50 mg gelangten Mengen von 5 bis 150 mg Tryptoflavin (3,6-Diamino10-Methylacridiniumchlorid) zur Anwendung, also ein Mengenverhältnis von 1 :0,1 bis 1 : 3. Nach Schüttelzeiten von 2 bis 3 Stunden, nach denen normalerweise ein guter Atmungseffekt erreicht wurde, konnte noch keine Hemmwirkung durch das Desinfektionsmittel beobachtet werden. Auch eine Verlängerung der Schüttelzeiten ergab Meßreihen, die den normalen ohne Einwirkung von Hemmstoffen erhaltenen analog waren. Unter gleichen Bedingungen durchgeführte Versuche mit $KMnO_4$ (auch mit den gleichen Mengenverhältnissen) zeigten dasselbe Ergebnis. Diese Oxydationsmittel konnten also den Konidien nichts anhaben.

In einer anderen Versuchsreihe wurde die Einwirkung von Formaldehyd getestet. Die Einsaat an Konidien betrug auch hierbei wieder 50 mg. Hinzugefügt wurde ½ % Formaldehyd (d. h. Gew.% bezogen auf das Gesamtvolumen der Flüssigkeit von 50 ml). Nach einer Schütteldauer von drei Stunden bei 30 ° C war nicht die geringste Keimung angezeigt (mikroskopische Kontrolle), demzufolge auch keine Sauerstoffzehrung. Auch bei längeren Schüttelzeiten — bis zu 20 Stunden — wurde keine Ankeimung erreicht. Auch jetzt noch erschien das äußere Bild der Konidien unter dem Mikroskop unverändert. Dasselbe Verhalten ergab sich bei Anwendung von 0,05% Formaldehyd. Auch diese Menge genügte noch, um eine Keimung zu verhindern. Erst bei 0,01% verlief der Vorgang so, als sei überhaupt kein Desinfektionsmittel zur Anwendung gelangt. Eine Desinfektionswirkung war also von 0,05% Formaldehyd ab zu erreichen.

Die Atmung der ersten Keimstadien von *Triton alpestris* sowie die Atmungshemmung durch HCN wurde von *Tiedemann* sowohl manometrisch als auch elektrochemisch mit den galvanischen Elementen Platin-Blei und Goldamalgam-Blei gemessen [20]. Bei Benutzung der Platinelektrode erreichte bei Versuchen mit HCN-Lösungen der Strom erst etwa 15 Minuten nach dem Einschalten den Endwert. Dies konnte durch Verwendung der Goldamalgamelektrode vermieden werden.

f) F. Tödt, Bier [21, 22]

Seitdem sich in den letzten Jahren eine fortschreitend ansteigende Tendenz im Flaschenbierausstoß abzeichnet, steigt naturgemäß das Interesse an der Vermeidung der damit verbundenen qualitativen Nachteile, zu denen u. a. eine erhöhte Sauerstoffaufnahme im Bier gehört. Bereits 1952 wurde von *Tödt*, *Woldt* und *Koch* [22] über die Bestimmung des gelösten Sauerstoffs im Bier mit Hilfe der elektrochemischen Methode nach *Tödt* berichtet. Obwohl diese Methode es erlaubt, Sauerstoffwerte bis zu geringsten Konzentrationen von wenigen Mikrogramm/Liter zu messen, war die dafür benötigte Apparatur noch zu umständlich, um für die praktische Bestimmung in der Brauerei im größeren Maß Eingang zu finden. Inzwischen wurde das Problem dahin gehend weiterentwickelt, daß die Bestimmung die Vorzüge einer schnellen, einfachen und exakten Messung in sich vereinigt.

Zur Anwendung kommen zwei Geräteformen: Die Steckelektrode für Messungen in geschlossenen Gefäßen und die Durchlaufelektrode für die Sauerstoffbestimmung im strömenden Bier. Für absolute Meßwerte ist eine gleichbleibende Flüssigkeitsbewegung erforderlich, die bei der Steckelektrode durch einen Magnetrührer mit konstanter Umdrehungszahl und bei der Durchlaufelektrode durch Vorbeiströmen des Bieres an den sich gegenüberliegenden Elektroden bei konstanter Geschwindigkeit erreicht wird.

Um die Beziehung zwischen Sauerstoff und Stromstärke und damit die Meßgrundlage zu ermitteln, ist die Eichung der Geräte nötig. Diese kann so vorgenommen werden, daß in eine gefüllte Flasche bestimmte Mengen einer luftgesättigten Lösung bekannten Sauerstoffgehaltes (nach *Winkler* bestimmt) zur Elektrolytlösung zugesetzt werden. Aus der zugegebenen Sauerstoffmenge errechnet man die Sauerstoffkonzentrationszunahme im Elektrolyten und stellt den zugehörigen Stromanstieg der Steckelektrode fest. Die Relation dieser beiden Größen ergibt bei mehreren Messungen, in ein Koordinatensystem übertragen, die Eichkurve.

Die Eichung der Durchlaufelektrode wird als Vergleichsmessung mit der Steckelektrode durchgeführt, die Eichkurve wird aus dem Verhältnis der Stromstärken dargestellt.

Als weiterer Faktor ist die Einhaltung der Temperaturkonstanz wichtig, da mit steigender Temperatur die gemessenen Werte um etwa 2,3% pro Grad C zunehmen. Man wird für Messungen im Laboratorium die Eichung zweckmäßigerweise bei 20° C durchführen und bei Messungen im Betrieb bei der dort herrschenden niedrigeren Temperatur. Bei den hier beschriebenen Geräten ist der Verwendbarkeit in der

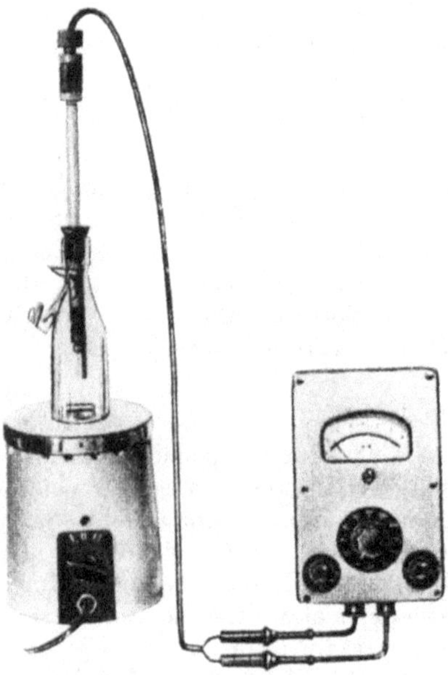

Abb. 88a. Flaschenkontrollgerät (nach *Ch. Weymar*, Brauerei 1957)

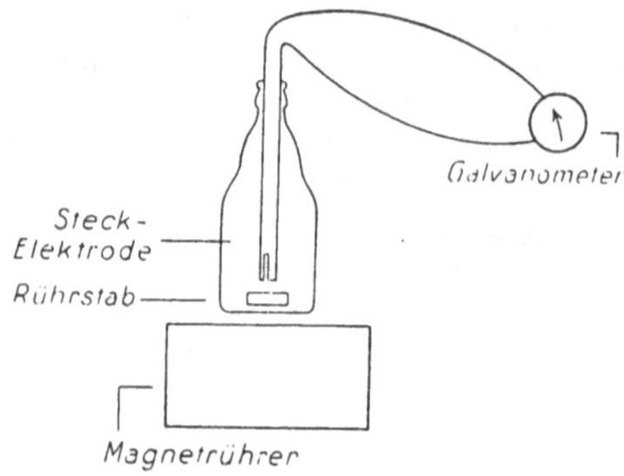

Abb. 88b. Gerät mit Bier-Steckelektrode

Brauerei Rechnung getragen, indem der Aufbau der Apparatur in einer praktischen und leicht zu handhabenden Form gehalten ist, eine Eichung ist nicht mehr erforderlich, da bereits ein Eichkurvenblatt mitgeliefert wird. Die Objektivität und Reproduzierbarkeit der elektrochemischen Sauerstoffbestimmung konnte von *Ch. Weymar* [21]) durch zahlreiche Vergleichsmessungen mit anderen Sauerstoffbestimmungsmethoden und durch Sauerstoffmessungen im Brauereibetriebe erhärtet werden. Über weitere Ergebnisse einer noch nicht abgeschlossenen Arbeit soll zu einem späteren Zeitpunkt berichtet werden.

Gebrauchsanweisung für die elektrochemische Sauerstoffmessung im Bier

Die Bier-Steckelektrode: Die Bier-Steckelektrode*) (Abb. 88a und 88b) dient zur Bestimmung des gelösten Sauerstoffs im Flaschenbier. Die Bierflasche wird geöffnet, das Rührstäbchen hineingeworfen und mittels Magnetrührer kurz in Rotation versetzt, wobei durch Überschäumen die Luft aus dem Flaschenhals vertrieben wird. Nun wird

*) Hersteller: Glasbläserei des Instituts für Gärungsgewerbe, Berlin N 65.

die Steckelektrode, deren Elektroden mit dem Galvanometer verbunden worden sind (roter Stecker an der Goldamalgam-Kathode, schwarzer Stecker an der Eisen-Anode), nach Ausschalten des Magnetrührers schnell in die Flasche eingeführt und die Gummimanschette auf die Bierflasche aufgesetzt. Nach Wiedereinschalten des Magnetrührers zeigt die Stromstärke bei Meßbeginn einen Höchstwert an, der innerhalb von etwa 20 sec auf den konstanten Meßwert abfällt. Das Galvanometer gestattet durch Änderung des Nebenschlußwiderstandes verschiedene Meßbereiche von 1 : 2 bis 1 : 200 einzustellen, für die praktische Messung kommt jedoch höchstens ein Bereich bis zu 1 : 20 in Frage. Die der gemessenen Stromstärke zugehörige Sauerstoffkonzentration ergibt sich aus der Ordinate der Eichkurve. Zu beachten ist:

1. Die Stromstärke steigt bzw. fällt um 2,3% je Grad Celsius Temperaturerhöhung bzw. -erniedrigung;
2. Nach etwa 20 Messungen ist die Meßgenauigkeit des Gerätes zu überprüfen. Man bestimmt die Stromzunahme in einer 0,33-l-Bierflasche nach Zugabe von 5 ml der luftgesättigten Azetatpufferlösung, wobei die Stromzunahme etwa zwischen 130—140 Mikroampere (je nach Elektrodengröße verschieden) beträgt.
   Nach beendeter Messung wird das Gerät abgespült und die Elektroden abgetrocknet.

Die Bier-Durchlaufelektrode: Für die Sauerstoffbestimmung im Betrieb kommt vorwiegend die Durchlaufelektrode zur Anwendung. Sie wird mit einer Schlauchverbindung an den Zwickel- oder Probehähnen der Tanks, Filter usw. angeschlossen,

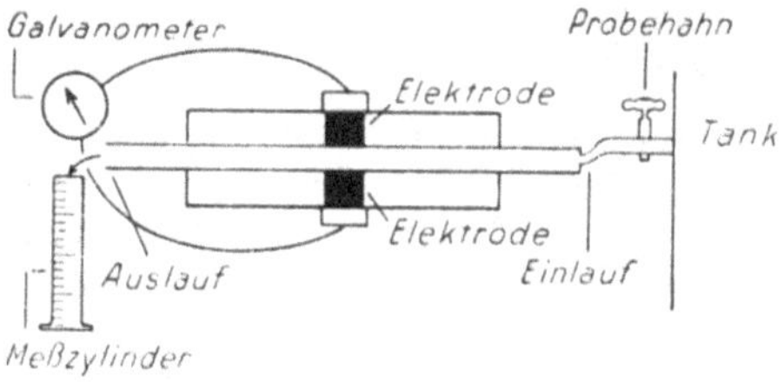

Abb. 89. Gerät mit Bier-Durchlaufelektrode

dann läßt man das Bier durch das Gerät hindurchlaufen, wobei die gleichbleibende Strömungsgeschwindigkeit durch Abmessen des Volumens pro Minute per Meßzylinder entsprechend der Eichung festgelegt wird.

Die Zeit bis zur konstanten Einstellung des Meßstromes dauert etwa 1 min.

Bei evtl. Schäumen des Bieres empfiehlt sich, am Auslauf mittels eines gequetschten Schlauchs Gegendruck zu halten. Der Temperaturkoeffizient beträgt ebenfalls 2,3%.
Die Kontrolle der richtigen Arbeitsweise des Durchlaufgerätes: In einer mit Bier gefüllten 5-l-Flasche mit Auslauf wird mit der Steckelektrode der Sauerstoffgehalt gemessen, dann läßt man das Bier mit der vorgeschriebenen Geschwindigkeit aus dem Flaschenauslauf durch die Durchlaufelektrode strömen und prüft, ob die damit bestimmte Sauerstoffkonzentration mit der durch die Steckelektrode bestimmten übereinstimmt.

Nach beendeter Messung wird das Gerät mit Wasser durchgespült, die Elektroden werden herausgeschraubt und abgetrocknet. Leichter Rostbelag auf der Eisenanode kann durch Beizung mit Salzsäure schnell entfernt werden.

Zeigen die Geräte bei der Prüfung grobe Abweichungen, was meistens bei nicht mehr genügender Amalgamierung der Fall ist, so muß die Goldamalgam-Kathode durch die Reservekathode ersetzt werden.

g) F. Tödt und F. Zimmermann, Veratmung von Alkoholen durch Hefe

Als Endprodukt ihres anaeroben Stoffwechsels erzeugt die Hefe Alkohole, vor allem Aethanol. Das Aethanol aber kann, wie schon *Windisch* [23] nachwies, durch ein in der Hefe vorhandenes Enzym oxydiert, also veratmet werden, vorausgesetzt, daß der notwendige Sauerstoff vorhanden ist. Anaerober und aerober Stoffwechsel stehen somit insofern in einer gewissen Beziehung, als Alkohol sowohl produziert als auch verbraucht wird.

Rüffer [24] hat durch elektrochemische Messung des Sauerstoffgehaltes nachweisen können, daß Aethanol wesentlich stärker und in wesentlich geringerer Konzentration als Glukose von Hefe veratmet wird. Eingehende Untersuchungen über die Veratmung von Alkoholen und über das Verhältnis der Veratmung von diesen und Zuckern haben *Tödt* und *Zimmermann* (nicht veröffentlicht) durchgeführt.

Normale Handelshefe enthält erhebliche Mengen an veratembaren Substanzen. Sie entstammen hauptsächlich der bei der Hefevermehrung verwendeten Melasse. Will man genaue Untersuchungen über die Wirkung bestimmter Stoffe auf die Hefeatmung durchführen, müssen die in der Hefe vorhandenen, veratembaren Substanzen vorher entfernt werden. Dies geschieht am einfachsten dadurch, daß man sie bei andauernder Luft- oder Sauerstoffzufuhr von der suspendierten Hefe veratmen läßt, ein Vorgang, der etwa zwei Stunden dauert. Eine auf diesem Wege verarmte und in das Stadium der „Hungeratmung“ (Seite 45, Abb. 38) gebrachte Suspension reagiert auf sehr geringe Zusätze von Stoffen, die die Hefe veratmen kann.

Die Veratmung von Aethanol: Bei der Bestimmung des Sauerstoffverbrauches von Hefesuspensionen, denen verschieden große Mengen von Aethanol zugefügt wurden, stellt man fest, daß Aethanol in der Menge von 0,005% und mehr in der Suspension der Hefe eine normale und optimale Atmung („Vollatmug“) gestattet, die in ihrem Verlaufe vollständig jener entspricht, die durch Zucker bedingt ist (Abb. 39). Bei 20° C ergibt sich in beiden Fällen ein Sauerstoffquotient (Q_{O_2} = mm³ Sauerstoffverbrauch pro Stunde und mg Trockensubstanz, Berechnung aus den abgelesenen Mikroampere in der Biofluxgebrauchsanweisung am Anfang des Buches, Seite XVIII) von 30 bis 35. Ist der Aethanolgehalt der Suspension aber kleiner als 50 mm³/l, dann ist eine optimale Atmung nicht mehr möglich, die Intensität der Atmung wird mit fallendem Aethanolgehalt geringer. Zwei Beispiele (Tab. 19) sollen den Verlauf solcher, nicht mehr optimaler Atmung verdeutlichen:

Es ist zu sehen, daß die Atmungsintensität anfangs ziemlich hoch ist, jedoch bald absinkt und schließlich nur langsam fallende recht geringe Werte ergibt. In der Menge von 0,0001 Vol.% (1 mm³/l) ist Aethanol in der 1%igen Hefesuspension bei 20° C noch nachweisbar. Da sich die Atmungsintensität nicht nur durch Erhöhung der Konzentration der Suspension, sondern auch durch Erhöhung der Versuchstemperatur steigern läßt, wurde versucht, noch kleinere Mengen von Aethanol in 5%iger Hefesuspension bei 40° C nachzuweisen. Die zu diesem Zwecke angestellten Versuche ergaben, daß 0,00005 Vol.% Aethanol, die 1 ml Aethanol in 20 hl Suspension entsprechen, eine Erhöhung des Sauerstoffquotienten um 30 ± 5% verursachen.

Die Feststellung, daß derart kleine Aethanolmengen noch nachgewiesen werden können, führte dazu, zu untersuchen, ob das Aethanol die Hefeatmung direkt fördert oder sie indirekt etwa dadurch beeinflußt, daß es in der Hefesuspension noch vorhandene Substanzen aktiviert bzw. veratembar macht. Zu diesem Zwecke wurden zu Hefesuspensionen im Zustand der Hungeratmung hintereinander geringe Mengen von Glukose und Aethanol zugefügt. Das erzielte Ergebnis läßt Abbildung 90 er-

Tabelle 19

Zeitlicher Verlauf der Alkoholveratmung

	Zeitraum seit dem Aethanolzusatz(min)	Sauerstoffverbrauch μA pro min
40° C, 0,003 Vol.% Aethanol		
	0—10	52
	10—20	57
	25—40	29
	40—50	26,5
	50—70	14,5
	70—100	7,3
	100—110	3,5
20° C, 0,001 Vol.% Aethanol		
	0—10	19,4
	10—20	16,0
	20—30	6,0
	30—40	5,0
	40—50	4,6
	50—80	4,2
	80—90	2,0

kennen. Sie zeigt, daß durch Zugabe von 0,002% Glukose eine Erhöhung des Q_{O_2} von 3,0 um 5,4 auf 8,4 eintrat. Die Zugabe von 0,0005 Vol.% Aethanol verursachte eine weitere Erhöhung um 8,4 auf 16,8, die allerdings, bedingt durch die infolge der vermehrten Atmung eintretende Verringerung des Aethanolgehaltes, nur etwa fünf Minuten andauerte. Die festgestellten Mehrwerte entsprechen, wie zugehörige Versuche zeigten, recht gut der normalen Einwirkung der zugefügten Substanzmenge. Versuche, bei denen die erwähnten Mengen von Glukose und Aethanol nicht nacheinander, sondern als Mischung zugegeben wurden, erhöhten den Q_{O_2} um 12. Damit ist nachgewiesen, daß sich die Wirkungen geringer Gaben von Glukose und Aethanol addieren.

Wie weiter festgestellt werden konnte, ist diese Addition des Einflusses von Glukose und Aethanol auf die Atmungsintensität nicht auf eine nicht optimale Atmung beschränkt. Sie ist vielmehr auch bei optimaler Atmung vorhanden.

Die durch ausreichende Glukosemenge ermöglichte optimale oder Vollatmung ließ sich durch Zugabe einer ebenfalls Vollatmung bedingenden Menge von Aethanol um 85 bis 120%, im Durchschnitt also um 100% erhöhen und somit verdoppeln, wobei die bemerkten Schwankungen in erster Linie durch das Alter der Hefe bedingt zu sein scheinen. Aus dieser Feststellung ist zu schließen, daß die Veratmung von Glukose und Aethanol nicht im gleichen Atmungsvorgang, sondern in zwei verschiedenen erfolgt, die nebeneinander und scheinbar unabhängig voneinander verlaufen. Verwendet man an Stelle von Glukose die sich in ihren biologischen Wirkungen mehrfach unterscheidende Fruktose, dann tritt dieser Additionseffekt nur in alkalischen Suspensionen (Phosphatpuffer mit pH 7,5) ein und unterbleibt in sauren. Bei Zusatz von Milchsäure wurde eine noch weitere Steigerung der Glukose-Alkoholatmung mit verdoppeltem Q_{O_2}, jedoch in Abhängigkeit von der Reihenfolge gefunden. Die Reihenfolge: Milchsäure-Glukose-Aethanol und Milchsäure-Aethanol-Glukose ergaben keine wesentliche Addition, die aber in den Reihenfolgen: Glukose-Milchsäure-Aethanol, Aethanol-Milchsäure-Glukose und besonders Glukose-Aethanol-Milchsäure eintritt, allerdings in einem Umfange, der zur Annahme voller Addition nicht berechtigt.

Weitere Versuche sollten klären, in welchem Umfange vorhandenes Aethanol oxydiert bzw. veratmet wird. Ausgehend von der Annahme, daß die Veratmung nach der Summenformel

$$C_2H_5OH + 3O_2 = 2CO_2 + 3H_2O$$

erfolgt, wurde der dieser Formel entsprechende, also theoretische Sauerstoffverbrauch dem tatsächlichen gegenübergestellt. Aus obiger Formel ergibt sich, daß zur vollständigen Oxydation von 46 g Aethanol 96 g bzw., da der verwendete Alkohol

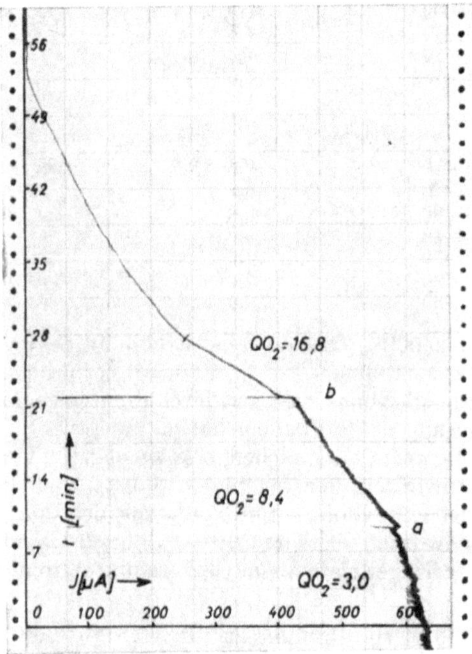

Abb. 90. Beeinflussung der Atmung 1%iger Hefesuspension durch 0,002 % Glukose (Zugabe bei a) und 0,0005 Vol. % Aethanol (Zugabe bei b) bei 20° C

96%ig war, 92 g Sauerstoff notwendig sind. Aethanol- und Sauerstoffmenge verhalten sich somit wie 1 : 2. Bei 20° C enthält der Liter der Pufferlösung bei Luftsättigung 5,87 cm³ oder 8,4 mg O_2. In der verwendeten Meßzelle mit 330 ml Inhalt sind daher 1,96 cm³ oder 2,8 mg O_2 vorhanden. Wird bei Versuchsbeginn der der Luftsättigung entsprechende μA-Wert für die Stromstärke abgelesen, dann läßt sich zu jedem einzelnen, im Versuchsverlauf bestimmten Wert für die Stromstärke die zugehörige Sauerstoffmenge unschwer berechnen. So wird es möglich, den Gesamtverbrauch von Sauerstoff während eines Versuches festzustellen und dem theoretischen Verbrauch gegenüberzustellen. Die Versuche ergaben einen O_2-Verbrauch von 208, 172, 192, 196 und 198, im Mittel 193% des Gewichtes des zugefügten Aethanols. Im Gegensatz zu Zuckern, von denen höchstens 25% veratmet werden (Tab. 11), wird Aethanol und auch Propanol vollständig oxydiert. Sehr geringe Mengen von Aethanol und auch Propanol aber ergaben einen über den theoretischen hinausgehenden Sauerstoffverbrauch, der eine deutliche Abhängigkeit von der Hefemenge in der Suspension erkennen läßt, in seinen Ursachen aber bisher nicht geklärt werden konnte.

Die Veratmung anderer Alkohole: Es lag nahe, die für die Veratmung des Aethanols gefundenen Tatsachen zur Grundlage von Untersuchungen über den Einfluß anderer Alkohole auf die Atmung suspendierter Hefe zu machen. Für Propanol wurde gefunden, daß er in der Menge von 0,02% und mehr Vollatmung ermöglicht. Nachweisbar war er bei 30° C in 1%iger Hefesuspension in der Menge von 0,0001 Vol.%. In 2%iger Hefesuspension konnten 0,00005 Vol.% Propanol eben noch festgestellt werden. Grundsätzliche Unterschiede in der Beeinflussung der Atmung von suspendierter Hefe durch Aethanol und Propanol ergaben sich nicht. Zusätze von 0,002 Vol.% Propanol und mehr wurden restlos veratmet. Der Sauerstoffverbrauch entspricht dem theoretischen Erfordernis der Summenformel

$$2\ C_3H_7OH + 9\ O_2 = 6\ CO_2 + 8\ H_2O.$$

Weniger als 0,002 Vol.% Propanol verbrauchen mehr Sauerstoff, wobei der Mehrverbrauch mit steigender Hefemenge und fallender Propanolgabe ansteigt, also sichtlich von der Hefemenge abhängig ist.

Isopropanol ist wesentlich weniger wirksam als Propanol. Die Menge von 0,3 Vol.%, bei der Propanol Vollatmung ermöglicht, ergibt nur eine sehr geringe Erhöhung der Atmung. 0,03% waren nicht mehr nachweisbar.

Butanol ergab 2%ig einen fast die Vollatmung erreichenden Sauerstoffquotienten. Amylalkohol erhöhte in der noch löslichen Menge von 0,2 Vol.% den Q_{O_2} der an veratembaren Substanzen verarmten Suspension von 1,3 auf 2,2, ist also nur sehr wenig wirksam.

Äthylenglykol, 0,3 Vol.% in der Suspension gelöst, erwies sich gleichfalls als wenig wirksam und erhöhte den Q_{O_2} von 1,7 auf 3,98. Ohne Einfluß auf die Hefeatmung erwiesen sich 0,3 Vol.% Glycerin.

Methanol ergab in 6,1 Vol.% der Suspension einen Sauerstoffverbrauch, der etwa $^2/_3$ der Vollatmung entspricht. 0,1 Vol.% blieben ohne wesentlichen Einfluß und eben noch feststellbar. 1%ige Hefesuspensionen, denen 1% Glukose zugesetzt war und die daher optimal atmeten, addierten die Wirkung von 0,3 bis 6,1 Vol.% wenigstens zum Teil. 10 Vol.% Methanol erwiesen sich als giftig und verminderten die optimale Atmung um etwa ein Drittel. Es scheint so, als ob eine normale Vollatmung durch Methanol nicht zu erreichen ist, weil die ungiftige Menge dazu nicht ausreicht, höhere Gaben aber giftig sind und die Atmungsintensität herabsetzen.

Es konnte durch Messung des Atmungsverlaufes in den geschilderten Versuchsreihen gezeigt werden, daß die von *Windirsch* [23] für das Aethanol nachgewiesene Veratembarkeit durch Hefe nicht nur für diesen, sondern, mit Ausnahme von Glycerin, für alle geprüften Alkohole, allerdings in sehr unterschiedlichem Umfange gilt.

h) F. Tödt, Mäuseascites-Krebszellen

Zur Messung der Atmung von Mäuseasciteskrebszellen dienten die am Anfang beschriebenen Meßanordnungen (Bioflux) mit der Elektrodenkombination Zink-Goldamalgam [25]. Das Elektrodengefäß enthält 50 ml eines isotonischen Phosphatpuffers vom pH-Wert 7,3. Die Asciteszellen werden unmittelbar nach der Entnahme in das Meßgefäß eingefüllt und die Sauerstoffmessung bei 37° C vorgenommen. Die Durchführung der Messung geschah in der gleichen Weise, wie bei anderen Mikroorganismen.

Der Sauerstoffverbrauch als Merkmal der Atmungsgeschwindigkeit verläuft beim Ascites ebenso wie bei Hefe, Chlorella usw. Es findet also, wenn man von der Luftsättigung (bei 37° C 6,4 mg O_2/l) ausgeht, ein konstanter Sauerstoffverbrauch bis zu geringen Sauerstoffkonzentrationen, je nach den Versuchsbedingungen bis zu 0,03 bis 0,3 mg Sauerstoff im Liter statt. In gleichen Zeitabschnitten wird hiernach auch beim Ascites die gleiche Sauerstoffmenge unabhängig von der Sauerstoffkonzentration veratmet, die Messungen werden bei geringen Sauerstoffkonzentrationen außerordentlich empfindlich. Infolgedessen kann man bereits nach 5 Sekunden einen Stromabfall erhalten, welcher mit ausreichender Genauigkeit die Atmungsgeschwindigkeit ergibt. Dadurch ist es möglich, mit der Ascitesentnahme einer einzigen Maus mehrere Versuchsreihen durchzuführen, also z. B. bei jeder Versuchsreihe die atmungshemmende oder atmungsbeschleunigende Wirkung verschiedenartiger Zusätze zu messen.

Die elektrochemisch gemessenen Q_{O_2}-Werte lagen im Mittel bei etwa 7, jedoch mit erheblichen Abweichungen der Einzelwerte (endogene Atmung). Durch Glukosezusatz sank die Atmung in Übereinstimmung mit der Literatur [26—28] auf durchschnittlich die Hälfte. Der Zusatz von Fruktose bewirkte eine im Vergleich zur Glukoseatmung bis um das Dreifache verstärkte Atmung.

Zur Untersuchung des Stoffwechsels von Mäuse-Ascitestumorzellen wurden gemeinsam mit Doz. Dr. *W. Lamprecht* und Dipl.-Chem. *I. Trautschold* (Organisch-chemisches Institut der Technischen Hochschule München; Direktor Prof. Dr. *St. Goldschmidt*) Versuche angestellt mit dem Ziel, in Kombination mit dem elektrochemisch gemessenen Sauerstoffverbrauch gleichzeitig die bedeutendsten stationären Zwischenstoffkonzentrationen der Glykolyse zu ermitteln.

Fruktose als Substrat zeigt, wie erwähnt, eine im Vergleich zur Glukose etwa dreifache Sauerstoffaufnahme. Deshalb interessierte vor allem der quantitative Durchsatz der ersten enzymatischen Reaktionsstufen der beiden Hexosen. Infolge der großen Empfindlichkeit der elektrochemischen Meßmethode konnten die Versuchszeiten auf wenige Minuten beschränkt bleiben, somit wurden störende Fremdeinflüsse auf die Zelle verringert. Die bisherigen Ergebnisse deuten auf unterschiedliche Abbauwege von Glukose und Fruktose in der Tumorzelle. Weiterhin kann, im Sinne der Energiebilanz *Warburgs*, der Fruktose eine günstigere Energieausbeute für die Ascitestumorzelle zugeschrieben werden.

Die bisher gemachten kurzen Ausführungen lassen bereits jetzt Besonderheiten der elektrochemischen Sauerstoffmeßmethode erkennen, wie gerade das Beispiel der Messung des Stoffwechsels von Krebskulturen in Beziehung zur Zellatmung zeigt.

Literatur

[1] *F. Tödt, G. Teske, F. Windisch, W. Heumann* und *Chr. Goslich*, Elektrochemische Messung der in Flüssigkeiten gelösten Sauerstoffmengen bei oxy- und anoxybiotischen Stoffwechselprozessen, Biochem. Z. **323**, 192 (1952).

[2] *F. Tödt, R. Leschber* und *H. Tarnow*, Neue Wege zur Betriebskontrolle durch elektrochemische Messung der Atmungsgeschwindigkeit von Hefesuspensionen, Branntweinwirtschaft **76**, 381 (1954).

[3] *H. Rüffer*, Anwendungsmöglichkeiten der elektrochemischen Sauerstoffmessung in der Hefeindustrie und ein Beitrag zur Alterungsphysiologie von Hefe, Dissertation, TU Berlin, 1956.

[4] *K. Damaschke, R. Lorenz* und *F. Tödt*, Über den Einfluß von Zuckerzusätzen auf die Atmungsgeschwindigkeit von Hefesuspensionen, Z. Naturforsch. **12b**, 320 (1957).

[5] *K. Damaschke* und *R. Lorenz*, Über die Verwertbarkeit von Zuckern bei der Atmung von Hefesuspensionen, Z. Zuckerind. **7**, Nr. 10, 480–495 (1957).

[6] *G. Ewald* und *E.-E. Bruchmann*, Elektrochemische Messung der Atmung von Hefe bei Einwirkung von Azid und Jodacetat, Biochem. Z. **324**, 156 (1953).

[7] *K. Damaschke* und *H.-P. Mundt*, Die Einwirkung von Giften auf die Atmung von Backhefe, ihr Nachweis durch die elektrochemische O_2-Messung, Z. Naturforsch. **12b**, 237 (1957).

[8] *K. Damaschke, L. Rothbühr* und *F. Tödt*, Über die Ausbildung der Giftwirkung verschiedener Gifte auf Chlorella pyrenoidosa im ersten Zeitraum, Z. Naturforsch. **10b**, 215–222 (1955).

[9] *F. Tödt* und *F. Zimmermann*, Die elektrochemische Messung des Sauerstoffverbrauchs von Hefesuspensionen und seiner Beeinflussung durch die Temperatur, Branntweinwirtschaft **79**, 276 (1957).

[10] *F. Tödt* und *F. Zimmermann*, Elektrochemische Messung der Atmungsgeschwindigkeit von Hefesuspensionen in verschiedenen Pufferlösungen und bei verschiedenen pH-Werten, Z. Zuckerind. **7**, Nr. 6, 271 (1957).

[11] *K. Damaschke, L. Rothbühr* und *F. Tödt*, Photosynthese unter anaeroben Bedingungen, Z. Naturforsch. **10b**, 572 (1955).

[12] *F. Tödt* und *K. Damaschke*, Die Hefeatmung bei sehr geringen Sauerstoffkonzentrationen, Z. Naturforsch. **12b**, 680 (1957).

[13] *F. Tödt, K. Damaschke* und *L. Rothbühr*, Die elektrochemische Messung von Sauerstoffumsätzen bei der Photosynthese, Biochem. Z. **325**, 210 (1954).

K. Damaschke, L. Rothbühr und *F. Tödt*, Anwendung der elektrochemischen Sauerstoffmeßmethode für Messungen in biologischen Medien und ihre Ausführung, Biochem. Z. **326**, 424–432 (1955).

[14] *K. Damaschke, F. Tödt, Dean Burk* and *O. Warburg*, An eletrochemical demonstration of the energy cycle and maximum quantum yield in photosynthesis, Biochim. biophysica Acta, Amsterdam **12**, 347–355 (1953).

[15] *F. Tödt, R. Lenschau, W. Neudert* und *K. Junkmann*, Die Anwendung der elektrochemischen O_2-Messung zur Beobachtung bakteriologischer Stoffwechselvorgänge. Der hemmende Einfluß des Penicillins auf den Staphylokokkenstamm SG 511, Z. Naturforsch. **9b**, H. 9, 607–611 (1954).

[16] *G. Schenk* und *G. Berg*, Über die Bestimmung der enzymatischen und nichtenzymatischen Oxydation der Ascorbinsäure mit Hilfe der elektrochemischen Sauerstoffmessung nach *F. Tödt*, Med. Mschr., H. 10, 667–669 (1955).

[17] *M. Rohrlich, F. Tödt* und *G. Ziehmann*, Elektrochemische Methode zur Bestimmung der Lipoxydase-Aktivität in Getreide und Getreideprodukten, Fette, Seifen, Anstrichmittel, Die Ernährungsindustrie **58**, 1057–1059 (1956).

[18] *K. Damaschke* und *F. Tödt*, Haltbarkeitskontrolle der Milch durch Messung der Keimzahl und der Katalaseaktivität mittels der elektrochemischen O_2- und H_2O_2-Meßmethode, Milchwissenschaft **12**, 89–92 (1957).

[19] *G. Huschke*, Elektrochemische Sauerstoffbestimmungen zur Messung von Veränderungen der Atmungsintensität bei Mikroorganismen, Diplomarbeit TU, Berlin 1955.

[20] *H. Tiedemann* und *H. Tiedemann*, Einfluß von HCN auf Furchungsgeschwindigkeit und Atmung der ersten Keimstadien von Triton alpestris, Z. Naturforsch. **11b** (1956).

[21] *Ch. Weymar*, Erfahrungsbericht über die Weiterentwicklung der elektrochemischen Sauerstoffmessung nach *Tödt*, Brauerei **77/78**, 530 (1957).

[22] *F. Tödt*, *G. Woldt* und *R. Koch*, Neue Erfahrungen mit der elektrochemischen Sauerstoffbestimmung im Brauereibetrieb, Brauerei, (wiss. Beilage) **9**, 87 (1952).

[23] *F. Windisch*, Ein Alkohol oxydierendes Enzym in der Hefe, Naturwissenschaften **20**, 673 (1932).

[24] *H. Rüffer*, Anwendungsmöglichkeiten der elektrochemischen Sauerstoffmessung in der Hefeindustrie und ein Beitrag zur Alterungsphysiologie von Hefe, Dissert. Techn. Univ. Berlin 1956.

[25] *P. G. Seeger*, Untersuchungen am Ehrlichschen Tumorascitescarcinom der Maus, Dtsch. Gesundheitswes. **12**, 1265—1268 (1957).

[26] *W. Seelich*, *W. Weigert* und *K. Letnansky*, Über die endogene Atmung von Ehrlich-Ascitestumorzellen und deren Beeinflussung durch Glukose und Fruktose, Z. Krebsforsch. **61**, 368—375 (1956).

[27] *G. Atsch* und *J. F. B. Straub*, Über den Stoffwechsel der Asciteskrebszellen, Dokl. Akad. Neuk. USSR **5**, 95 (1954).

[28] *K. Kun*, *P. Talalay* und *H. G. Williams-Ashman*, Studies on the Ehrlich ascites tumor, I. The enzymie and metabolic activities of the ascitic cells and the ascitic plasma, Cancer Res. II, No. 2, 855—863 (1951).

IV.
Technische Anwendungen

1. G. Teske und F. Tödt, Elektrochemische Registrierung sehr geringer Sauerstoffmengen im Kesselspeisewasser (Entwicklung in Deutschland)

Die erste technische Nutzanwendung von größerem Umfang war die elektrochemische Sauerstoffregistrierung im Kesselspeisewasser [1]. Die Meßelektrode bestand aus Platin und die Gegenelektrode aus Cadmium in Cadmiumsulfatlösung. Nach Prüfergebnissen von *Splittgerber* [2] (Abb. 91) sprechen die registrierten Sauerstoffwerte

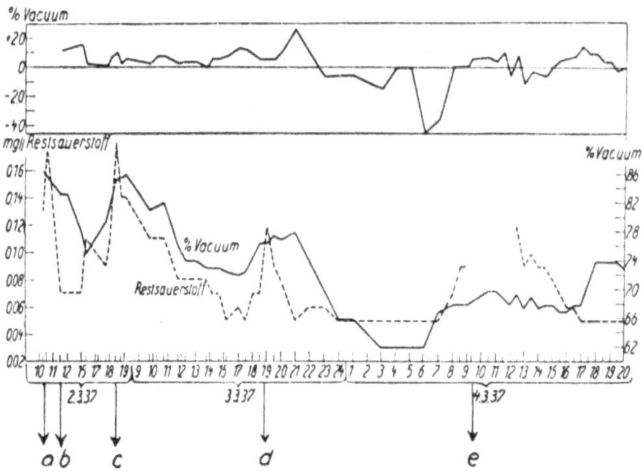

Abb. 91. Prüfergebnisse. Oben: Überschreiten (+) bzw. Unterschreiten (—) des theoretischen Vakuums. Unten: Zusammenhang zwischen Vakuum und Restsauerstoffgehalt.

a) Feststellung, daß durch die nicht ganz geschlossene Abdampfleitung einer durch Turbine angetriebenen Zubringerpumpe Luft in den Entgaser gelangt
b) Nach Abstellung der Undichtheit
c) Sauerstoffprüfgerät abgeschaltet, nach Undichtigkeiten gesucht.
d) Reinigung der Ausflußdüse des Durchflußanzeigers am Sauerstoffprüfgerät.
e) Verwendung des Sauerstoffprüfgerätes zur Untersuchung des Speisewassers in der Speisedruckleitung (nach *A. Splittberger*, Vom Wasser, 1938).

in der erwarteten Richtung auf Änderungen des Vakuums und die Abstellung von Undichtigkeiten an. Bei einem Meßbereich von etwa 200 μg Sauerstoff im Liter waren Unterschiede von etwa 10 μg O_2 im Liter sehr deutlich faßbar.

Die neuere Entwicklung der Hochdruck- und Höchstdruckkesselanlagen erforderte jedoch eine größere Empfindlichkeit und gleichzeitig eine robustere Bauart. Es wurde daher die Meßelektrode als massiver Nickelstab mit einer um das Mehrfache vergrößerten Oberfläche und die Anode als eisernes mit Zink galvanisch verbundenes Durchflußrohr ausgebildet [3]. Die so erreichte äußerst stabile Bauart der Meßzelle zeigt schematisch die Abbildung 92. Die Abbildung 93 enthält die Gesamtanordnung schematisch und Abbildung 94 als Bild dargestellt.

Die hinter dem Speisewasserbehälter angeschlossene Sauerstoff-Meßanlage (Lieferfirma Hartmann & Braun, Frankfurt a. M. Bezeichnung „Oxyflux") ist gemäß Abbildung 93 aufgebaut. Das Speisewasserdestillat tritt über ein Absperrventil a und

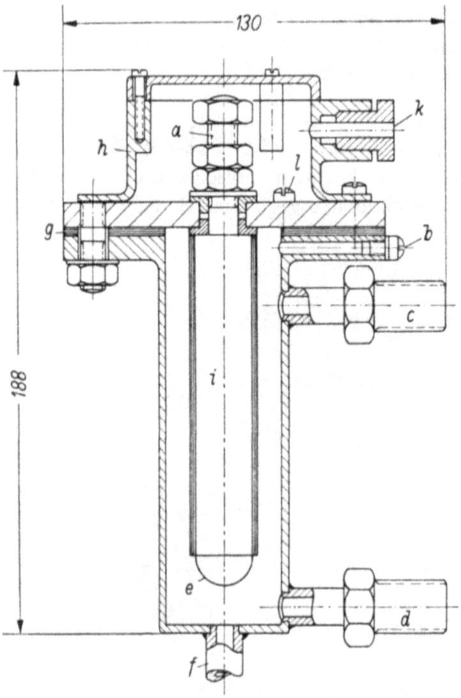

Abb. 92. Stromgeber
a) Kabelanschluß der Meßelektrode
b) Entlüftungsschraube
c) Wasseraustritt
d, f) Wassereintritt
e) Meßelektrode
g) Flanschdichtung
h) Verteilerkappe
i) Isolierschlauch
k) Stopfbuchse für Kabeleinführung,
l) Masseanschluß
(nach *R. Freier*, *F. Tödt* und *K. Wickert*, Chemie-Ing.-Techn. 1951)

die Drosselstrecke b in den Kühler c ein, wo das Meßgut von 150° C auf 30° C abgekühlt wird. Hinter dem Kühler befindet sich der Meßgerätteil auf einem Montagebrett. Über das Absperrventil g fließt das Meßgut durch ein Mischrohr h und den Stromgeber (Meßzelle) i in den Ablauf k. Bei l wird ein senkrecht stehendes Glasgefäß mit sauerstoffgesättigtem Speisewasser an ein Nadelventil m angeschlossen, um zur Eichung und Überwachung definierte Sauerstoffmengen dem Destillat zugeben zu können. Das Mischrohr h sorgt dabei für innige Vermischung. Der Stromgeber (Meßzelle) liefert an das registrierende Anzeigegerät n einen dem jeweiligen Sauerstoffgehalt des Meßgutes proportionalen elektrischen Strom, welcher durch den elektrochemischen Sauerstoffumsatz an der Meßelektrode selbst erzeugt wird. Die Apparatur gestattet, Sauerstoffkonzentrationen von einzelnen μg O_2 im Liter zu messen, womit die gestellten Anforderungen erfüllt waren. Die Eichkurve ist in der Abbildung 95 wiedergegeben. Eine mit dem gleichen Gerät von *W. Töller* [4] erhaltene Eichkurve ist in der Abbildung 96 enthalten, eine von *W. Töller* [4] gemessene Temperaturabhängigkeit der Anzeige in der Abbildung 97 und eine von *R. Freier* aufgenommene Eichkurve in Gegenwart eines großen Hydrazinüberschusses in der Abbildung 98 [5].

Während der Zuckerkampagne 1954/55 und 1955/56 wurde mit dem Oxyfluxgerät der Sauerstoffgehalt im Kondensat und Dünnsaft der Zuckerfabrik Dormagen

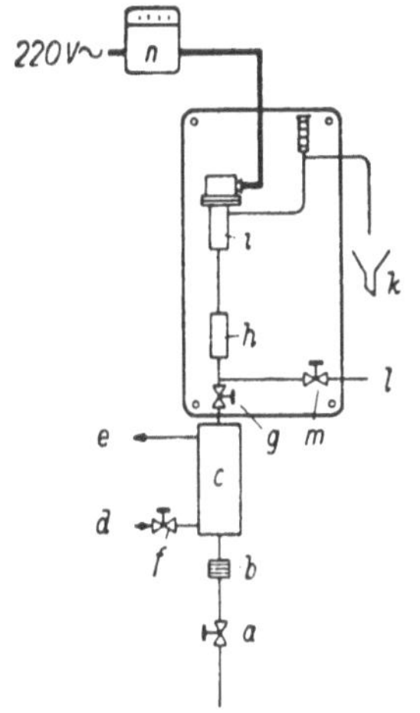

Abb. 93. Schema der Sauerstoff-Meßanlage

a) Speisewassereintritt mit Absperrventil
b) Drosselstrecke
c) Kühler
d, e) Kühlwasserein- und -austritt
f, g) Absperrventil
h) Mischrohr
i) Meßzelle
k) Ablauf
l) Anschluß zum Nadelventil
m) Eichung
n) Anzeigegerät

(nach *R. Freier*, *F. Tödt* und *K. Wickert*, Chemie-Ing.-Techn. 1951)

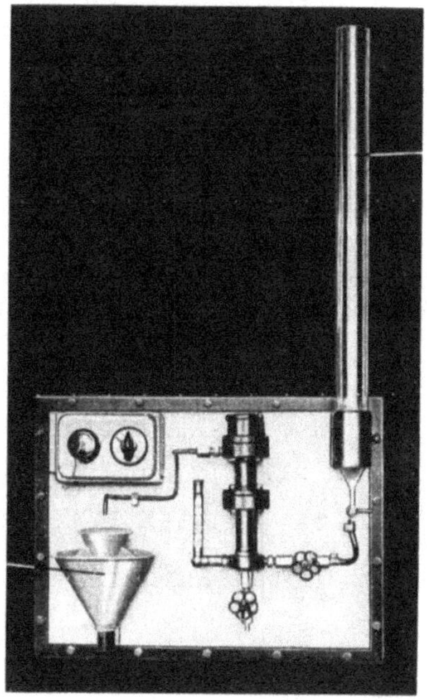

Abb. 94. O_2-Messer (Gebertafel) „Oxyflux", Hartmann & Braun AG.
a) Überlaufmengenmesser, b) Glasrohr mit sauerstoffgesättigtem Wasser
(nach *R. Freier*, Kesselspeisewasser, Walter de Gruyter & Co., Berlin 1958)

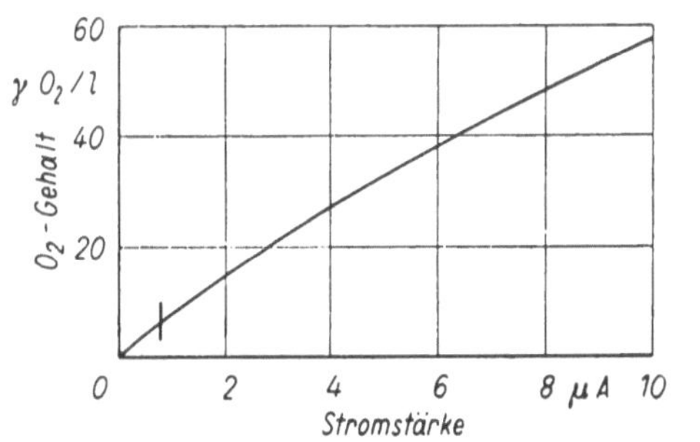

Abb. 95. Abhängigkeit der Stromstärke des Sauerstoffelementes in μA vom chemisch bestimmten Sauerstoffgehalt in $\gamma\, O_2/l$ bei 30°C (nach *R. Freier*, *F. Tödt* und *K. Wickert*, Chemie-Ing.-Techn. 1951)

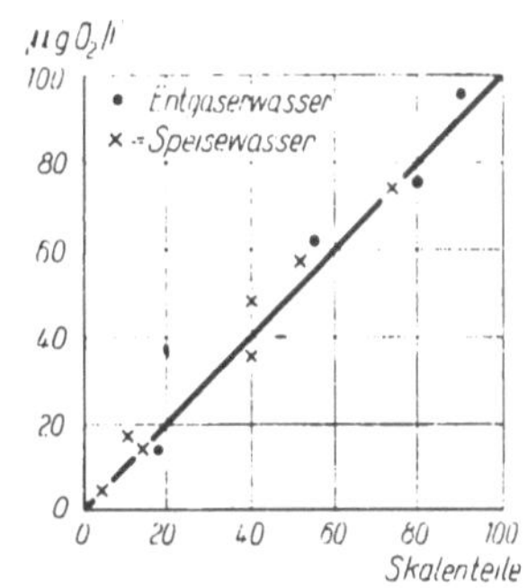

Abb. 96. Eichkurve des Oxyflux (nach *W. Töller*, Mitt. Vereinig. Großkesselbesitzer 1952)

(Rheinland) gemessen [6], um die Korrosion der eisernen Rohre in der Verdampfstation zu kontrollieren. Gleichzeitige Eisenbestimmungen in Dünnsaft [7] gestatteten eine direkte zeitliche Verfolgung der Korrosion (Abb. 99) sowie eine Gegenüberstellung des Verlaufs der Korrosion und der gleichzeitigen Sauerstoffabnahme [6].

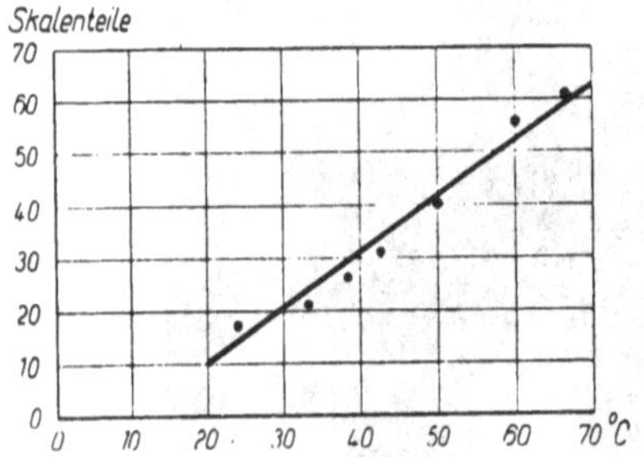

Abb. 97. Temperaturabhängigkeit der Anzeige des Oxyflux (nach *W. Töller*, Mitt. Vereinig. Großkesselbesitzer 1952)

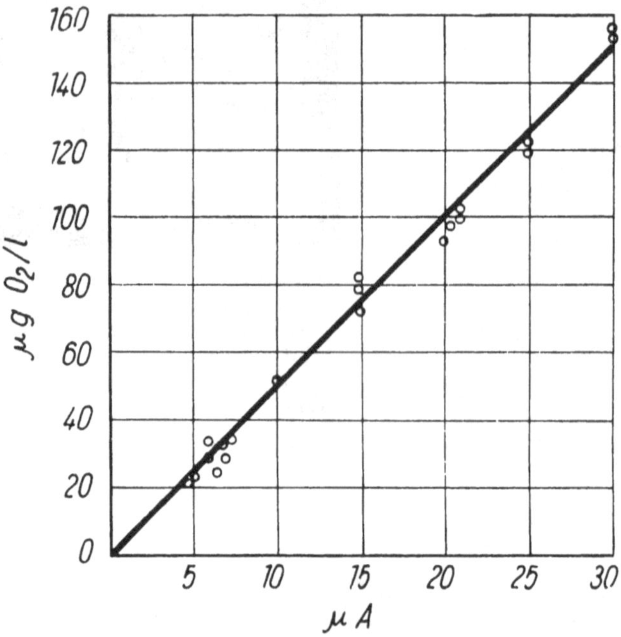

Abb. 98. Eichkurve des Oxyflux in Gegenwart eines großen Hydrazinüberschusses (nach *R. Freier* Kesselspeisewasser, Walter de Gruyter & Co., Berlin 1958)

Wie man sieht, entspricht erwartungsgemäß der Eisenzuwachs im Dünnsaft einer Sauerstoffabnahme, woraus sich eine Messung der Sauerstoffkorrosion ergibt. Die Beziehung zwischen dem Eisenzuwachs und der Sauerstoffabnahme ist allerdings nur qualitativ, da die Eisenbestimmung nur 1- bis 2mal täglich erfolgte. Die Registrierung des Sauerstoffs im Dünnsaft vor und nach der zweiten Stufe der Verdampfstation ist aus der Abbildung 100 zu ersehen [6]. Die aus dem Vergleich der beiden Kurven sich ergebende Sauerstoffabnahme auf etwa die Hälfte läßt auf eine entsprechende Korrosion in der Verdampfstation schließen.

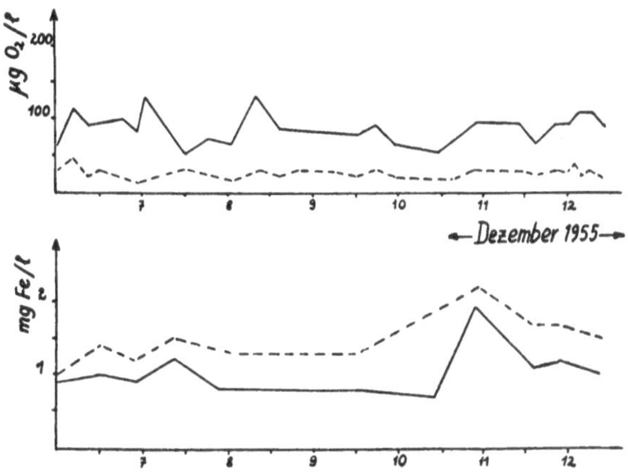

Abb. 99. Verlauf der gemessenen Sauerstoff- und Eisengehalte in den Säften vor und nach der II. Stufe der Verdampfstation (Werte nach der II. Stufe gestrichelt) (nach *F. Tödt* und *G. Woldt* Z. Zuckerind. 1956)

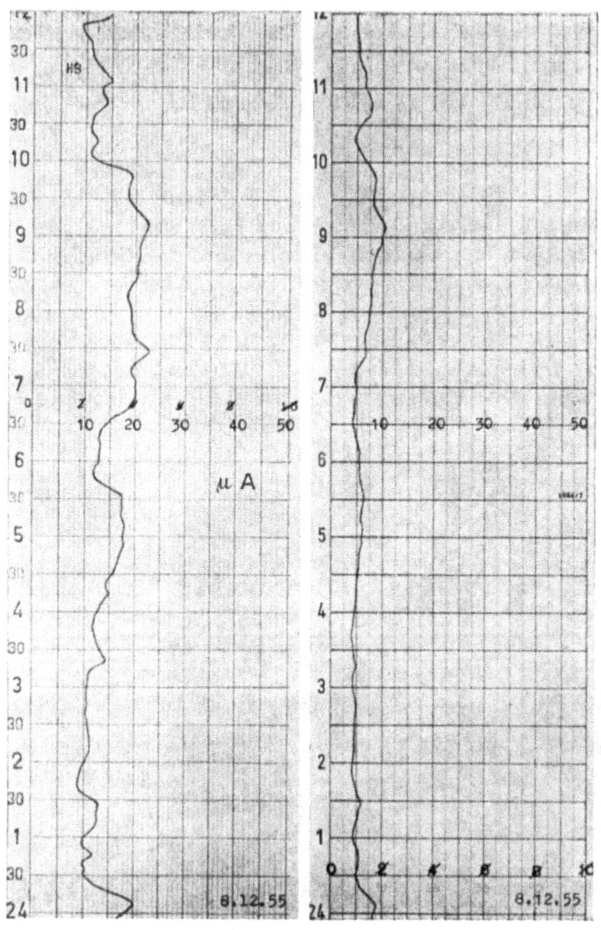

Abb. 100. Registrierte Sauerstoffgehalte vor und nach der II. Stufe von 24 bis 12 Uhr (nach *F. Tödt* und *G. Woldt*, Z. Zuckerind. 1956)

Anstatt der bei der Kesselspeisewasserkontrolle benutzten Meßelektrode aus Nickel wurde außerdem eine Goldamalgamelektrode benutzt (hohe Überspannung und andere Vorzüge). Eichangaben von Dünnsaft und Kondensat mit einer Goldamalgamelektrode (7 cm² Oberfläche) sind in der Abbildung 101 enthalten. Die beiden in Dormagen arbeitenden Anlagen sind in der Abbildung 102 wiedergegeben.

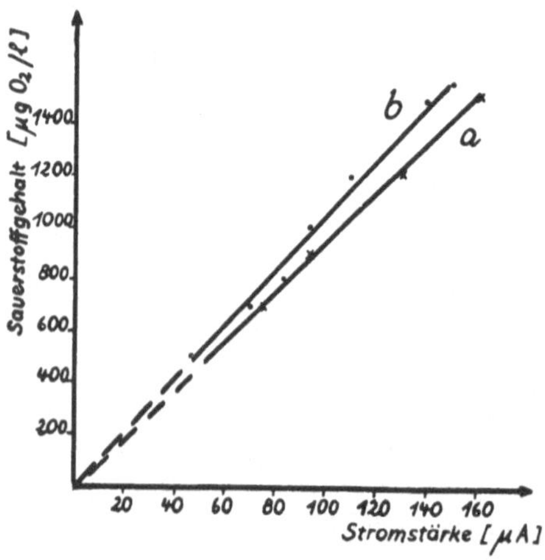

Abb. 101. Eichkurve des Oxyflux, Meßelektrode 7 cm² Goldamalgam
a) Eichung im Dünnsaft, b) Eichung im Kondensat (nach *F. Tödt* und *G. Woldt*, Z. Zuckerind. 1956)

Eine Beobachtung, aus der zunächst eine Einschränkung der Anwendungsmöglichkeit der elektrochemischen Sauerstoffregistrierung hervorzugehen schien, muß noch erwähnt werden. Dosiert man zu dem das Oxyflux durchfließenden Saft steigende Mengen luftgesättigter Lösung, so stellt man fest, daß bei geringen Zugaben die Empfindlichkeit kleiner ist als bei größeren Zugaben. Die zu geringe Empfindlichkeit bei geringer Dosierung ist offenbar auf eine mangelnde Durchmischung zurückzuführen, da sie nur in geringem Umfange bei den kleinsten Zusätzen bereits beim Kondensat bemerkbar ist und in den Dünnsäften um so mehr in Erscheinung tritt, je höher der

Abb. 102. Anordnung der beiden Oxyfluxgeräte in der Verdampfstation (nach *F. Tödt* und *G. Woldt*, Z. Zuckerind. 1956)

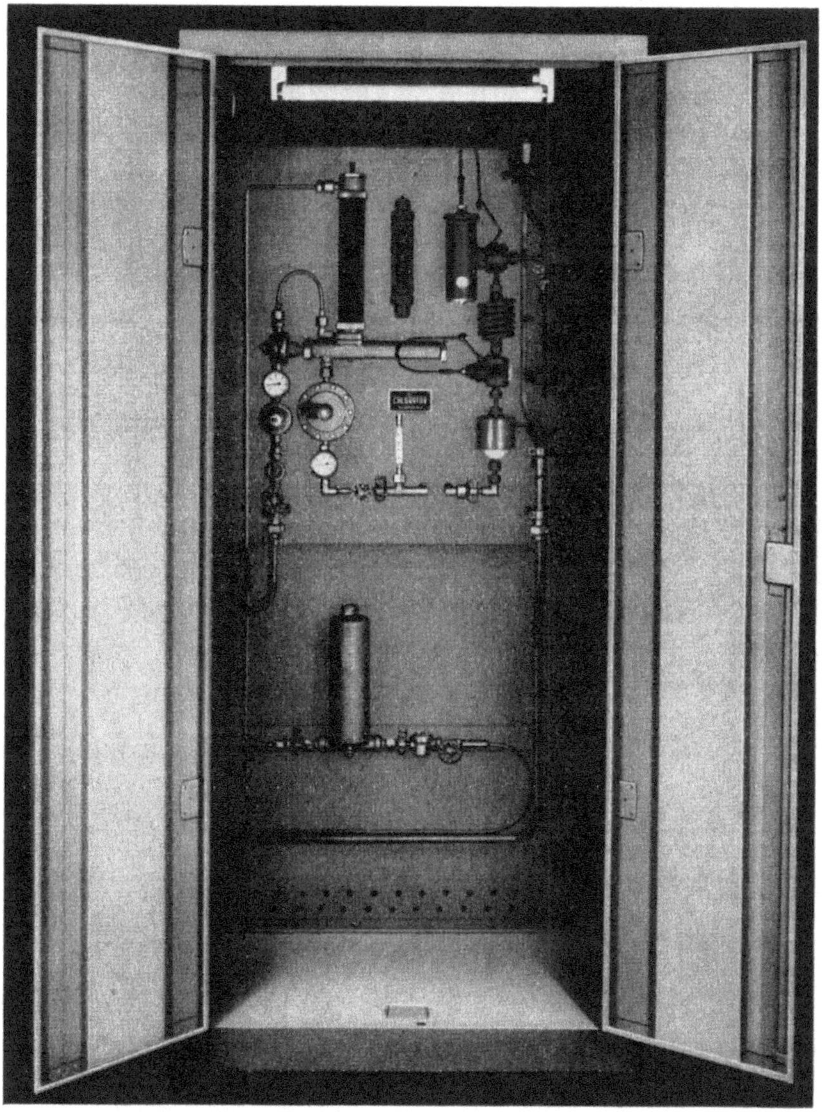

Abb. 103. Sauerstoffregistrieranlage der Firma Chlorator

Trockensubstanzgehalt und die Zähigkeit wird und je geringer die zudosierte Menge ist. Die bis zu 50% betragende Herabsetzung der Empfindlichkeit verschwindet, wenn man bei der Eichung größere Flüssigkeitsmengen zudosiert. Man kann hiernach die bei Dosierung größerer Mengen erhaltenen richtigen Eichwerte auf den unteren Meßbereich übertragen und erhält dadurch die erforderliche exakte Eichgrundlage [6]. Eine von der Firma Chlorator (Grötzingen bei Karlsruhe) entwickelte Ausführungsform zeigt die Abbildung 103. Bei diesem Gerät ist die Meßelektrode als Ringelektrode ausgebildet, die sich automatisch reinigt. Meß- und Bezugselektrode sind durch ein

Diaphragma getrennt. Die Eichung und Nachprüfung der Anlage geschieht durch elektrolytische Begasung.

Die neueste Bauart des Oxyfluxgerätes von Hartmann & Braun mit Eichgerät ist in den weiteren Abbildungen 104 — 106 enthalten [5]. Das Elektrodengefäß (Meßkammer) ist, wie man sieht, in einem geschlossenen Gehäuse untergebracht.

Abb. 104. Oxyflux geschlossen (nach *R. Freier*, Kesselspeisewasser, Walter de Gruyter & Co., Berlin 1958)

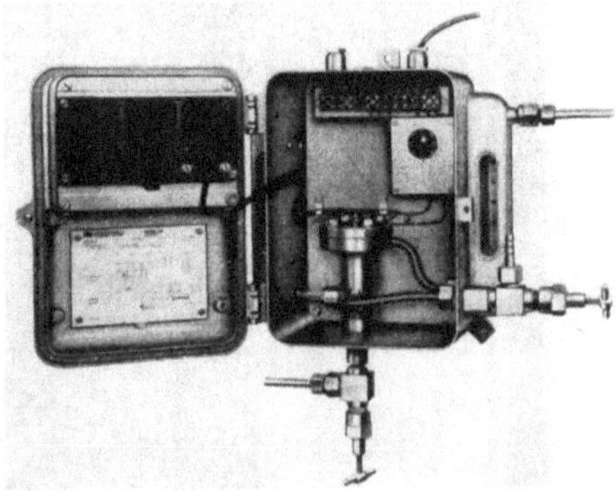

Abb. 105. Oxyflux geöffnet (nach *R. Freier*, Kesselspeisewasser, Walter de Gruyter & Co., Berlin 1958)

Abb. 106. Eichgerät (nach *R. Freier*, Kesselspeisewasser, Walter de Gruyter & Co., Berlin 1958)

Die Entwicklung der Kesselspeisewasseraufbereitung hat im Laufe der letzten Jahre zu einer laufenden Verringerung des Salzgehaltes geführt. Hierdurch entstanden in zunehmendem Maße insbesondere bei Vollentsalzung durch Ionenaustauscher Schwierigkeiten beim Betrieb der Oxyfluxgeräte infolge zu geringer Leitfähigkeit (ungenügendes Ansprechen auf Sauerstoffänderungen, träge Einstellung und unbrauchbare Eichkurven). Ein Beispiel einer solchen unbrauchbaren Eichkurve bei Vollentsalzung ist in der Abbildung 107 gezeigt. Hier verläuft die Eichkurve völlig unregelmäßig (gekrümmte Eichkurve, starke Unterschiede bei gleicher Sauerstoffzugabe, Versagen im Bereich geringer Sauerstoffkonzentrationen).

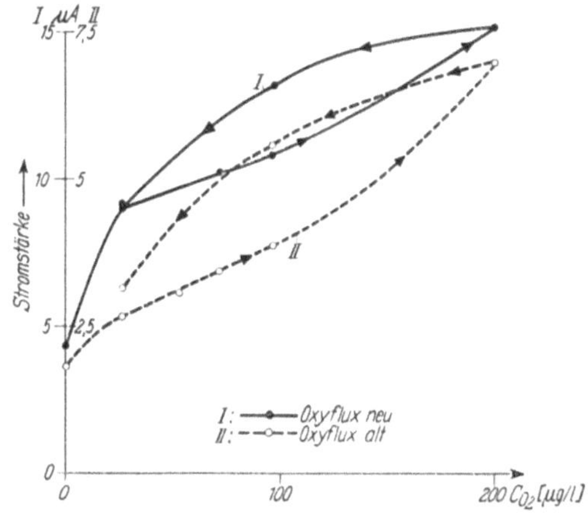

Abb. 107. Eichung des Oxyflux bei einer Leitfähigkeit von 0,33 Mikrosiemens (μS/cm) nach 24 Stunden Betriebszeit, dann 15 Stunden Vollentsalzung

Abb. 108. Umlaufapparatur mit Oxyflux alter und neuer Bauart

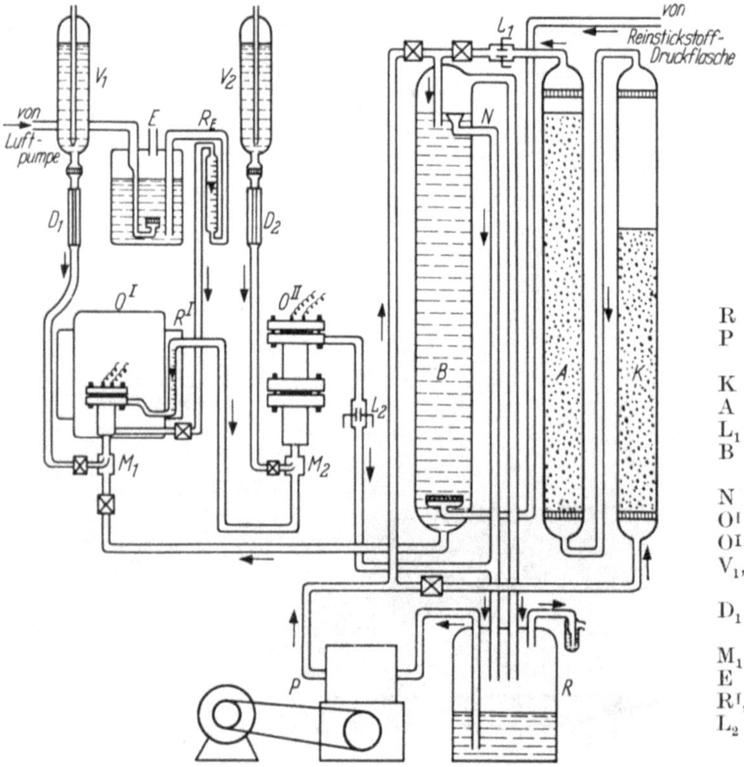

R Wasserreservoir
P Schlauchquetschpumpe mit Motor
K Kationenaustauscher
A Anionenaustauscher
L_1 Leitfähigkeits-Meßzelle
B Begasungsrohr (thermostatisierbar)
N Überlaufniveau
O^I Oxyflux neue Bauart
O^{II} Oxyflux alte Bauart
V_1, V_2 Vorratsgefäße mit konz. Kochsalzlösung
D_1 D_2 Dosierkapillaren mit Fritten
M_1 M_2 Mündungsstücke
E Eichwasserbehälter
R^I, R_E Rotameter
L_2 Leitfähigkeits-Meßzelle

Abb. 109. Prinzipskizze der Umlaufapparatur mit Oxyflux alter und neuer Bauart

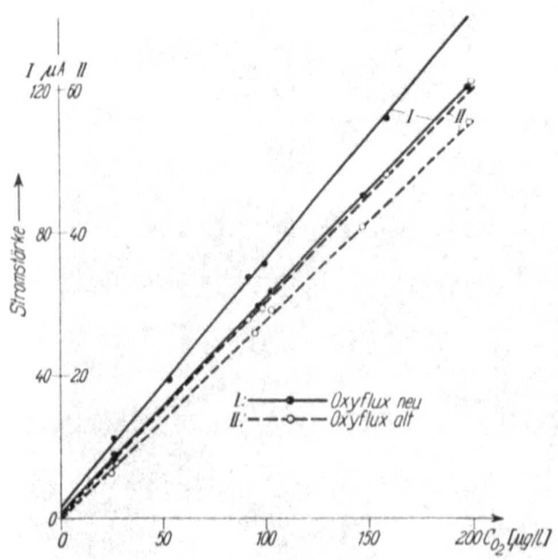

Abb. 110. Eichung des Oxyflux alter und neuer Bauart bei einer Leitfähigkeit von 15 und 80 μS/cm nach 120 Stunden Betriebszeit

Eine Beseitigung dieser Störungen gelang durch Zudosierung von etwa 30 mg Salz pro Liter, entsprechend einer Leitfähigkeit von ungefähr 60 μS/cm. Die Beziehung zwischen der Leitfähigkeit und dem angezeigtem Wert wurde in einer besonderen in den Abbildungen 108 und 109 dargestellten Umlaufapparatur untersucht, welche die Herstellung beliebiger Sauerstoffgehalte und Leitfähigkeiten sowie eine Vollentsalzung ermöglichte. Die Abbildung 110 enthält Eichkurven bei 15 und 80 μS/cm.

Abb. 111. Dosiergerät zum Oxyflux

Die Abbildung 110 läßt erkennen, daß bei einer Änderung des Salzgehaltes von ± 70% die angezeigten Sauerstoffgehalte zwischen 3,5 und 8,3% schwankten. Somit braucht die Dosierung nicht sehr genau zu sein. Die unter verschiedenen Versuchsbedingungen über ein halbes Jahr im Dauerbetrieb mit der Umlaufapparatur erhaltenen Resultate ergaben übereinstimmende Eichkurven, ausreichende Konstanz im Dauerbetrieb und vor allem auch ein sehr schnelles Ansprechen nach längerer Unterbrechung oder nach Reinigung der Elektroden. Damit war der Beweis geliefert, daß bei richtiger Dosierung Schwierigkeiten nicht mehr zu befürchten sind. Das für den praktischen Betrieb entwickelte Dosiergerät zeigen die Abbildungen 111 und 112. Die Dosieranlage mit dem Oxyfluxgerät ist in der Abbildung 113 schematisch dargestellt.

Aus einem Vorratsgefäß mit 3 bis 4 Liter Inhalt fließt eine konzentrierte Salzlösung durch eigenes Gefälle über eine Kapillare zum Speisewasser (etwa 5 ml pro Stunde). Eine vor der Kapillare angebrachte Fritte verhindert eine sonst unvermeidliche allmähliche Verstopfung der Kapillare. Der Vorrat an Kochsalzlösung reicht etwa einen Monat, ohne daß neu gefüllt werden muß.

Wie bereits bemerkt, werden durch die Salzdosierung die bisher beim Betrieb des Oxyflux aufgetretenen Schwierigkeiten beseitigt. Der Gang der Empfindlichkeit und des Reststroms über 4 Wochen ist in der Tabelle 20 enthalten. Zu berücksichtigen ist nur noch die bei der Oxyfluxmessung in der Zuckerfabrik auf Seite 96 beschriebene zu geringe Empfindlichkeit der Anzeige bei der Eichung, wenn man nur wenige ml luftgesättigter Lösung zudosiert. Weitere Beobachtungen in Kraftwerken zeigten, daß dieser Effekt auch bei gleicher Elektrodenkombination, gleicher Salzdosierung und gleichem Zugabeverhältnis bei der Eichung in verschieden großem Umfang und nicht in allen Fällen auftritt. Eine Beseitigung dieses Eichfehlers ist auf folgende Weise möglich: Man kann entweder, wie auf Seite 97 angegeben, die

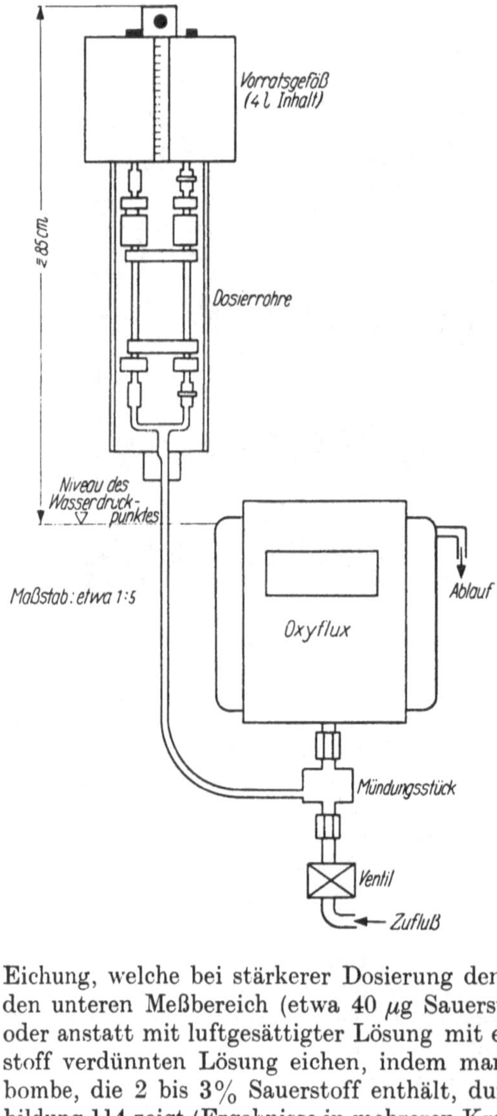

Abb. 113. Oxyflux mit Dosiereinrichtung

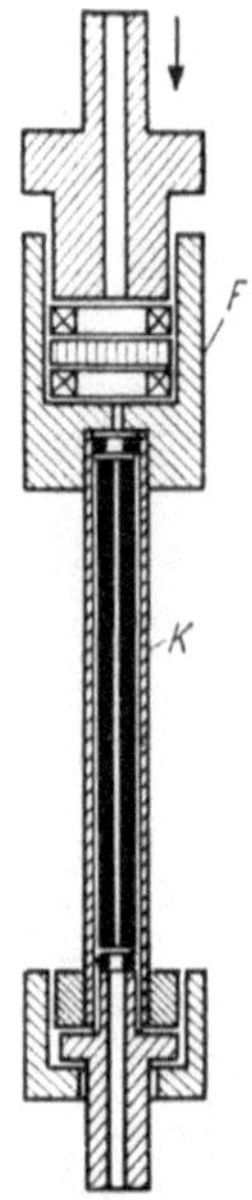

Abb. 112. Dosierrohr mit Fritte F und Kapillare K

Eichung, welche bei stärkerer Dosierung den richtigen linearen Verlauf ergibt, auf den unteren Meßbereich (etwa 40 μg Sauerstoff im Liter und weniger) übertragen oder anstatt mit luftgesättigter Lösung mit einer 1 : 7 bis 1 : 10 in bezug auf Sauerstoff verdünnten Lösung eichen, indem man die Eichlösung mit einer Stickstoffbombe, die 2 bis 3% Sauerstoff enthält, durchspült. Hierdurch wird, wie die Abbildung 114 zeigt (Ergebnisse in mehreren Kraftwerken nach eingebauter Dosierung), die Eichkurve bis zum Nullpunkt linear. Dasselbe erreicht man durch genügende Durchmischung, wofür mehrere einfache Vorrichtungen entwickelt wurden.

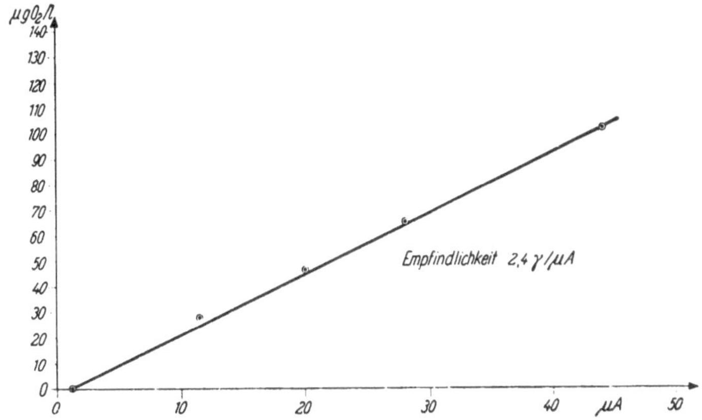

Abb. 114. Eichung des Oxyflux alter und neuer Bauart in mehreren Kraftwerken nach Einbau der Dosierung

Tabelle 20

Gang von Empfindlichkeit und Reststrom*) bei Salzdosierung, Oxyflux alter Bauart mit Goldamalgammeßelektrode [9 cm²]; T = 20,5 ± 1,5° C.

Tag	Datum	Empfindlichkeit in μA pro μg/l O_2	Reststrom μA	Leitfähigkeit μS/cm
1.	25. X.	0,204	0,9	40
2.	26. X.	0,196	0,7	42
6.	30. X.	0,194	0,85	56
8.	1. XI.	0,185	0,9	54
12.	5. XI.	0,182	1,1	56
15.	8. XI.	0,190	1,2	48
18.	11. XI.	0,196	1,0	49
22.	15. XI.	0,192	1,0	54
26.	19. XI.	0,196	1,0	53
29.	22. XI.	0,182	0,8	53

*) Der Reststrom besteht, wenigstens zum größten Teil, aus dem vor der Eichzugabe vorhandenen Sauerstoff.

2. Sauerstoffmessung in offenen Gewässern (Kontrolle der Verunreinigung durch Abwasser)

a) F. Tödt, Das Sauerstofflot (Tauchelektrode) für die Sofortmessung von gelöstem Sauerstoff in verunreinigten Gewässern

Eine besondere Bedeutung zur Bestimmung der Reinheit und Güte von Oberflächengewässern kommt der Bestimmung des Sauerstoffgehaltes zu. Jeder Gehalt des Wassers an verwesenden und faulenden Stoffen, an organischen und anorganischen reduzierenden Substanzen macht sich durch ein Absinken des normalen Sauerstoffgehaltes bemerkbar. Aus diesem Grunde steht die Sauerstoffbestimmung bei allen Gewässeruntersuchungen an erster Stelle. Sie wird fast ausschließlich nach dem von *L. W. Winkler* [8] angegebenen Verfahren oder einer Modifikation davon nun schon seit fast 40 Jahren durchgeführt. Dieses rein chemische Verfahren, dessen hauptsächlichste Nachteile in der Notwendigkeit einer Probenahme, der nachfolgenden zeitraubenden Analyse und der Unmöglichkeit zur Durchführung kontinuierlicher Messungen bestehen, kann durch das elektrochemisch arbeitende Sauerstofflot in denjenigen Fällen ersetzt bzw. ergänzt werden, in denen eine sofortige Ablesung des Sauerstoffgehaltes erwünscht ist. Über die ersten für diesen Zweck konstruierten Tauchelektroden wurde vom Verfasser 1942 berichtet [9]. Eine sofortige Ablesung des gelösten Sauerstoffs war zwar bereits damals ermöglicht, aber die Messung war stark von der Wasserbewegung und damit auch von der Geschwindigkeit der Bewegung des Lotes abhängig. Infolgedessen ließ die Reproduzierbarkeit noch zu wünschen übrig. Durch weitere Untersuchungen wurde der Zusammenhang zwischen der Leitfähigkeit, der abgelesenen Stromstärke und der Oberfläche der Meßelektrode bei verschiedenen Sauerstoffgehalten festgestellt [10, 11]. Einige dieser Ergebnisse sind in den Abbildungen 115 bis 119 enthalten.

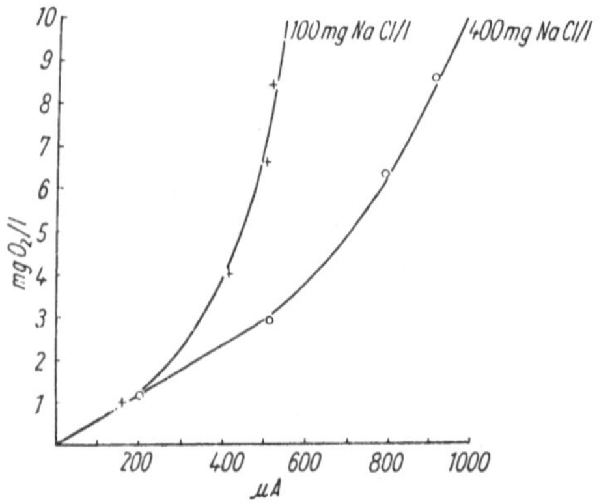

Abb. 115. Strom-Sauerstoffgehalt bei zwei verschiedenen Salzgehalten des Elektrolyten, Oberfläche der Kathode: 1,0 cm². T = 21° C (nach *F. Tödt* und *H.-G. Todt*, Vom Wasser 1953)

Abhängigkeit Strom-Sauerstoffgehalt bei zwei verschiedenen Salzgehalten des Elektrolyten, Größe der Kathode: 1,0 cm². T = 21° C

100 mg NaCl/l		400 mg NaCl/l	
Strom μA	O_2-Gehalt mg/l	Strom μA	O_2-Gehalt mg/l
160	1,0	205	1,15
422	4,05	520	2,85
510	6,6	795	6,3
533	8,4	920	8,55

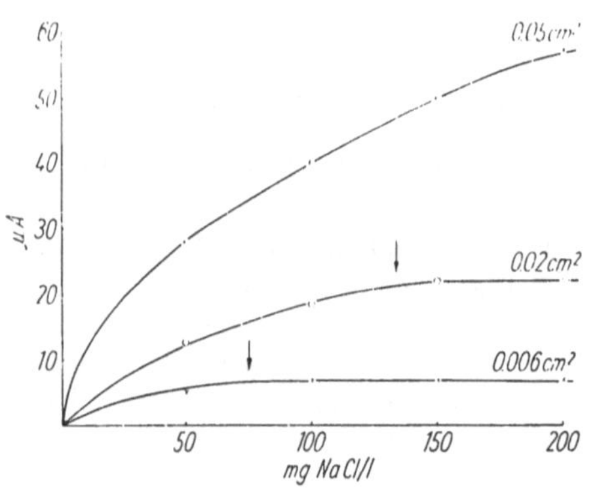

Abb. 116. Abhängigkeit Strom-Salzgehalt bei verschiedenen Kathodenoberflächen, Sauerstoffgehalt 8,15 mg/l. T = 24° C (nach *F. Tödt* und *H.-G. Todt*, Vom Wasser 1953)

Abhängigkeit Strom-Salzgehalt bei verschiedenen Kathodenoberflächen Sauerstoffgehalt 8,15 mg/l. T = 24° C

Kathodenfläche cm²	Salzgehalt mg NaCl/l	Strom μA
0,05	50	28
	100	40
	150	50
	200	55
0,02	50	12,5
	100	18,5
	150	22
	200	22
0,006	50	5,0
	100	7,2
	150	7,2
	200	7,2

Kathodenoberfläche 0,6 cm². Abhängigkeit Strom-Sauerstoffgehalt bei verschiedenen Salzgehalten T = 20° C

Salzgehalt mg NaCl/l	Strom $\mu A/cm^2$	Sauerstoff-Gehalt mg/l
50	200 270 285 325	2,3 4,25 6,1 8,0
100	170 335 415 500	1,3 3,45 5,75 7,75
200	195 370 560 710	1,65 2,9 5,0 7,3

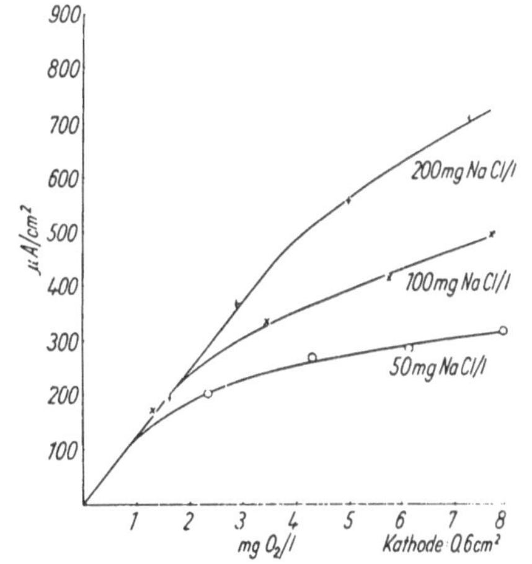

Abb. 117. Kathodenoberfläche 0,6 cm², Abhängigkeit Strom-Sauerstoffgehalt bei verschiedenen Salzgehalten. T = 20° C (nach *F. Tödt* und *H.-G. Todt*, Vom Wasser 1953)

Kathodenoberfläche 0,15 cm². Abhängigkeit Strom-Sauerstoffgehalt bei verschiedenen Salzgehalten. T = 20° C

Salzgehalt mg NaCl/l	Strom $\mu A/cm^2$	Sauerstoff-Gehalt mg/l
50	245 330 370 430	1,85 2,75 3,85 6,1
100	160 320 430 580	1,2 2,43 3,48 6,1
200	145 315 500 765	1,08 2,32 3,68 5,8

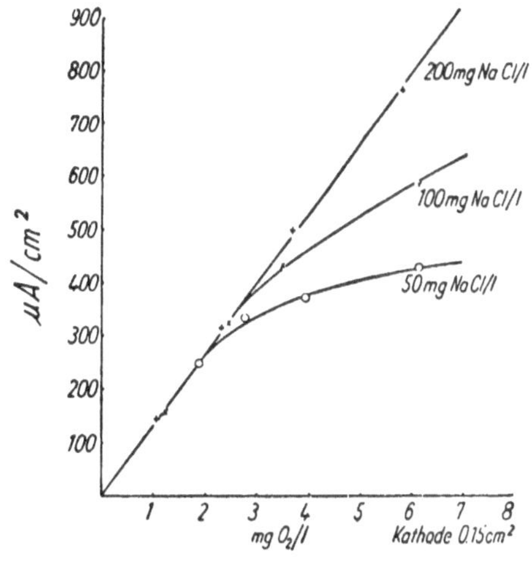

Abb. 118. Kathodenoberfläche 0,15 cm², Abhängigkeit Strom-Sauerstoffgehalt bei verschiedenen Salzgehalten. T = 20° C (nach *F. Tödt* und *H.-G. Todt*, Vom Wasser 1953)

Es erschienen für eine universelle Anwendung zur Überwachung der Verunreinigung von offenen Gewässern die folgenden Abänderungen wünschenswert [12]:

1. Verkleinerung der Meßelektrode, um für die weitaus größte Anzahl von Gewässern eine einheitliche Eichkurve zu erhalten und von der chemischen Sauerstoffbestimmung unabhängig zu werden.

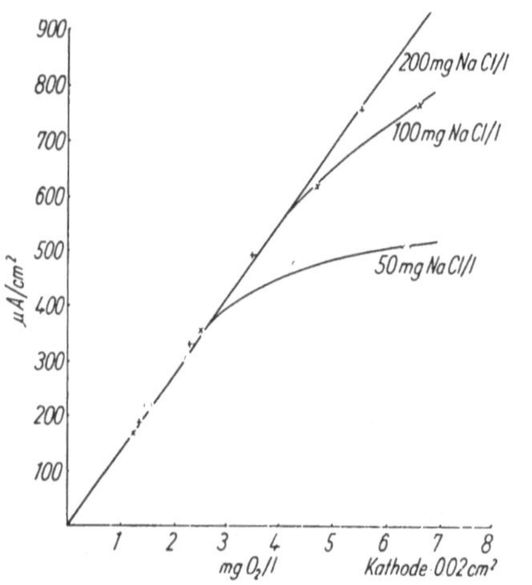

Abb. 119. Kathodenoberfläche 0,02 cm², Abhängigkeit Strom-Sauerstoffgehalt bei verschiedenen Salzgehalten T = 20° C (nach *F. Tödt* und *H.-G. Todt*, Vom Wasser 1953)

Kathodenoberfläche 0,02 cm², Abhängigkeit Strom-Sauerstoffgehalt bei verschiedenen Salzgehalten. T = 20° C

Salzgehalt mg NaCl/l	Strom $\mu A/cm^2$	Sauerstoff-Gehalt mg/l
50	215	1,5
	305	2,25
	475	4,25
	500	6,3
100	170	1,2
	355	2,5
	620	4,7
	770	6,6
200	185	1,35
	330	2,3
	495	3,5
	755	5,6

2. Anwendung einer Meßelektrode, welche sofort nach dem Eintauchen richtige Werte liefert. Nach eigenen Untersuchungen erfüllt Quecksilber diese Bedingung [10, 11].

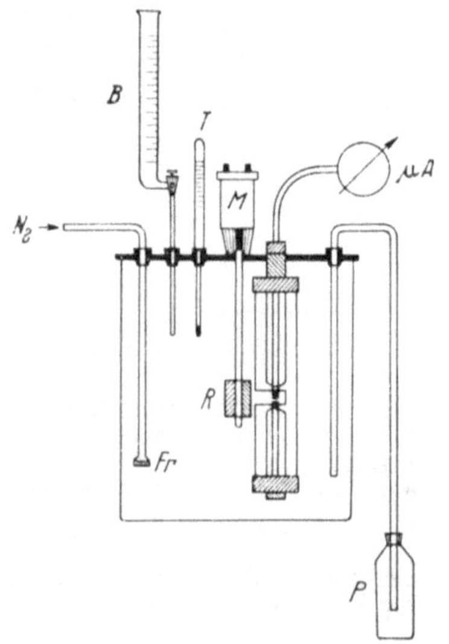

Abb. 120. Eichgefäß für Sauerstofflot (nach *F. Tödt* und *G. Petsch*, Gesundheits-Ing. 1955)

3. Ausschaltung des Einflusses von Eigenbewegungen des Wassers und Verbesserung der Reproduzierbarkeit durch eine schnellere Wasserbewegung an der Meßelektrode.

Nach den Abbildungen 124 bis 128 kann man durch Verkleinerung der Elektrodenoberfläche bei Salzgehalten oberhalb von 150 mg Salz im Liter eine vom Salzgehalt weitgehend unabhängige Eichkurve erhalten. Bei den weiteren, im folgenden beschriebenen Untersuchungen wurde eine Goldamalgamelektrode sowie die in Abbildung 120 dargestellte Anordnung benutzt. Das Lot ist in ein mit dem zu messenden Wasser gefüllten Gefäß eingespannt. Der Rührer *R* mit 1700 Umdrehungen pro Minute bewirkt eine gleichmäßige Flüssigkeitsbewegung. Durch die Fritte *Fr* konnten durch Stickstoffeinleiten beliebige Sauerstoffgehalte hergestellt, elektrochemisch gemessen und mit Hilfe der Probeflasche *P* Winklerbestimmungen durchgeführt werden. Die mit dieser Anwendung erhaltene Eichkurve ist durch die Abbildung 121 wiedergegeben.

Die genaue Feststellung der Einstellzeit erfolgte auf folgende Weise mit zwei verschiedenen Ausführungen eines schreibenden Lichtzeigergalvanometers der Fa. Bruno Lange (Multiflexgalvanometer), und zwar einmal mit der seit mehreren Jahren bekannten photographischen Registrierung mit Hilfe einer mit Photopapier bedeckten rotierenden Trommel und zweitens mit dem von *Lange* entwickelten Tintenschreiber mit photoelektrischer Verstärkung, dem sogenannten Nachlaufschreiber. Die mit dem Nachlaufschreiber erhaltenen Ergebnisse sind in Abbildung 122 enthalten. Der Versuch beginnt bei 2,5 min und endet bei 0 min.

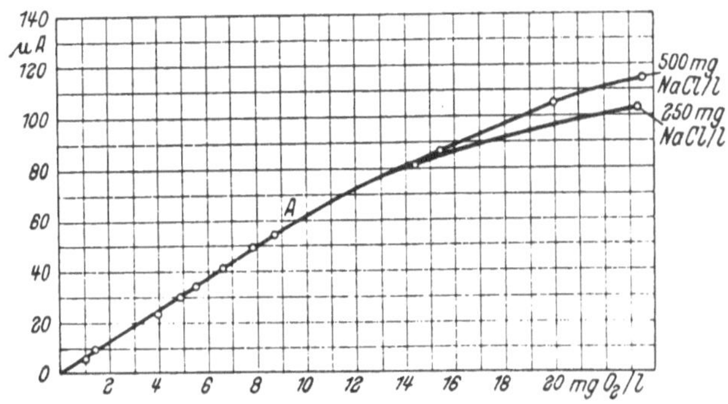

Abb. 121. Eichkurve des Sauerstofflotes (nach *F. Tödt* und *G. Petsch*, Gesundheits-Ing. 1955)

Die Messung wurde in Leitungswasser bei Luftsättigung durchgeführt. Nach einer halben Minute Meßdauer wurde die Kathode aus der Lösung herausgenommen und eine halbe Minute der Luft ausgesetzt. Damit ist der Stromkreis unterbrochen und der Strom ist sofort Null. Die scheinbare Stromspitze nach dem Herausnehmen der Elektrode in Abbildung 122 (bei 2 min) ist durch die Arbeitsweise des Nachlaufschreibers bedingt. Nach dem Eintauchen der Kathode (bei 1,5 min) wird nach etwa 3 sec ein Höchstwert angezeigt, welcher nach etwa 10 sec auf den konstanten Meßwert abgesunken ist. Dieses Verhalten ist typisch für eine Goldamalgamkathode bei

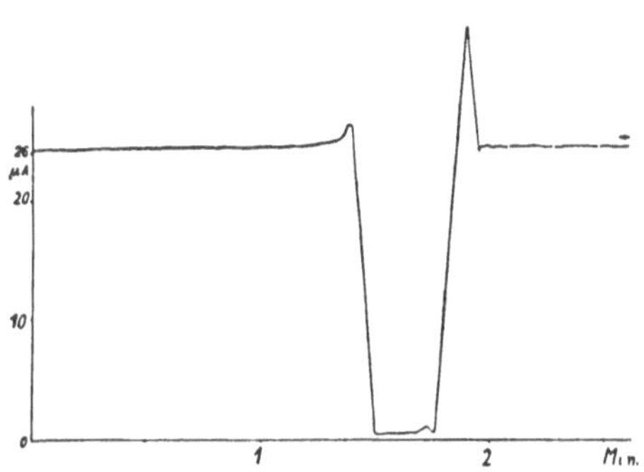

Abb. 122. Einstellzeit einer Goldamalgamekletrode auf einen konstanten Meßwert bei Verwendung eines Nachlaufschreibers (photoelektrische Verstärkung) (nach *F. Tödt* und *G. Petsch*, Gesundheits-Ing. 1955)

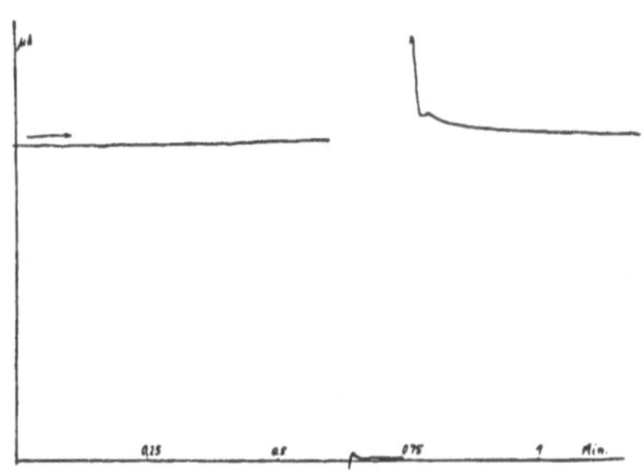

Abb. 123. Einstellzeit wie bei Abbildung 122 bei photographischer Registrierung (nach *F. Tödt* und *G. Petsch*, Gesundheits-Ing. 1955)

Beginn einer Messung. Die Verwendung dieser Kathode gestattet also bereits nach 15 sec eine Ablesung des Meßwertes bei Verwendung eines nicht besonders gedämpften Meßinstruments. Den gleichen Versuch mit dem photographisch registrierenden *Lange*schen Multiflexgalvanometer zeigt Abbildung 123.

Das Ergebnis von Abbildung 123 entspricht der Abbildung 122. In den ersten 40 sec wurde ein bereits konstant eingestellter Meßstrom registriert. Dann wurde die Elektrode kurze Zeit aus der Meßlösung herausgenommen. Nach 0,75 min wurde die

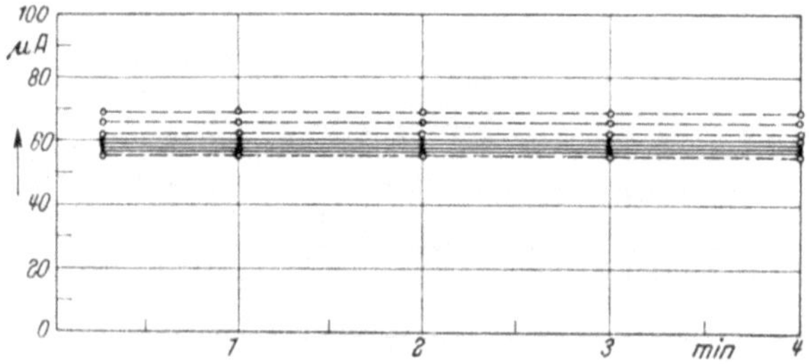

Abb. 124. Wirkung des Beizens auf die Konstanz der Meßwerte (nach *F. Tödt* und *G. Petsch*, Gesundheits-Ing. 1955)

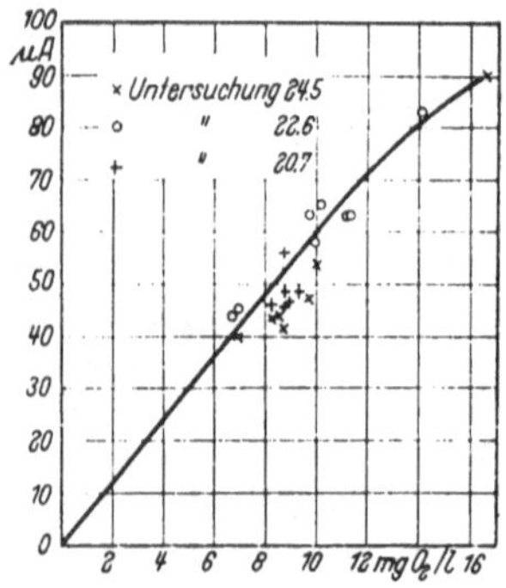

Abb. 125. Sauerstoffmessungen mit dem Sauerstofflot in der Havel, bezogen auf $t = 15°$

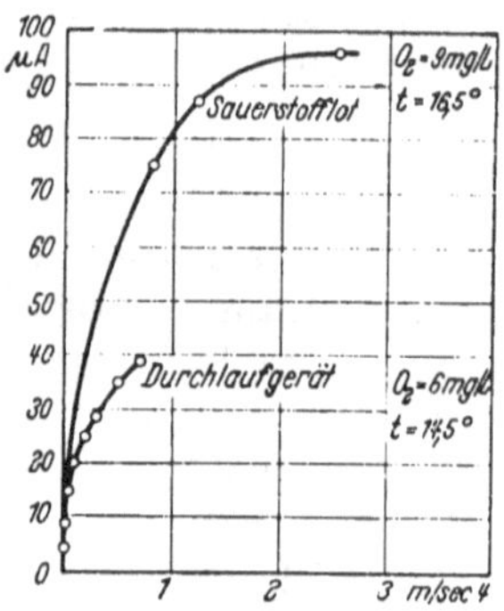

Abb. 126. Bewegungsabhängigkeit der Sauerstoffbestimmung (nach *F. Tödt* und *G. Petsch*, Gesundheits-Ing. 1955)

Elektrode wieder eingetaucht und die Messung fortgesetzt. Diese photographische Aufnahme zeigt besonders deutlich den Abbau einer Stromspitze in den ersten Sekunden. In Abbildung 122 war diese nicht sichtbar geworden durch die Verzögerung des Nachlaufschreibers. Die Einstellung auf den konstanten Stromwert erfolgt bei diesem Versuch ebenfalls nach etwa 15 sec.

Vor Beginn einer Meßreihe sind die Elektroden mit einer etwa 20%igen Essigsäure zu beizen, was zweckmäßig durch Bestreichen mit einem in die Essigsäure getauchten Pinsel geschieht. Verwendet man Salzsäure anstatt Essigsäure (was in Ausnahmefällen nach Entstehung sehr fester Deckschichten nötig sein kann), so ist die Einstellzeit etwas länger als 10 bis 15 sec (Abb. 122 u. 123). Versuche mit und ohne Beizen ergaben, daß die Schwankungsbreite einer nicht besonders verschmutzten Meßelektrode etwa 15 bis 20% betrug, während die Werte nach dem Beizen nur in einem Bereich von etwa 5% schwankten (Abb. 124).

Nachdem nunmehr durch die geschilderten Vorversuche die Grundlage für eine praktische Durchführung gegeben war, wurden in Gemeinschaft mit dem Bundesgesundheitsamt, Institut für Wasser-, Boden- und Lufthygiene Berlin-Dahlem, eine Reihe von Messungen an verschiedenen Stellen der Havel durchgeführt, wobei gleichzeitig *Winkler*proben genommen wurden. Die in Abbildung 125 zusammengestellten Werte ergaben eine wesentlich größere Schwankungsbreite als nach Abbildung 124 zu erwarten war.

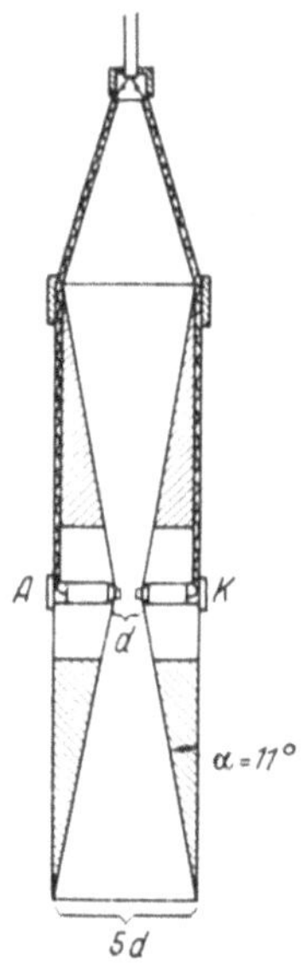

Abb. 127. Neues Sauerstofflot (schematische Darstellung) (nach *F. Tödt* und *G. Petsch*, Gesundheits-Ing. 1955)

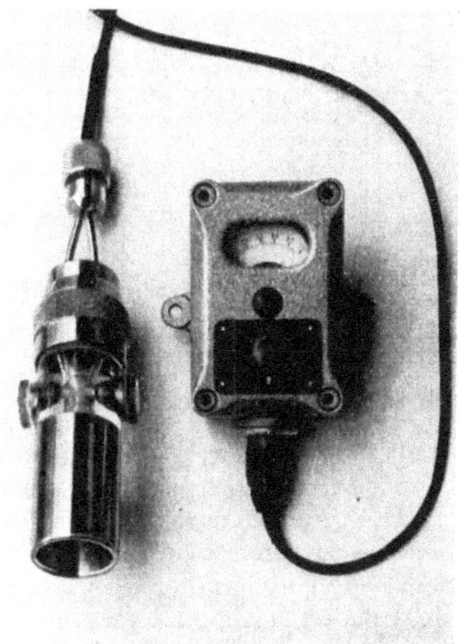

Abb. 128. Sauerstofflot (neue Ausführung) (nach *F. Tödt* und *G. Petsch*, Gesundheits-Ing. 1955)

Als Ursache für diese Schwankungen wurde eine nicht genügend konstante Wasserbewegung an der Elektrodenoberfläche vermutet. Um hierüber etwa aussagen zu können, haben wir einmal den Einfluß der Wasserbewegung auf der Havel (Änderung der Fahrtgeschwindigkeit des Bootes) auf die Werte des eingetauchten Sauerstofflotes und weiterhin eine Meßelektrode in einem Durchflußgefäß bei verschiedenen Strömungsgeschwindigkeiten untersucht. Die in Abbildung 126 dargestellten Ergebnisse lassen erkennen, daß, wie nach den Diffusionsgesetzen zu erwarten war, erst oberhalb einer Geschwindigkeit von ungefähr 2 m pro sec die Meßwerte unabhängig von der Wasserbewegung werden.

Man kann den Werten von Abbildung 126 weiterhin durch Vergleich mit der Eichkurve entnehmen, daß man auch bei möglichst starker Bewegung des Sauerstofflotes mit der Hand sich noch in einem Gebiet befindet, in dem Änderungen der Wasserbewegung die Meßwerte stark beeinflussen. Denn die in Abbildung 121 enthaltene Eichkurve ist bei einer Wasserbewegung aufgenommen, die der möglichst starken Bewegung mit der Hand entspricht. Bei 9 mg Sauerstoff im Liter ergibt die Eichkurve etwa 60 Mikroampere, das entspricht aber nach Abbildung 126 erst einer Geschwindigkeit von 0,5 m pro sec, während man nach Abbildung 126 etwa 2 m pro sec benötigt, um unabhängig von Bewegungsschwankungen zu werden. Auf Grund dieser Ergebnisse wurde jetzt ein Lot hergestellt, welches durch eine strömungstechnisch günstige Bauart eine um das Mehrfache gesteigerte Strömungsgeschwindigkeit an der Meßelektrode erzeugte. Abbildung 127 und 128 geben die schematische Darstellung sowie die Gesamtansicht dieses Sauerstofflotes wieder [12].

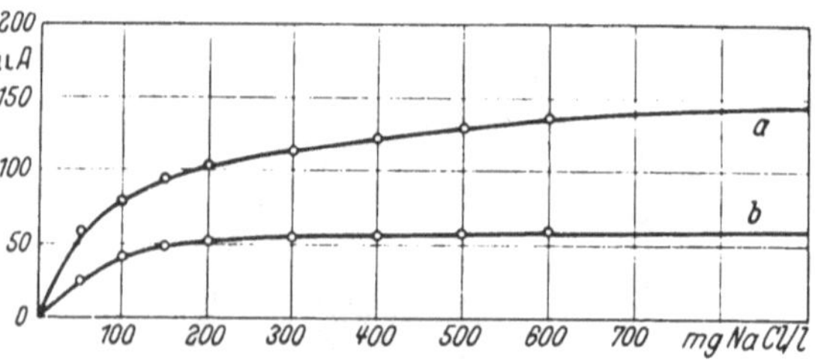

Abb. 129. Einfluß von zwei Kathodengrößen bei Luftsättigung (nach *F. Tödt* und *G. Petsch*, Gesundheits-Ing. 1955)

Wie man sieht, sind die Elektroden in der Mitte des Lotes an einer gegenüber dem Ein- und Austritt des Wassers um etwa das Fünffache verengten Stelle untergebracht. Läßt man jetzt das Lot in dem zu messenden Wasser einen halben bis einen Meter fallen, so kommt zu der Fallgeschwindigkeit noch die durch die Verengung bewirkte Erhöhung der Wassergeschwindigkeit an der Oberfläche der Meßelektrode. Es wurde festgestellt, daß hierdurch bei gleicher Elektrodenoberfläche die Werte auf beinahe das Doppelte ansteigen, verglichen mit der stärksten Handbewegung des bisherigen Lotes. Es wird also durch die neue Bauart die Konstanz und Reproduzierbarkeit bei Sofortmessungen erhöht. Dies ist in besonders hohem Maße dann wichtig, wenn man durch Verkleinerung der Elektrodenoberfläche eine für die meisten vorkommenden Salzgehalte gleiche und geradlinige Eichkurve erhalten will (Abb. 129).

Bei der alten Bauart bewirkte nach Messungen, welche im November 1954 gemeinsam mit *Ohle* auf dem Plöner See durchgeführt wurden, eine Verkleinerung der Meßelektrode von 0,5 auf 0,1 cm^2 eine so starke Schwankung beim Ablesen, daß auf die mit der Elektrodenverkleinerung ermöglichte einheitliche Eichkurve verzichtet werden mußte. Bei dem neuen Lot erhielten wir dagegen infolge der gesteigerten Strömungsgeschwindigkeit auch bei den verkleinerten Elektroden genügend ruhige Ablesungen. Einen störenden Einfluß auf die Sauerstoffmessung üben von den üblicherweise im Wasser befindlichen gelösten Salzen und Gasen nach den bisherigen Erfahrungen nur Bikarbonate, H_2S und Cl_2 aus. Die beiden Gase jedoch erst bei Konzentrationen, die auch in Abwässern nicht beobachtet worden sind. Der Einfluß der Karbonathärte konnte durch die Verwendung von Goldamalgam bereits weitgehend ausgeschaltet werden.

Im folgenden sollen noch einige Angaben über die Benutzung des neuen, in der Abbildung 128 dargestellten Sauerstofflotes gemacht werden.

Beizen der Elektroden: Vor Gebrauch sind die beiden Elektroden mit Hilfe eines Pinsels mit 10 bis 20%iger Essigsäure zu beizen. Dieses geschieht von außen, indem man den Pinsel von unten her durch das Stahlrohr einführt und die im Plexiglasteil befindlichen Elektrodenenden mit Säure benetzt.
Eine erneute Beizung ist erst wieder bei Nachlassen der Meßempfindlichkeit erforderlich.

Messung: Man läßt das Lot in dem zu messenden Wasser etwa einen Meter tief mehrmals fallen, wobei das Kabel während des Falls locker sein muß, damit der freie Fall nicht gehemmt wird. Durch die Verengung an den Elektroden erhält man hierbei eine so hohe Strömungsgeschwindigkeit an den Elektroden, daß eine zusätzliche Eigenbewegung des Wassers keine Rolle spielt. Es ist darauf zu achten, die einzelnen Fallbewegungen möglichst rasch aufeinander folgen zu lassen, da bei einer langsameren Folge der Fallbewegungen die Werte etwas geringer werden. Man kann

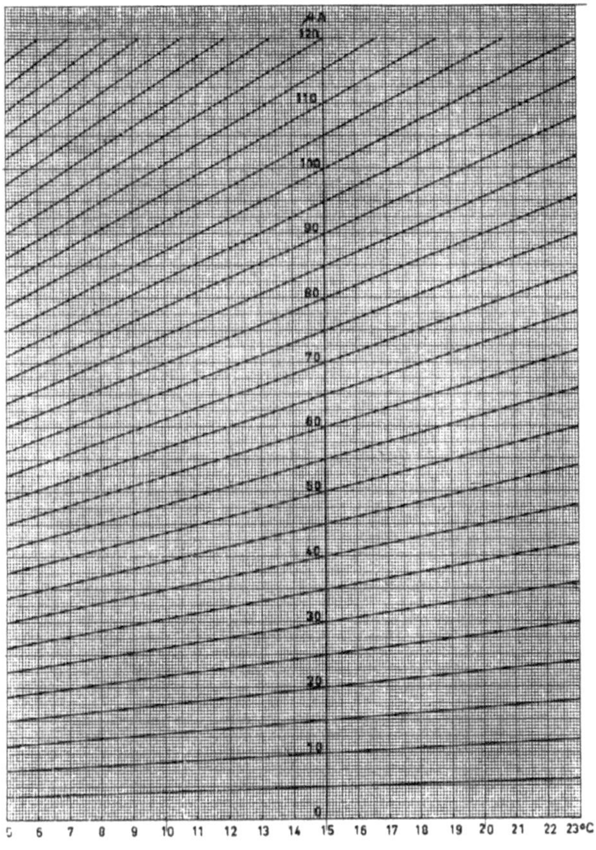

Abb. 130. Nomogramm zur Temperaturkorrektur
(nach *W. Ohle*, Vom Wasser 1953, Mitt. Int. Vereinig. Limnologie 1953)

auch vom fahrenden Boot (etwa 9 km pro Stunde oder mehr) das Lot ziehen lassen und dabei ablesen oder das Lot horizontal in ein schnell strömendes Wasser halten. Nach weniger als einer halben Minute Wasserberührung erreichen die in den ersten Sekunden ansteigenden Werte den konstant bleibenden richtigen Wert, was mühelos am Ableseinstrument erkannt wird. Je nach der Wassertemperatur wird der abgelesene Mikroamperewert mit Hilfe des Temperaturnomogramms (Abb. 130) korrigiert und zu diesem Wert an der Eichkurve der Sauerstoffgehalt abgelesen. Wie die Abbildung 130 erkennen läßt, ist als Bezugstemperatur des Nomogramms 15° C gewählt. Die Festlegung einer anderen Bezugstemperatur ist ohne weiteres möglich.

Eichung: Jedes Sauerstofflot muß vor der Messung geeicht werden, da die Elektrodenoberflächen geringe Abweichungen haben. Wegen der Gradlinigkeit der Eichkurven genügt hierfür ein Eichwert.

Zur Eichung läßt man das Lot mehrmals kurz hintereinander (siehe Messung) etwa einen Meter tief in eine entsprechend große Wassermenge fallen. Nach ungefähr einer halben Minute wird sich am Anzeigegerät ein konstanter Wert eingestellt haben. Sodann wird eine Wasserprobe entnommen, deren Sauerstoffgehalt mit der *Winkler*methode bestimmt wird.

Es ist weiterhin zu empfehlen, diese Eichung von Zeit zu Zeit zu wiederholen, da je nach der Zusammensetzung des Wassers die *Winkler*methode auch bei gleichem Sauerstoffgehalt verschiedene Werte liefern kann und dann entsprechend der Wasserbeschaffenheit abgewandelt werden muß. Daraus ergibt sich, daß eine allgemein für alle Fälle der Wasserbeschaffenheit gültige Eichung nicht möglich ist.

Von der Emde stellte fest, daß mit dem neuen Lot in den einzelnen Teilen des Belüftungsbeckens von Belebtschlammanlagen der Sauerstoffgehalt auch von angelernten Kräften schnell und einfach gemessen und so die Reinigungswirkung überwacht werden konnte [13].

b) W. Ohle, Das Sauerstofflot, ein wichtiges Meßgerät für Gewässeruntersuchungen [14, 15].

Das *Tödt*sche Sauerstofflot hat sich seit seiner ersten Einführung (1942) zur elektrometrischen Messung des im Wasser gelösten Sauerstoffs vielfach bei Gewässeruntersuchungen bewährt. Zwar standen einige Störfaktoren, auf die im folgenden näher einzugehen ist, einer allgemeinen Anwendung des eleganten Schnellverfahrens lange Zeit im Wege. Inzwischen aber hat sich gezeigt, daß es innerhalb gewisser Grenzen vorzügliche Dienste leistet [12].

Das Prinzip der Messung des im Wasser zwischen zwei Elektroden in Abhängigkeit vom gelösten Sauerstoff entstehenden Depolarisationsstromes darf hier als bekannt vorausgesetzt werden. Als Elektrodenpaar haben sich Gold und Zink sowie neuerdings Goldamalgam und Zink besonders bewährt. Die Stromstärke verringert sich naturgemäß bei vergrößerten Elektrodenabständen und steigt andererseits proportional den Abmessungen der edlen Kathode an. Entscheidend wichtig ist dabei die Rauhheit ihrer Oberfläche.

Änderung der Stromstärke durch die Eigenschaften des Wassers

Elektrolytgehalt: Da der Elektronentransport in verdünnten Lösungen durch Ionen erleichtert wird, findet auch der Depolarisationsstrom in elektrolytreichem Wasser einen geringeren Widerstand vor als in elektrolytarmem. Vor allem im unteren Konzentrationsbereich machen sich bereits geringe Unterschiede im Gehalt an gelösten Stoffen durch starke Änderungen der Stromstärke bei gleichbleibenden Sauerstoffwerten bemerkbar.

An einem Beispiel mögen diese Beziehungen erläutert werden. Ein schwach humoser kalkarmer Waldsee enthielt in seiner Oberschicht 8,2 mg O_2/l, und die mit dem Sauerstofflot ermittelte Stromstärke betrug 13,6 μA bei 15° C. Die spezifische Leitfähigkeit dieses Wassers wies den Wert 51 μS_{20} auf. In der Unterschicht des Sees waren nur 5,1 mg O_2/l gelöst, wie durch einwandfreie chemische Analyse festzustellen war; trotzdem erhöhte sich die Stromstärke des Sauerstofflotes auf 14,0 μA bei 15° C.

Die Erklärung für dieses zunächst sinnwidrig erscheinende Meßergebnis ergibt sich aus dem Anstieg der spezifischen Leitfähigkeit des Wassers auf 72 μS_{20}.

Glücklicherweise treten derartige Schwierigkeiten nur bei sehr kleinen Elektrolytkonzentrationen auf. Beginnend mit einer spezifischen Leitfähigkeit von etwa 300 μS_{20} übt der Ionengehalt des Wassers einen bedeutend geringeren Einfluß auf den Depolarisationsstrom aus. Seine Beziehung zur Leitfähigkeit bei verschiedenen Sauerstoffmengen ist aus Abbildung 131 zu ersehen.

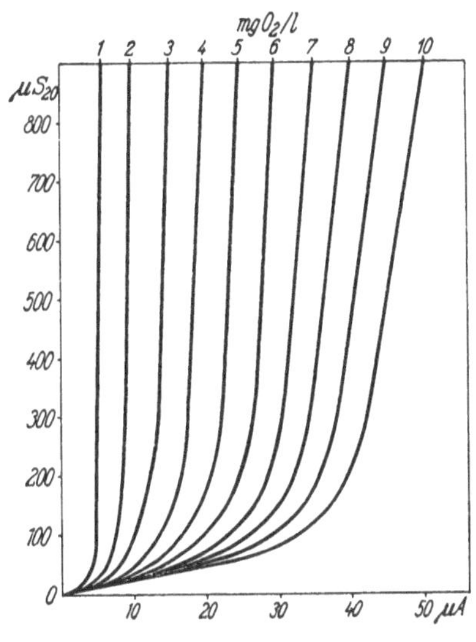

Abb. 131. Beziehung des Depolarisationsstromes zur spezifischen Leitfähigkeit des Wassers bei Sauerstoffkonzentrationen von 1 bis 10 mg O_2/l. Es wurde eine rauhe Au-Drahtkathode von 2 mm² Oberfläche benutzt

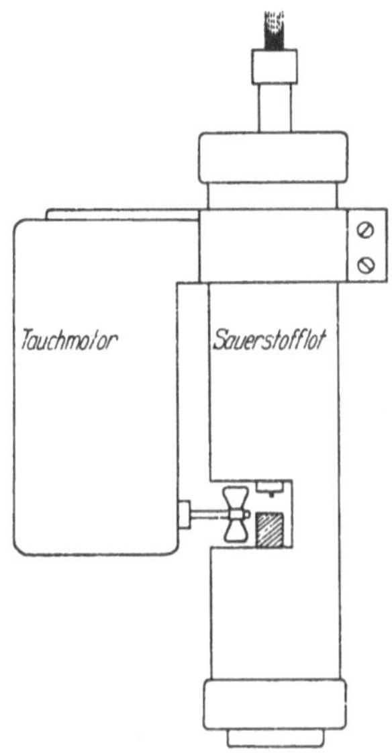

Abb. 132. Sauerstofflot mit Tauchmotor und Propeller

W a s s e r s t o f f- u n d H y r o x y l - I o n e n k o n z e n t r a t i o n e n: In den pH-Bereichen, die in Oberflächengewässern allgemein vorherrschen, vermögen H- und OH-Ionen keine wesentliche Wirkung auf dem Depolarisationsstrom auszuüben. Das gilt für pH-Werte von 5 bis 10. Unterhalb und oberhalb dieser Grenzen können dagegen starke Stromänderungen hervorgerufen werden, die zu Fehlmessungen in der Größenordnung von ganzen Milligrammen Sauerstoff führen.

S t r ö m u n g s g e s c h w i n d i g k e i t d e s W a s s e r s: Der Depolarisationsstrom fließt nur dann gleichmäßig, wenn für eine stetige Erneuerung der Kontaktschicht Kathode—Wasser gesorgt wird. Im Gebrauch des Sauerstofflotes bei Gewässeruntersuchungen wird der Tauchkörper ruckartig auf und ab bewegt. Mit seiner von *Tödt* und *Petsch* (1955) beschriebenen Form ist eine gute Lösung für die schnelle Umspülung der Elektroden gefunden worden (Abb. 128). In Fließgewässern genügt häufig die natürliche Fließgeschwindigkeit des Wassers.

Für Sauerstoffmessungen in sehr tiefen Seen empfiehlt sich die Verwendung eines am Tauchkörper des Sauerstofflotes angebrachten Tauchmotors, der mit einem kleinen, bis nahe an die Elektroden reichenden Propeller versehen ist (Abb. 132).

Wassertemperatur: Ebenso wie die Ionenwanderung ist auch der Depolarisationsstrom von der Temperatur abhängig. Es ist daher notwendig, gleichzeitig mit den elektrometrischen Sauerstoffuntersuchungen Messungen der Wassertemperatur

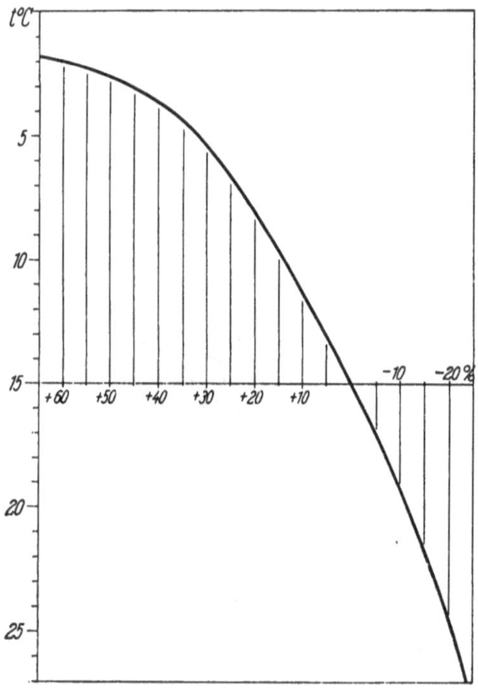

Abb. 133. Temperaturkoeffizient des Depolarisationsstromes in Prozenten der Meßwerte, bezogen auf eine Eichtemperatur von 15° C

durchzuführen. Man verwendet dafür am besten die sogenannten Thermistoren oder Heißleiter [16]. Sie können bei Anschluß eines vieradrigen Kabels konstruktiv direkt mit dem Sauerstofflot verbunden werden.

Die Temperaturkorrektur der Meßwerte des Depolarisationsstromes ist in einfacher Weise einem Koordinatensystem (Abb. 133) zu entnehmen, in dem die Korrektionswerte in Prozenten der Meßwerte auf eine konventionelle Standardtemperatur von 15° C bezogen sind.

Kalkgehalt: Durch die im Depolarisationsprozeß an der Kathode erfolgende Bindung von Wasserstoff an gelösten Sauerstoff werden Hydroxylionen freigemacht, die das gelöste Calciumbicarbonat in Hydroxyd und Monocarbonat umwandeln. Dieses Carbonat verursacht in kalkreichen Wässern sehr bald eine Inkrustation der edlen Elektrode. Ihre aktive Oberfläche wird auf diese Weise verkleinert, und die Strommessungen führen somit nicht zu reproduzierbaren Werten.

Insbesondere bei sehr kleinen Goldkathoden bewirkt eine solche Kalkinkrustation in kalkreichen Wässern innerhalb von 30 min einen starken Abfall des Depolarisationsstromes um 20 bis 50%. Elektroden aus Goldamalgam verhalten sich günstiger, aber sie sind nicht ganz frei davon. Jedoch können einwandfreie O_2-Messungen in allen Wässern, die bis zu 3 mval/l Bicarbonat enthalten, durchgeführt werden, auch wenn die Meßdauer 20 bis 30 min beträgt. Vor Beginn einer jeden Meßserie ist es notwendig, die Elektroden kurz mit verd. Essigsäure zu behandeln und sogleich zu wässern.

Ein Ausweg aus diesen durch Kalkinkrustation hervorgerufenen Schwierigkeiten läßt sich finden, indem man eine größere und stark gerauhte Kathode verwendet. Damit aber muß ein anderer Nachteil hingenommen werden, nämlich die Disproportionalität der Relation Stromstärke/O_2-Konzentration bei hohem Sauerstoffgehalt.

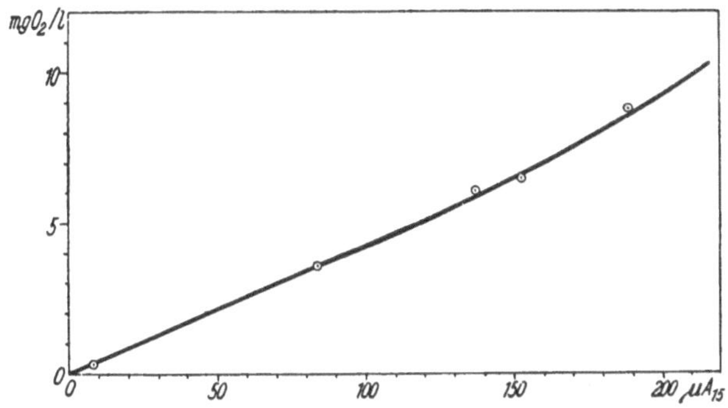

Abb. 134. Beispiel für die in situ-Eichung der elektrischen Stromstärken (bei 15° C) nach dem Kombinationsverfahren durch einzelne chemisch ermittelte Werte als Fixpunkte der Eichkurve

O_2-Eichung der Stromstärken und quantitative O_2-Messung im Gewässer

Die Eichung der Stromstärken kann ohne Schwierigkeiten durch parallel vorzunehmende chemische O_2-Bestimmungen erfolgen. Die Eichkurve — bei den Kleinstkathoden häufig eine Gerade — ist zweckmäßigerweise auf die konventionelle Eichtemperatur von 15° C zu beziehen. Da die elektrolytische Leitfähigkeit des Wassers in der beschriebenen Weise den Depolarisationsstrom beeinflußt, ist es nicht zu umgehen, für elektrolytärmere Gewässer jeweils individuelle Eichkurven aufzustellen. Mit Rücksicht auf den hierfür notwendigen Arbeitsaufwand wurde ein anderes Verfahren angewandt, das sich allgemein bewährt hat. Es stellt gewissermaßen eine Eichung der Stromstärken in situ der Gewässer, also ein Kombinationsverfahren dar. Aus der großen Anzahl von elektrometrischen O_2-Messungen werden einzelne mit der Entnahme von Wasserproben aus den entsprechenden Gewässertiefen und anschließender chemischer O_2-Bestimmung gekoppelt. Diese wenigen O_2-Werte, die als reale anzusprechen sind, sofern eine einwandfreie Methode angewandt wurde, dienen als Fixpunkte für die Eichung aller übrigen, gleichzeitig in dem Gewässer ermittelten elektrometrischen O_2-Daten, wie in Abbildung 134 dargestellt worden ist.

Rohmessung des Sauerstoffgehaltes

Um innerhalb weniger Minuten ein Habitusbild über die Sauerstoffverteilung in einem Gewässer zu erlangen, leistet das Sauerstofflot hervorragende Dienste. Man verzichtet dabei auf jegliche Eichkurve und Temperaturkorrektion. Schon auf Grund der rohen Meßwerte läßt sich recht gut beurteilen, wo in einem See sauerstoffarme Wasserzonen vorhanden sind. Eine derartige Serie von Rohmessungen ist gleichfalls in Abbildung 135 wiedergegeben. In ähnlicher Weise zeigen die unkorrigierten Meßwerte den annähernden Sauerstoffgehalt eines Teiches, eines Flusses usw. an. In häufigen Fällen ist damit bereits ein bedeutsamer Einblick in den Stoffhaushalt der Gewässer erlangt.

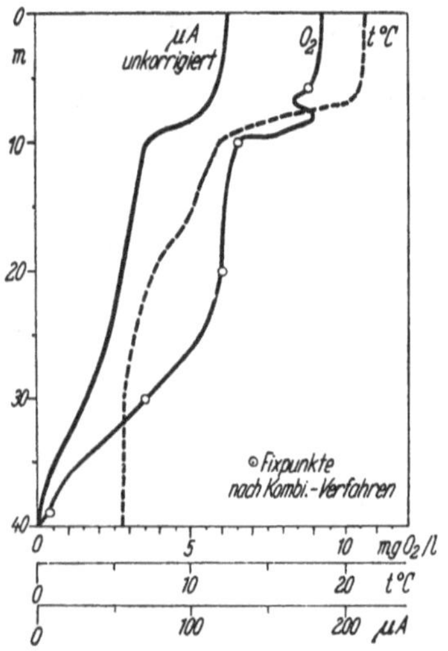

Abb. 135. Sauerstoff- und Temperaturschichtung des Gr. Plöner Sees (10. VII. 57). Die Temperaturmessung erfolgte mit Hilfe eines Thermistors (*Mortimer* und *Moore*, 1953) [16], die O_2-Bestimmung nach dem Kombinationsverfahren (Abb. 134). Die µA-Kurve entspricht den direkten elektrometrischen Meßwerten ohne Temperaturkorrektion

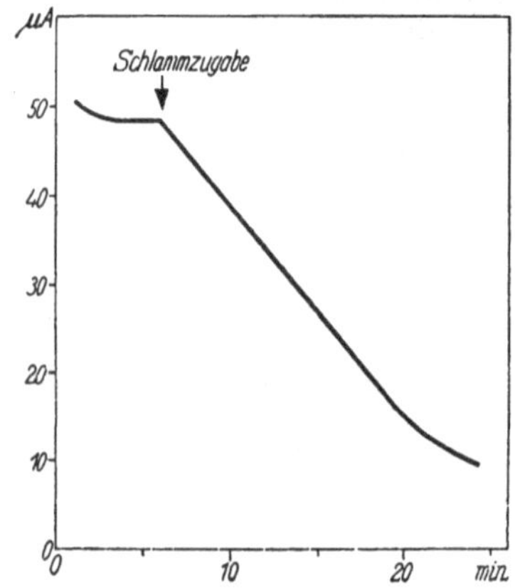

Abb. 136. Elektrometrische Beobachtung der Sauerstoffzehrung eines Schlammes (Vierersee) unter aeroben Bedingungen

Elektrometrische Messung der O_2-Zehrung von Schlammproben

Als Anhang zu den Ausführungen über das Sauerstofflot mögen hier noch einige Angaben über die Anwendung der elektrometrischen Methode zur Messung der O_2-Zehrung von Schlämmen folgen. Sie ist in limnologischer Hinsicht von gleich großem Interesse wie die O_2-Konzentration des Wassers; denn der Stoffhaushalt der Gewässer erfährt von ihren Sedimenten aus durchgreifende dynamische Momente.

Füllt man das auf Seite XV beschriebene Biofluxgefäß mit Wasser eines Sees, setzt den Magnetrührer für kurze Zeit zur Kontrolle der Stromkonstanz in Tätigkeit und füllt dann eine bestimmte Menge, z. B. 4 ml, einer frischen, der Luft noch nicht ausgesetzten Schlammprobe des gleichen Gewässers luftblasenfrei in das Gefäß ein, so läßt sich im Verlauf der weiteren Beobachtung die eingetretene O_2-Abnahme genau verfolgen.

Das Ergebnis einer solchen, mit Tiefensedimenten des Gr. Plöner Sees durchgeführten Meßserie ist in Abbildung 136 wiedergegeben. Innerhalb von 12 min fiel die Intensität des Depolarisationsstromes um 29 μA ab. Da 1 mg O_2/l des eingefüllten Wassers eine Stromstärke von 6 μA hervorrief und das Biofluxgefäß ein Volumen von 400 ml Wasser faßte, wurden in der genannten Zeitspanne 1,933 mg O_2 verbraucht, d. s. in einer Minute 161,1 γ O_2 und 40,3 γ O_2/ml Schlamm/min.

Diese Sauerstoffzehrung beruhte vornehmlich auf der Oxydation von anorganischen Stoffen, u. a. von Schwefelwasserstoff und Sulfiden sowie von Ferro- und Mangano-Verbindungen. Auch der weitere, in der Abbildung nur teilweise angezeigte Sauerstoffverbrauch, der infolge mikrobieller Umsetzungen seinen Fortgang mit verminderter Geschwindigkeit nimmt, liefert in ähnlicher Weise aufschlußreiche Einblicke in die aeroben Prozesse, die sich unter natürlichen Bedingungen in der Kontaktzone Schlamm—Wasser entfalten.

Die elektrometrische Sauerstoffmessung stellt somit auch zur Untersuchung von organischen und anorganischen Sedimenten, sowie von Wässern, die mit reduzierenden oder sogar oxydierenden Stoffen beladen sind, eine wertvolle Methode der Limnologie und verwandter Disziplinen dar. Gerade bei derartigen Untersuchungen tritt die entscheidende Überlegenheit des elektrometrischen Verfahrens gegenüber den chemischen klar hervor; denn Redox-Wirkungen auf den Depolarisationsvorgang durch Begleitsubstanzen sind fast völlig ausgeschlossen. Ausschließlich die polarographische O_2-Bestimmung vermag einen gleich guten Dienst zu leisten wie die hier behandelte elektrometrische, insbesondere bei physiologischen Experimentalarbeiten.

c) W. Husmann und G. Stracke, Kontinuierliche Sauerstoffmessung in Fluß- und Abwasser

Über die Erfahrungen mit kontinuierlich messenden und registrierenden Geräten für die Gewässer- und Abwasserkontrolle ist schon früher berichtet worden [17]. In dieser Veröffentlichung wurde darauf hingewiesen, daß die Abwasserchemie und Abwassertechnik den dringenden Wunsch hat, kontinuierliche Sauerstoffmessungen mit ausreichender Genauigkeit und Sicherheit durchführen zu können.

Die kontinuierliche Sauerstoffmessung und -kontrolle ist für 2 Anwendungsgebiete von außerordentlichem Interesse:

1. für die laufende Überwachung der Gewässer, besonders unterhalb von Abwassereinläufen mit stark sauerstoffzehrenden Eigenschaften
2. für die Kontrolle und den Betrieb moderner biologischer Abwasserreinigungsanlagen, z. B. der Belebungsanlagen, wobei die einzublasende Luftmenge nach dem Sauerstoffgehalt im Belebungsbecken und damit entsprechend der Konzentration des Abwassers automatisch geregelt werden kann.

Für diese Anwendungsgebiete eignet sich von den verschiedenen für die automatische Sauerstoffmessung in Frage kommenden Methoden die elektrochemische Methode am besten. Versuche, die kontinuierliche Sauerstoffmessung mit feststehenden, unveränderlichen Elektroden in harten und verunreinigten Gewässern durchzuführen, scheiterten bisher an der nach kurzer Zeit erfolgten Kalkbedeckung und Verschlammung und der dadurch bedingten Inaktivierung der Elektrodenoberfläche. Diese Inaktivierung kann jedoch mechanisch verhindert werden.

Es liegen Versuchsergebnisse von *Ambühl* [18] vor, wonach es bei Verwendung einer automatisch gereinigten flüssigen Quecksilberelektrode möglich war, den Sauerstoffgehalt eines in bezug auf Leitfähigkeit, Temperatur und Durchflußgeschwindigkeit konstanten Wassers während beliebig langer Zeit mit gleicher Empfindlichkeit der

Anzeige zu registrieren. Hierbei wurde die Oberfläche des in einem kleinen Napf befindlichen Quecksilbers in bestimmten Zeitabständen von einer motorgetriebenen Gummifahne saubergewischt. Als Gegenelektrode kam ein Zinkstab hinter einem Diaphragma zur Verwendung, um die Empfindlichkeit über längere Zeiträume absolut konstant halten zu können.

Aufbauend auf den Versuchen von *Tödt* und Mitarbeitern wurde bei der Emschergenossenschaft und dem Lippeverband ein im folgenden beschriebenes Gerät zur kontinuierlichen Bestimmung des im Wasser und Abwasser gelösten Sauerstoffes zum

Abb. 137. Durchflußsauerstoffmeßgerät mit Schreiber, Pumpe und Trichterdurchflußmesser (nach *W. Husmann* und *G. Stracke*, Wasserwirtschaft 1957)

Abb. 138. Sauerstoffmeßgerät zur Verwendung als Eintauch- oder Durchflußgerät mit Temperaturfühler zur Temperaturkompensation (nach *W. Husmann* und *G. Stracke*, Wasserwirtschaft 1957)

betriebsmäßigen Einsatz unter ungünstigen und wechselhaften Bedingungen auch in stark verschmutzten Abwässern entwickelt. Der Einfluß der Leitfähigkeit konnte dabei weitgehend ausgeschaltet werden. Die Messung ist bei p_H-Werten, die über p_H 6 liegen, vom p_H-Wert unabhängig, ferner unabhängig von der Temperatur und unter bestimmten Voraussetzungen auch unabhängig von der Strömungsgeschwindigkeit. Die beiden festen, metallischen Elektroden sind dabei auf einer rotierenden Achse aufgesetzt und die Elektrodenoberflächen werden kontinuierlich mechanisch derart gereinigt, daß die Elektrodenoberflächen stets die gleichen elektrochemischen Eigenschaften haben und nicht bedeckt werden können.

Das in Abbildung 137 dargestellte Gerät war 6 Wochen lang im Lippewasser der Kontrollstation Wesel eingesetzt, wobei die elektrisch gemessenen Sauerstoffwerte gegenüber den analytisch nach *Winkler* bestimmten größte Abweichungen von ± 10% zeigten. Das eigentliche Meßgerät ist mit einer Zahnradpumpe, dem Trichter-Durchflußmesser und dem Schreibgerät zusammen auf einer Tafel montiert. Dieses Gerät ist als reines Durchflußgerät gebaut.

Eine zweite Ausführung gemäß den Abbildungen 138 u. 139 konnte als Durchflußgerät und als Eintauchgerät verwendet werden. Außer dem eigentlichen Meßgerät

Abb. 139. Sauerstoffmeßgerät als Eintauchgerät im Ablauf eines Belebungsbeckens (nach *W. Husmann*, und *G. Stracke*, Wasserwirtschaft 1957)

taucht hier noch ein Widerstandsthermometer in das Meßwasser, mit dem die Temperaturabhängigkeit der Messung ausgeschaltet wird. Im fließenden Gewässer wurde das Gerät einfach wie eine Tauchelektrode eingebaut, wobei aber eine bestimmte Wassergeschwindigkeit an den Elektroden garantiert sein mußte. Der zugehörige Schreiber war in einem etwa 50 m weit entfernten Haus aufgestellt. In stehendem oder ungleichmäßig, nicht hinreichend schnell strömendem Gewässer ist eine Pumpe notwendig, die das zu messende Wasser durch das Meßgerät hindurchpumpt. Eine entsprechende Meßanordnung mit Pumpe und Auswertegerät, das als transportables und als stationäres Gerät verwendet wird, zeigt Abbildung 140. Ein Eintauchgerät, wie es Abbildung 139 zeigt, ist in einer Kläranlage im Belebungsbecken eingesetzt, wo es den Sauerstoffgehalt des im Belebungsbecken befindlichen Abwasser-Schlammgemisches mißt. Trotz des hohen Schlammgehaltes im Abwasser reichte eine tägliche kurze Säuberung des Gerätes völlig aus, um gute Meßergebnisse zu erhalten. Aus den Abbildungen 141 u. 142 ist ersichtlich, wie der steigende Sauer-

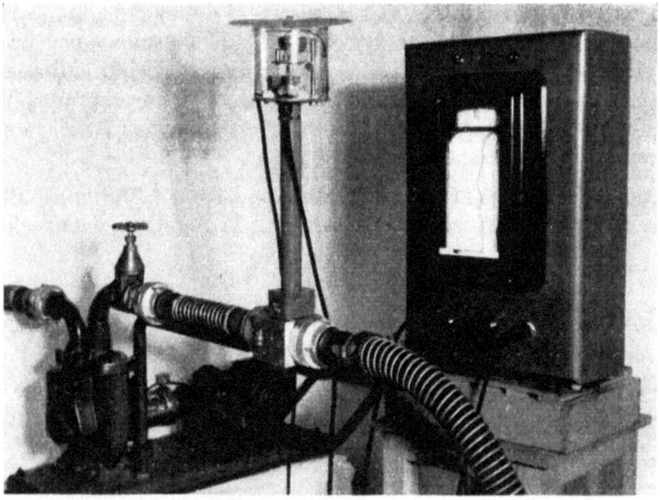

Abb. 140. Endültiges Sauerstoffmeßgerät mit Pumpe und Auswertegerät für beweglichen und stationären Einsatz

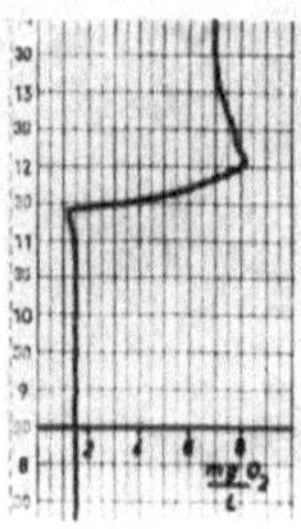

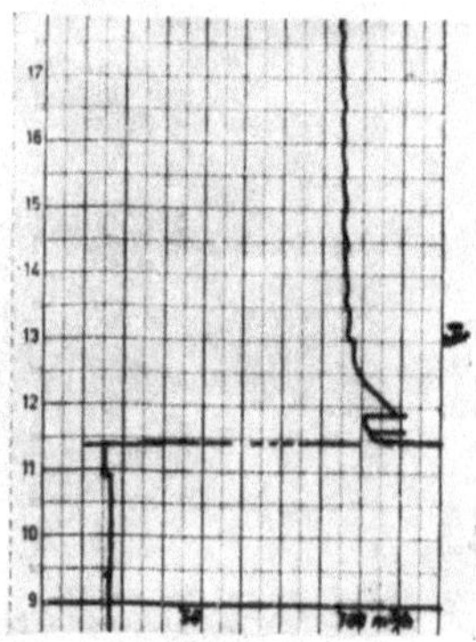

Abb. 141. Sauerstoffgehalt im Belebungsbecken am 13. April 1957 (nach *W. Husmann* und *G. Stracke*, Wasserwirtschaft 1957)

Abb. 142. In das Belebungsbecken eingebrachte Luftmenge am 13. April 1957 (nach *W. Husmann* und *G. Stracke*, Wasserwirtschaft 1957)

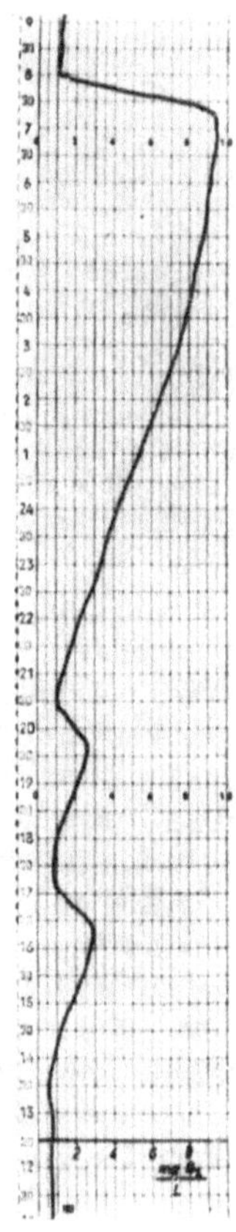

Abb. 143. Sauerstoffgehalt im Belebungsbecken bei schwankender Schlammbelastung (nach *W. Husmann* und *G. Stracke*, *Wasserwirtschaft* 1957)

stoffgehalt bei steigender Luftzufuhr zum Belebungsbecken durch das Meßgerät einwandfrei angezeigt wird.

Weiter ist in Abbildung 143 auf dem Schreibstreifen das Ergebnis einer kontinuierlichen O_2-Messung in einer Belebungsanlage wiedergegeben. Man erkennt auf dem Schreibstreifen einen dreimaligen Sauerstoffanstieg. In den Zeiten des O_2-Anstiegs konnte wegen einer Betriebsstörung kein Rücklaufschlamm in das Belebungsbecken gepumpt werden. Dadurch fiel bei gleichbleibendem Abwasserzufluß zum Becken die Schlammkonzentration und damit der O_2-Bedarf im Belebungsbecken. Der Sauerstoffgehalt stieg bei gleichbleibender Belüftung von 13.30 Uhr bis 16.15 Uhr und von 18.00 Uhr bis 19.30 Uhr an. Beim dritten und längeren Ausfall des Schlammrückpumpens in der Nacht stieg der Sauerstoffgehalt im Belebungsbecken in den frühen Morgenstunden fast bis zur Sättigung an.

Zusammenfassend kann gesagt werden, daß die kontinuierliche Sauerstoffmessung in Flußwässern, Abwässern und in Kläranlagen auch bei starken Schlammgehalten nunmehr im technischen Betrieb im Dauereinsatz gegeben erscheint und daß sich aus dieser Tatsache die verschiedensten Möglichkeiten für die laufende Überwachung von Vorflutern und den Betrieb von Kläranlagen ergeben können, z. B. das Konstanthalten des Sauerstoffgehalts in einer Belebungsanlage usw.

d) F. Tödt und C. Wenzler, Die Anwendung der elektrochemischen Sauerstoffbestimmung zur Bestimmung des biochemischen Sauerstoffbedarfs (BSB) von Abwässern

Zur Erfassung aller biologisch sauerstoffzehrenden Stoffe in Abwässern wird nach dem deutschen Einheitsverfahren zur Wasseruntersuchung die BSB_5-Analyse vorgeschrieben [19]. Der biochemische Sauerstoffbedarf (BSB) ist die Sauerstoffmenge, die eine Wasser-, Abwasser- oder Schlammprobe zur biochemischen Oxydation der in ihr enthaltenen Stoffe benötigt. Mit anderen Worten ist er die Sauerstoffmenge, welche durch Mikroorganismen zum Abbau dieser Stoffe verbraucht und dem Flußwasser entzogen wird. Nach der Bestimmungsvorschrift ist die Analysendauer auf 5 Tage vorgeschrieben, und man verfährt dabei folgendermaßen: Zur Ausführung der Bestimmung füllt man Sauerstoffflaschen nach *Winkler* mit luftgesättigtem, der Sauerstoffzehrung nicht mehr unterworfenem Leitungs- bzw. Flußwasser, gibt die zu untersuchende Abwasserprobe hinzu, läßt die Mischung 5 Tage (BSB_5) bei 20 bis 22° C im Dunkeln stehen und bestimmt danach den Sauerstoffgehalt nach *Winkler*. Eine Blindprobe ohne Abwasser ist ebenfalls mit aufzustellen und abzuziehen. Der BSB_5-Wert des Abwassers läßt sich aus den Start- und Endwerten der Blind- und Hauptproben errechnen. Man setzt stets eine Reihe von Verdünnungen an und wählt für die Berechnungen diejenigen Proben heraus, bei denen die Hälfte des ursprünglich vorhandenen Sauerstoffs verbraucht ist. Der Verdünnungsgrad richtet sich nach der Art des Abwassers und nach dem in der Winklerflasche zur Verfügung stehenden Sauerstoff. Bei dünnen Abwässern, die arm an Bakterien und Nährsalzen sind, beimpft man die Verdünnungen mit bestimmten Mengen eines häuslichen Abwassers von bekanntem BSB_5.

Der Umstand, daß dabei die an sich sofort interessierenden Untersuchungsergebnisse erst nach 5 Tagen zur Verfügung stehen, veranlaßte verschiedene Wissenschaftler, eine Verkürzung der Analysendauer zu erreichen. Die auftretenden physikalischen, chemischen und biologischen Momente sind bei der Untersuchung nicht leicht in Einklang zu bringen. Der Analysengang soll möglichst parallel den in der

Natur sich abspielenden Vorgängen verlaufen. Es fanden sich in der Fachliteratur dazu sehr viele Beiträge. Einige davon wurden hier zusammengestellt.

So konnte zunächst der BSB_3 analog der BSB_5-Bestimmung ermittelt und in Relation mit dem BSB_5 gebracht werden [20]. Mit Hilfe eines experimentell festgestellten Faktors rechnete man den BSB_3-Wert auf den BSB_5-Wert um. *Caldwell* und Mitarbeiter führten die Bestimmung bei 25° C durch und erhielten nach 2 Tagen einen Relationswert [21]. *K. Jaegers* und *W. Niemitz* verwendeten die *Warburg*-Manometrie und erhielten nach 2 Tagen ebenfalls einen Relationswert [22]. Weitere Methoden wurden unter dem Verfahren *Warburg-Sierp* [23], *Sierp* [24] und *Wheatland-Lloyd* [25] bekannt. Nach verschiedenen Belüftungsverfahren arbeiteten *Elmore* [26] und *Oxford*, *Rand* und *Gellmann* [27]. *Bryan* und *Rohlich* führten eine biologische Reduktion von Natriumchlorat bei der BSB-Bestimmung [28], *Moore* und Mitarbeiter eine nasse Verbrennung der organischen Substanz durch [29]. Eine Schnellmethode zur chemischen Bestimmung der organischen Substanz brachten *Niedercorn*, *Kaufmann* und *Senn* heraus. Man konnte die Werte mit den BSB-Ergebnissen in Verbindung bringen [30]. Über die Abhängigkeit der BSB-Analyse von chemischen, physikalischen und biologischen Gegebenheiten wurde ebenfalls berichtet [31—44].

In der gesamten Literatur wurde immer wieder auf folgende kritische Momente bei der BSB-Analyse und deren Auswertung hingewiesen:

1. chemisch physikalischer und biologischer Zustand der zur Untersuchung kommenden Abwasserprobe,
2. Art und biologischer Zustand der zur Analyse eingesetzten Mikroorganismen,
3. physikalische Bedingungen und Dauer der Analyse,
4. Methode der Sauerstoffbestimmung und
5. Auswertung der Ergebnisse und Bezugnahme zum wirklichen in der Natur eintretenden BSB.

In diesem Abschnitt ist nun ein von *Wenzler* geleisteter Beitrag zur BSB-Bestimmung zusammengefaßt worden. An Hand einer z. Z. noch nicht veröffentlichten Arbeit wurde die BSB-Bestimmung als Schnellmethode ausgearbeitet und eine Verkürzung der eigentlichen Analysendauer auf 2 bis 5 Stunden erreicht. Erste Voraussetzung dazu war die sichere Anwendungsmöglichkeit der vom Verfasser des Buches entwickelten direkten elektrochem. Sauerstoffbestimmung und ihre Anwendbarkeit in biologischen Medien [45, 46]. *Wenzler* entwickelte hierzu eine für Serienbestimmungen geeignete Meßapparatur (Magnetrührerstation, Abb. 144). Die Auswahl, Züchtung u. Vorbehandlung der zur Untersuchung dienenden Mikroorganismen stellten die zweite Voraussetzung dar. Der dritte Punkt umfaßte die eigentliche Analysenabwicklung zur BSB-Untersuchung. Die Methode berücksichtigte in weitem Maße die in der Natur beim aeroben Abwasserabbau sich abspielenden und für den Hydrobiologen wichtigen biologischen Prozesse. Besonders wertvoll dürfte ihre Anwendung zur Kontrolle bei der Entwicklung und Überwachung von Abwasseraufbereitungsverfahren und für Untersuchungsstationen der Flußüberwachungsstellen sein.

Man darf somit annehmen, daß die Anwendung der elektrochemischen Sauerstoffmessung zur BSB-Analyse nach der Schnellmethode von *Wenzler* einen Fortschritt bedeutet.

Methodik

Züchtung und Vorbehandlung der zur Analyse kommenden Bakterienkultur: Die Organismen werden in einer 1,5% Standard II-Nährboullion für Bakterien von *Merck* (808/500) gezüchtet (aerob. bei 25° C auf Schüttel- oder Rühranlagen). Beimpft wird mit 1% Impfwasser, das auch bei der üblichen BSB_5-Bestimmung Verwendung findet. Um eine Adaption der Organismen an biologisch schwierig aufzubereitende Abwässer zu erreichen, verwendet man günstigerweise als Nährlösung zur Bakterienzüchtung eine Mischung der Boullion mit dem betreffenden Abwasser. Danach werden die Organismen bei 3000 g in einer Zentrifuge innerhalb 20 Minuten abgeschleudert und zweimal mit physiologischer Kochsalzlösung ausgewaschen und in Phosphatpuffer (p_H 6,4) suspendiert. Nach 48stündiger Belüftung mit 1 Vol/Vol/Min. und Rührung bei 25° C ist die Kultur für die Analyse verwendungsfähig. Die Bakteriendichte soll um 1×10^{11} Zellen/ml betragen.

BSB-Bestimmung: Die O_2-Messung wird elektrochemisch durchgeführt. Es werden Glasgefäße mit genau festgelegtem Volumen (etwa 500 ml) verwendet. Die Elektrodenkombination besteht aus einer amalgamierten Gold- und einer hinter Diaphragma in Phosphatpuffer sich befindenden Zinkelektrode. Die Untersuchung wird bei 25° C durchgeführt.

100 ml der, wie beschrieben, gezüchteten und vorbehandelten Kultur werden mit 400 ml Phosphatpuffer (p_H 6,4) in einem Elektrodengefäß unter Rührung bis zur Luftsättigung belüftet. Danach werden Rührung und Belüftung abgestellt, das Gefäß mit luftgesättigter Pufferlösung aufgefüllt, verschlossen und anschließend unter Rührung die Vormessung durchgeführt. Sie dient zur Festlegung der Eigenatmung der Kultur und dauert eine Stunde (Strommessungen zur Messung der jeweiligen O_2-Konzentration).

Nach der Wiederbelüftung der Flüssigkeit bis zur Luftsättigung wird das Gefäß analog dem vorausgegangenen Prozeß verschlossen und mit einer Spezialbürette das 1:50 verdünnte Abwasser zugegeben. Nun wird sofort unter Rührung durch Strommessungen der Verlauf des Abwasserabbaus bzw. der O_2-Abnahme verfolgt. Je nach der Abwasserdosierung und -Konzentration ist der Hauptversuch einschließlich Nachversuch nach 2 bis 5 Stunden beendet. Der Nachversuch ermittelt wieder den im Vorversuch stattgefundenen Atemrhythmus der Kultur. Durch definiertes Wiederbelüften (5 Minuten) ist man in der Lage, bei starker Dosierung des Abwassers den O_2-Gehalt immer wieder während des Versuches zu ergänzen.

Bei der Berechnung des O_2-Gehaltes werden die Stromwerte auf μg O_2/l bzw. μg O_2/Gefäß umgerechnet. Man ermittelt den eigentlichen BSB-Wert durch die Differenzbildung des Gesamt-O_2-Verbrauchs und der Eigenatmung. Nach Berücksichtigung der zugegebenen Abwassermenge, -Verdünnung und Umrechnung auf einen Liter Abwasser erhält man aus den Zahlen der Tabelle 21 folgendermaßen das Resultat, das in der Tabelle 22 a wiedergegeben ist. Zuerst rechnet man die Eigenatmung aus, wobei man vom Luftsättigungswert (Spalte 2) 110 μA, entsprechend 8600 μg O_2/l Phosphatpuffer ausgeht und diesen auf die O_2-Menge des Gefäßvolumens von 630 ml in diesem Falle umrechnet. Das sind 5420 $\mu g = \gamma\ O_2$. In der Spalte 1 und 2 der Tabelle 21 sind die Stromstärkeabnahmen für je 30 Minuten zusammengefaßt. Man ersieht daraus, daß nach 1 bis 2 Stunden die Reaktion beendet ist und nur noch die Eigenatmung der Kultur ohne Abwasserzusatz stattfindet. Der Stromabfall nach 60 Minuten Vormessung (Eigenatmung) beträgt 10 μA, entsprechend 490 μg O_2, auf dieselbe Weise errechnet. Genauso werden die Stromwerte des Hauptversuchs nach der Abwasserzugabe immer zuerst in die O_2-Konzentrationen umgerechnet.

In Spalte 2 hat man also

nach 0 Minuten 120 μA = 8600 μg/l Phosphatpuffer oder vereinfacht = 5420 μg O_2/Gefäß
nach 120 Minuten 85 μA = 6100 μg/l = 3830 μg O_2/Gefäß

Die Differenz der O_2-Gehalte im Gefäß ist 1590 und wurde während der 2 Stunden durch die Eigenatmung der Kultur und durch die biologische Umsetzung der Abwasserstoffe bewirkt. Zieht man dann die Eigenatmung ($2 \cdot 490 = 980$) ab, so hat man den BSB-Wert der Abwasserzugabe. Nach der Berücksichtigung der Verdünnung erhält man den BSB-Wert des Originalabwassers. Hier, in Spalte 2, wurde 1 ml eines 1:50 verdünnten Industrieabwassers zur Untersuchung verwendet. Man rechnet daher

$$1590 - 980 = 610;\ 0{,}61 \cdot 50 \cdot 1000 = 30500\ \mu g/l\ \text{BSB-Wert.}$$

Tabelle 21

Elektrochemische Messung des biochemischen Sauerstoffbedarfs (Stromstärkemessungen)

Vorversuch	Nach min	2	3	4	5	6
Luftsättigung in μA-Gefäße offen		115	102,5	17	60	17,5
Luftsättigung in μA-Gefäße geschlossen	0	110	102,5	16	57	16,5
Messung in μA-Gefäße geschlossen	60	100	91	15	51	15,5
Hauptversuch:						
Luftsättigung in μA-Gefäße offen		117	102	18	68	19
Abwasserzugabe		1 ml	2 ml	3 ml	4 ml	5 ml 75%
Messungen in μA	0	15{ 120	15{ 105	17	70	21
	10	115	97,5	16	64	18,5
	20	110	90	14,5	60	16
	30	105	85	13,5	54	14,5
	40	7,5{ 102,5	12{ 80	12,5	50	13,5
	50	100	78	12	46	12
	60	97,5	73	11,5	43	11,5
	70	5{ 95	8{ 70	11,2	41	10
	80	94	70	10,5	39	9,5
	90	92,5	65	10	36	9
	100	7,5{ 90	8{ 62,5	9,8	34	8,2
	110	87,5	60	8,5	31,5	7,5
	120	85	57	8,5	29	7*
	130	5{ 82,5	6{ 55	8,2	25,5	6,5/20,5
	140	80	52,5	7,8	24	20
	150	80	51	7,5	22	19,5
	160	6{ 75	6{ 48	7,2	19,5	18,5
	170	75	47,5	7,0	17,5	18
	180	74	45	6,5	16	17
	190	5{ 72,5	6,5{ 42,5	6,2	14	16,5
	200	70	40	6,0	13	16
	210	69	38,5	6,0	12	15,5
	220	6{ 67,5	5,5{ 36	5,8/20,5*	11/80	14,5
	230	67	35	20,5	78	14,5
	240	63	33	20	75	13,5
	250	5,5{ 62	6{ 31	20	73	13,5
	260	60	29	19,5	73	13,5
	270	57,5	27	19,5	71	13
	280	4,5{ 56	5,5{ 26	19	69	13
	290	55	24	19	68	12,5
	300	53	21,5	18,5	66,5	11,5

* = Neubelüftung

Tabelle 22a

Berechnung des biochemischen Sauerstoffbedarfs auf Grund der Meßwerte der Tabelle 21

	Nach min	2	3	4	5	6
Eigenatmung in $\mu g\ O_2$/Gef. . . .	60	490	580	340	570	280
	120	980	1160	680	1140	560
	180	1470	1740	1020	1710	840
	240	1960	2320	1360	2280	1120
	300	2450	2900	1700	2850	1400
Abwasserzugabe in ml/Gef. (1 : 50 verd.)		1	2	3	4	5
BSB in $\mu g\ O_2$/Gef.	60	530	1015	1410	1560	1780
	120	610	1230	2020	2080	2480
	180	615	1245	2315	2530	3480
	240	620	1260	2255	2620	3480
	300	590	1250	2325	2640	3640
BSB in $\mu g\ O_2$/Milli-Liter Verdünn.	60	530	508	470	390	356
	120	610	615	673	520	496
	180	615	623	772	632	696
	240	620	630	752	655	696
	300	590	625	775	660	728
BSB in 1000 mg/l Origin.-Abwasser (unverdünnt) . . .	60	26,5	25,4	23,5	19,50	17,80
	120	30,5	30,75	33,65	26,0	24,80
	180	30,75	31,15	38,60	31,60	34,80
	240	31,0	31,50	37.60	32,75	34,80
	300	29,5	31,25	38,75	33,0	36,40

Dieses Ergebnis wird durch die anderen Spalten bestätigt, nur daß hier wegen der erhöhten Abwasserzugabe die Untersuchung nicht 2, sondern 3 Stunden dauert (Spalte 5 und 6). Die übliche Standard-BSB_5-Bestimmung mit der O_2-Auswertung nach *Winkler* lieferte für dieses Abwasser 32000 mg BSB. Nach den bisherigen Ergebnissen wurde in den weiteren untersuchten Fällen ebenfalls Angleichung zwischen dem BSB_5 (ermittelt nach der Standardmethode) und den BSB-Werten, ermittelt nach der Schnellmethode mit elektrochemischen O_2-Messung, gefunden (Tab. 22 b), wobei die Parallelversuche der einzelnen Substanzen bei der elektrochemischen Methode eine gute Übereinstimmung zeigten.

In der Tabelle 22 b sind die BSB-Werte verschiedener Standardsubstanzen aufgeführt, und zwar unter a, ermittelt nach der elektrochemischen Methode und unter b Mittelwerte und Streubereiche der von *Henkelekian* und *Rand* [36] veröffentlichten Zusammenstellung.

Tabelle 22b

BSB-Werte elektrochemisch (a) und nach der bisherigen Methode (b)

	a BSB g/g	b BSB g/g	
Äthanol	1,23	1,28	0,93—1,67
Glycerin	0,75	0,73	0,61—0,83
Glukose	0,68	0,65	0,50—0,77
Stärke	0,62	0,57	0,15—1,25
Glutaminsäure . .	0,50	0,50	0,42—0,64
Pepton	0,54	0,88	0,15
Casein	0,67	0,79	0,25 1,17

In der von *Wenzler* entwickelten Rühranlage lassen sich in einem Analysengang 6 Proben gleichzeitig untersuchen (Abb. 144). Bei einiger Übung ist der Untersuchende jeweils schon nach 1 Stunde Hauptversuch in der Lage, Grundlegendes über das biologische Verhalten des betreffenden Abwassers auszusagen. Analog wurden auch andere Industrieabwässer ebenso wie die organischen Standardsubstanzen der Tabelle 22 b untersucht und die Ergebnisse mit denen der Standardmethode [19] verglichen. Es konnte ebenso wie in Tabelle 22 b eine gute Übereinstimmung fest-

Abb. 144. Apparatur zur elektrochemischen Messung des biochemischen Sauerstoffbedarfs mit 6 Meßstellen

gestellt werden. Die Tabellen 21 und 22 a zeigen, daß innerhalb von 2 Stunden der biochemische Sauerstoffbedarf auf elektrochemischem Wege gemessen werden kann.

3. G. Teske, Elektrochemische Sauerstoffmessung in Gasen

a) Bekannte Anordnungen zur Messung der Sauerstoffkonzentration in Gasen auf elektrochemischer Grundlage

Elektrochemische Verfahren wurden schon mehrfach zur Messung von Sauerstoffkonzentrationen in Gasgemischen herangezogen. So geben *Kordesch* und *Marko* [47] eine Anordnung an, die auch apparative Ausgestaltung gefunden hat. Diese Entwicklung gründet sich auf dem Prinzip der sogenannten Brennstoffelemente und benutzt als Meßelektrode eine poröse, „quasi trockene" Kohleelektrode, die mit der Gasphase direkt in Berührung steht. Zusammen mit einer Zinkanode und einem stark

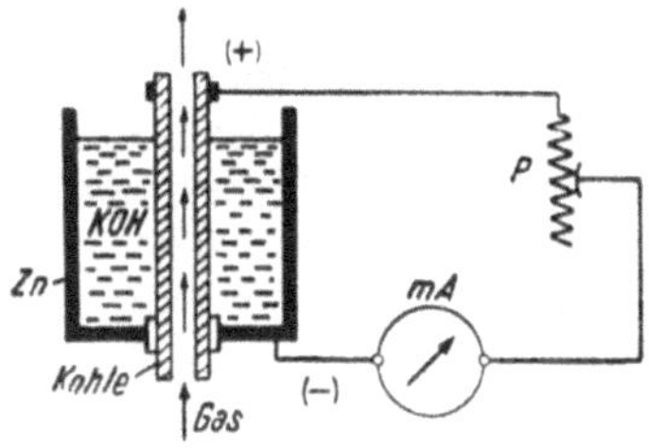

Abb. 145. Prinzip der Elementanordnung nach *K. Kordesch* und *A. Marko* (nach Mikrochem. verein. Mikrochim. Acta 1951)

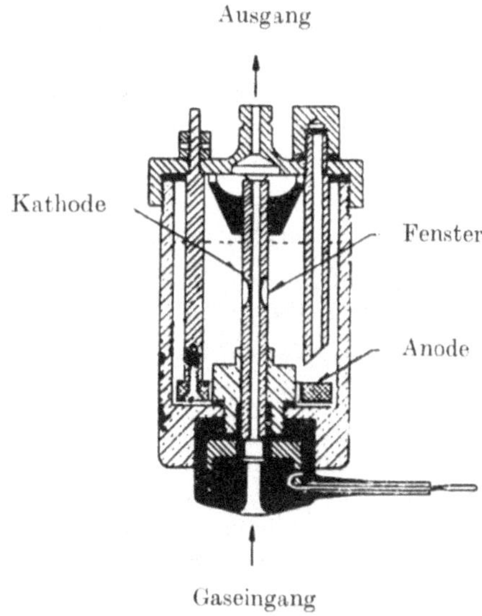

Abb. 146. Meßanordnung nach *M. G. Jacobson* (nach Analytic. Chem. 1953)

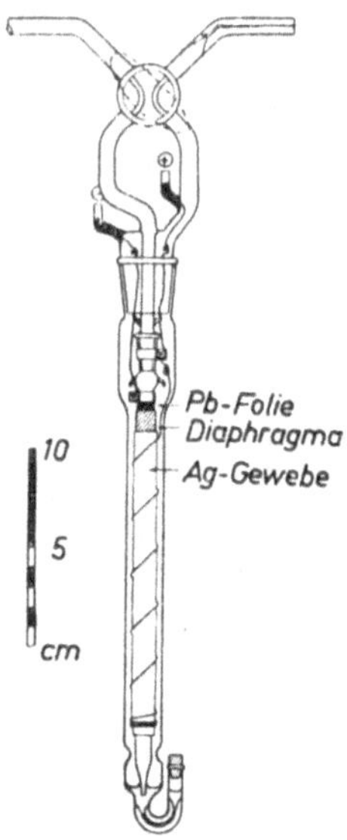

Abb. 147. Trockenzelle nach *P. Hersch* (nach Dechema Monogr. 1956)

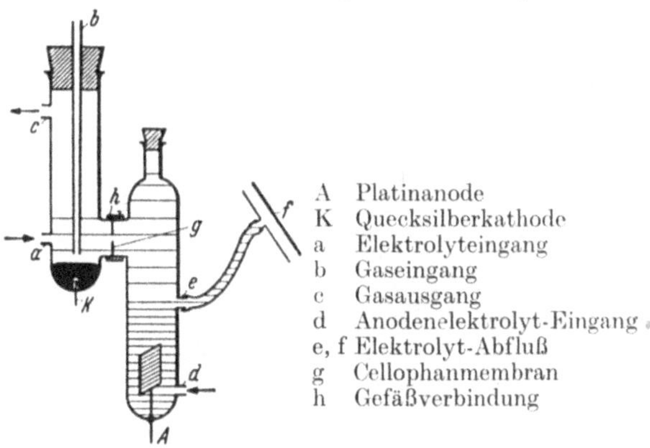

Abb. 148. Elektrolysiergerät zur Sauerstoffmessung nach *Novak* (nach Z. analyt. Chem. 1957)

alkalischen Elektrolyten bilden sie das Element; die Anordnung zeigt die Abbildung 145. Die Meßbereiche erstrecken sich von 0,25% bis 100% O_2. Ein sehr ähnliches Prinzip wird auch schon in DRP 749603 beschrieben. Auch von *Jacobson* [48] wurde auf gleicher Basis eine Apparatur entwickelt, deren Meßzelle Abbildung 146 zeigt. Eine andere elektrochemische Möglichkeit, die eine sog. „halbeintauchende" Edelmetall-Meßelektrode mit einer Bleianode und einem stark alkalischen Elektrolyten, gegebenenfalls auch in Form einer „Trockenzelle" kombiniert, wurde in den letzten Jahren von *Hersch* [49, 50] ausgearbeitet (Abb. 147). Sie ist vornehmlich für äußerst empfindliche Messungen etwa in Bereichen zwischen 1 und 10 ppm geeignet und benutzt zur Anzeige einen Kompensographen.

Auf den Grundlagen der Polarographie, die ja schon von *Kolthoff* und *Laitinen* (S. 26) für die Messungen gelösten Sauerstoffs modifiziert wurde, baut auch die von *Novàk* [51] beschriebene, in Abbildung 148 wiedergegebene Anordnung auf. Als Meßelektrode wird eine ruhende Quecksilberelektrode, als Anode ein Platinblech in einer Eisen (II)-Eisen (III)-Lösung verwendet. Die Messung von Sauerstoffkonzentrationen unter 0,1 Vol.% soll (offenbar mit sehr empfindlichen Galvanometern) möglich sein.

b) Grundlage und Aufbau der verwendeten Elementanordnung

Die Bestimmung der Sauerstoffkonzentration in einem Gasgemisch über eine flüssige Phase, die ja als Elektrolyt einen notwendigen Bestandteil der Elementanordnungen nach dem *Tödt*schen Prinzip darstellt, ist nach dem *Henry*schen Gesetz grundsätzlich möglich:

$$c_{Lsg.} = k \cdot p_{Gas.}$$

Die Konzentrationen in der Gasphase und der Lösung verhalten sich proportional zueinander unter der Voraussetzung, daß das Verteilungsgleichgewicht eingestellt ist. Für die verfahrensmäßige Anwendung ist daher die Erfüllung dieser Bedingung von besonderer Bedeutung. Auf Seite 15 wird näher darauf eingegangen.

Bei der Zusammenstellung der Elementanordnung zum Zwecke der Sauerstoffmessung in Gasen wurde vom Elektrolyten ausgegangen. Als besonders geeignet erwies sich dabei eine Acetatpufferlösung. Sie gewährleistet selbst bei langer Benutzung einen konstanten p_H-Wert und ist unempfindlich gegen das häufig in technischen Gasgemischen und Luftgemischen enthaltene Kohlendioxyd.

Die freie Wahl des Anodenmetalls war durch den p_H-Wert begrenzt (S. 2 und 15) und fiel so zwangsläufig auf Blei. Das günstige Zusammenwirken mit dem Elektrolyten ist durch die Bildung leichtlöslicher Acetate gegeben, so daß auf die Anwendung eines besonderen Anodenelektrolyten und die Abtrennung durch ein Diaphragma verzichtet werden kann. Zur Stabilisierung des Anodenpotentials wird dem Elektrolyten eine gewisse Grundkonzentration an Bleiionen verliehen.

Als Kathodenmaterial kann Gold und Silber in Form von Drähten und Blechen zum Einsatz kommen. Silber ist besonders bei der Sauerstoffspurenmessung mit Vorteil zu verwenden, da zur Erzielung eines ausreichenden Meßstromes große Elektrodenoberflächen in Anwendung kommen müssen und dann wesentlich geringere Kosten entstehen.

Der Sauerstoffspurenanalysator „Elcoflux" enthält zum Beispiel eine Meßelektrode mit etwa 250 cm² Oberfläche, die durch einen Silberdraht von 8 m Länge bei einem Durchmesser von 1 mm dargestellt wird und etwa 66 g wiegt (entsprechendes Goldgewicht etwa 120 g, Preisunterschied etwa 600.— DM). Bei höheren Sauerstoffkonzentrationen erweist sich auf Grund des allgemeinen Korrosionsverhaltens Gold als geeigneter. Der Einsatz von Amalgamelektroden ist nicht möglich, da bei den vorgegebenen Verhältnissen auch Bleiionen zur kathodischen Abscheidung kommen und dadurch der Sauerstoffstrom empfindlich gestört wird.

Diese Elementanordnung kann nun grundsätzlich jedem gewünschten Bereich der Sauerstoffkonzentration angepaßt werden, indem die Meßelektrodenoberfläche entsprechend den schon früher dargelegten Grundregeln (S. 3 und 11) gewählt wird. Ein besonderer Vorteil der Methode liegt ja in einer fast unbegrenzten Empfindlichkeit, die besonders der Spurenanalyse wichtige Möglichkeiten eröffnet.

Die allgemeine Forderung besonders der chemischen Technik nach robusten Betriebskontrollinstrumenten hat sich in der jüngsten Vergangenheit insbesondere auch auf die Sauerstoffspurenanalyse in Gasen ausgedehnt. Eine für derartige Zwecke brauchbare Anordnung soll mit einem üblichen Registrierinstrument, etwa einem Punktschreiber mit 10 μA-Galvanometer, noch Konzentrationen von „einigen ppm“ (etwa 0,0001 Vol.%) sicher zur Anzeige bringen. Sie muß mechanisch widerstandsfähig und einfach zu bedienen sein. Dieser wichtigen Aufgabe folgend wurde die Methode besonders in dieser Entwicklungsrichtung bearbeitet.

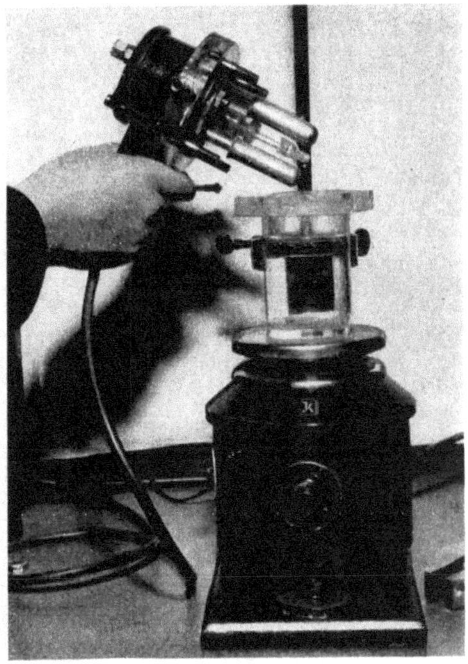

Abb. 149. Halbtechnische Meßzelle aus Plexiglas mit Blei- und Gold-Zylinderelektroden am Deckel, auf Magnetrührer stehend

c) Der Aufbau der Sauerstoffspurenanalysatoren

Entwicklung des „Elcoflux“-Gerätes: Die Entwicklung führte über eine halbtechnische Apparatur, die in Abbildung 149 gezeigt wird. In einem Plexiglasgefäß befinden sich die zylindrische Bleianode und eine gleichgeformte Meßelektrode. Diese wurde durch einen stark vergoldeten Messingzylinder mit 25 cm² Oberfläche dargestellt.

Das Gas tritt über eine Glasfritte in die Meßzelle ein. Die Gasleitungen werden mit Konusdichtungen am Deckel verschraubt. Die Bewegung des Elektrolyten wird durch Magnetrührung erreicht. Über einen Rohrstutzen im Deckel kann Elektrolyt ergänzt werden. Der mit diesem Gerät darstellbare empfindlichste Meßbereich beträgt 0 bis 0,02 Vol.%.

Auf den Erfahrungen mit dieser Anordnung und weiteren Zwischenstufen aufbauend, wurde der Sauerstoffspurenanalysator „Elcoflux“*) entwickelt. Bei der endgültigen

*) Hersteller: Fa. Dr. Thiedig u. Co. KG. Berlin SO 36.

apparativen Ausgestaltung mußten besondere Dichtigkeitserfordernisse berücksichtigt werden. Denn bei der Sauerstoffspurenmessung liegen, bedingt durch das Sauerstoffpartialdruckgefälle von etwa 100000 : 1 zwischen dem Umgebungsmedium Luft und dem Meßgas, Verhältnisse vor, die etwa mit den bei Hochvakuum auftretenden vergleichbar sind.

Die Analysenanlage besteht aus dem Analysator (Abb. 150), dem Schaltgerät (Abb. 151) und einem Registriergerät (Punktschreiber).

Abb. 150. Sauerstoffspurenmeßgerät „Elcoflux" nach *Tödt/Teske*, Analysator (Werkphoto der Fa. Hartmann & Braun AG)

Der Analysator: Der Analysator (Abb. 152) enthält als Kernstück die Meßzelle, die in einem Gehäuse zusammen mit dem Magnetrührer und anderen Teilen untergebracht ist. Das Gehäuse selbst ist durch eine Tür staub- und spritzwasserdicht verschließbar. Ferner dichtet eine Plexiglasscheibe den wesentlichen Gehäuseteil — vor allem beim Öffnen der Tür — nach außen hinreichend ab. Dieser Gehäuseteil wird mit dem Meßgas und eventuell mit einem Schutzgas (Stickstoff) gespült. Dadurch ist die Meßeinrichtung von einem Gas umgeben, dessen Sauerstoffpartialdruck demjenigen des Meßgases sehr nahekommt. Eventuelle Undichtigkeiten verursachen somit kaum eine Fehlanzeige, was jedoch bei Anwesenheit von Luft sicher wäre.

Die Meßzelle (Abb. 153) wird von dem Elektrolytgefäß aus einem Plexiglasblock und dem mit ihm gasdicht verschraubbaren Deckel aus V2A-Stahl dargestellt. Dieser Deckel trägt auf einer massiven Spirale die Meßelektrode aus einem gewendelten Silberdraht von 250 cm² Oberfläche und zentral angeordnet die Bleianode. In je einem Schutzrohr befinden sich eine Heizung und ein Kontaktthermometer, die zur Thermostatisierung der Meßzelle auf zum Beispiel 40° oder 50° C dienen. Seitlich am

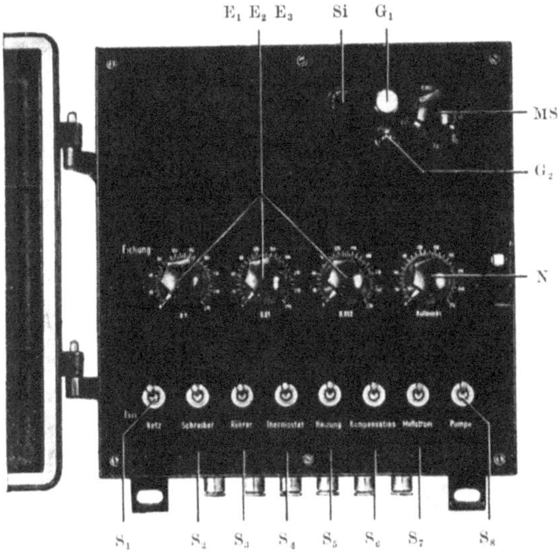

E_1, E_2, E_3 Drehknöpfe „Eichung“ Eichpotentiometer (für 3 Meßbereiche)
G_1 Glimmlampe (weiß)
G_2 Kontrollampe (rot)
MS Meßbereichschalter
N Drehknopf „Nullpunkt“ Nullpunkt-Potentiometer
Si Sicherung

Schalter für
S_1 Netz
S_2 Schreiber
S_3 Rührer
S_4 Thermostat
S_5 Heizung
S_6 Kompensation
S_7 Meßstrom
S_8 Pumpe

Abb. 151. Schaltgerät zum „Elcoflux“, geöffnet (Werkphoto der Fa. Hartmann & Braun AG)

A Meßgas-Eingang
B Bunsenventil
C Meßgas-Ausgang
D Schutzgas-Eingang

1 Meßzelle
1 A Magnetrührer
2 Vorratsgefäß
3 Trockengefäß
4 Strömungsmesser
5 Rohrstutzen zum Vorratsgefäß
6 Nachlaufventil
7 Schlauchklemme mit Knebel
8 Abdeckhaube für Kabelanschlüsse
9 Plexiglasscheibe

Abb. 152. „Elcoflux“-Analysator, geöffnet mit Plexiglasscheibe (Werkphoto der Fa. Hartmann & Braun AG)

Deckel sind die Meßgaszuleitung, durch die das Gas aus einer Brause in die Meßzelle einströmt und die Ableitung verschraubt. Das Abgas wird dem Elektrolytvorratsgefäß zugeführt, das über der Meßzelle angeordnet ist. Aus diesem wird der während des Betriebes auftretende Elektrolytschwund in der Meßzelle über eine Rohrverbindung mit Regulierventil automatisch ersetzt. Das Vorratsgefäß kann über einen Rohrstutzen aufgefüllt werden, der in den Deckel eingeschraubt ist. Regulierventilknebel und Rohrstutzen sowie der Knebel für eine Schlauchklemme ragen durch die Plexiglasscheibe hindurch.

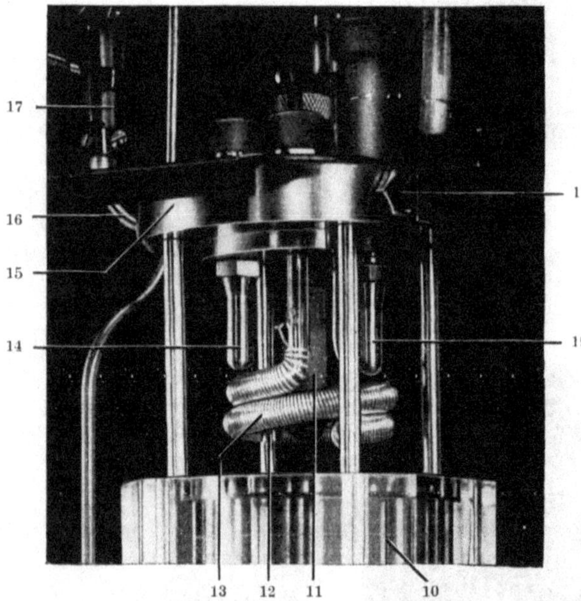

10 Elektrolytgefäß
11 Gegenelektrode
12 Gasbrause
13 Meßelektrode
14 Schutzrohr für Heizwiderstand
15 Deckel
16 Meßgas-Eingang
17 Zwischenstück mit Schlauchklemme
18 Meßgas-Ausgang
19 Schutzrohr für Kontaktthermometer

Abb. 153. Meßzelle des „Elcoflux"-Analysators, Elektrolytgefäß gelöst und nach unten gezogen (Werkphoto der Fa. Hartmann & Braun AG)

Der Magnetrührer läuft mit konstanter Tourenzahl (1000 Upm) und schafft so konstante und intensive Bewegungsverhältnisse in der Meßzelle. Gleichzeitig bewirkt diese Rührung eine äußerst feine Verteilung der Gasphase im Elektrolyten.

Außen auf der Plexiglasscheibe sitzt das dem Vorratsgefäß nachgeschaltete, mit grobkörnigem Kieselgel gefüllte Trockengefäß zum Trocknen des durch die Messung feucht gewordenen Meßgases, innen der Strömungsmesser mit einer Markierung für 25 l/h Gasdurchsatz. Ist dieser Durchsatz des Meßgases nicht durch Überdruck am Gaseingang des Analysators gewährleistet, so befördert eine zusätzlich im Analysator angebrachte Membranpumpe das Meßgas im Ansaugbetrieb durch die Meßzelle.

Am Fließschema (Abb. 154) läßt sich der Weg des Gases im Analysator verfolgen. Sollte das Meßgasgemisch explosibel sein, so wird es vom Rotameter aus direkt über den Anschluß C einer Abgasleitung zugeführt. Das Gehäuse wird dann mit einem Schutzgas (sauerstoffarmer Stickstoff) gespült, das bei Anschluß D eintritt und über Bunsenventil B den Analysator verläßt.

Das Schaltgerät und Registrierinstrument: Der vom Meßelement erzeugte Strom wird erst dem Schaltgerät zugeführt. Das Schaltgerät vereinigt in einem staub- und spritzwasserdichten Gehäuse alle Schalteinrichtungen für den Analysator und das Registriergerät. Es gliedert sich in einen Netzstromteil zur Versorgung von Punktschreibermotor, Magnetrührer und eventuell von der Membranpumpe, einen elektronischen Teil zur Steuerung des Thermostaten, einen Meßstromteil und Kompensationsstromteil.

A Meßgas-Eingang
B Bunsenventil
C Meßgas-Ausgang
D Schutzgas-Eingang
1 Meßzelle
1 A Magnetrührer
2 Vorratsgefäß
3 Trockengefäß
4 Strömungsmesser

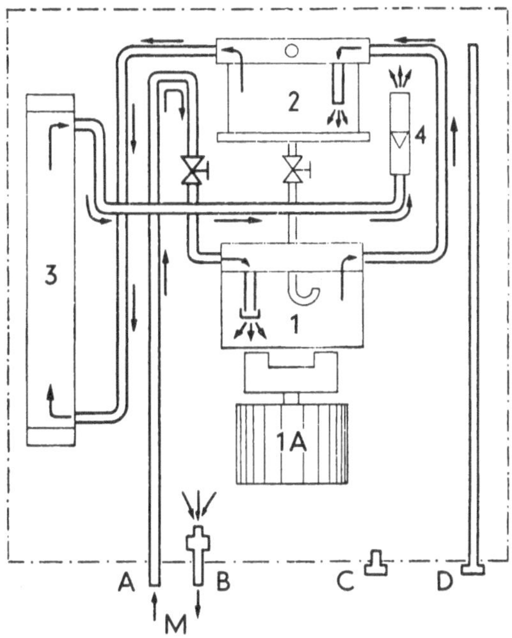

Abb. 154. Fließschema des Meßgases bei Gehäusespülung durch Meßgas (Werkskizze der Fa. Hartmann & Braun AG)

Der Meßstromteil umfaßt drei verstellbare Eichpotentiometer, den Meßbereichschalter und einen Schalter zur Unterbrechung der Meßstromleitung beim Reinigen der Meßzelle. Beim Umschalten der Meßbereiche wird jeweils ein entsprechendes Eichpotentiometer als Nebenwiderstand zum Meßwerk des Punktschreibers geschaltet. Diese regulierbaren Widerstände ermöglichen den Ausgleich von Empfindlichkeitsänderungen der Meßelektrode, die während des Betriebes auftreten können und sich meistens in einer Verminderung des Meßstromes bezogen auf eine konstante Sauerstoffkonzentration äußern.

Der Kompensationsstromteil enthält einen Konstanttransformator, der eine konstante Gleichspannung zur Erzeugung des Kompensationsstromes liefert und ein „Nullpunktspotentiometer“ mit drei Vorwiderständen, die auf die drei Meßbereiche abgestimmt sind. Die Umschaltung dieser Widerstände ist mit dem Meßbereichschalter gekoppelt. Der Kompensationsbereich beträgt 100% des empfindlichsten Meßbereiches.

An diesem Schaltgerät wird also der jeweils gewünschte Meßbereich des Registriergerätes eingeschaltet. Folgende drei Meßbereiche können selbst gewählt werden:

0 . . . 0, 1 Vol.% entspricht 0 . . . 1000 ppm
0 . . . 0, 01 Vol.% entspricht 0 . . . 100 ppm
0 . . . 0, 002 Vol.% entspricht 0 . . . 20 ppm

Das Drehspulmeßwerk des Spezial-Punktschreibers besitzt für die Nullpunktseinstellung eine zweite Wicklung, die sogenannte Kompensationswicklung. Durch diese fließt der am Schaltgerät eingestellte Kompensationsstrom, der den in der Meßzelle unabhängig von der Sauerstoffkonzentration entstehenden und den Meßstrom überlagernden, unerwünschten Reststrom kompensiert. Dieser meist konstante Reststrom wird durch elektrochemische Nebenreaktionen, wie zum Beispiel die Entladung von Wasserstoffionen oder Abscheidung von Kupferionen verursacht.

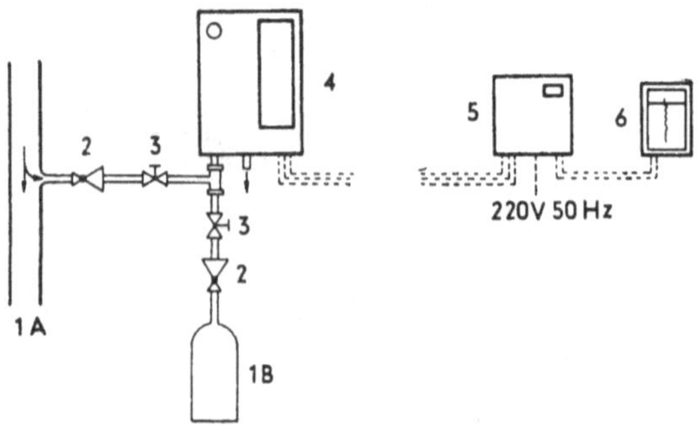

1 A Betriebsgas-Leitung
1 B Eichgas-Flasche
2 Druckminderer
3 Feinregulierventil
4 Analysator
5 Schaltgerät
6 Spezial-Schreiber

Abb. 155. Anordnungsschema einer „Elcoflux"-Analysenanlage zur Sauerstoffspurenmessung in Gasen (Werkskizze der Fa. Hartmann & Braun AG)

Die vollständige Analysenanlage: Die vollständige Anlage wird schematisch in Abbildung 155 wiedergegeben. Steht das Meßgas an der Entnahmestelle 1 A unter höherem Überdruck, so muß es zunächst durch einen Druckminderer 2 auf etwa 1 atü entspannt werden. Als Meßgas-Zuleitung wird eine möglichst kurze und enge Rohrleitung aus V2A-Stahl verwendet, in die kurz vor dem Analysator ein Feinregulierventil 3 zum Absperren des Meßgases bzw. zum Einstellen des Meßgasdurchsatzes eingesetzt wird. Ferner sind zwei Abzweigungen vorhanden, um jeweils über Druckminderer und Feinregulierventile ein Eichgas bzw. sauerstofffreies Nullgas aus entsprechenden Druckgasflaschen entnehmen zu können. Enthält das Meßgas Staub, fettige oder ölige Bestandteile, eine höhere als der Sättigung bei 40° C entsprechende Feuchtigkeit oder die Messung störende Gaskomponenten, so müssen entsprechende Vorsichtsmaßnahmen getroffen werden. Es werden dann Staubfilter, Absorptionsfilter oder Flüssigkeitsvorlagen in den Analysator vor den Gaseingang der Meßzelle eingebaut. Insbesondere ist der Abfluß von Kondenswasser, das sich möglicherweise in der Meßgaszuleitung bildet, durch einen vorgeschalteten Wasserabscheider zu gewährleisten, um das Eindringen in die Meßzelle absolut zu verhindern. Anderenfalls kann das Kondenswasser infolge Berührung mit kupferhaltigen Metallstücken laufend Kupferionen in die Meßzelle einschleppen, was einen abnorm hohen Reststrom zur Folge hat.

d) Der Aufbau von Meßanordnungen für höhere Sauerstoffkonzentrationen

Grundsätzlich können in einer Meßzelle des „Elcofluxes" noch zwei weitere, entsprechend kleinere Elektroden untergebracht werden, die etwa zur Darstellung von Meßbereichen zwischen 1% und 20% bzw. bis zu 100% Sauerstoff eingesetzt werden könnten. Das Schaltgerät würde dann um entsprechende Einrichtungen zu erweitern sein, jedoch kann dasselbe Registrierinstrument Verwendung finden.

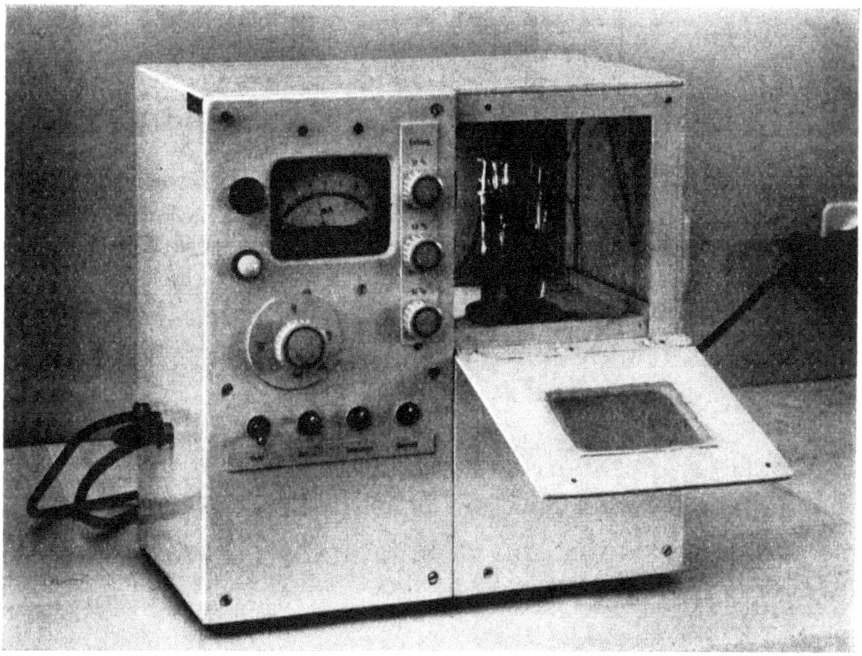

Abb. 156. Analysator für höhere Sauerstoffkonzentrationen (z. B. in Narkosegas)

Für längere Betriebszeiten bei hohen Sauerstoffkonzentrationen erweist sich jedoch eine direkt im Elektrolyten angeordnete Anode als unzweckmäßig, da diese durch Korrosion stark angegriffen wird. Daher wird in der Meßzelle zum Beispiel eines Narkosegasanalysators (Abb. 156), der für Meßbereiche zwischen 20% und 90% Sauerstoff ausgelegt ist, die Anode durch Abtrennung mit einem Diaphragma vor der direkten Einwirkung des stark gerührten Elektrolyten mit hoher Sauerstoffkonzentration geschützt. Prinzipiell weist dieser Apparat den gleichen Aufbau auf wie der „Elcoflux". Analysator, Schaltgerät und Anzeigeinstrument sind jedoch in einem Gehäuse zusammengefaßt.

Die Meßzelle besteht aus einem Glasgefäß mit Schliffansätzen (Abb. 157) und nimmt die Goldmeßelektrode mit etwa 5 bis 10 mm² Oberfläche, das Diaphragma mit Bleianode, ein Gaseinleitungsrohr mit Ausgangsstutzen, sowie ein Kontaktthermometer (35° C) und einen Heizwiderstand zur Thermostatisierung auf. Die Elektrolytbewegung und intensive Gasverteilung werden durch einen Konstantmagnetrührer bewirkt.

Bei der in Abbildung 158 gezeigten Anordnung wird der Elektrolyt in einem Rohrsystem von einem Vorratgefäß ausgehend umgepumpt. Die Konstanz der Elektrolytbewegung an der als Röhrchen ausgebildeten Meßelektrode wird durch das Niveaugefäß N_2 mit Überlauf gewährleistet. Auch der durch die Fallwirkung an einer Düse angesaugte Gasstrom wird über das Niveaugefäß N_1 konstant gehalten. Im Fallrohr kommt es zur intensiven Phasenmischung und somit zur hinreichenden Einstellung des Verteilungsgleichgewichtes. Durch entsprechende Verlagerungen der Niveaugefäße lassen sich die verschiedensten Versuchsbedingungen herstellen.

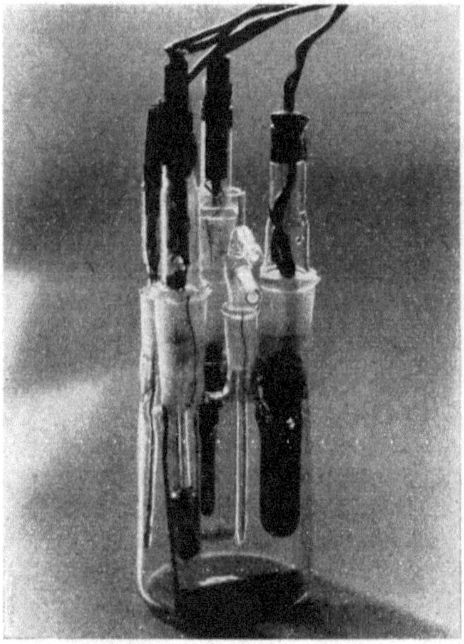

Abb. 157. Glas-Meßzelle für höhere Sauerstoffkonzentrationen in Gasen, direkt thermostatisiert

c) Allgemeine Eigenschaften der Anordnung

Die beschriebenen Anordnungen unterliegen den auf den Seiten 2—15 ausführlich dargestellten Grundgesetzen.

Die Temperaturabhängigkeit beträgt grundsätzlich auch hier pro Grad Temperaturänderung etwa 3% des jeweiligen Stromes. Zur Ausschaltung dieses Einflusses werden die Meßzellen der Analysatoren thermostatisiert.

Die Bewegungsabhängigkeit, dargestellt als Funktion des Stromes von der Tourenzahl des Magnetrührers, bei konstantem Sauerstoffgehalt und konstanter Begasung ist in Abbildung 159 dargestellt. Der Versuch wurde in der eingangs beschriebenen halbtechnischen Meßzelle mit einem auf verschiedene Umdrehungsgeschwindigkeiten einstellbaren Magnetrührer durchgeführt. Die in den Analysatoren eingebauten Rührmotore laufen mit konstanter Tourenzahl (1000 Upm) und schließen eine derartige Abhängigkeit aus.

Die Druckabhängigkeit ist durch die bei einer Druckänderung jeweils proportionale Änderung des Sauerstoffpartialdruckes gegeben. Dem *Henry*schen Gesetz entsprechend verläuft die Beziehung in weiten Bereichen gradlinig, wie auch das Beispiel in Abbildung 160 zeigt. Die Messungen unter höherem Druck haben, abgesehen davon, daß hier eventuell eine für die Zukunft technisch bedeutungsvolle Möglichkeit besteht, drei wichtige praktische Konsequenzen. So läßt sich auf dem Wege schrittweiser Druckerhöhungen in der Meßzelle leicht die Gradlinigkeit einer allerdings nur relativen Eichkurve überprüfen. Stellt man zum Beispiel mit einer gegebenen Sauer-

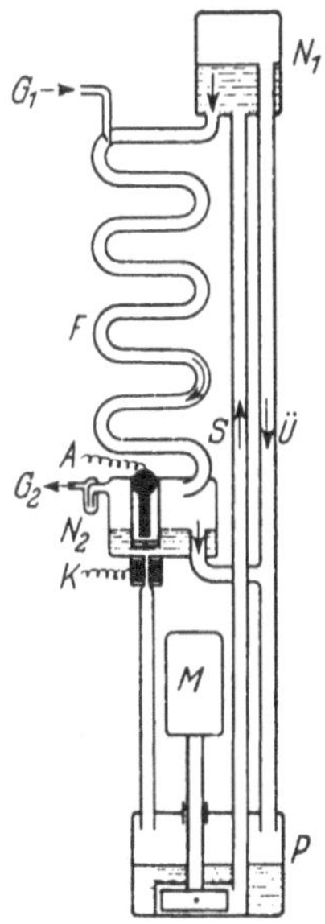

M Motor
P Pumpengefäß
S Steigrohr
Ü Überlaufrohr
N_1 oberes Niveaugefäß
G_1 Gasansaugdüse
F Fallrohr
N_2 unteres Niveaugefäß
G_2 Gasausgang
A Anode mit Diaphragma
K Durchfluß-Meßelektrode

Abb. 158. Anordnung mit umlaufendem Elektrolyten zur Sauerstoffmessung in Gasen (schematisch)

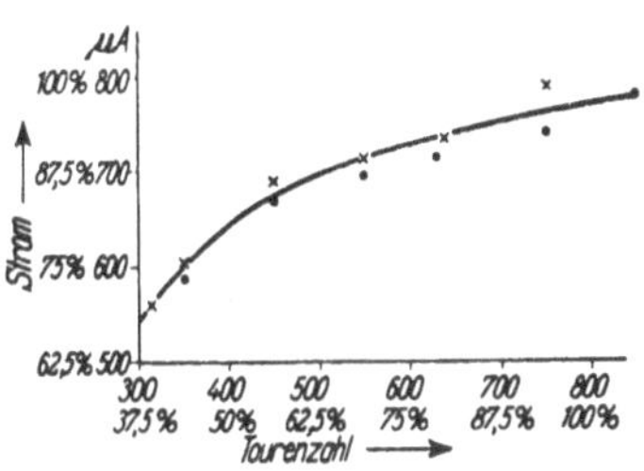

Abb. 159. Abhängigkeit des Meßstromes von der Elektrolytbewegung durch Magnetrührung; O_2-Konz. etwa 0,4 Vol.%, Kathodenoberfläche etwa 100 cm², T = 20° C

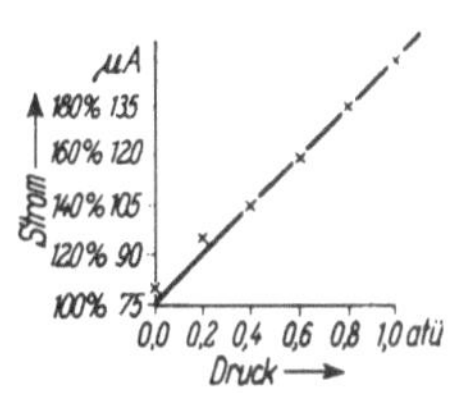

Abb. 160. Abhängigkeit des Meßstromes vom Druck des Gases; O_2-Konz. etwa 0,02 Vol.%, Kathodenoberfläche etwa 150 cm², T = 30° C

stoffkonzentration bei Normaldruck $^1/_{10}$ des Meßbereiches durch die Stromanzeige dar, so muß bei Erhöhung um 9 at auf insgesamt 10 atü der Endausschlag der Anzeige erreicht werden. Ferner bedingt die Druckerhöhung eine ihr proportionale Empfindlichkeitssteigerung. Bei entsprechenden Gegebenheiten (Hochdrucksynthese) oder nach Durchführung einer Komprimierung ist es auf diesem Wege möglich, bei hinreichend druckfester Ausführung der Apparatur die Meßempfindlichkeit um 1 bis 2 Zehnerpotenzen zu steigern. Schließlich lassen sich mit Hilfe dieser „Verstärkerwirkung“ durch Komprimierung äußerst geringe Sauerstoffspuren in Reinstgasen einwandfrei und unabhängig vom Reststrom sichtbar machen und messen. Die in der Abbildung 161 gezeigte Apparatur stellt eine für Messungen unter Druck stehender Gase abgewandelte Form des „Elcofluxes“ dar. Die Plexiglasteile der Meßzelle und des Vorratgefäßes sind durch Gefäße aus V2A-Stahl ersetzt. Die Elementanordnung und alle anderen Teile haben keine wesentliche Änderung erfahren. Vor Eintritt in die Meßzelle kann das Gas auch noch durch zwei druckfeste Waschgefäße geleitet werden, in denen dann auch noch der Restsauerstoffgehalt zum Beispiel durch Chemikalien absorbiert wird.

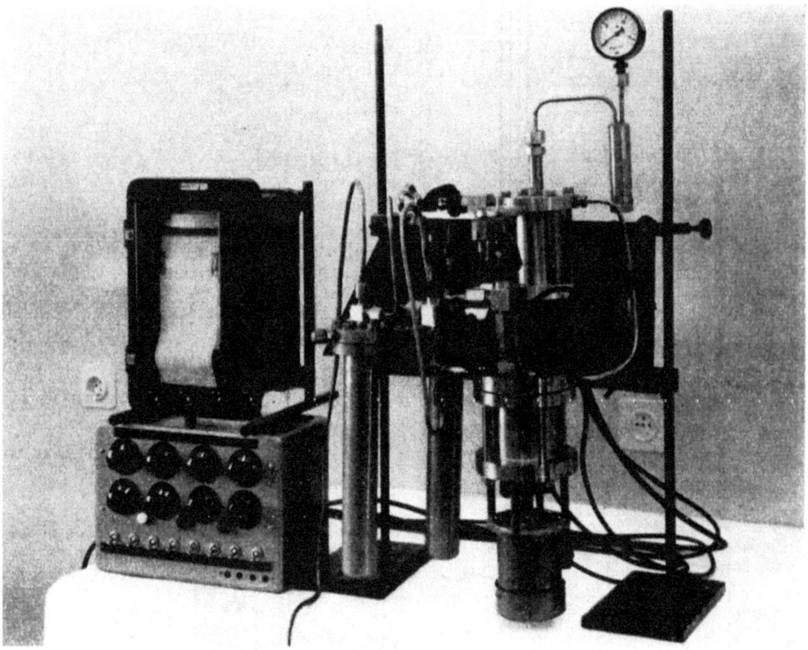

Abb. 161. Apparatur zur Messung von Sauerstoffspuren in Gasen bei Überdruck bis zu 50 atü

f) Spezielle Funktionseigenschaften

Die Abklingperiode: Es sollen nun noch einige für die funktionsmäßige Beurteilung des Verfahrens wichtige Eigenschaften besprochen werden.

Wird eine Meßelektrode etwa nach einer Reinigung wieder in Betrieb genommen, so vergeht eine gewisse Zeit, bis sie konzentrationsmäßig auf den im Elektrolyten gelösten Sauerstoff anspricht. Während dieser sog. Abklingperiode wird die Oxydhaut reduziert, die sich beim Verweilen der Meßelektrode in der Gasphase und besonders in Luft bildet. Ein relativ hoher Anfangsstrom mit abnehmender Tendenz ist die Folge. In Abbildung 162 wird diese Abklingperiode einer 250 cm²-Silberelektrode nach einer Reinigung als Schreiberregistrierung dargestellt.

Die Eichung: Die Feststellung über die jeweilige Empfindlichkeit der Meßelektrode, das heißt die Größe des von ihr in Abhängigkeit von der Sauerstoffkonzentration gelieferten Stromes, wird durch die Eichung getroffen. Bei den Gasanalysatoren werden

21.00 Kleiner Sauerstoffeinbruch

20.00 Ende der Abklingperiode

17.10 Meßbereich 0. . . 0,01 Vol. %
16.35 Meßbereich 0. . . 0,1 Vol. %
16.25 Meßzelle eingeschaltet, Kurzgeschlossen.

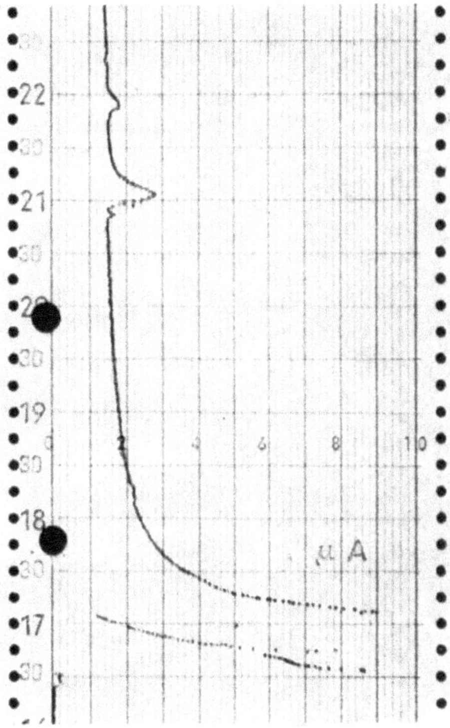

Abb. 162. Registrierung der Abklingperiode einer frisch gereinigten Silberelektrode Oberfläche = 250 cm²

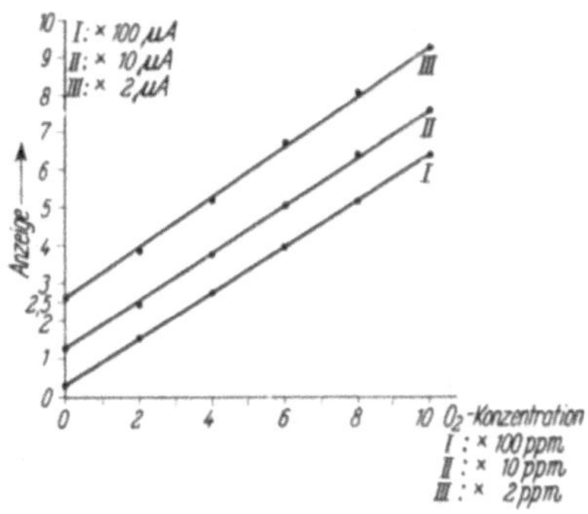

Abb. 163. Eichkurven in den drei Meßbereichen 0 . . . 0,002 Vol. % (III), 0 . . . 0,01 Vol. % (II) und 0 . . . 0,1 Vol. % (I) beim „Elcoflux"-Sauerstoffspurenanalysator; Silbermeßelektrode (Oberfläche = 250 cm²) T = 40° C

zweckmäßigerweise dazu sogenannte Eichgase, meist Stickstoff mit bekannten Sauerstoffgehalten, benutzt. Eichkurven mit enger Punktfolge lassen sich rationeller und leicht durch Mischung zweier Gase, z. B. von absolut sauerstofffreiem Reinstickstoff und einem Stickstoff mit bekanntem Sauerstoffgehalt über Strömungsmesser (Rotameter) darstellen (S. 15). Für die Spurenanalysatoren verlaufen die Eichkurven über mehrere Bereiche gradlinig (Abb. 163 u. 164). Für die Überprüfung der Empfindlichkeit genügt also die Aufnahme eines Eichpunktes, der möglichst am Ende des jeweiligen Meßbereiches liegen soll. Beim „Elcoflux" und den anderen Apparaten

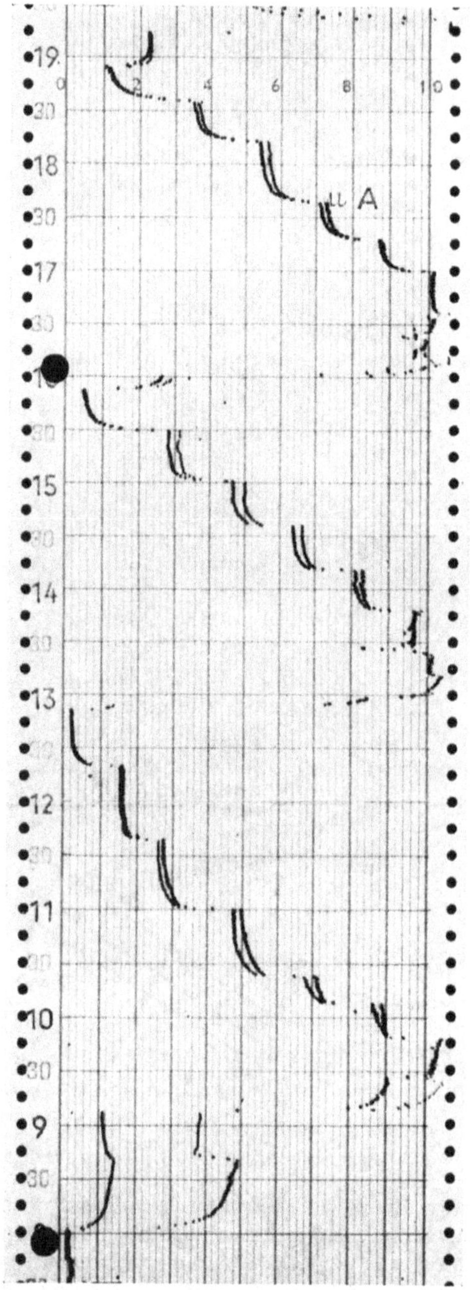

Meßbereich 0…0,002 Vol.%

Meßbereich 0…0,01 Vol.%

Meßbereich 0…0,1 Vol.%

Abb. 164. Registrierung zur Eichkurvenaufnahme auf drei Meßbereichen mit dem „Elcoflux“

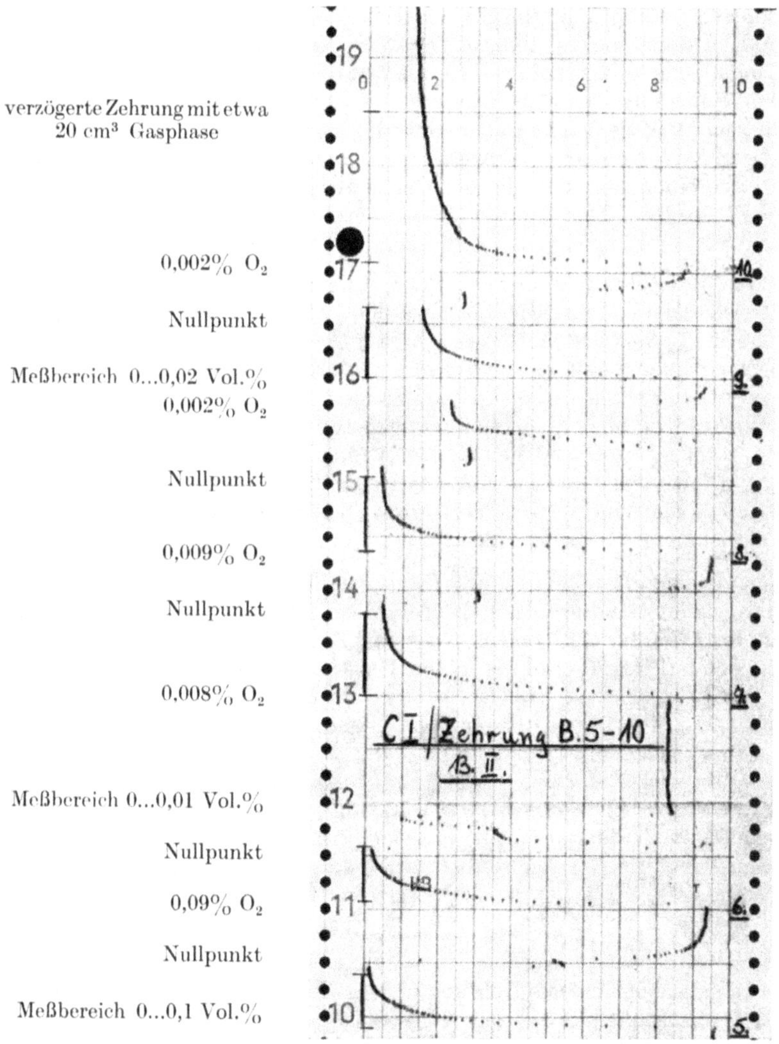

Abb. 165. Registrierung von Nullpunktsermittlungen durch Zehrung auf verschiedenen Meßbereichen („Elcoflux“-Gerät)

sind Meßelektrode und Anzeigeinstrument so aufeinander abgestimmt, daß durch entsprechende Änderung von Nebenschlüssen (Eichpotentiometer am Schaltgerät) Empfindlichkeitsabnahmen, die während der Betriebszeit durch Inaktivierung der Meßelektrode auftreten, in erheblichem Umfange für die Anzeige ausgeglichen werden können. Die Feststellung der absoluten Stromgrößen ist dabei überflüssig.

Der Nullpunkt: Auch bei den für die Gasanalyse eingesetzten Elementanordnungen treten sog. Restströme auf, deren Größe von der Sauerstoffkonzentration unabhängig ist (S. 1 und 2). Hierdurch ergibt sich also eine Nullpunktverlagerung der

Sauerstoffanzeige. Kennt man die genaue Größe des Reststromes, so kann durch entsprechende Einflußnahme auf die Anzeige diese Nullpunktverschiebung unterdrückt werden. Eine kleine Ablage könnte eventuell durch entsprechende mechanische Verstellung der Nullage des Instrumentenzeigers ausgeglichen werden. Beim „Elcoflux" erfolgt, wie schon auf Seite 134 angedeutet, die Korrektur der Nullpunktabweichung auf elektrischem Wege über eine zweite Wicklung des Drehspulgalvanometers. Das geschieht durch einen Strom in gleicher Größe aber entgegengesetzter Richtung zum ermittelten Reststrom. Der gesamte Skalenbereich des Anzeigeinstrumentes steht dann für die Sauerstoffanzeige zur Verfügung.

Die Nullpunktsfeststellung kann in direkter Anlehnung an die Eichung mit absolut sauerstofffreiem Stickstoff durchgeführt werden. Aber es kann auch der auf Seite 17 beschriebene Zehrungseffekt herangezogen werden. Praktisch wird hierbei die Gaszufuhr abgestellt und die Meßzelle voll mit Elektrolyt aus dem Vorratsgefäß aufgefüllt. Der gesamte im Elektrolyten gelöste Sauerstoff wird dann an der Meßelektrode reduziert und bei laufend abnehmender Stromanzeige soweit verbraucht, daß die Restsauerstoffkonzentration nicht mehr feststellbar ist. Die Abbildung 165 gibt Registrierungen auf verschiedenen Meßbereichen vom Verlauf der Nullpunktfeststellungen durch Zehrung wieder. Nach etwa 20 Minuten läßt sich jeweils die Nullpunktslage erkennen bzw. abschätzen.

Die Meßgenauigkeit: Die Meßgenauigkeit ist, bedingt durch eine zeitliche Abnahme der Empfindlichkeit, die durch Inaktivierung der Meßelektroden begründet ist, nicht als absolut feste Größe anzugeben. Über die Reproduzierbarkeit z. B. von Eichwerten läßt sich auf Grund entsprechender Untersuchungen aussagen, daß sie innerhalb eines Zeitintervalls von etwa 12 Stunden mit einer maximalen Fehlerbreite von $\pm$ 3% gegeben ist. Oft liegen die Werte in engeren Grenzen von nicht selten unter $\pm$ 1%. Die praktische Anzeigegenauigkeit, für einen längeren Zeitraum betrachtet, ergibt sich nun unter Einbeziehung der Empfindlichkeitsabnahme. Diese wurde in vielen Langzeitversuchen beobachtet und im allgemeinen mit 0,1 bis etwa 1% pro Tag festgestellt. In den ersten Tagen nach einer Neuinbetriebnahme oder eventuell auch Reinigung kann sie größer sein. Führt man nun Eichungen in etwa wöchentlichem Abstande durch, so kann als Mittelwert für den Fehler der Anzeige $\pm$ 5% angegeben werden.

Da die Meßzelle thermostatisiert ist, kommt ein Temperaturfehler praktisch nicht zur Auswirkung. Auch Fehler durch ungünstige Bewegungsverhältnisse im Elektrolyten werden durch Benutzung des Konstantmagnetrührers im wesentlichen ausgeschaltet. In Abbildung 166 ist als Beispiel zur Reproduzierbarkeit eine Registrierung wiedergegeben. Auf drei verschiedenen Meßbereichen wurden hierbei mit drei Eichgasen wechselweise Eichpunkte markiert.

Die Ansprechgeschwindigkeit: Die Abbildung 166 gibt aber auch noch Aufschluß über die für die praktische Anwendung so wichtige Reaktionsfähigkeit der Meßanordnung auf sprunghafte Konzentrationsänderungen. Ein schnelles „Ansprechen" ist ja eine der wichtigsten Forderungen für Betriebskontrollinstrumente.

Da die Meßwerte bei der elektrochemischen Elementanordnung über die flüssige Phase gewonnen werden, sollte die Form dieses Ansprechens auf Konzentrationsänderungen in der Gasphase maßgeblich durch die Einstellung des Verteilungsgleichgewichtes bestimmt werden. Dieser Vorgang verläuft bekanntlich nach den Zeitgesetzen einer monomolekularen Reaktion:

$$dc/dt = k \cdot t$$

und demgemäß mit konstanten Halbwertzeiten. Die den Vorgang wiedergebenden Kurven sollten also e-Funktionen darstellen.

In der Abbildung 167 ist der Verlauf der Anzeige nach sprunghaften Konzentrationsänderungen bei drei verschiedenen Meßanordnungen wiedergegeben. Die Meßzellen unterscheiden sich hauptsächlich in der Größe der benutzten Meßelektrodenoberfläche bzw. im Elektrolytvolumen:

I. Spurenmeßanordnung: 150 cm^2 Au, etwa. 250 cm^3 Elektrolyt
II. gleiche Meßzelle wie I: 1 cm^2 Au, etwa. 250 „ „
III. Meßanordnung f. Luftgemische: 0,05 cm^2 Au, etwa. 100 „ „

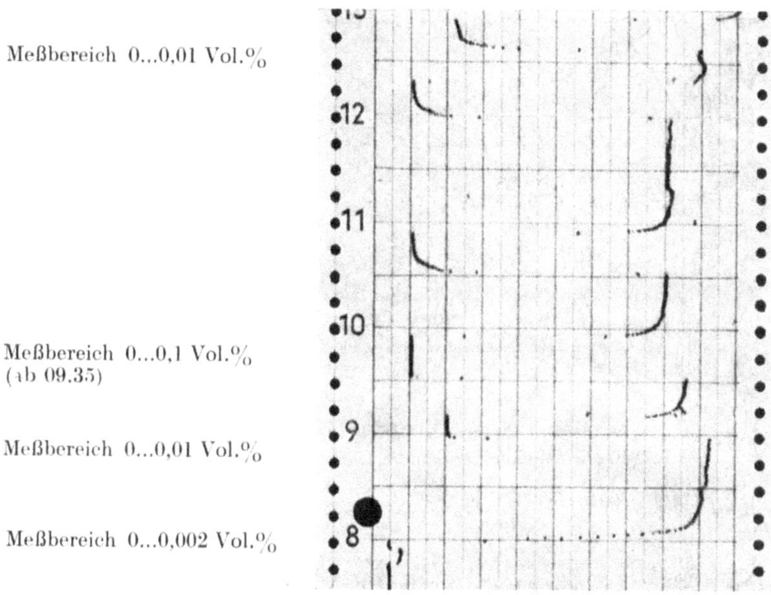

Abb. 166. Reproduzierbarkeit und Anzeigeverlauf bei O_2-Konzentrationssprüngen (mit Eichgasen 0,002%; 0,0085% und 0,08% O_2)

Die dargestellten Kurven wurden in identischen Bereichen mit Konzentrationssprüngen um etwa eine Zehnerpotenz bei gleichem Gasdurchsatz von 10 l/h erhalten. Die Anordnung III gehorcht exakt dem oben angegebenen Zeitgesetz mit der konstanten Halbwertzeit von 10 Sekunden. Bei der Anordnung II sind auch noch drei gleiche Halbwertzeiten von je 20 Sekunden festzustellen, während derer 87,5% der Gesamtänderung durchlaufen werden. Danach nimmt die Halbwertzeit leicht zu. Zwei gleiche Halbwertzeiten von etwa 30 Sekunden sind bei der Anordnung I zu beobachten; danach tritt eine progressive Verzögerung ein. Während sich die Halbwertzeiten der Anordnungen III und II entsprechend ihren Volumina folgerichtig zueinander verhalten, wird bei der Anordnung I offenbar die Zeitfunktion nicht nur durch die Einstellung des Verteilungsgleichgewichtes beeinflußt. Hier greift also noch eine weitere Reaktion zeitbestimmend ein, die unter Umständen durch die Bildung bzw. Zehrung gleichgewichtsmäßig bei der kathodischen Reaktion auftretender Zwischenprodukte nicht gasförmiger Natur (z. B. H_2O_2) gegeben sein kann (S. 6).

Die Konzentration dieser Zwischenprodukte liegt bei Meßanordnungen mit großen Meßelektroden und relativ kleinem Elektrolytvolumen höher als bei den üblichen Verhältnissen und kommt damit dann auch stärker zur Auswirkung.

Die Abhängigkeit der Halbwertzeiten vom Gasdurchsatz bei denselben drei Anordnungen ist in Abbildung 168 wiedergegeben. Diese Funktionen streben erwartungsgemäß asymptotisch gewissen Grenzwerten zu. Für die Narkosegasmeßzelle ist ein

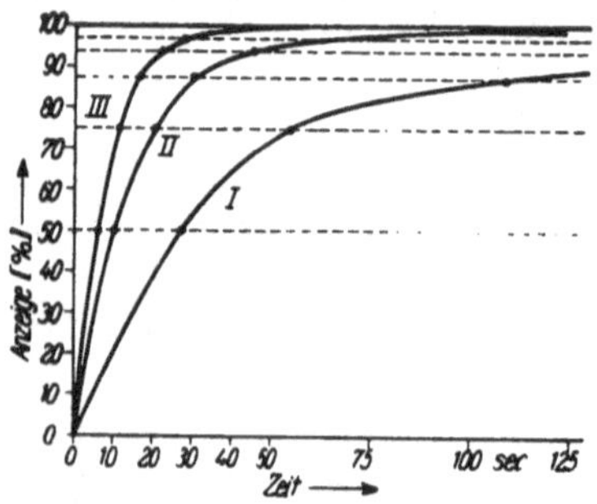

Abb. 167

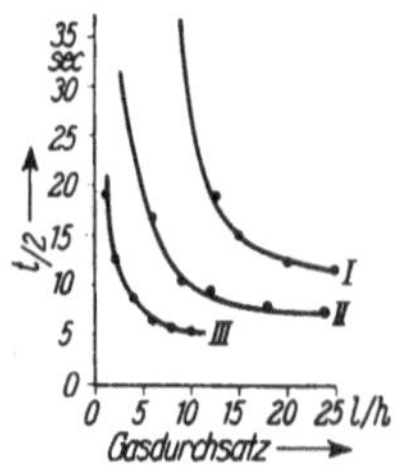

Abb. 168

Abb. 167. Anzeigeverlauf sprunghafter O_2-Konzentrationsänderungen bei verschiedenen Meßanordnungen:

I: 150 cm² Meßelektrodenoberfläche, 250 cm³ Elektrolyt
II: 1 cm² ,, ,, 250 cm³ ,,
III: 0,05 cm² ,, ,, 100 cm³ ,,

Abb. 168. Abhängigkeit der Halbwertzeiten vom Gasdurchsatz bei verschiedenen Anordnungen:

I: 150 cm² Meßelektrodenoberfläche, 250 cm³ Elektrolyt
II: 1 cm² ,, ,, 250 cm³ ,,
III: 0,05 cm² ,, ,, 100 cm³ ,,

Durchsatz von 10 l/h durchaus als optimal zu bezeichnen, bei der Spurenmeßanordnung liegt er bei 25 l/h. Diese Durchsätze werden auch für den praktischen Betrieb benutzt. Die sich unter diesen Umständen ergebenden Halbwertzeiten dürfen als außerordentlich kurz bezeichnet werden:

I: 11,5 sec, II: 7,5 sec, III: 5,5 sec.

Das bedeutet, daß bei der Narkoseanordnung in bereits 40 Sekunden der Konzentrationssprung 100%ig wiedergegeben wird. Beim Spurenanalysator werden 85% der Konzentrationsänderungen in der günstigen Zeit von 60 Sekunden angezeigt.

Vergleiche mit anderen Analysatoren: Zur Erhärtung dieser Befunde wurden auch Vergleichsmessungen zur Ansprechgeschwindigkeit mit Sauerstoffanalysatoren durchgeführt, die auf anderen Meßprinzipien aufgebaut sind und für die zum Teil lange und günstige Betriebserfahrungen vorliegen.

So wurde eine elektrochemische Spurenmeßanordnung mit einer Kathode von 25cm²-Oberfläche (empfindlichster Meßbereich 0 . . . 0,02%) zusammen mit den Geräten ,,Thermoflux" und ,,Ionoflux" (beide von der Fa. Hartmann & Braun AG gestellt) untersucht. Beim ,,Thermoflux" wird die auftretende Wärmeentwicklung bei der

Reaktion zwischen Sauerstoff und Chrom (II)-Ionen in saurer Lösung zur Meßwertegewinnung ausgenutzt, Meßbereich 0 . . . 0,1 Vol.% O_2. Im „Ionoflux" wird die Leitfähigkeit einer nach Oxydation von Phosphordampf erhaltenen Phosphorsäure zur Anzeige ausgewertet; Meßbereich 0 . . . 0,005 Vol.% O_2. In den Abbildungen 169a, b, c wird die Reaktionsfähigkeit der drei Geräte auf sog. Sauerstoffeinbrüche in ein sauerstoffarmes Meßgas in parallel laufenden Versuchen dargestellt. Das in der Praxis bewährte „Thermoflux"-Gerät und die elektrochemische Meßzelle zeigen fast identische Anzeige-Charakteristika. Der „Ionoflux" bringt erst nach längerer Verzögerung, die durch das Prinzip und die apparative Ausführung bedingt ist, eine Anzeige, die dem wirklichen Verlauf des Einbruches kaum noch entspricht. Das Gerät hat eine große Totzeit im Gegensatz zum „Thermoflux", bei dem diese nur sehr gering ist und zum „Elcoflux", bei dem diese fast allein durch die Zuleitungslänge bestimmt wird.

Der „Elcoflux" ergänzt die bekannten Sauerstoffspurenanalysatoren, indem er mit günstigen Anzeigeeigenschaften auch eine hohe Meßempfindlichkeit verbindet. Ferner kann die robuste Bauart und relativ einfache Bedienung als Vorteil gewertet werden.

Die günstigen Ansprecheigenschaften zeigen sich auch noch bei gleichartigen Parallelversuchen mit dem außerordentlich bewährten und vielfach eingesetzten Sauerstoffanalysator „Magnos" [52] (Fa. Hartmann & Braun AG), dessen Meßprinzip die paramagnetischen Eigenschaften des Sauerstoffmoleküls ausnutzt. Er kommt mit Meßbereichen zwischen 0 . . . 1 Vol.% bis 0 . . . 100 Vol.% zur Anwendung. Demgemäß wurden auch die elektrochemische Meßzelle mit einer kleinen Kathode (0,1 cm^2-Oberfläche, Meßbereich etwa 0 . . . 35 Vol.%) ausgerüstet. Auch hier zeigt sich ein identischer Anzeigeverlauf (Abb. 170 a, b, c).

Der in Abbildung 171 dargestellte Vergleich zwischen einem „Thermoflux"-Gerät und einer elektrochemischen Meßzelle mit einer etwa 5fach höheren Empfindlichkeit bei einem Betriebsversuch, bei dem eine Stickstoff-Reinigungsanlage überwacht wurde, belegt noch einmal die besonders für die Betriebskontrolle nützliche Kombination von schneller Reaktionsfähigkeit und hoher Meßempfindlichkeit.

Der Einfluß von Begleitgasen: Die hier beschriebene elektrochemische Meßanordnung erfaßt selektiv den Sauerstoff eines Gasgemisches. Die Messung ist also von der Beimengung anderer Gase bzw. vom sog. Trägergas unabhängig. So kann der „Elcoflux" zur Sauerstoffspurenmessung im Stickstoff, Wasserstoff, in den Edelgasen, im Stickstoffoxydul (Lachgas), Kohlendioxyd, Kohlenoxyd, in den gesättigten gasförmigen Kohlenwasserstoffen Methan bis Butan und ungesättigten Kohlenwasserstoffgasen wie Äthylen und Azetylen eingesetzt werden.

Grundsätzlich zu Störungen geben Beimengungen von Schwefelwasserstoff, Schwefeldioxyd und Ammoniak Anlaß, die auf den Elektrolyten bzw. die Anode einwirken. In den meisten Fällen lassen sich jedoch derartige Störkomponenten durch eine Absorptionseinrichtung vor der Meßzelle abfangen. Da Chlor als oxydierendes Gas in chemischer und elektrochemischer Hinsicht in ähnlicher Weise wie der Sauerstoff reagiert, ist bei Anwesenheit desselben im Meßgas der „Elcoflux" nicht einzusetzen.

g) Leistungsfähigkeit und Anwendungsbereiche

Zusammenfassend ergibt sich, daß mit Hilfe der beschriebenen Elementanordnungen die in der Gasphase vorhandene Sauerstoffkonzentration in allen Bereichen von

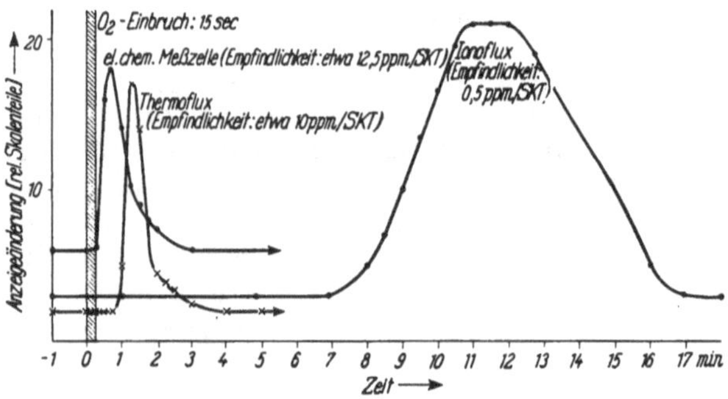

Abb. 169. Vergleichsmessungen zur Ansprechgeschwindigkeit mit anderen Analysatoren („Thermoflux" u. „Ionoflux")

a) Anzeigen bei einem Sauerstoffeinbruch von 15 sec Dauer

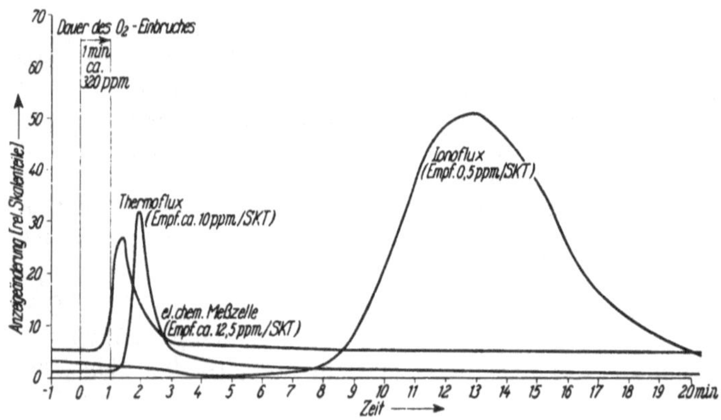

Abb. 169b. Anzeigen bei einem Sauerstoffeinbruch von 1 min Dauer

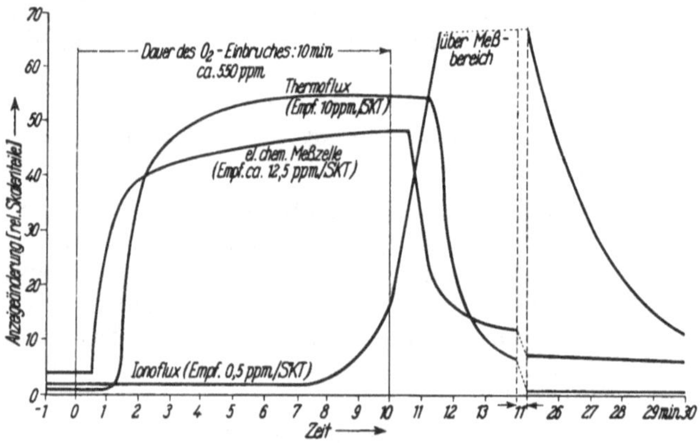

Abb. 169c. Anzeigen bei einem Sauerstoffeinbruch von 10 min Dauer

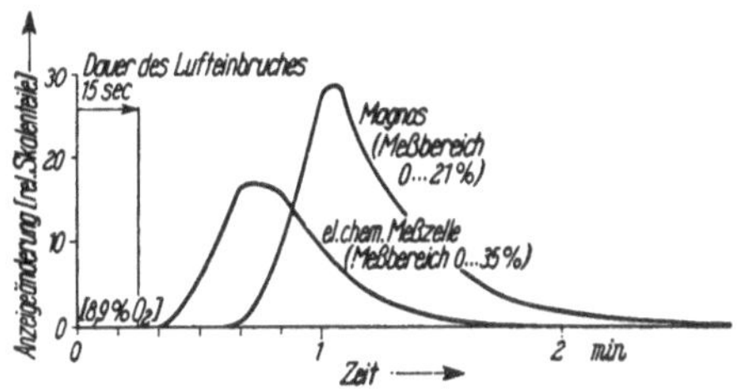

Abb. 170. Vergleichsmessungen zur Ansprechgeschwindigkeit mit dem Sauerstoffanalysator „Magnos“

a) Anzeigen bei einem Sauerstoffeinbruch von 15 sec Dauer

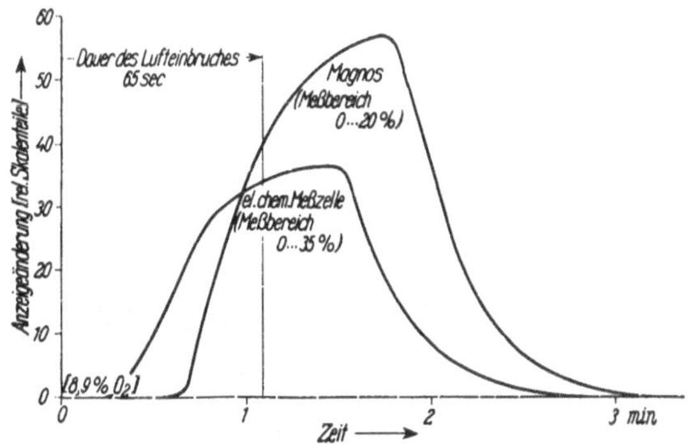

Abb. 170b. Anzeigen bei einem Sauerstoffeinbruch von 65 sec Dauer

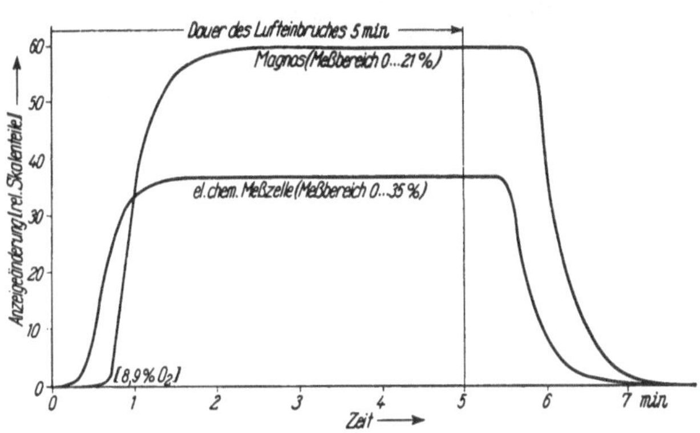

Abb. 170c. Anzeigen bei einem Sauerstoffeinbruch von 5 min Dauer

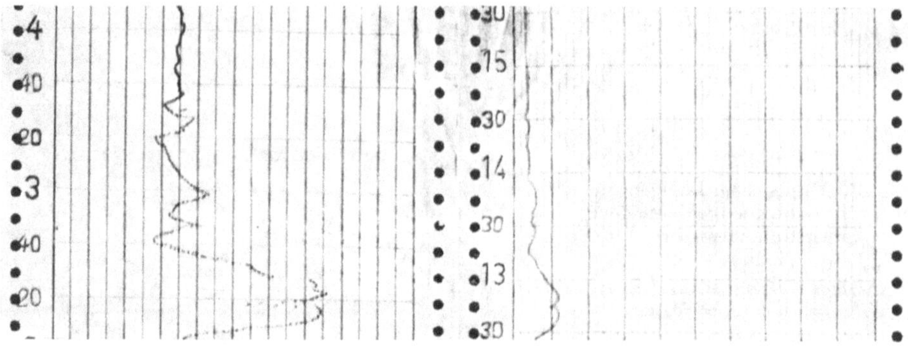

Abb. 171. Parallelmessungen mit einer elektrochemischen Meßzelle (links) und einem Thermofluxgerät (rechts) bei einem Betriebsversuch (Steuerung eines Stickstoffreinigungsofens)

Abb. 172. „Elcoflux“-Geräte auf dem Prüfstand in der Bundesanstalt für Materialprüfung (BAM)

100% herab bis zu Spuren von 0,0001% und weniger gemessen werden kann. Es kommen dabei Meßelektroden von unter 1 Quadratmillimeter bis zu einigen hundert Quadratzentimetern Oberfläche zur Anwendung. Beide Größen erstrecken sich also über 6 Zehnerpotenzen.

Mit der bis jetzt gegebenen Empfindlichkeit der Messung ist jedoch noch nicht die Grenze des Möglichen erreicht. Allein durch einfache Maßnahmen wie Temperaturerhöhung und die schon angedeutete Druckerhöhung ist ohne weiteres eine Steigerung um ein bis zwei Größenordnungen möglich. Diese Bereiche dürften jedoch vorläufig nur rein wissenschaftliches Interesse besitzen.

Das Verfahren selbst hat bisher seine technische Anwendung hauptsächlich bei der Spurenmessung in Reingasen durch das „Elcoflux"-Gerät gefunden. Es wird zum Beispiel eingesetzt bei der Reinheitskontrolle von Synthesegasen in der anorganischen und organischen chemischen Industrie (Ammoniaksynthese, Kohlenwasserstoffe), zur Überwachung von Schutzgasatmosphären bei Polymerisationsvorgängen in der Kunststoffindustrie (z. B. Perlon) und bei der Kontrolle reinster Gase für Glühlampen- und Leuchtröhren-Füllungen (Abb. 172).

Der Einsatz des Verfahrens zur Überwachung von Narkosegasen ist im Erprobungsstadium.

Es sei noch darauf hingewiesen, daß auch die Messung oxydierbarer Gase wie Wasserstoff und Kohlenoxyd mit Hilfe einer elektrochemischen Elementanordnung, deren Meßelektrode die Anode ist, in ganz gleichartiger Weise, wie hier für die Sauerstoffmessung beschrieben, erfolgen kann. Entsprechende Apparate befinden sich ebenfalls in der Erprobung. Über die Ausführung der anodischen Messung siehe Seite 159.

Literatur

[1] *F. Tödt*, Die laufende Anzeige des Gehaltes an gelöstem Sauerstoff sowie des durch Natronlauge bewirkten Rostschutzes durch Strommessung, Dtsch. Zuckerind. 680—694 (1929).

L. W. Haase und *F. Tödt*, Über eine elektrochemische Sauerstoffbestimmung, Gesundheits-Ing. 289 (1930).

F. Tödt, Verfahren zum fortlaufenden Messen und Anzeigen von in strömendem Wasser gelöstem Sauerstoff, DRP. (12. Februar 1933).

[2] *A. Splittgerber*, Selbstschreibende Apparate zur Kesselwasserüberwachung, Mitt. Vereinig. Großkesselbesitzer 327—328 (1934).

A. Splittgerber, Selbstschreibende Apparate für Kesselüberwachung, Vom Wasser, **11**, 137 (1937).

A. Splittgerber, Prüfung einer selbstschreibenden Sauerstoffmeßanlage, Vom Wasser, **12**, 173 (1938).

[3] *R. Freier*, *F. Tödt* und *K. Wickert*, Selbstschreibende Sauerstoffmeßanlage zur Sauerstoffbestimmung im Wasser insbesondere für Hochdruckkraftwerke, Chemie-Ing.-Techn. **13**, 325—327 (1951).

[4] *W. Töller*, Chemisch-physikalische Prüfeinrichtungen bei der Speisewasserpflege, Mitt. Vereinig. Großkesselbesitzer H. 21, 252—261 (1952).

[5] *R. Freier*, Kesselspeisewasser, Walter de Gruyter & Co., Berlin 1958.

[6] *F. Tödt* und *G. Woldt*, Über elektrochemische Sauerstoffmessungen in Zuckersäften, Z. Zuckerind. **11**, 582—589 (1956).

[7] *M. von Lilienskeoldt* und *F. Tödt*, Praktische Wege zur Verhütung der Korrosion eiserner Verdampferrohre in der Rübenzuckerindustrie, Zucker 312 (1955).

[8] *L. W. Winkler*, Über die Bestimmung des im Wasser gelösten Sauerstoffs, Z. analyt. Chem. **53**, 665—672 (1914).

[9] *F. Tödt*, Grundlagen und Anwendung der elektrochemischen Bestimmung des im Wasser gelösten Sauerstoffs, Gesundheits-Ing. **65**, 76ff. (1942).

F. Tödt, Ein neues Gerät (Sauerstofflot) zur sofortigen elektrischen Anzeige des im Wasser gelösten Sauerstoffs, Wasserwirtschaft **37**, 79—80 (1942).

[10] *F. Tödt* und *H.-G. Todt*, Die elektrochemische Bestimmung des Sauerstoffgehaltes von Oberflächengewässern, Vom Wasser **20**, 72 (1953).

[11] *F. Tödt, W. Schwarz* und *H.-G. Todt*, Elektrochemische Bestimmung des Sauerstoffgehaltes von Oberflächengewässern, Gesundheits-Ing. **75**, 225 (1954).

[12] *F. Tödt* und *G. Petsch*, Über die Weiterentwicklung des „Sauerstofflotes“ zur elektrochemischen Sofortablesung des in offenen Gewässern gelösten Sauerstoffs, Gesundheits-Ing. H. 7/8, 104—106 (1955).

[13] *W. von der Emde*, Beitrag zu Versuchen zur Abwasserreinigung mit belebtem Schlamm. Veröffentlichungen des Instituts für Siedlungswasserwirtschaft der Technischen Hochschule Hannover, Heft 1, S. 109—110 (1957).

[14] *W. Ohle*, Prüfung und Anwendung der elektrochemischen Sauerstoffbestimmung für Gewässeruntersuchungen, Vom Wasser **19**, 99 (1953).

[15] *W. Ohle*, Die chemische und elektrochemische Bestimmung des molekular gelösten Sauerstoffs der Binnengewässer, Mitt. Int. Vereinig. Limnologie **3**, 1 (1953).

[16] *Ch. Mortimer* und *W. H. Moore*, The use of thermistors for the measurement of lake temperatures, Mitt. Int. Vereinig. Limnologie, **2**, 1—44 (1953).
F. Schmolinsky, Konstruktion und Anwendung eines Heißleiter-Thermometers, Arch. Hydrob., Suppl. **20**, 537—545 (1954).

[17] *W. Husmann*, Kontinuierliche Messungen zur Kontrolle von Vorflutern, Kläranlagen, häuslichen und industriellen Abwässern, Wasserwirtschaft 47, 85—89 (1956).
W. Husmann und *G. Stracke*, Kontinuierliche Sauerstoffmessung in Fluß- und Abwasser, Wasserwirtschaft, **48**, Heft 1 (1957).

[18] *H. Ambühl*, Die praktische Anwendung der elektrochemischen Sauerstoffbestimmung im Wasser. Schweiz. Z. Hydrol. **XVII**, 123—155 (1955).

[19] Deutsche Einheitsverfahren zur Wasser-, Abwasser- u. Schlammuntersuchung. Physikalische, chemische u. bakteriologische Verfahren, herausgegeben im Auftrage der Fachgruppe Wasserchemie in der Gesellschaft Deutscher Chemiker. Bearbeitet von *L.-W. Haase* gemeinsam mit *H. Stooff, G. Gad, W. Wesly* und anderen Mitgliedern der Fachgruppe, Verlag Chemie GmbH, Weinheim (Bergstr.), 1954.

[20] *W. E. Abott*, BSB_3 nach der Standardverdünnungsmethode, J. chem. Ind. **65**, 87 (1946).

[21] *D. H. Caldwell* und *W. F. Langellier*, BSB_2 nach der Standardverdünnungsmethode bei 25° C, Sewage Works J. **20**, 202 (1948).

[22] *K. Jaegers* und *W. Niemitz*, Bestimmung des BSB unter Verwendung einer Warburg-Apparatur, Städtehygiene **3**, 246—254 (1952).

[23] BSB-Bestimmung, Methode *Warburg-Sierp*, Sewage ind. Wastes **23**, 1267—1281 (1951).

[24] *F. Sierp*, Derzeitiger Stand der Abwasserforschung, Zbl. Bakteriol Abt. I, **155**, 318—336 (1950).

[25] Respirometer zur BSB-Messung von Abwässern, Chem. Zbl. **4**, 1128 (1956).

[26] *H. L. Elmore*, Bestimmung des BSB durch ein Wiederbelüftungsverfahren, Sewage ind. Wastes **27**, 993—1002 (1955).

[27] *Oxford, Rand* und *Gellmann*, Eine einfache Verdünnungstechnik für BSB-Versuche, Sewage ind. Wastes **25**, 284—289 (1953).

[28] *Bryan* und *Rohlich*, Biolog. Reduktion von Natriumchlorat bei der BSB-Messung, Sewage ind. Wastes **26**, 1315—1324 (1954).

[29] *Moore* und Mitarb., Nasse Verbrennung der org. Substanz u. die Relation zum BSB, Chem. Zbl. II, 1153 (1950).

[30] *Niedercorn, Kaufmann* und *Senn*, Schnellmethode zur Bestimmung der organischen Substanzen in industriellen Abwässern, Sewage ind. Wastes **25**, 950 (1953).

[31] *K. Viehl*, Grundsätzliche Betrachtungen über den BSB, Angew. Chem. **21**, 671 (1955).

[32] *H. Henkelekian*, Der biologische Abbau im Wasser, Or. Water Sewage Works **101**, 548—550 (1954).

[33] *A. B. Wheatland* und *R. G. Smith*, Bemerkungen über wechselnde Ergebnisse infolge Verwendung von gelagertem Verdünnungswasser, Chem. Zbl. **24**, 6560 (1957).

[34] *K. Stundl*, Zur Biologie des BSB, Zbl. Bakteriol. Abt. I, **160**, 62—64 (1953).

[35] *Buswell*, Der BSB-Test und die totale biochemische Belastung, Chem. Zbl. **5**, 1272 (1957).

[36] *H. Henkelekian* und *M. C. Rand*, Biochemischer O_2-Bedarf von reinen organischen Verbindungen, Sewage ind. Wastes **27**, 1040 bis 1053 (1955).

[37] *M. B. Ettinger*, Merkmale der biochemischen Oxydation stromverunreinigender organischer Chemikalien, Ind. Engng. Chem. **48**, 256—259 (1956).

[38] *Ludzack*, Die Bestimmung des BSB bei industriellen Abwässern, Proc. Texas Water Sewage Works Short School **36**, 117 (1954).

[39] *L. William*, *Tidwell* und *Sorrels*, Die Wirkung der Bakterienflora auf die Desoxydation, Sewage ind. Wastes **27**, 166—171 (1955).

[40] *H. Lüssen*, Kritische Untersuchungen über den BSB häuslichen Abwassers, Angew. Chem. **21**, 671 (1955).

[41] *Ludzack*, *Moore* und *Ruchhoft*, Ein Vergleich verschiedener BSB-Bestimmungsmethoden, Sewage ind. Wastes **25**, 875 (1953).

[42] *J. Gellmann*, Untersuchungen über die biochemische Oxydation durch die direkte Methode, GWF **97**, 513 (1956).

[43] *M. B. Ettinger*, Bewertung der gegenwärtigen gebräuchlichsten Methode zur BSB-Bestimmung, Sewage ind. Wastes **28**, 1116 bis 1121 (1956).

[44] *A. Pasveer*, O_2-Zufuhr, der begrenzende Faktor bei der Abwasserreinigung mit Belebtschlamm, Water and Sanitat. 208—211 (1957).

[45] *F. Tödt*, *R. Lenschau*, *W. Neudert* und *K. Junkmann*, Die Anwendung der elektrochemischen O_2-Messung zur Beobachtung bakteriologischer Stoffwechselvorgänge, Z. Naturforsch. **9b**, 607—611 (1954).

[46] *F. Tödt*, *R. Leschber* und *H. Tarnow*, Neue Wege zur Betriebskontrolle durch elektrochemische Messung der Atmungsgeschwindigkeit von Hefesuspensionen, Branntweinwirtschaft **19** (1954).

[47] *K. Kordesch* und *A. Marco*, Mikrochem. Verein., Mikrochim. Acta **36/37**, 420 (1950).

[48] *M. G. Jacobson*, Electrochemical method for oxygen determination in gases, Analytic. Chem. **25**, 586 (1953).

[49] *P. Hersch*, Galvanic determination of traces of oxygen in gases, Nature (London) **169** 792 (1952).
s. auch Dechema-Monographien **27**, 299 (1956).

[50] *P. Hersch*, Improvement relating to the analysis of gases. Brit. Pat. **707 323** (1954).

[51] *S. V. A. Novak*, Eine ruhende, durch Gasstrom gespülte Quecksilberoberfläche als Meßelektrode, Z. analyt. Chem. **156**, 40 (1957). Chem. Listy **49**, 1476 (1955).

[52] *E. Lehrer* und *E. Ebbinghaus*, Z. angew. Physik **2**, 20 (1950).

V.

F. Tödt, Spezielle Ausführungsmethoden der elektrochemischen Sauerstoffmessung

1. Intermittierende Messungen

Für bestimmte Zwecke ist es vorteilhaft, den Strom nur für die Messung selbst einzuschalten. Das kann der Fall sein, wenn über so lange Zeiträume gemessen wird, daß eine störende Erniedrigung des Sauerstoffgehaltes durch die Messung selbst eintritt [1]. Außerdem können durch solche Kurzzeitmessungen, wie im folgenden gezeigt werden soll, Fehler durch kathodische Abscheidung von Niederschlägen an der Meßelektrode vermieden werden. Eine Ringerlösung, welche auf 3 Liter

72 g NaCl
120 Teile 1,15% KCl,
30 Teile 2,11% KH_2PO_4,
30 Teile 3,82% $MgSO_4$ $7H_2O$ und
180 Teile Phosphat HCl-Puffer p_H 7,4,

also 0,038% Magnesiumsulfat und kein Calcium enthielt, zeigte bei der elektrochemischen Sauerstoffmessung in einer mit Sauerstoff gesättigten Lösung den folgenden zeitlichen Verlauf (galvanisches Element Goldamalgam gegen Zink in gesättigter Kochsalzlösung)

12 Uhr 33 = 56,0 Mikroampere, 12 Uhr 35 = 40,0 Mikroampere
12 Uhr 40 = 36,0 Mikroampere, 12 Uhr 45 = 28,0 Mikroampere und
12 Uhr 50 = 24,9 Mikroampere.

Eine Sauerstoffmessung mit kontinuierlicher Ablesung ist also in diesem Fall wegen des schnellen Stromrückganges nicht durchführbar. Fügt man jetzt noch die übliche Menge von 0,12% Calciumchlorid hinzu, so sinkt der Strom noch viel schneller ab. Der Stromabfall ist durch die Ausfällung unlöslicher Calcium- und Magnesiumverbindungen bedingt, verursacht durch die infolge der hohen Stromdichte an der

Tabelle 23

Zeit	Mikroampere	Zeit	Mikroampere
13^{00}	56,0	15^{45}	56,0
13^{05}	40,0 ↓	16^{00}	56,2
13^{10}	55,4	16^{10}	30,0 ↓
13^{15}	55,6	16^{15}	56,0
13^{20}	55,8	16^{20}	57,0
13^{25}	55,6	16^{25}	57,0
13^{30}	55,8	16^{35}	29,5 ↓
13^{43}	55,8	16^{40}	57,0
14^{23}	55,8	16^{45}	56,5
14^{35}	55,8	16^{50}	39,0 ↓
14^{55}	56,0	16^{55}	57,0
15^{10}	56,0		

Oberfläche der Meßelektrode entstehende starke Alkalität. Nach Ergebnissen von *Tödt* und *Meyer* kann dieser Effekt 6 pH-Einheiten und mehr betragen [2]. Es wurde nun dazu übergegangen, den Strom nur für die Messung selbst einzuschalten, und zwar 20 Sekunden lang. Eine über 4 Stunden durchgeführte Meßreihe mit einer Ringerlösung, welche kein Calcium, sondern nur 0,127% Magnesiumsulfat enthielt, zeigt die Tabelle 23. Die Markierung durch Pfeile bedeutet, daß bis zur nächsten Messung der Strom nicht ausgeschaltet war.

Man kann der Tabelle 23 die folgenden Beobachtungen entnehmen. Der nach 5 und 10 Minuten Stromeinschalten entstandene Stromabfall verschwindet wieder, wenn der Strom 5 Minuten lang ausgeschaltet wird und es stellt sich wieder der normale Wert ein (13.05 Uhr, 16.10 Uhr, 16.35 Uhr und 16.50 Uhr). Nur das erste Mal, um 13.10 Uhr, bleibt nach 5 Minuten der Wert 1% zu tief, um erst nach zwei weiteren Beobachtungen den Wert von 55,8 bis 56,0 wieder zu erreichen. Dies wurde offenbar durch die oben beschriebene und vorausgegangene kontinuierliche Messung von 12.33 Uhr bis 12.58 Uhr verursacht. Bemerkenswert ist, daß nach Tabelle 23 sämtliche 12 über 3 Stunden sich erstreckenden Meßwerte alle zwischen 55,8 und 56,2 lagen, also ein Fehler von weniger als ± 0,5%. Um diese zunächst unwahrscheinlich anmutende Meßgenauigkeit und Reproduzierbarkeit zu bestätigen, wurden bei verschiedenen Calcium- und Magnesiumgehalten der *Ringer*schen Lösung 8 weitere Meßreihen ähnlich wie Tabelle 23 durchgeführt, davon 3 mit gleichem Magnesiumgehalt wie bei Tabelle 23. Eine Übersicht über diese Messungen mit etwa 150 Einzelwerten ist in der Tabelle 24 zusammengestellt.

Tabelle 24

Zusammensetzung der Lösung	Mikroampere	Zahl der Werte	Stromabfall bei kontinuierlicher Messung
Mg	55,8—57,8	35	5 min 56—40 10 min 56—30
$\frac{1}{5}$ Ca $\frac{1}{2}$ Mg	60,2		1 min 60—37
$\frac{1}{10}$ Ca + Mg . . .	63	12	1 min 63—39
$\frac{1}{30}$ Ca	79—80	15	1 min 80—79
$\frac{1}{2}$ Mg	86	21	2 min 86—62

Die Werte der ersten Horizontalreihe sind an 3 Tagen gemessen, und zwar an jedem Tag in einer neu angesetzten sauerstoffgesättigten Lösung. In der ersten Vertikalspalte ist die Zusammensetzung der Lösung derart angegeben, daß die Bruchteile der für die Ringerlösung angegebenen Calciumchlorid- und Magnesiumsulfatsalzgehalte 0,038 % Mg) vermerkt sind, also bedeutet Mg = 0,038% Magnesiumsulfat, $\frac{1}{3}$ Mg 0,038 : 3 = 0,012% Magnesium usw. Die Fehlergrenze lag in allen Fällen innerhalb von ± 0,5 bis 1,0%, wobei der Fehler innerhalb einzelner Versuchsperioden von 1 bis 2 Stunden noch erheblich geringer war. Mit zunehmendem Gehalt an Magnesium und Calcium wird nach Tabelle 24 der bei Sauerstoffsättigung erhaltene Stromwert geringer und schwankt zwischen 56 und 95 Mikroampere. Offenbar wird mit zunehmender Ausfällung die Diffusion des Sauerstoffs in steigendem Maße erschwert. Trotzdem bleibt die unerwartet hohe Genauigkeit bestehen, die um so bemerkenswerter ist, als es sich hier um Messungen bei Sauerstoffsättigung handelt, bei welcher die Fehlermöglichkeiten größer sind als bei Luftsättigung.

Ähnlich hohe Genauigkeiten ergaben sich bei einer sehr geringen Sauerstoffkonzentration von 30 Mikrogramm Sauerstoff im Liter [3] (was gleichzeitig eine Dichtigkeitsprüfung des Meßgefäßes bedeutet). Man hat also nach den Ergebnissen dieses Abschnitts die Möglichkeit, jederzeit durch intermittierende Messungen die Fehlergrenze unter 1% herabzudrücken, und zwar auch in Fällen, in denen die kontinuierliche Messung versagt.

2. Elektrochemische Sauerstoffmessungen ohne Elektrolytbewegung

Die Möglichkeit, durch die Stromlieferung galvanischer Elemente ohne Elektrolytbewegung die Konzentration an gelöstem Sauerstoff zu messen, geht bereits aus mehreren eigenen, teilweise 30 Jahre zurückliegenden Veröffentlichungen hervor [4]. Über biologische Anwendungen (Messung der Hefeatmung unter verschiedener Einwirkung, Messung der Atmung von gesunder und krebskranker Rattenleber) wurde ebenfalls berichtet [5]. Die Abbildung 173 zeigt die zeitliche Einstellung der Meßwerte.

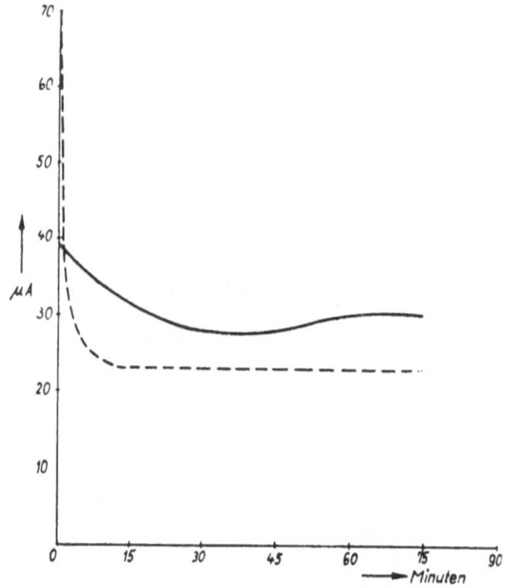

Abb. 173. Zeitlicher Ablauf des Einstellens der Ruhewerte nach erfolgter O_2-Sättigung, —— physiol. NaCl-Lösung + 0,2% $CH_3C\langle^{H}_{O}$; - - - - physiol. NaCl-Lösung (nach *F. Tödt* und *G. Teske*; *F. Windisch*, *W. Husmann* und *Chr. Goslich*, Biochem. Z. 1952)

Eine eingehende Untersuchung von *Eggers-Lura* [6] beschäftigt sich zunächst mit den Fehlergrenzen und der optimalen Durchführung. Die nach Belüftung mit 21% Sauerstoff (Luftsättigung) sowie mit 2 weiteren Gasgemischen (12,5 und 0,7% Sauerstoff) erhaltenen Werte sind in der folgenden Tabelle 25 und der Abbildung 174 wiedergegeben.

Tabelle 25

Nach Zugabe von Luft (21% O_2)

0 min 15,0 µA	0 min 14,0 µA	0 min 15 µA	0 min 12,5 µA
1 min 9,1 µA	1 min 8,7 µA	1 min 8,9 µA	1 min 7,8 µA
2 min 8,0 µA	2 min 7,9 µA	5 min 6,1 µA	3 min 6,5 µA
3 min 7,6 µA	5 min 6,5 µA	10 min 5,8 µA	11 min 5,6 µA
4 min 7,2 µA	8 min 6,1 µA	15,7min 5,7 µA	15 min 5,8 µA
5 min 6,6 µA	12 min 6,1 µA		
10 min 6,1 µA	14 min 6,1 µA		
12 min 5,4 µA		Im Durchschnitt 5,7 µA ± 0,3 (25 Versuche)	
15 min 5,3 µA			

Nach Zugabe von 0,7% O_2 (Stickstoff)

0 min 2,0 µA	0 min 2,0 µA	0 min 2,0 µA
1 min 1,5 µA	1 min 1,32 µA	1 min 1,13 µA
2 min 1,4 µA	3 min 1,05 µA	3 min 1,05 µA
6 min 1,14 µA	10 min 0,85 µA	6 min 0,95 µA
30 min 0,9 µA	12 min 0,93 µA	10 min 0,93 µA
		Im Durchschnitt 0,9 µA ± 0,04 (20 Versuche)

Nach Zugabe von 12,5% O_2

0 min 4,0 µA	0 min 4,9 µA	0 min 4,5 µA	0 min 5,0 µA
2 min 3,3 µA	2 min 3,7 µA	2 min 3,9 µA	2 min 4,0 µA
5 min 2,7 µA	5 min 3,5 µA	5 min 3,7 µA	5 min 3,6 µA
10 min 2,4 µA	10 min 3,5 µA	10 min 3,6 µA	10 min 3,5 µA
		Im Durchschnitt 3,5 µA ± 0,3 (20 Versuche)	

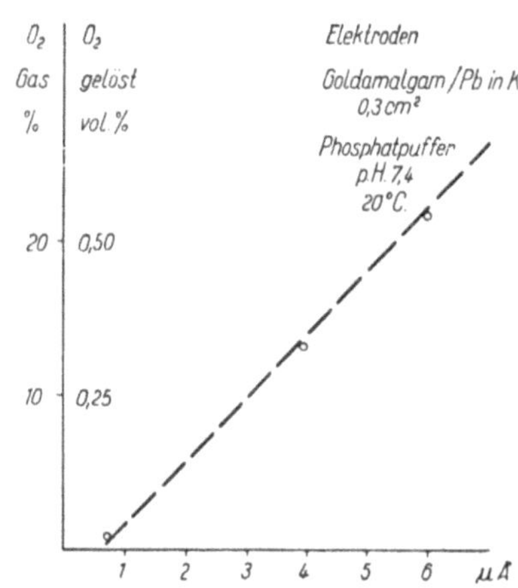

Abb. 174. Eichkurve von gelöstem Sauerstoff in Phosphatpuffer pH 7,4 (nach *H. Eggers-Lura*, Scand. J. Clin. Laborat. Invest. 1955)

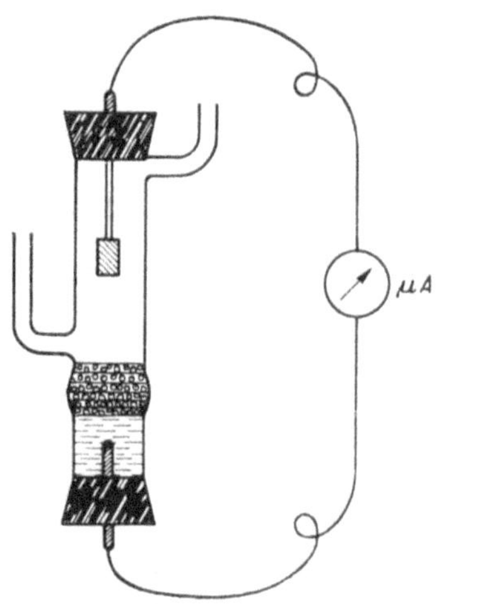

Abb. 175. Mikroapparatur für elektrochemische O_2-Messungen (nach *H. Eggers-Lura*, Scand. J. Clin. Laborat. Invest. 1955)

Nach 10 Minuten Wartezeit war der Normalabfall so weit abgeklungen, daß die Werte genügend konstant waren, um eine brauchbare Meßgrundlage zu liefern. *Eggers-Lura* gibt für die 10 Minutenwerte eine Fehlergrenze von 3 bis 4% an. Demgegenüber erhielt er mit der volumetrischen Methode von *Roughton-Scholander* [7] eine Fehlergrenze von 10 bis 15 /₀. Das von *Eggers-Lura* konstruierte Meßgefäß ist in der Abbildung 175 dargestellt.

Die Meßelektrode (Goldamalgam mit 0,3 cm²-Oberfläche) war mit Zink oder Blei zu einem galvanischen Element verbunden. Das gemessene Flüssigkeitsvolumen betrug 3 bis 4 ml. Die mit dieser Apparatur in Wasser und menschlichem Speichel bei verschiedenen Temperaturen gemessenen Luftsättigungswerte zeigt die Abbildung 176 und die Abbildung 177 die Löslichkeiten des Sauerstoffs in Wasser, Speichel, Urin und Milch in Abhängigkeit vom Sauerstoffsättigungsgrad bei 25° C.

Die Untersuchungen von *Eggers-Lura* sind deswegen von besonderem Wert, weil sie zeigen, daß trotz der großen Vorzüge der elektrochemischen Sauerstoffmessung im gleichmäßig bewegten Elektrolyten auch die Ruhestrommessung zu brauchbaren Ergebnissen führt. Man wird sich dieser Messung immer dann bedienen, wenn, wie es bei den Arbeiten von *Eggers-Lura* der Fall war, mit so geringen Flüssigkeitsmengen gearbeitet werden muß, daß eine Messung mit bewegtem Elektrolyten nicht möglich ist.

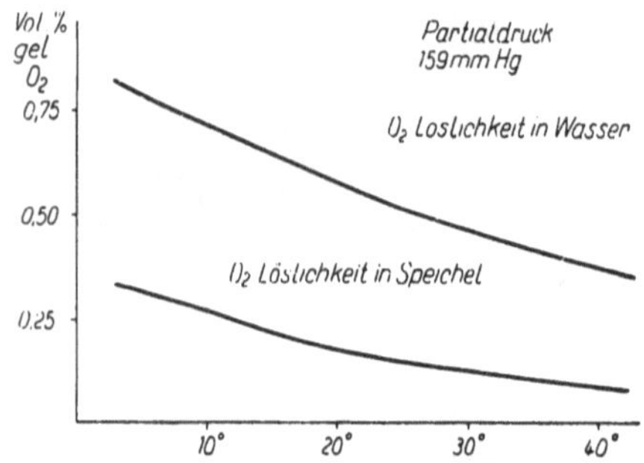

Abb. 176. O_2-Löslichkeits-Kurve in Wasser und Speichel bei verschiedenen Temperaturen (nach *H. Eggers-Lura*, Scand. J. Clin. Laborat. Invest. 1955)

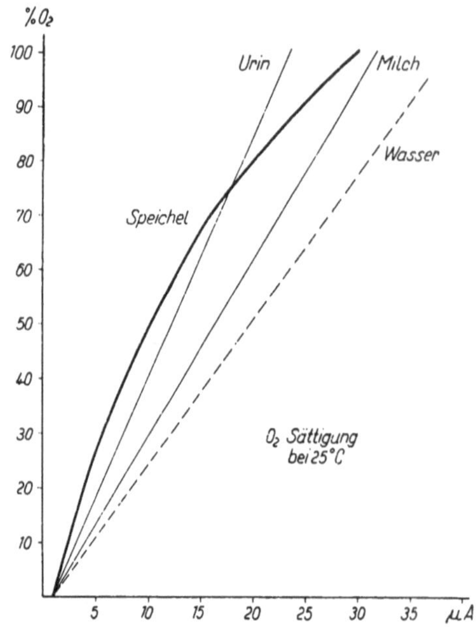

Abb. 177. Löslichkeits-Kurven einiger Flüssigkeiten mit verschiedenem Sauerstoffgehalt (nach *H. Eggers-Lura*, Scand. J. Clin. Laborat. Invest. 1955)

3. Messung in organischen Lösungen [8]

Da polarographische Messungen in M e t h y l - und Ä t h y l a l k o h o l möglich sind [9], liegt es nahe, in diesen Lösungen ebenfalls elektrochemische O_2-Messungen vorzunehmen. Daß die genannten Alkohole sich elektrochemisch ähnlich wie Wasser verhalten, geht außerdem aus der in Methyl- und Äthylalkohol festgestellten Spannungsreihe der

Metalle hervor, welche ähnliche Werte ergibt wie in wäßrigen Lösungen [10]. Erwartungsgemäß liefert die in wäßrigen Lösungen für elektrochemische Messungen verwandte Metallkombination Platin-Cadmium in alkoholischer Lösung die in Abbildung 178 dargestellte brauchbare Eichkurve.

Die für die Messungen erforderliche Leitfähigkeit wurde durch Lithiumchlorid in 0,5-*n*. oder gesättigter Lösung hergestellt. Die weiteren Elementkombinationen Gold-Zink, Gold-Cadmium und Goldamalgam-Zink ergaben Eichkurven, die von der Abbildung 178 nur sehr geringe Abweichungen aufwiesen. Während im Methanol alle Elektroden-Kombinationen geeignet waren, war dies in Äthanol nicht der Fall, hier konnte nur die Goldamalgam-Elektrode benutzt werden.

Die Ausführung der Messungen erfolgte genauso wie in wäßrigen Lösungen. Die jeweiligen Anoden Zink oder Cadmium von etwa 20 cm² Oberfläche waren durch ein Diaphragma von der Meßlösung getrennt. Die Größe der Meßelektrode (Platin, Gold, Goldamalgam) betrug annähernd 0,08 cm². Die für die Erzielung genauer Meßergebnisse erforderliche gleichmäßige Flüssigkeitsbewegung wurde durch Magnetrührung bewirkt. Da in alkoholischen Lösungen die Löslichkeit für O_2 etwa fünfmal so groß ist, läßt sich die Zugabeeichung (Zusatz bekannter Mengen O_2- oder luftgesättigter Lösung nach Entfernen des O_2) besonders gut durchführen. Mit zunehmendem Wassergehalt der alkoholischen Lösungen verschieben sich die Eichkurven um einen geringen Betrag. Eine Steigerung des Wassergehaltes von 0,2 bis 3,6% verursachte eine Verringerung der bei bestimmten O_2-Gehalten abgelesenen Stromwerte um etwa 10%. In Gemischen von Methanol mit 50% Benzol oder 50% Aceton verliefen die Messungen ähnlich günstig wie in Methanol allein, so daß die Reaktion von benzol- oder acetonlöslichen Substanzen mit gelöstem O_2 ebenso gemessen werden kann wie in alkoholischen oder wäßrigen Lösungen. Als Anwendungsbeispiel wurde der O_2-Verbrauch einer etwa 0,2-*m*. methanolischen alkalischen Pyrogallollösung (0,001 und 0,005-*m*. Natriummethylat) mit einem Tintenschreiber registriert.

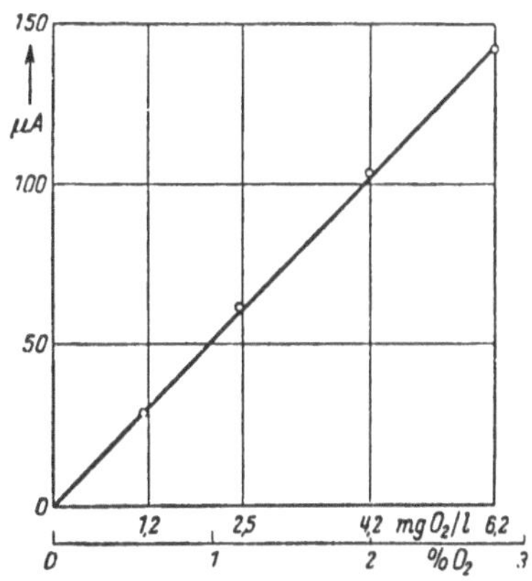

Abb. 178. Eichkurve des galvanischen Elements Cadmium-Platin 0,08 cm² in 0,5-*m*. methanolischer Lithiumchlorid-Lösung (nach *F. Tödt* und *W. Pietrulla*, Z. Naturforsch. 1957)

Der O_2-Verlauf vor der Zugabe verläuft zwischen den Linien 7 und 8 (etwa 160 μA) zwar konstant aber mit starken Schwankungen, was jedoch, wie man sieht, die Registrierung des O_2-Verbrauchs nach der Pyrogallolzugabe (in Abbildung 179 kurz nach 24 und in Abbildung 180 kurz nach 15) nicht stört. Ein Vergleich von Abbildung 179 und 180 läßt erkennen, daß bei der 5 mal höheren Alkalität ein Verbrauch von 50% des O_2 10 mal schneller verläuft (in etwa 40 sec in Abbildung 179 und in etwa 4 sec in Abbildung 178). Man kann also in nichtwäßriger Lösung die Kinetik O_2-verbrauchender (bzw. O_2-liefernder) Vorgänge ebenso einfach verfolgen wie in wäßrigen Lösungen.

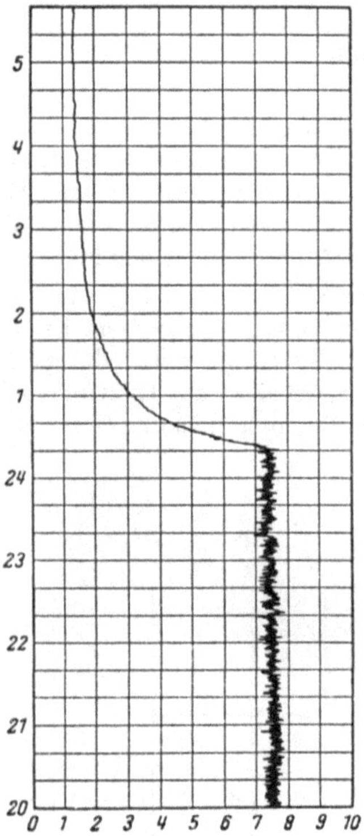

Abb. 179. O_2-Verbrauch einer etwa 0,2-molaren methylalkoholischen Pyrogallol-Lösung, 0,001-*m*. an Natriummethylat (nach *F. Tödt* und *W. Pietrulla*, Z. Naturforsch. 1957)

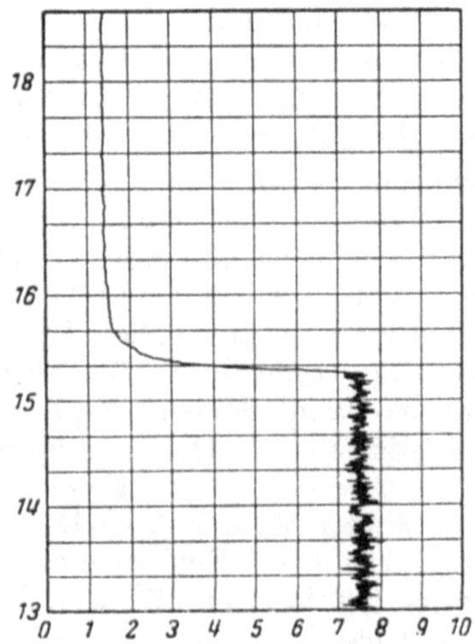

Abb. 180. O_2-Verbrauch einer etwa 0,2-molaren methylalkoholischen Pyrogallol-Lösung, 0,005-*m*. an Natriummethylat (nach *F. Tödt* und *W. Pietrulla*, Z. Naturforsch. 1957)

Literatur

[1] *F. Tödt, R. Lenschau, W. Neudert* und *Karl Junkmann*, Die Anwendung der elektrochemischen O_2-Messung zur Beobachtung bakteriologischer Stoffwechselvorgänge, Z. Naturforsch. **9 b**, H. 9 (1954).

[2] *F. Tödt* und *W. Meyer*, Untersuchungen über die Potentiale am platinierten Platin bei kathodischer Beladung unter besonderer Berücksichtigung der reversiblen Wasserstoffelektrode, Z. Elektrochem. **57**, 29—33 (1953).

[3] *F. Tödt* und *H.-J. Delavier*, Die elektrochemische Messung der Oxydation von Glukose und Fruktose durch gelösten Sauerstoff, Z. Zuckerind. **8**, 109—115 (1957).

[4] *F. Tödt*, Korrosion und Reststrom I—III, Z. Elektrochem. 586 u. 853 (1928).

[5] *F. Tödt, G. Teske, F. Windisch, W. Heumann* und *Chr. Goslich*, Elektrochemische Messung der in Flüssigkeiten gelösten Sauerstoffmengen bei oxy- und anoxybiotischen Stoffwechselprozessen, Biochem. Z. **323**, 192—213 (1952).

[6] *H. Eggers-Lura*, Electrochemical measurement of dissolved oxygen in biological fluids. Description of a simple microapparatur, Scand. J. Clin. Laborat. Invest. **7**, No. 2 (1955).

[7] *H. Eggers-Lura*, Untersuchungen über den Sauerstoffgehalt des Speichels, Zahnärztl. Rdsch. **64**, 61 (1955).

[8] *F. Tödt* und *W. Pietrulla*, Über die Durchführung elektrochemischer O_2-Messungen in alkoholischen Lösungen und organischen Lösungsgemischen, Z. Naturforsch. **12 b**, 593—594 (1957)

[9] *J. M. Kolthoff* und *J. J. Lingene*, Polarography, Interscience Publications, New York, London I, 99 (1952).

[10] *H. Strehlow*, Z. Elektrochem., Ber. Bunsenges. physik. Chem. **56**, 827 (1952).

VI.

K. Damaschke, Messung reduzierender Substanzen, insbesondere H_2O_2, H_2 und Ascorbinsäure

1. Messung von H_2O_2 [1, 2]

Bei der anodischen Oxydation von H_2O_2 an platiniertem Platin bildet sich ein Diffusionsgrenzstrom aus, der nur von der H_2O_2-Konzentration abhängt und von der O_2-Konzentration völlig unabhängig ist. Der Diffusionsgrenzstrom gehorcht der Gleichung:

$$i = \frac{{}_nF \, D_{H_2O_2} \, q}{\delta} \, {}_LC_{H_2O_2} \cdot A \qquad 1$$

worin i = Stromstärke, ${}_nF$ = pro Mol umgesetztes H_2O_2 verbrauchte Coulomb, $D_{H_2O_2}$ = Diffusions-Koeffizient des H_2O_2, δ = Diffusions-Schichtdicke, q = Elektroden-Oberfläche und ${}_LC_{H_2O_2}$ = Konzentration der Lösung an H_2O_2 ist.

Da ${}_nF$, $D_{H_2O_2}$ und q konstante Größen sind und durch gleichmäßiges Rühren des Elektrolyten δ konstant gehalten werden kann, ist die Stromstärke der H_2O_2-Konzentration der Lösung direkt proportional.

Will man diese Tatsache zur kontinuierlichen H_2O_2-Messung ausnutzen, so muß man dem platinierten Pt ein Potential erteilen, welches bei dem betreffenden p_H-Wert im Diffusions-Grenzstrom-Gebiet [3, 4] der anodischen H_2O_2-Oxydation liegt. Diese Bedingung ist erfüllt, d. h. die Stromstärke gehorcht Gleichung 1, wenn man das Potential der Gleichung 2 entsprechend wählt.

$$E_h = 1{,}17 \text{ V} - 0{,}06 \text{ V} \cdot p_H \text{ (bei } 25^\circ \text{ C)} \qquad 2$$

E_h = Potentialdifferenz gegen die Normal-Wasserstoff-Elektrode.

Das Potential kann auf jeden Fall bis zu 0,2 V edler als dieser Wert sein, unter Umständen, besonders bei höherer Temperatur als 25° C auch bis zu 0,1 V unedler.

Von uns wurde zur Konstanthaltung des Potentials ein elektronischer Potentiostat, der von *W. Schwarz* [5] entwickelt wurde, verwendet.

Das Blockschema eines solchen elektronischen Potentiostaten zeigt Abbildung 181. Am Eingang des Gleichspannungsverstärkers liegt die Spannung

$$\Delta U = U_{Soll} - U.$$

Das Gerät reguliert nun den Zellstrom so, daß $\Delta U \rightarrow 0$ geht. Dann wird $U = U_{Soll}$. Durch Einstellen der Sollspannung kann man also der Meßelektrode jede beliebige Potentialdifferenz gegen die Vergleichselektrode erteilen.

Der einfachste Potentiostat ist jedoch eine Anordnung, die der Elementanordnung nach *Tödt* [6, 7] zur Messung des gelösten O_2 entspricht.

Will man mit einer solchen Anordnung H_2O_2 messen, so muß man ein Halbelement finden, das bei kathodischer Belastung hinreichend unpolarisierbar ist und ein Potential hat, das für einen gewissen Potentialbereich im Diffusionsgrenzstromgebiet der H_2O_2-Oxydation liegt. Schließt man ein so geschaffenes Halbelement mit dem platinierten Pt über ein Meßinstrument kurz, so ist der fließende Strom, konstante Diffusionsschichtdicke vorausgesetzt, der H_2O_2-Konzentration proportional. Ein Halbelement, das die oben genannten Forderungen bei der H_2O_2-Oxydation bei

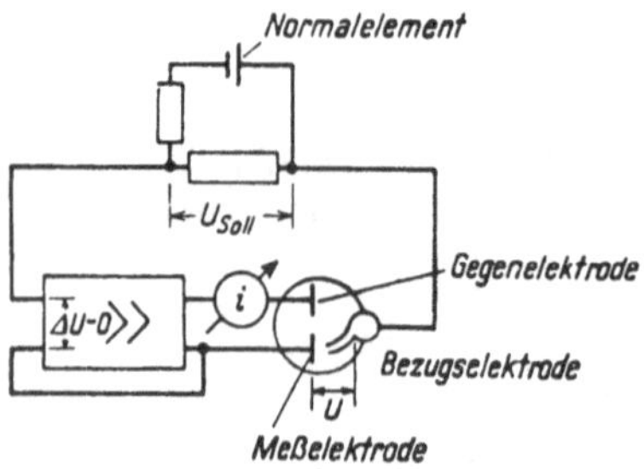

Abb. 181. Potentiometer-Schaltung mit unpolarisierbarer Gegenelektrode (nach *K. Damaschke* und *D. Winkelmann*, Z. Naturforsch. 1956)

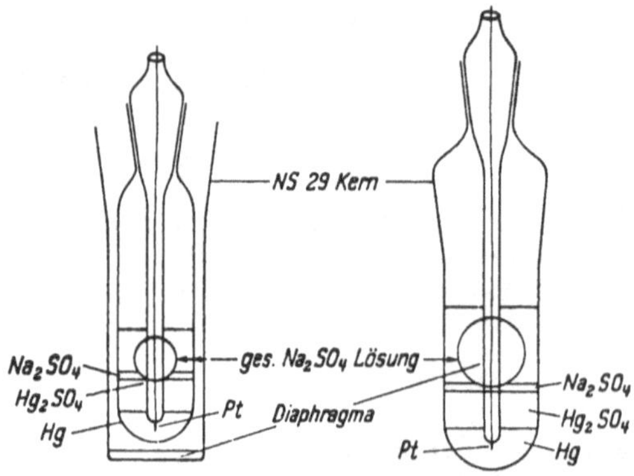

Abb. 182. Formen und Aufbau der Hg/Hg_2SO_4-Elektrode (nach *K. Damaschke* und *D. Winkelmann*, Z. Naturforsch. 1956)

25° C für p_H-Werte $> 8{,}2$ und bei 37° C für p_H-Werte $> 7{,}2$ erfüllt, wurde in der gesättigten Hg_2SO_4-Elektrode gefunden. Sie ist in der Form, wie wir sie benutzt haben (Abb. 182) bis zu einer Belastung von 100 μA kathodischen Stroms völlig unpolarisierbar. Man muß also die Meßbedingungen so wählen, daß der fließende Strom möglichst nicht größer als 100 μA wird. Da der Strom der Oberfläche der Meßelektrode direkt proportional ist, ist diese Bedingung leicht durch Wahl eines platinierten Pt-Bleches entsprechender Oberfläche zu erfüllen.

Es ist auf diese Weise durch Wahl der Größe des Pt-Bleches möglich, mit den üblichen Galvanometern H_2O_2-Konzentrationen von 10^{-8} bis 10^{-2} Mol/l genau zu messen. Damit keine Quecksilberionen in den Elektrolyten geraten, wurde die Hg_2SO_4-Elektrode hinter einem Diaphragma in gesättigte Na_2SO_4 gehalten (Abb. 182).

Eine Schemazeichnung der Meßanordnung zeigt die Abbildung 183. In bezug auf den Innen- und Außenwiderstand sind die Verhältnisse genauso wie bei der schon erwähnten Anordnung von *Tödt* zur Messung des O_2, nur daß bei der H_2O_2-Messung ein anodischer Strom durch die Meßelektrode fließt und dort ein kathodischer. Bei der Anordnung nach *Tödt* ist dadurch die Meßelektrode edler, während bei der H_2O_2-Messung die Meßelektrode unedler als die Gegenelektrode ist.

Der Temperaturkoeffizient beträgt zwischen 20 und 40° C pro Grad C $\sim$ 3,5% des fließenden Stromes.

Ist der Stromkreis einmal geöffnet worden, so muß man erst einige Minuten warten, bis der fließende Strom wieder der H_2O_2-Konzentration proportional ist. Da mit der Elementanordnung platiniertes Pt-Hg/Hg_2SO_4 auch andere oxydierbare Stoffe erfaßt

werden, z. B. Ascorbinsäure, muß man, wenn man die Umsetzung eines Stoffes mit H_2O_2 verfolgen will, darauf achten, daß sowohl der Anfangsstoff als auch das Endprodukt keinen Beitrag zur Stromstärke liefern.
Abbildung 184 zeigt eine Eichkurve, die demonstriert, daß die H_2O_2-Konzentration der Stromstärke direkt proportional ist, wie Gleichung 1 fordert.

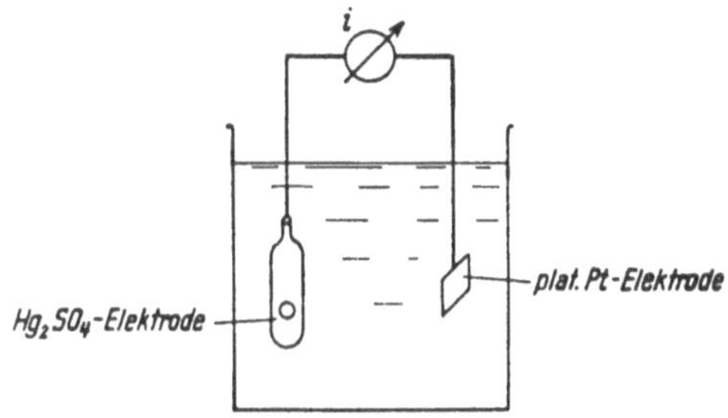

Abb. 183. Schema der Meßanordnung (nach *K. Damaschke* und *D. Winkelmann*, Z. Naturforsch. 1956)

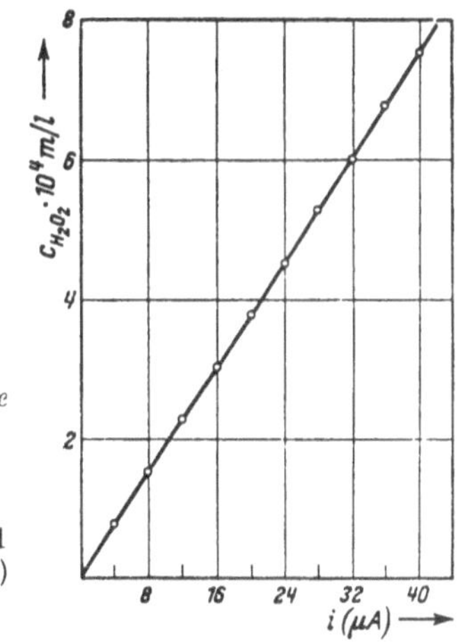

Abb. 184. Eichkurve. t = 37° C; Phosphatpuffer pH 9,1 (nach *K. Damaschke* u. *D. Winkelmann* Z. Naturforsch. 1956)

Vorbehandlung der Elektroden

Platinieren der Platinelektrode: Die zu platinierende Platinelektrode wird gegen eine andere Platinelektrode an einen Akku von 2 Volt geschaltet, wie es Abbildung 184 a zeigt.

Die beiden Elektroden werden etwa 10 Minuten in eine Lösung von 3% Platinchlorür und 0,02% Bleiacetat getaucht. Dabei ist die zu platinierende Elektrode öfter zu drehen, damit die Schicht auf allen Seiten gleichmäßig wird. Danach taucht man sie noch 1 bis 2 Minuten in 20%ige H_2SO_4. Die platinierte Elektrode wird abgespült und dann noch einige Minuten in eine 10%ige H_2O_2-Lösung gestellt. Das Platinieren der Meßelektrode muß bei regelmäßigem Gebrauch alle 3 bis 4 Wochen wiederholt werden. Die Hg/Hg_2SO_4-Elektrode wird, wenn sie nicht benutzt wird, in gesättigter Na_2SO_4-Lösung aufbewahrt.

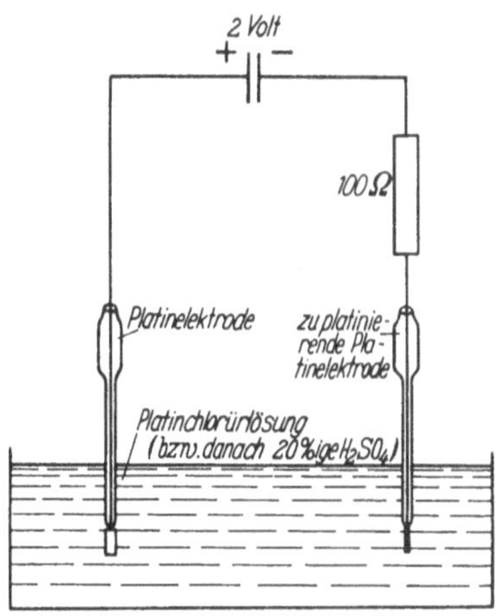

Abb. 184a. Schaltung zum Platinieren der Platinelektrode

Eichung: Zur Eichung der Meßanordnung füllt man das Meßgefäß mit der Meßlösung und schaltet das Meßinstrument mit dem negativen Pol an die platinierte Platinelektrode und mit dem positiven Pol an die Hg/Hg_2SO_4-Elektrode, wenn man in alkalischer Lösung arbeitet. In saurer Lösung muß man einen Potentiostaten verwenden. Man schaltet dann die platinierte Platinelektrode als Meßelektrode, die Hg/Hg_2SO_4-Elektrode als Vergleichselektrode und eine blanke Platin-Elektrode als Gegenelektrode. Das Potential, das einzustellen ist, berechnet man nach der Gleichung:

$$E_h = 1{,}17\ V - 0{,}06\ V \cdot p_H$$

Nachdem sich ein konstanter Strom eingestellt hat, der annähernd Null sein muß, gibt man mit Hilfe der Zugabevorrichtung eine definierte Menge H_2O_2 zu und notiert den erhaltenen Stromzuwachs.

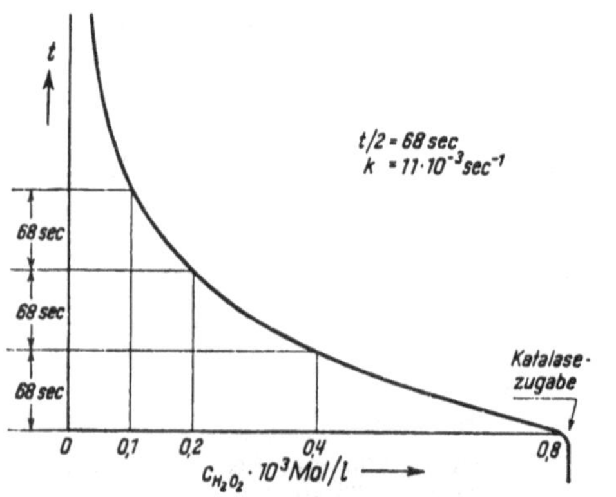

Abb. 185.
Reaktionskurve $C_{H_2O_2} = 0{,}8 \cdot 10^{-3}$ Mol/l; $C_{Katal} = 3$ mg/l bei $p_H = 7{,}55$; $t = 37°$ C (Originalaufnahme nach *K. Damaschke* und *D. Winkelmann*, Z. Naturforsch. 1956)

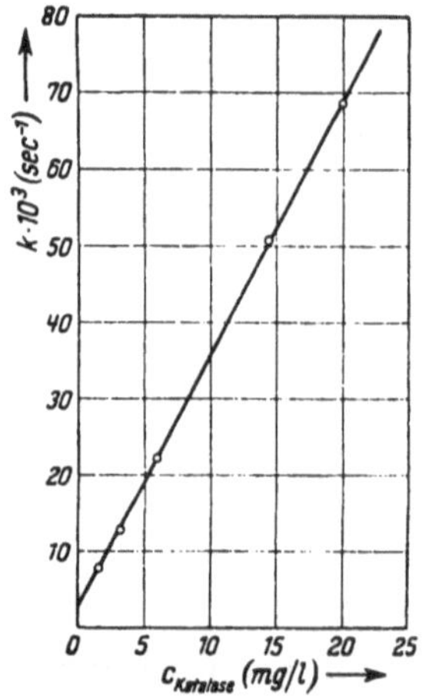

Abb. 186.
Abhängigkeit der RGK von der Katalasekonzentration bei $p_H = 7{,}55$; $t = 37°$ C; $C_{H_2O_2} = 0{,}8 \cdot 10^{-3}$ Mol/l (nach *K. Damaschke* und *D. Winkelmann*, Z. Naturforsch. 1956)

Diese Eichung wiederholt man am besten täglich, da sich die Oberfläche der platinierten Platinelektrode leicht verändert.

a) Messung der Katalaseaktivität von Leberkatalase

Als erstes studierten wir mit der H_2O_2-Meßmethode den durch Leberkatalase katalysierten Zerfall von H_2O_2.

Es wurde festgestellt, daß die Reaktion in bezug auf H_2O_2 erster Ordnung ist (Abb. 185). Es ist dies sowohl bei kleinen als auch bei großen Katalesekonzentrationen der Fall. Die Abhängigkeit der RGK von der Katalasekonzentration ist linear (Abb. 186).

Anschließend wurde die p_H-Abhängigkeit bei konstanter Temperatur, konstanter H_2O_2-Anfangskonzentration und konstanter Katalasekonzentration untersucht (Abb. 187). In stark alkalischen oder sauren Lösungen ist jedoch bei kleinen Katalasekonzentrationen die Reaktion nicht mehr erster Ordnung, sondern wird mit der Zeit immer langsamer. Bei hohen Katalasekonzentrationen ist sie hingegen auch bei solchen p_H-Werten erster Ordnung.

Anscheinend wird die Katalase bei solchen pH-Werten langsam angegriffen. Ist die Reaktion schnell (hohe Katalasekonzentration), dann macht sich in der kurzen Zeit, in der die H_2O_2-Konzentration bis fast auf 0 abfällt, die Änderung der Katalasekonzentration gar nicht bemerkbar. Es wurde daher bei den pH-Werten 4,3 und 10,75 so verfahren, daß die Katalasekonzentration gegenüber den anderen pH-Werten auf das 10fache erhöht wurde, aber k/10 eingezeichnet wurde. Dazu berechtigt die direkte Proportionalität zwischen k und der Katalasekonzentration (Abb. 186). Bei pH 3,4 erwies sich aber selbst die 10fache Katalasekonzentration als zu gering, um einen gut meßbaren k-Wert zu erhalten.

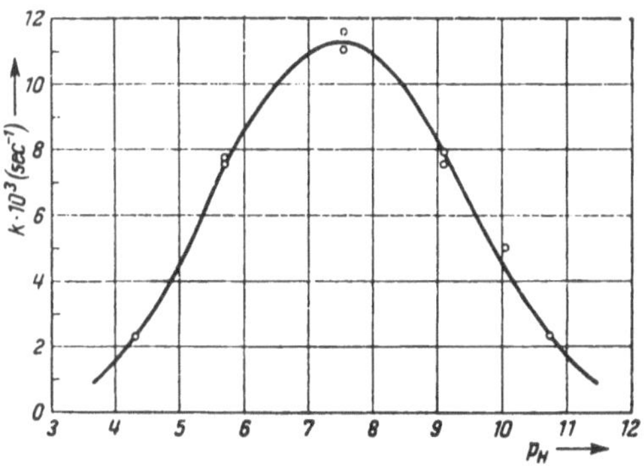

Abb. 187.
Abhängigkeit der RGK vom pH-Wert bei 37° C; $c_{H_2O_2} = 0{,}8 \cdot 10^{-3}$ Mol/l; $c_{Katal} = 3$ mg/l (nach *K. Damaschke* und *D. Winkelmann*, Z. Naturforsch. 1956)

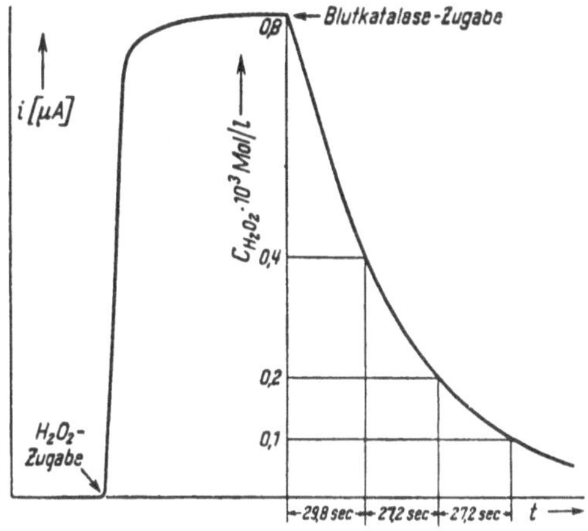

Abb. 188.
Reaktionskurve $c_{H_2O_2} = 0{,}8 \cdot 10^{-3}$ Mol/l; $c_{Blut} = 0{,}75$ ml/l; t = 37° C; pH = 7,2 (nach *K. Damschke* und *F. Tödt*, Z. Naturforsch. 1956)

Aus Abbildung 187 ersieht man die Abhängigkeit der RGK vom pH-Wert. Das Maximum liegt etwa beim Neutralpunkt. Zur alkalischen und sauren Seite hin fällt die Reaktionsgeschwindigkeit ab. Die Abhängigkeit der RGK vom pH-Wert zeigt die Form einer Glockenkurve.

b) Messung des katalysierten Zerfalls von H_2O_2 durch Blutkatalase [8]

Die Versuche mit Blutkatalase wurden in der Weise durchgeführt, daß das Blut, welches aus der Armvene entnommen war, im Verhältnis 1 : 10 mit physiologischer Kochsalzlösung verdünnt wurde und die RGK gemessen wurde. Dazu wurde das Elektrodengefäß mit 0,93%igem Phosphatpuffer vom pH 7,2 bei 37° C gefüllt. In das Elektrodengefäß wurde nun eine definierte Menge H_2O_2 gegeben, und nachdem der Strom sich eingestellt hatte, 1,25 ml des verdünnten Blutes hinzugegeben. Die H_2O_2-Zersetzung wurde registriert und k ermittelt. Es zeigte sich, daß keine grundsätzlichen Unterschiede zur Leberkatalase bestehen.

Die Reaktion ist bei den angewandten Blutmengen in bezug auf H_2O_2 1. Ordnung (Abb. 188). Eine zur Ermittlung des pH-Optimums der Reaktion bei 37° C aufgenommene Kurve zeigte bei konstanter H_2O_2-Anfangskonzentration und konstanter Blutkonzentration ihr Optimum bei pH 7,5 und hatte gleichfalls die Form einer

Glockenkurve. Die Abhängigkeit der RGK bei 37° C und einer H_2O_2-Konzentration von $0{,}8 \cdot 10^{-3}$ Mol/l von der Katalasemenge zeigt Abbildung 189. Man sieht, daß zwischen der Katalasemenge und der RGK eine lineare Abhängigkeit besteht.

c) Messung der Katalaseaktivität in Milch [9]

Zur Haltbarkeitskontrolle der Milch wurde von uns außer der Atmungsmessung die Messung der Katalaseaktivität mit herangezogen. Es war anzunehmen, daß mit der Zunahme der Milchsäurebakterien auch die Katalasemenge ansteigen würde. Die Messung wurde in unverdünnter Milch bei Zimmertemperatur vorgenommen. Der

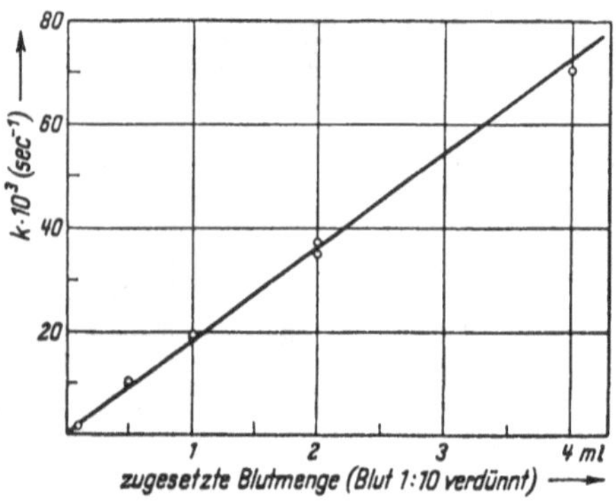

Abb. 189. Abhängigkeit der Reaktionsgeschwindigkeitskonstanten (k) von der Blutkatalasekonzentration (nach *K. Damaschke* u. *F. Tödt*, Z. Naturforsch. 1956)

Milch wurde H_2O_2 zugesetzt, wobei es nicht darauf ankam, daß die Mengen bei jedem Versuch gleich waren und die Halbwertszeit $t_{1/2}$ ermittelt. Es ist dies diejenige Zeit, in der von der vorhandenen H_2O_2-Menge die Hälfte zersetzt ist, d. h. gleichzeitig der angezeigte Strom i auf $i/2$ abgesunken ist. Abbildung 190 zeigt den Kurvenverlauf der H_2O_2-Zersetzung durch Milchkatalase. Auch hier ist wie bei den anderen untersuchten Katalasen die Reaktion in bezug auf H_2O_2 erster Ordnung.

Tabelle 26 zeigt die vergleichenden Messungen zwischen der Titration des Säuregrades, dem pH-Wert, der Katalase-Aktivität und der Atmung.

Tabelle 26

Std.	Titr.	pH	t/2 min	Atmg. γ O_2/l Std.	x-fache Atmung
0	6,0	6,6	> 200	373	1
4	6,0	6,6	82	510	1,37
8	6,1	6,6	62	1620	4,35
Probe verschlossen in den Eisschrank gestellt bei 3° C 16 Std.					
10	7,0	6,5	15	2110	5,65
14	8,3	6,5	9½	2500	6,7
Probe über Nacht wieder in den Eisschrank gestellt					
18	14,0	6,2		4170	11,2
20	18,4	5,1		3900	10,5

In den ersten 8 Stunden, in denen die Milch in einem offenen Becherglas bei Zimmertemperatur stand, war der Säuregrad sowie der pH-Wert annähernd gleich geblieben. Die Atmung war dagegen in dieser Zeit auf den $4^1/_2$fachen Wert angestiegen, und die Katalaseaktivität hatte ebenfalls stark zugenommen.

Auch aus Tabelle 27 ist klar ersichtlich, daß die Atmungs- und besonders die Katalasemessung schneller ansprechen als die Titration. Bemerkenswert ist die Übereinstimmung der Zunahme der Atmung und der Katalaseaktivität im Vergleich zum Ausgangswert. Nach $21^1/_2$ Stunden ist die Katalaseaktivität auf das $7^1/_2$fache gestiegen und die Atmung hat sich um den 10fachen Betrag vermehrt. Viele andere Versuchsreihen führten zu ähnlichen Ergebnissen.

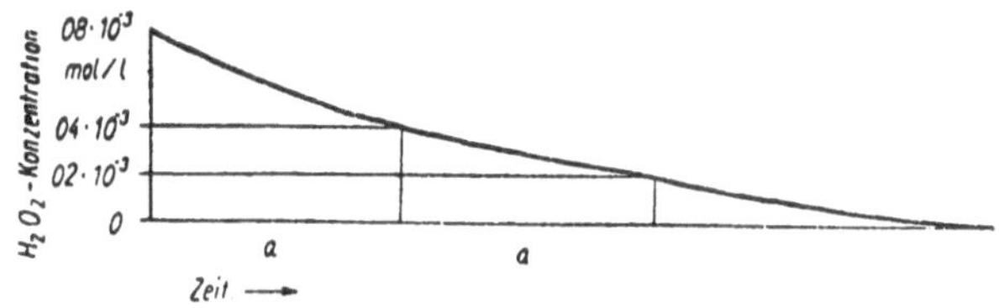

Abb. 190. Zersetzung von H_2O_2 durch Milchkatalase (nach *K. Damaschke* und *F. Tödt*, Milchwiss. 1957)

Es wurde nun Milch in einer verschlossenen Flasche im Eisschrank bei 3° C aufbewahrt und jeden Tag eine Probe gezogen. Das Ergebnis zeigt die Tabelle 28.

Tabelle 27

Std.	Titr.	t/2 min	Atmung γ O_2/l Std.	x-fache Katalas. Aktivität	x-fache Atmung
0	5,8	63	238	1	1
4	5,7	46	296	1,37	1,24
21½	6,0	8,5	2380	7,4	10
26½	8,4	3,5	4840	18	20

Tabelle 28

Tage	Titr.	pH	t/2 min
0	6,0	6,6	300
1	6,0	6,6	38
2	6,25	6,5	26
3	7,2	6,4	13
4	10,4	6,0	—

Auch hier sieht man wieder deutlich, daß während der ersten 24 Stunden der Titrationswert und der pH-Wert unverändert bleiben, während die Katalaseaktivität auf den 8fachen Wert ansteigt.

Es sollte mit diesen Versuchen in erster Linie gezeigt werden, daß es überhaupt möglich ist, in der Milch Sauerstoff und Wasserstoffperoxyd zu messen, d. h. die Bildung der Milchsäurebakterien und ihren Stoffwechsel messend zu verfolgen.

d) Katalasebestimmung im Getreide

Die Brauchbarkeit der elektrochemischen Katalasebestimmung im Getreide wurde in der Bundesforschungsanstalt für Getreideverwertung an Schrot, Mehl und anderen Getreideprodukten von *M. Rohrlich* und *R. Lenschau* [10] geprüft. Im Gegensatz zu den aus der Literatur bekannten Verfahren gestattet die elektrochemische Methode die schnelle und genaue Erfassung des H_2O_2-Gehaltes bis zu Konzentrationen von 10^{-8} Mol/l.

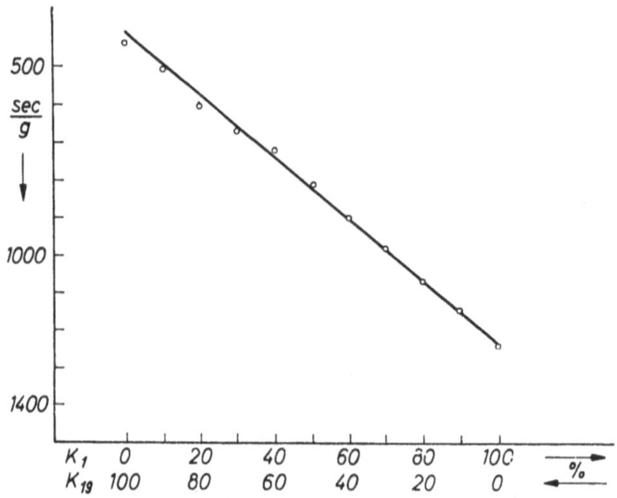

Abb. 191. Die Beziehung zwischen Keimfähigkeit und Katalasegehalt in einem prozentualen Gemisch zweier Weizensorten mit fallender Keimfähigkeit (nach *M. Rohrlich* und *R. Lenschau*, unveröffentlicht)

Eine Relation zwischen Keimfähigkeit und Katalasegehalt konnte nachgewiesen werden, indem von einer 97% keimfähigen Weizensorte (K_{19}) und einer 13% keimfähigen (K_1) prozentuale Mischungen von 100% K_{19} + 0% K_1 bis zu 0% K_{19} + 100% K_1 hergestellt und ihre Katalaseaktivität gemessen wurde (Abb. 191). Proportional dem linear abfallenden Anteil von K_{19} ist auch der Katalasegehalt verringert. Dieser Zusammenhang zwischen Keimfähigkeit und Enzymgehalt wurde im Gegensatz zu den Ergebnissen mit einer manometrischen Bestimmungsmethode in allen 21 Sorten des Untersuchungsmaterials bestätigt.

Bei der Bestimmung des maximalen Katalasegehaltes während der Keimung wurde eine Woche lang täglich der Enzymgehalt von Wurzelkeim, Blattkeim und Restkörper gemessen, deren Keimung mit und ohne Licht erfolgt war. Nach 72 Stunden wurde bei Lichteinfluß bei allen drei Teilen ein maximaler Katalasegehalt nachgewiesen, dessen Konzentration im Blattkeim am höchsten war. Im Dunkelversuch wurden diese Erscheinungen erst 24 bis 48 Stunden später beobachtet.

Während der Vegetationsperiode liegt der maximale Katalasegehalt vor der Milchreife und nimmt von da an während der Lagerung des Getreides stetig ab. Das Maß dieser Abnahme ist jedoch davon abhängig, ob beim Einbringen der Ernte das sogenannte Mäh- oder Hockendruschverfahren angewendet worden ist. Den unbestreitbaren Vorzügen des Mähdrusches, der sich auch in Deutschland wegen seiner Rationalität und Witterungsunabhängigkeit durchgesetzt hat, steht eine erheblich stärkere Abnahme der Katalaseaktivität gegenüber, die auch von den Ergebnissen der Kulturversuche (Schimmelbefall) bestätigt wird.

Mit der Methode konnte weiterhin die Einwirkung äußerer Einflüsse (Hitze, Feuchtigkeit), wie sie im Verlauf der Verarbeitung auftreten, auf die Katalaseaktivität untersucht werden. Es wurden ferner Versuche mit Fremdsubstanzen wie DDT und HCN durchgeführt, wobei Proben, die vor ihrer Einlagerung mit DDT bestäubt worden waren oder, wie es in manchen Lagerhallen üblich ist, einer 24 stündigen HCN-Begasung mit anschließender starker Belüftung ausgesetzt worden waren, untersucht wurden. Hierbei konnten die Veränderungen von Korngefüge und -inhaltsstoffen an Änderungen der Katalaseaktivität erkannt werden und zur Klärung entsprechender Probleme herangezogen werden.

Die praktische Bedeutung der Katalasebestimmung in Getreideprodukten als routinemäßige Untersuchungsmethode liegt in der Empfindlichkeit des Enzyms gegen äußere Einflüsse. Aus diesen Gründen wäre bei der zunehmenden Bedeutung der Katalase in der Lebensmitteluntersuchung zu prüfen, ob nicht auch in Deutschland, wie es im Ausland bereits geschieht, die Katalaseaktivität als Gütekriterium in die Nahrungsmitteluntersuchung (Milch, Getreideprodukte, Gemüse, Trockenei, Bier) eingeführt werden sollte.

e) Messung der Bildung von H_2O_2 durch UV- und ionisierende Strahlen [11]

Methodik: Die Messungen wurden in einem offenen Elektrodengefäß vorgenommen. Als Elektrolyt diente eine 1,2%ige Phosphatpufferlösung vom p_H 8,7, welche zur Erreichung einer konstanten Diffusionsgeschwindigkeit mit Hilfe eines Magnetstäbchens und eines Magnetrührers gerührt wurde. UV-Strahlen wurden von oben in das Gefäß eingestrahlt, der β-Strahler direkt in die Flüssigkeit gehängt und die Röntgen- und γ-Strahlen von unten eingestrahlt. Bei letzteren mußte die Elektrolytlösung von oben gerührt werden.

Strahlenquellen: Als Strahlenquellen dienten für UV eine Quecksilber-Niederdrucklampe, für Röntgenstrahlen eine Röntgenröhre ohne Filter, für γ-Strahlen eine Kobalt- und Iridiumquelle und für β-Strahlen eine Strontiumquelle.

Versuche mit UV-Strahlen: Die ersten Versuche wurden in einem offenen Gefäß durchgeführt, bei welchem die UV-Strahlen 12 cm von der Strahlenquelle entfernt die Wasseroberfläche trafen. Die Lösung war luftgesättigt, und es entstand kein H_2O_2. Enthielt die Lösung ZnO, so stieg der Strom bei Einstrahlung laufend an. Nach Ausschalten der Strahlenquelle blieb der Strom konstant.

Um festzustellen, ob der entstandene Stoff überhaupt und ausschließlich H_2O_2 war, setzten wir, nachdem das UV-Licht ausgeschaltet war, der Lösung Katalase zu. Die durch den Katalasezusatz erhaltenen H_2O_2-Zersetzungskurven waren in bezug auf H_2O_2 erster Ordnung. Nach dem Katalasezusatz ging der Strom auf Null zurück, so daß der Stromanstieg ausschließlich auf H_2O_2 zurückzuführen war. Die Menge des erzeugten H_2O_2 war der Einstrahlungszeit direkt proportional (Abb. 192). Ebenfalls konnte eine lineare Abhängigkeit von der Menge des in der Lösung befindlichen ZnO festgestellt werden (Abb. 193), denn je mehr ZnO in der Lösung ist, desto mehr Strahlen werden absorbiert und bilden sekundär die Photoelektronen, die für die Bildung des H_2O_2 maßgebend sind. Durch Schwächung der Strahlung mit Hilfe von

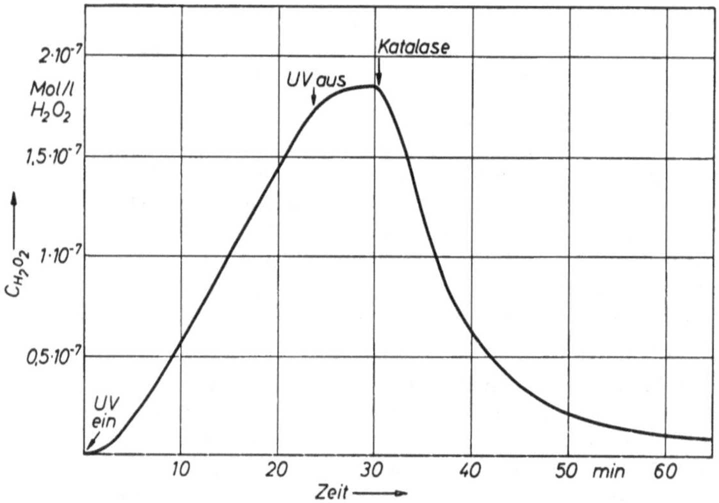

Abb. 192. Bildung von H_2O_2 durch Einwirkung von UV-Strahlen und seine Zersetzung durch Katalase. Phosphatpuffer p_H 8,7 + 0,04% ZnO (nach *K. Damaschke*, Z. Naturforsch. 1958)

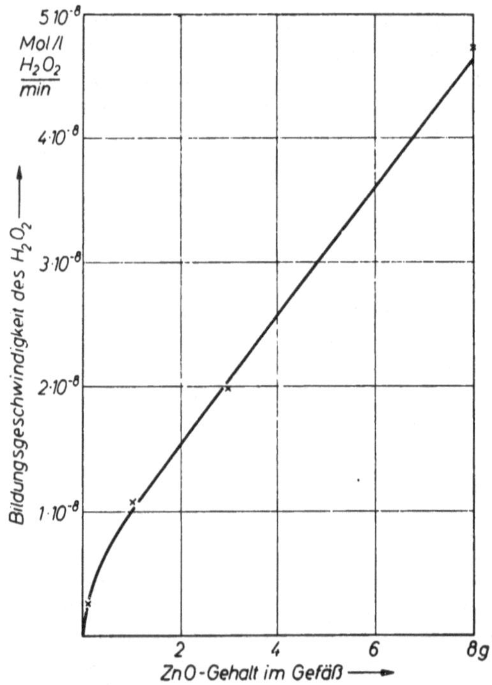

Abb. 193. Abhängigkeit der H_2O_2-Produktion durch UV-Strahlen von der ZnO-Menge (nach *K. Damaschke*, Z. Naturforsch. 1958)

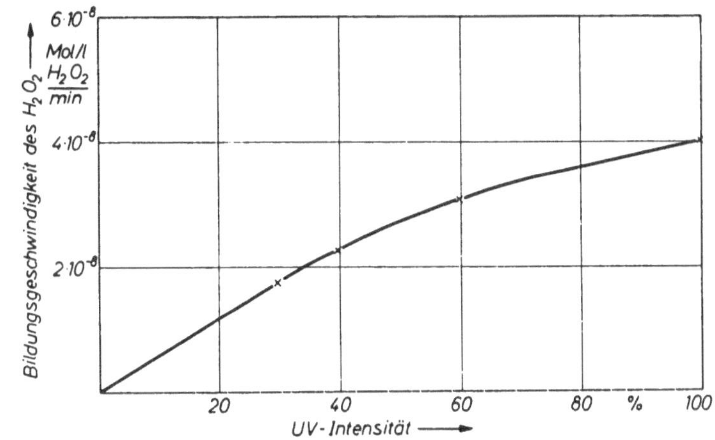

Abb. 194. Abhängigkeit der durch UV-Strahlen erzeugten H_2O_2-Menge von der Strahlungsintensität (nach *K. Damaschke*, Z. Naturforsch. 1958)

Metallgittern oder Schottfiltern wurde die auf Abbildung 194 abgebildete Kurve erhalten. Sie zeigt, daß von etwa 0 bis 50% Strahlungsintensität die entstandenen H_2O_2-Mengen der Strahlungsintensität proportional sind und zwischen 60 und 100% unter den gegebenen Versuchsbedingungen nur noch wenig zunehmen. Für die Versuche mit UV wurden immer 0,1 g ZnO auf 250 ml Pufferlösung verwendet.

Wie *Bauer* [12] zeigen konnte, nimmt durch Zusätze von z. B. Glukose, Glycerin und Benzidin die Bildungsgeschwindigkeit des H_2O_2 stark zu. Diese Versuche wurden von uns wiederholt und für Glukose (Abb. 195) und Glycerin (Abb. 196) Konzentrationskurven aufgenommen, die die Abhängigkeit der Bildungsgeschwindigkeit des H_2O_2 von der Konzentration der zugesetzten Stoffe zeigen. Die Steigerung der Bildungsgeschwindigkeit beginnt sowohl bei Glukose wie bei Glycerin bei einer Konzentration

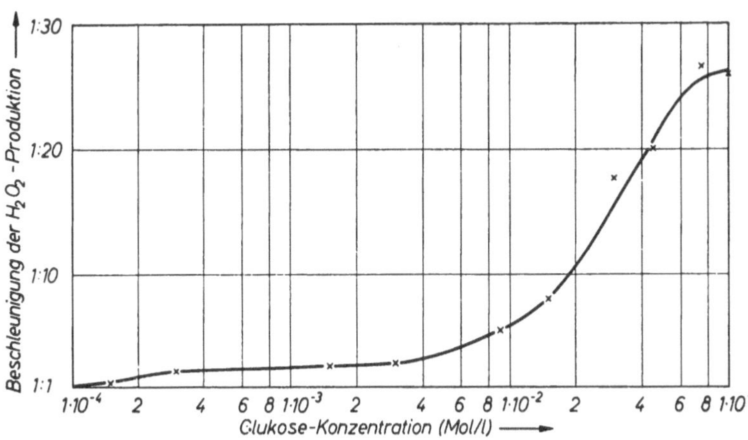

Abb. 195. Abhängigkeit der Bildungsgeschwindigkeit des H_2O_2 von der Glukosekonzentration (nach *K. Damaschke*, Z. Naturforsch. 1958)

von $3 \cdot 10^{-4}$ Mol/l und endet bei etwa 6 bis $8 \cdot 10^{-2}$ Mol/l. Durch Glukose wird die Bildungsgeschwindigkeit auf das 25fache erhöht, durch Glycerin sogar auf das 200-fache. Von Benzidin wurde keine Konzentrationskurve aufgenommen. Durch Zusatz von 0,2 g/l wurde lediglich festgestellt, daß dadurch die Bildungsgeschwindigkeit des H_2O_2 auf das 185fache erhöht wurde.

Einwirkung von Sonnenstrahlen: Offene Gefäße wurden verschieden lange der Sonneneinstrahlung ausgesetzt. Dabei zeigte sich, daß die entstandenen H_2O_2-Mengen

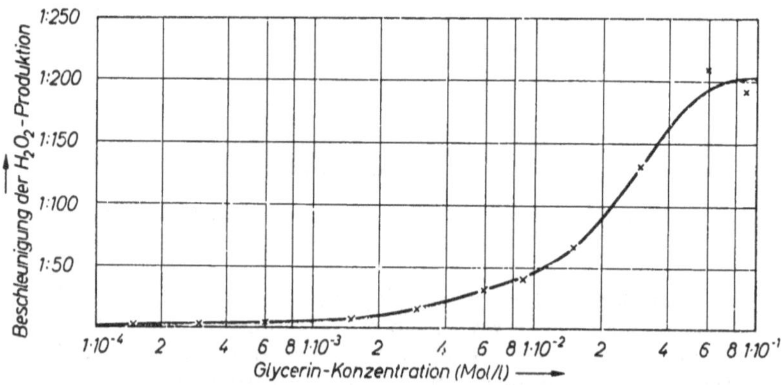

Abb. 196. Abhängigkeit der Bildungsgeschwindigkeit des H_2O_2 von der Glycerinkonzentration (nach *K. Damaschke*, Z. Naturforsch. 1958)

der Einstrahlungszeit proportional waren (Abb. 197). Um zu sehen, welcher Anteil des Sonnenlichts besonders wirksam ist, wurden Versuche mit verschiedenen Schottfiltern unternommen. Die Ergebnisse sind in der Tabelle 29 zusammengefaßt.

Tabelle 29

Nach einstündiger Sonneneinstrahlung gebildete H_2O_2-Mengen

Filter	Mol/l H_2O_2
ohne	$19 \cdot 10^{-7}$
WG 2	$8{,}3 \cdot 10^{-7}$
WG 1	$5{,}5 \cdot 10^{-7}$
GG14	$2{,}1 \cdot 10^{-7}$

Wir sehen, daß die geringste Wirkung beim GG 14 besteht, welches kein UV und kein Blaulicht durchläßt. Anschließend kommt das WG 1, welches wenig nahes UV hat, während das WG 2 seinerseits wieder mehr kurzwellige Strahlung als das WG 1 durchläßt.

Einfluß von Röntgenstrahlen: Bei der Anwendung von Röntgenstrahlen ist es nicht notwendig, der Lösung ZnO hinzuzufügen, da beim Durchgang von Röntgenstrahlen durch Materie Sekundärelektronen entstehen und von diesen H_2O_2 gebildet wird [13]. Die γ-Strahlen unterscheiden sich grundsätzlich von α- und β-Strahlen dadurch, daß letztere beim Durchgang durch Materie immer mehr Energie verlieren, während die

γ-Strahlung unabhängig davon, wieviel Zentimeter der Strahl bereits zurückgelegt hat, ihre volle Energie bis zur Absorption behält. Beim Durchgang durch Materie nimmt also nur die Intensität ab. Die Energie, die bei der Absorption den γ-Strahlen verlorengeht, wird in der Energie der Elektronen wiedergefunden, die bei der Absorption aus den Elektronenhüllen herausgeschlagen werden. Dies kann durch den photoelektrischen Effekt, den Compton-Effekt und durch Paarbildung geschehen. Welcher Effekt die Sekundärelektronen liefert, ist von der Energie der angewendeten γ-Strahlen abhängig.

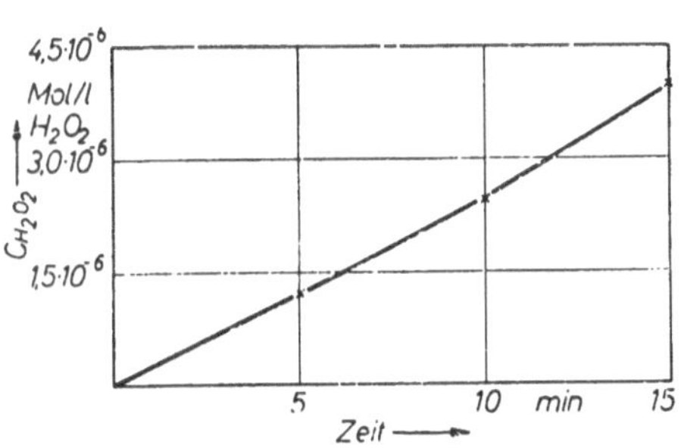

Abb. 197. H_2O_2-Bildung im Sonnenlicht in Abhängigkeit von der Zeit (nach *K. Damaschke*, Z. Naturforsch. 1958)

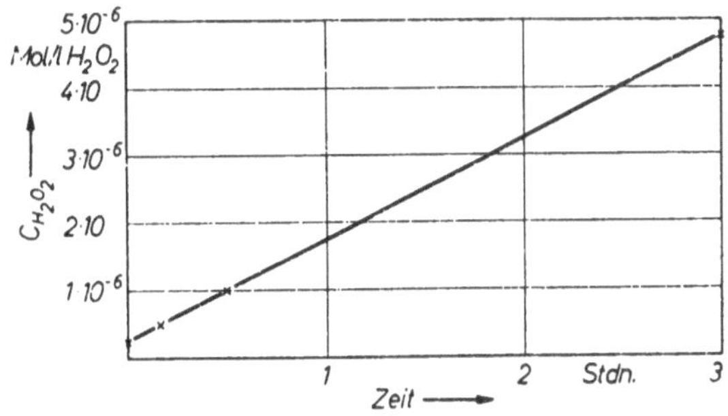

Abb. 198. Durch Röntgenstrahlen von 220 kV und 9,5 mA erzeugte H_2O_2-Mengen bei konstanter Spannung und veränderlicher Bestrahlungsgröße (mA × Zeit) (nach *K. Damaschke*, Z. Naturforsch. 1958)

Die Versuche mit Röntgenstrahlen wurden nach zwei Richtungen unternommen. Einmal wurde die Bildung von H_2O_2 bei konstanter Spannung in Abhängigkeit von der Bestrahlungsgröße (mA × Zeit) untersucht und umgekehrt. Abbildung 198 zeigt einen Versuch, bei dem die Bestrahlungsgröße durch Veränderung der Bestrahlungszeit verändert wurde, während die Spannung konstant gehalten wurde. Der Abstand der Versuchslösung von der Röntgenröhre betrug 31 cm, die Röntgenstrahlen waren ungefiltert. Die entstandenen H_2O_2-Mengen sind der Bestrahlungsgröße, d. h. in unserem Falle der Bestrahlungszeit bei konstanten mA direkt proportional. Bei den anderen Versuchen, wie sie in Abbildung 199 dargestellt sind, in welchen die Bestrahlungsgröße konstant gehalten wurde und die Spannung verändert wurde, zeigte sich, daß bis zu etwa 150 kV eine lineare Abhängigkeit der H_2O_2-Bildung von der Spannung besteht. Mit steigender Spannung wird jedoch die H_2O_2-Produktion größer. Abbildung 200 zeigt den zeitlichen Verlauf der H_2O_2-Bildung während der Einstrahlung. Kurve a und b unterscheiden sich in der Bestrahlungsgröße. Die Kurven zeigen zu Beginn eine Anlaufzeit von 1 bis 2 Minuten, ehe sich eine konstante Bildungsgeschwindigkeit des H_2O_2 einstellt. Mit der Erhöhung der Stromstärke (Kurve b) nimmt die Bildungsgeschwindigkeit des H_2O_2 zu.

Da der Einfluß der O_2-Konzentration auf die H_2O_2-Bildung nicht völlig klar war, wurden Versuche in geschlossenen Gefäßen mit steigenden O_2-Mengen unternommen. Es wurde gefunden, daß bis zu einer O_2-Konzentration von 2000 μg/l die Menge des gebildeten H_2O_2 dem O_2-Gehalt proportional war. Abbildung 201 zeigt die H_2O_2-Produktion pro Minute in Abhängigkeit von der O_2-Konzentration. Durch gleich-

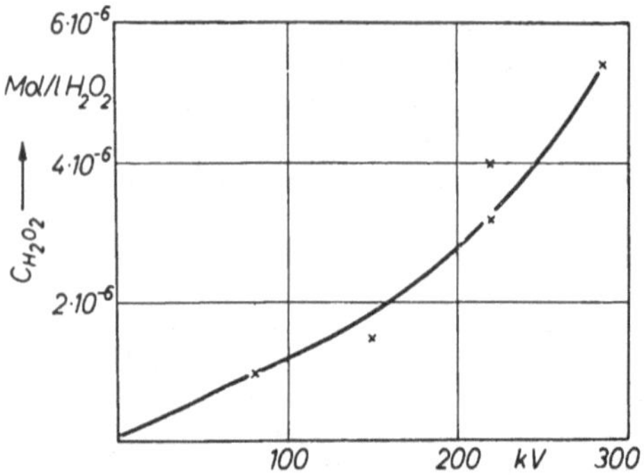

Abb. 199. H_2O_2-Bildung bei gleicher Bestrahlungsgröße (9,5 mA × 15 min) und veränderlicher Spannung (nach *K. Damaschke*, Z. Naturforsch. 1958)

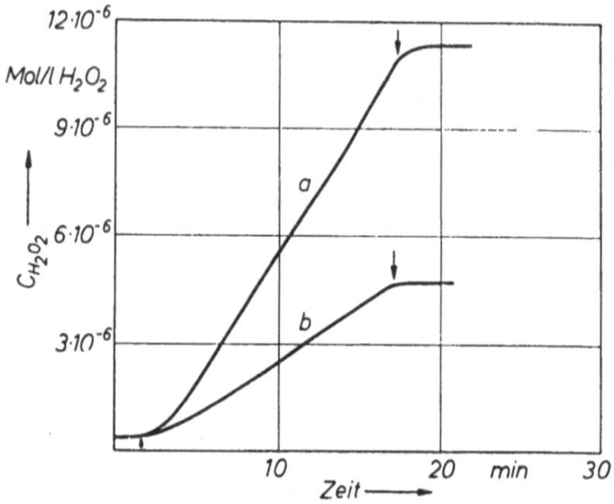

Abb. 200. Verfolgung der H_2O_2-Bildung während der Bestrahlung mit Röntgenstrahlen von a) 9,5 mA, 220 kV und b) 4,75 mA, 220 kV (nach *K. Damaschke*, Z. Naturforsch. 1958)

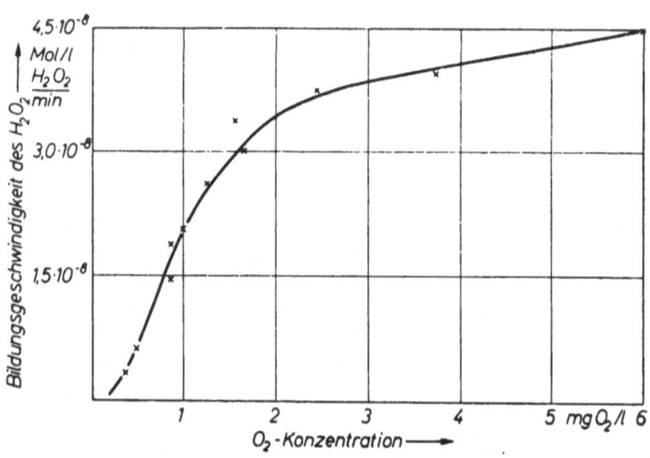

Abb. 201. Abhängigkeit der Bildungsgeschwindigkeit des H_2O_2 von der O_2-Konzentration (nach *K. Damaschke*, Z. Naturforsch. 1958)

zeitige Messung des Sauerstoffes während der H_2O_2-Produktion konnte festgestellt werden, daß während derselben Sauerstoff verbraucht wird.

Gamma-Strahlen: Als γ-Strahlenquellen wurden die Isotope Kobalt$_{60}$ und Iridium$_{192}$ benutzt. Die Versuchsergebnisse waren gut reproduzierbar und zeigten eine lineare Abhängigkeit der gebildeten H_2O_2-Menge von der Einstrahlungszeit sowie von der Radioaktivität.

Sind nur die Elektronen für die Bildung des H_2O_2 maßgebend, so müßte auch ein reiner β-Strahler wie Strontium$_{90}$ dieselbe hervorrufen. Erste Versuche mit einer kleinen Strahlenquelle von 0,5 mC und 5 mm ∅ ergaben keine meßbaren H_2O_2-Mengen. Erst nachdem für diese Versuche ein Präparat von 20 mC und 20 mm ∅ zur Verfügung stand, konnten tatsächlich nach mehrtägiger Bestrahlung H_2O_2-Mengen in der Größenordnung von $30 \cdot 10^{-8}$ Mol/l gemessen werden. Die geringe Menge des entstandenen H_2O_2 ist trotz der großen Dosis darauf zurückzuführen, daß durch die große Ionisierungsdichte die Rekombination stark begünstigt wird.

Die angeführten Versuche sollen nur die verschiedenen Möglichkeiten der elektrochemischen H_2O_2-Messung bei der Verfolgung der Bildung von H_2O_2 durch ionisierende- und UV-Strahlen in wäßrigen Lösungen aufzeigen, ohne bereits wissenschaftliche Ergebnisse zu vermitteln. Es hat sich einwandfrei gezeigt, daß mit dieser Methode genaue und reproduzierbare Ergebnisse bei hoher Empfindlichkeit in kürzester Zeit zu erhalten sind.

2. Messung von Wasserstoff und anderen reduzierenden Substanzen

Da man mit der H_2O_2-Meßmethode nicht nur H_2O_2, sondern noch eine ganze Reihe anderer reduzierender Substanzen messen kann, wie z. B. Chinhydron, Hydrochinon, Formaldehyd, Brenzkatechin, Ascorbinsäure, Natriumazid, Hydroxylamin, p-Aminophenol-hydrochlorid sowie gelöstes Kohlenmonoxyd und gelösten Wasserstoff, lag es nahe, die Stoffwechselvorgänge von inkubierten Grünalgen zu untersuchen, insbesondere die Bildung von H_2.

a) Wasserstoffbildung an anaerob inkubierter Chlorella p. bei Belichtung und die Einwirkung von Giften auf diese [14]

Wenn man Grünalgen unter Sauerstoffausschluß einige Zeit im Dunkeln aufbewahrt (anaerobe Inkubation), so tritt eine Veränderung im Mechanismus der Photosynthese ein. Belichtet man anaerob inkubierte Zellen, so dauert es eine gewisse Zeit, bis Sauerstoff frei wird. Diese Induktionszeit ist abhängig von der Zeitdauer der anaeroben Inkubation. Wir fanden nun mit Hilfe der H_2O_2-Meßmethode, daß während der Induktionszeit eine gewisse Menge ($0{,}5—1 \cdot 10^{-5}$ Mol/l) H_2 frei wird. Dieser wird wieder verbraucht, wenn die Photosynthese beginnt. Die Menge des freiwerdenden H_2 ist auch von der Inkubationszeit abhängig.

Fügt man zu inkubierten Zellen eine bestimmte Menge H_2O_2, so wird dieses durch die in den Zellen vorhandene Katalase zersetzt. Es erscheint jedoch nicht die äquivalente Menge Sauerstoff meßbar, sondern nur ein kleiner Teil. Der Rest wird sofort von den Zellen verbraucht [15].

Die Tatsache, daß während der Induktionsperiode keine Sauerstoffproduktion meßbar ist, bedeutet daher nicht, daß kein Sauerstoff produziert wird. Wahrscheinlich wird der Sauerstoff schon in der Zelle wieder verbraucht von Stoffen, die während der anaeroben Inkubation in eine reduzierte Form übergegangen sind. Er wird erst meßbar, wenn die Produktion den Verbrauch übersteigt.

Das Wasser wird mit Hilfe der Lichtenergie in [H] und [OH] gespalten. Bei der normalen Photosynthese kann [H] mit der in den Zellen vorhandenen Phosphoglycerinsäure reagieren. Diese wird unter Mitwirkung von ATP zu Triosephosphat reduziert, welches zu Kohlenhydraten umgesetzt wird. Bei anaerob inkubierten Zellen ist diese Reaktionsfolge blockiert. [H] könnte nun mit [OH] zurückreagieren und wieder H_2O bilden. Die während der anaeroben Inkubation reduzierten Substanzen verbrauchen aber [OH] zu ihrer Oxydation, so daß sich [H] anreichern muß, das dann H_2 bilden könnte. Es ist aber auch möglich, daß der H_2 aus zelleigenen Donatoren gebildet wird.

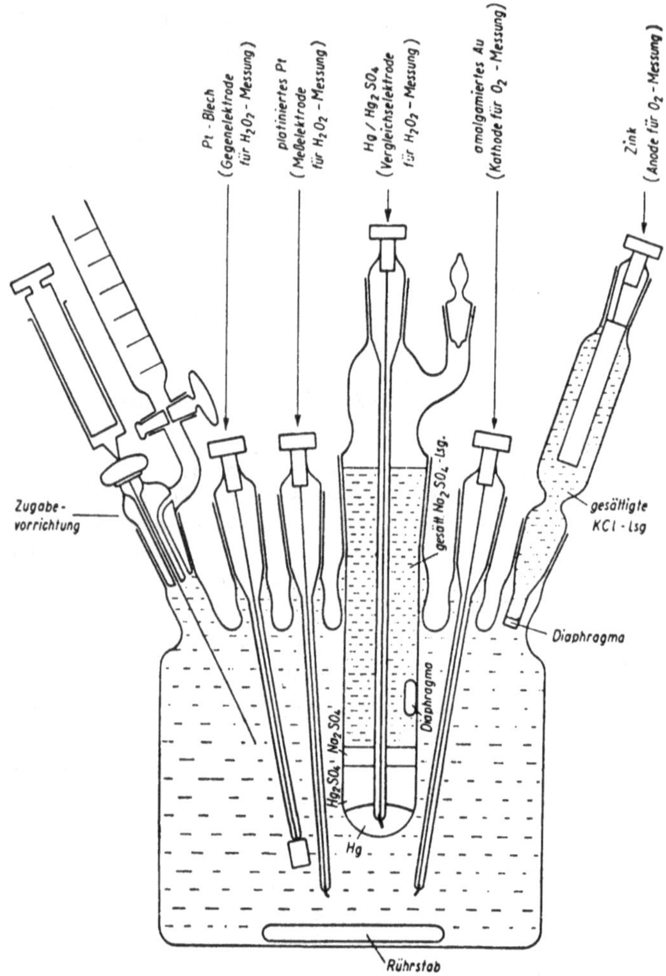

Abb. 202. Elektrodengefäß zur gleichzeitigen Messung von O_2 und H_2O_2 mit Elektroden und Zugabevorrichtung (nach *K. Damaschke*, Z. Naturforsch. 1957)

Methodik: Zur Durchführung der Versuche wurde Chlorella pyrenoidosa verwendet. Die Zellen wurden zentrifugiert und in Phosphatpuffer, p_H 5,4 aufgenommen. Die Zellkonzentration betrug 40 μl Zellen/ml Lösung (c = 40). Das Meßgefäß war 200 ml groß und enthielt zugleich eine Meßanordnung zur Messung des Sauerstoffs und eine zur Messung der reduzierenden Substanzen bzw. des Wasserstoffs (Abb. 202). Abbildung 203 zeigt eine Eichkurve für Wasserstoff.

Zu Beginn jeder Versuchsreihe wurde die Zellsuspension kurz belüftet und belichtet. Dann ließen wir den vorhandenen Sauerstoff veratmen, belichteten noch einmal kurz (~ 1 min) und rechneten die Inkubationszeit von dem Moment an, da der Sauerstoff gerade veratmet war.

Versuche: Belichtet man eine Suspension anaerob inkubierter Chlorella, so kann man sofort einen Anstieg der Stromstärke registrieren, dem aber schon nach 10 bis 20 Sekunden ein starker Abfall bis unter den Ausgangswert folgt. Anschließend erfolgt erneut ein langsamer Anstieg bis zu einem Maximalwert von $\sim 10\ \gamma/l\ H_2$, danach fällt die Stromstärke wieder langsam bis auf den Ausgangswert ab (Abb. 204). Während die Höhe des ersten Anstieges verschieden ist und sich nicht reproduzieren ließ (manchmal tritt er auch überhaupt nicht auf), ist die Höhe des zweiten Anstieges abhängig von der Inkubationszeit, jedoch nicht vom CO_2-Gehalt, und in bestimmten Grenzen auch nicht von der Zellkonzentration. Verringert man die eingestrahlte Lichtintensität, so ist die gebildete H_2-Menge die gleiche, nur die Bildungsgeschwindigkeit ist verringert.

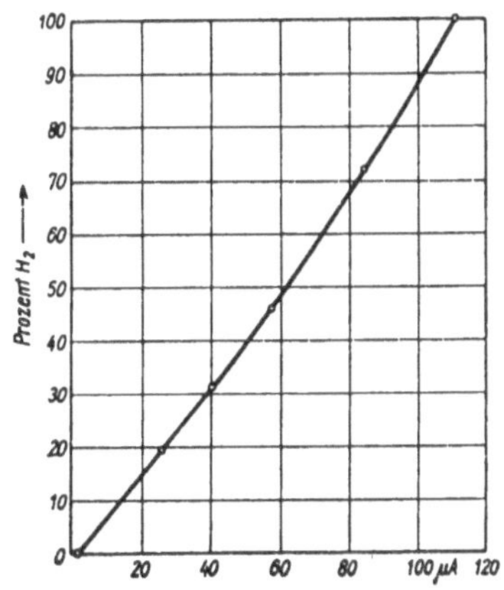

Abb. 203.
Eichkurve für H_2; t = 25° C; pH = 5,4 (nach *K. Damaschke*, Z. Naturforsch. 1957)

Um zu entscheiden, ob es sich bei dem angezeigten Strom um einen Wasserstoffstrom handelt oder um einen anderen reduzierenden Stoff, belichteten wir inkubierte Zellen unter Durchleiten von Reinstickstoff durch die Zellsuspension. Es wurde gefunden, daß der erste Anstieg nicht beeinflußt wurde, der zweite Anstieg jedoch ausblieb, aber in dem Moment einsetzte, wo wir den Stickstoff abstellten (Abb. 205 u. 206). Es handelt sich bei dem zweiten Stoff also mit größter Wahrscheinlichkeit um Wasserstoff, der durch den Stickstoff ausgetrieben wird und somit nicht zur Anzeige kommt. Über die Natur des ersten Stoffes sind bisher noch keine Aussagen möglich. Dieser wurde auch gefunden, wenn man reinen Phosphatpuffer stark belichtet (Abb. 207). Möglicherweise könnte es sich um ein Peroxyd handeln, das mit Hilfe der Lichtenergie aus dem Wasser gebildet wird. Es ist aber auch nicht ausgeschlossen, daß es sich lediglich um eine elektrochemisch bedingte Stromschwankung handelt.

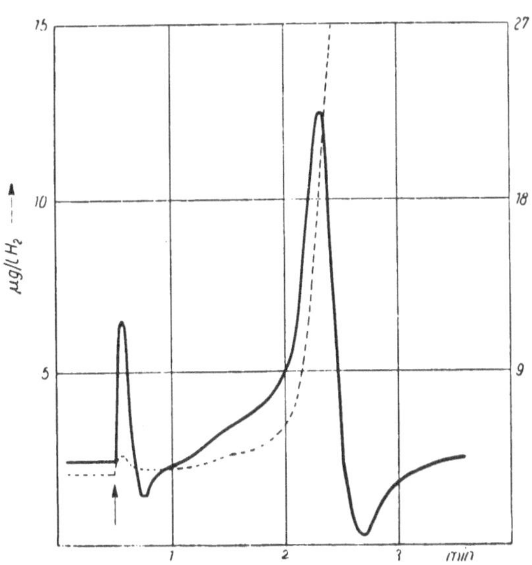

Abb. 204.
Verlauf des H_2O_2-Stromes (—) und der Photosynthese (- - - -) bei Belichtung von 1½ Std. lang inkubierten Zellen; c = 40; t = 25° C; pH = 5,4; 76000 Lux (nach *K. Damaschke*, u. *M. Lübke*, Z. Naturforsch. 1958)

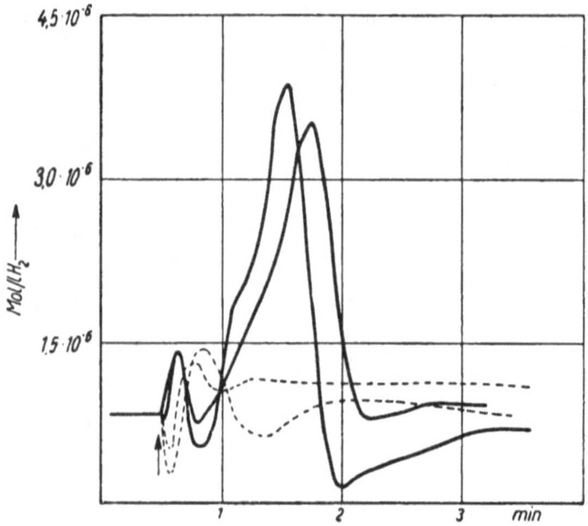

Abb. 205. Austreibung des gebildeten H_2 durch Reinstickstoff. (—) normale H_2-Produktion, (....) im Reinstickstoffstrom (nach *K. Damaschke* u. *M. Lübke*, Z. Naturforsch. 1958)

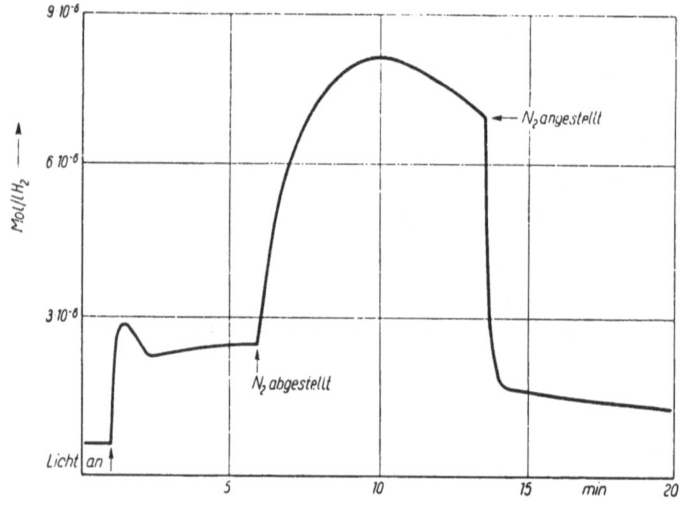

Abb. 206. Belichtung unter Durchleiten von Reinstickstoff und nach Abstellen des Stickstoffstromes. 1½ Stdn. inkubiert; c = 5; 34000 Lux (nach *K. Damaschke* und *M. Lübke*, Z. Naturforsch. 1958)

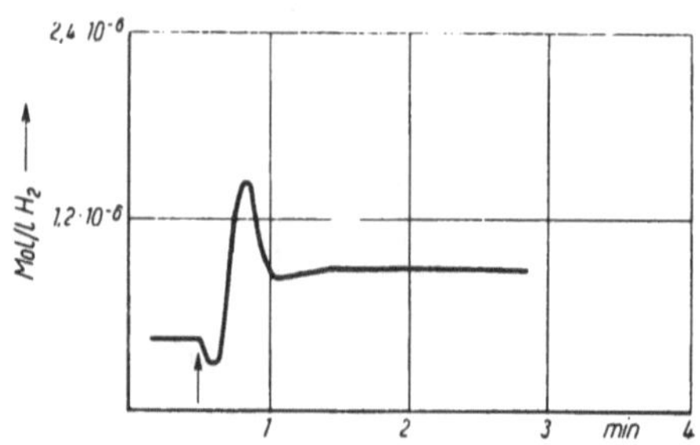

Abb. 207. Stromanstieg bei Belichtung von reinem Phosphatpuffer (nach *K. Damaschke* und *M. Lübke*, Z. Naturforsch. 1958)

Einen starken Anstieg der Wasserstoffproduktion nach anaerober Inkubation verursacht ein Zusatz von $2 \cdot 10^{-3}$ Mol/l NH_2OH. Die Photosynthese wird durch diese Giftkonzentration völlig unterbunden. Die H_2-Produktion ist jedoch etwa 10 bis 30 mal so groß wie bei unvergifteten Zellen. Sie ist gleichfalls abhängig von der Inkubationszeit (Abb. 208).

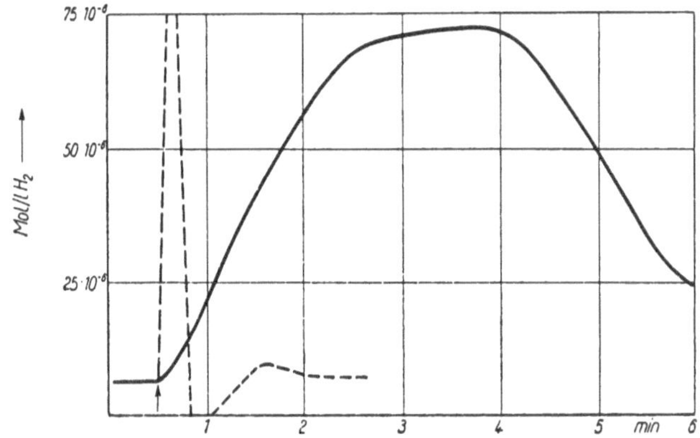

Abb. 208.
Beeinflussung der H_2-Produktion durch Zusatz von $2 \cdot 10^{-3}$ Mol/l NH_2OH (- - -) unvergiftet, (——) vergiftet, 1½ Stdn. inkubiert (nach *K. Damaschke* u. *M. Lübke*, Z. Naturforsch. 1958)

Ebenfalls einen Anstieg der H_2-Produktion, jedoch nicht in dem Maße wie NH_2OH, bewirken $5 \cdot 10^{-3}$ Mol/l Urethan oder $3 \cdot 10^{-2}$ Mol/l o-Phenanthrolin (Abb. 209 u. 210).

Dagegen wurde gar keine H_2-Produktion mehr beobachtet nach Zusatz von $1 \cdot 10^{-3}$ Mol/l Jodessigsäure, $2 \cdot 10^{-3}$ Mol/l Jodacetatamid, $1 \cdot 10^{-3}$ Mol/l Na_2S, $3 \cdot 10^{-2}$ Mol/l NaF, $2 \cdot 10^{-2}$ Mol/l NaN_3, $0{,}5 \cdot 10^{-3}$ Mol/l 2,4-Dinitrophenol, $2 \cdot 10^{-4}$ Mol/l p-Chlormercuribenzoat 0,5‰, Chloroform oder $1{,}5 \cdot 10^{-3}$ Mol/l Thymol.

Die von uns gefundene Wasserstoffproduktion der Chlorella ist vom CO_2-Gehalt völlig unabhängig (von 0 bis 50%) und wird durch Zusatz von Glukose nicht be-

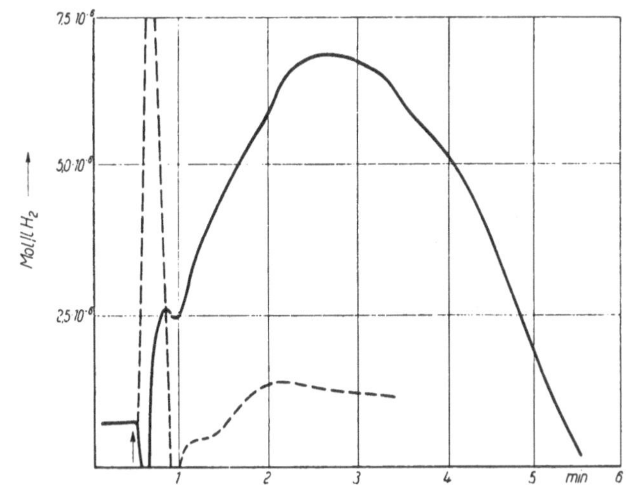

Abb. 209.
Einfluß von $5 \cdot 10^{-3}$ Mol/l Urethan auf die H_2-Produktion, 1½ Stdn. inkubiert, c = 40, (- - - -) unvergiftet, (——) vergiftet (nach *K. Damaschke* u. *M. Lübke*, Z. Naturforsch. 1958)

einflußt. Es ist daher unwahrscheinlich, daß es sich um eine gleichartige Reaktion handelt wie die Photoproduktion von Wasserstoff bei Scenedesmus, die von *Gaffron* gefunden wurde [16]. Diese findet nur bei völligem Ausschluß von CO_2 statt. Auch fand *Gaffron* die Wasserstoffproduktion bei Scenedesmus nur bei sehr niedrigen Lichtintensitäten. Ebenfalls im Gegensatz zu *Gaffrons* Befunden steht auch, daß bei Chlorella die Wasserstoffproduktion im Licht durch 2,4-DNP unterbunden wird. Durch Glukosezusatz wird die Photoproduktion bei Scenedesmus erhöht, die Wasserstoffproduktion in Chlorella läßt sich dagegen durch Glukosezusatz nicht stimulieren. Eine Produktion von Wasserstoff im Licht bei Chlorella nach Anaerobiose wurde auch von *Spruit* gefunden [17]. Leider werden von *Spruit* keine Angaben über seine Versuchsbedingungen, wie Zellkonzentration, Versuchslösung, Lichtquelle, erreichte

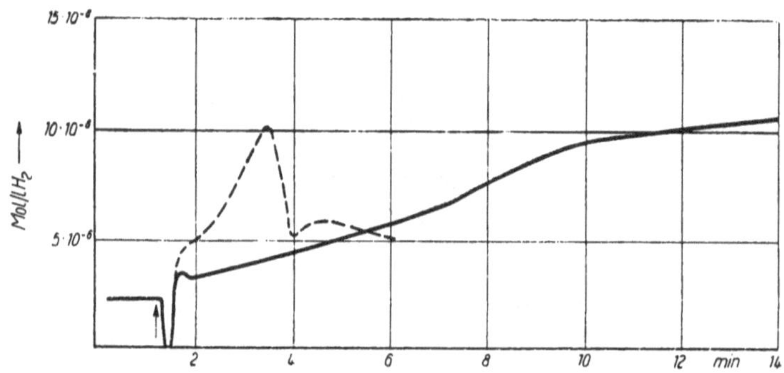

Abb. 210. Einfluß von $3 \cdot 10^{-2}$ Mol/l o-Phenanthrolin, 1½ Stdn. inkubiert, c = 40, (- - - -) unvergiftet, (——) vergiftet (nach *K. Damaschke* und *M. Lübke*, Z. Naturforsch 1958)

Wasserstoffkonzentration, Dauer der vorangegangenen Inkubation und Dauer der Einstrahlung gemacht, so daß ein Vergleich seiner Ergebnisse mit unseren kaum möglich ist.

Spruit fand in einer Gasphase von Reinstickstoff in Übereinstimmung mit unseren Ergebnissen einen proportionalen Anstieg der Wasserstoffproduktionsgeschwindigkeit mit der Lichtintensität. Es besteht bis zu einer Lichtintensität, die 3mal so groß ist wie die zur Kompensation benötigte, annähernde Proportionalität. Bei einer Lichtintensität, die etwa 5mal so groß ist wie die zur Kompensation benötigte, fand *Spruit* einen starken Abfall der Wasserstoffproduktion. Dies entspricht dem „turnback", wie er von *Gaffron* bei Scenedesmus gefunden wurde, dort jedoch bei wesentlich niedrigerer Lichtintensität. Unter Berücksichtigung der von uns verwendeten hohen Zellkonzentration lagen wir mit unserer Einstrahlung von 76000 Lux noch unter dieser Lichtintensität.

Der starke Anstieg der Wasserstoffproduktion bei Anwesenheit von NH_2OH ist nur so zu erklären, daß NH_2OH eine starke hemmende Wirkung auf eine Reaktion ausübt, bei der Wasserstoff oder eine Vorstufe desselben verbraucht wird. Die Tatsache, daß der gebildete Wasserstoff bei Beginn der Photosynthese wieder verschwindet, deutet darauf hin, daß er von dem Sauerstoff (oder schon von einer Vorstufe desselben) oxydiert wird. In Anwesenheit von NH_2OH und o-Phenanthrolin, welche die O_2-Freisetzung verhindern, kann die Wasserstoffproduktion dagegen ungestört fortfahren.

Bei Anwesenheit von NH_2OH, Urethan, o-Phenanthrolin und KCN fällt auch ein Verbrauch von Wasserstoff zur Reduktion von CO_2 weg, da diese Gifte die CO_2-Reduktion hemmen. Auch daraus könnte ein Anstieg der Wasserstoffproduktion resultieren.

b) Die Wasserstoffgärung von Chlorella im Dunkeln nach Anaerobiose unter Stickstoff [18]

Es ist bekannt, daß einige Arten von Grünalgen in der Lage sind, eine H_2-Gärung durchzuführen und H_2 in Licht und Dunkelreaktion nutzbar machen können. *Gaffron* und *Rubin* fanden 1942 bei Untersuchungen an Scenedesmus, daß die Alge nach

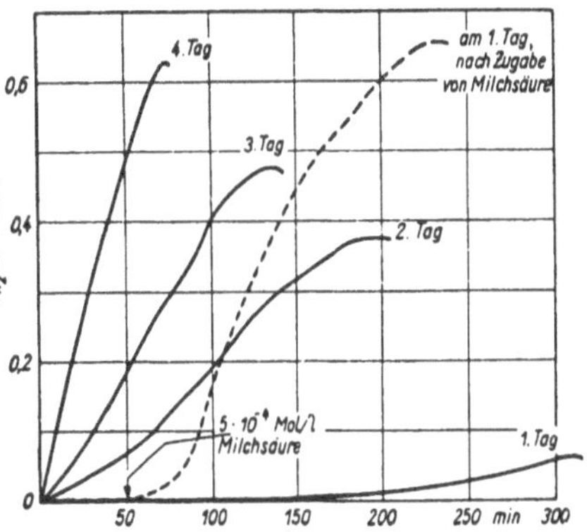

Abb. 211. Ausbildung der Fähigkeit zur H_2-Gärung von Chlorella p. vom 1. bis zum 4. Tage. (- - - -) Beschleunigung der H_2-Gärung durch Milchsäurezugabe (nach *K. Damaschke*, Z. Naturforsch. 1957)

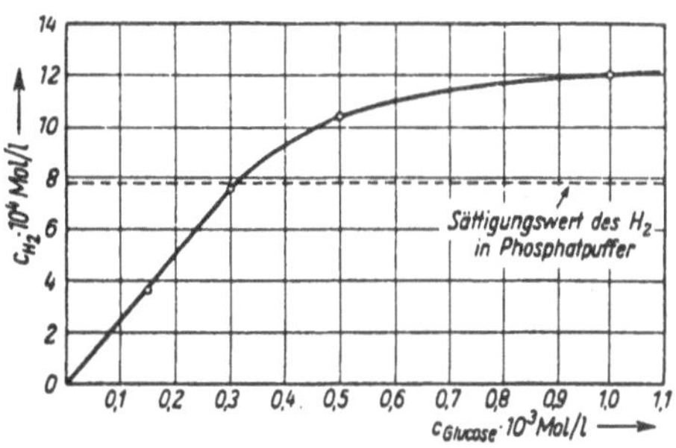

Abb. 212. Abhängigkeit der gebildeten H_2-Menge von der angebotenen Glukosemenge (nach *K. Damaschke*, Z. Naturforsch. 1957)

2stündiger Anaerobiose H_2 produziert. Die Menge des produzierten H_2 ist unterschiedlich und hängt wahrscheinlich von der Menge der in der Alge vorhandenen Reservestoffe ab. Bei Zugabe von Glukose wird diese H_2-Produktion verstärkt. Eine quantitative Beziehung zwischen Glukoseverbrauch einerseits und H_2-Produktion und Milchsäurebildung andererseits konnten *Gaffron* und *Rubin* nicht feststellen.

Zu ähnlichen Ergebnissen kam *Frenkel* an Chlamydomonas moewussii. Nur erfolgte die Adaptation und Umschaltung auf den anaeroben Stoffwechsel noch schneller als bei Scenedesmus.

Bei der von uns untersuchten Grünalge Chlorella pyrenoidosa, bei der bisher eine H_2-Gärung unbekannt war, kamen wir zu den folgenden Ergebnissen.
Zellen, die frisch aus der Züchtung kamen, zeigten im Dunkeln nach mehrstündiger Anaerobiose unter N_2 keine H_2-Produktion, auch nicht nach Zugabe von Glukose. Es konnte festgestellt werden, daß als einziges Gärungsprodukt Milchsäure auftrat. Nach etwa 24stündiger Anaerobiose bildete sich nach erneuter Glukosezugabe der erste Wasserstoff. Im Laufe der nächsten zwei Tage nahm die Milchsäureproduktion

laufend ab und die H_2-Bildung zu. Nach etwa vier Tagen nahm die Menge des aus einer bestimmten Glukosemenge gebildeten H_2 nicht mehr zu, und Milchsäure wurde nicht mehr gebildet. Die Feststellung, ob es sich ausschließlich um H_2 handelte, wurde so getroffen, daß wir große Mengen Glukose zu adaptierter Chlorella gaben, wodurch eine starke Gasentwicklung zustande kam; dieses Gas wurde analytisch untersucht und als H_2 identifiziert.

Die Gärung in adaptierter Chlorella kann nach zwei Seiten verlaufen, einmal in Richtung Milchsäure, zum andern in Richtung Wasserstoff. Aus einem Mol Glukose

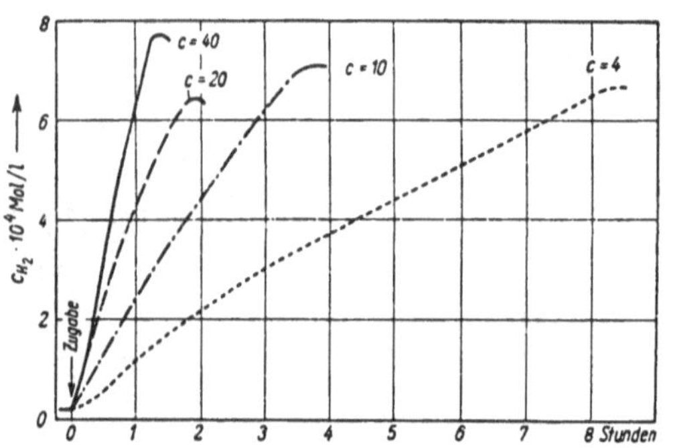

Abb. 213. Einfluß der Zellkonzentration auf die Menge des sich bildenden H_2 sowie auf seine Bildungsgeschwindigkeit bei $0{,}3 \cdot 10^{-3}$ Mol/l Glukosezugabe (nach *K. Damaschke*, Z. Naturforsch. 1957)

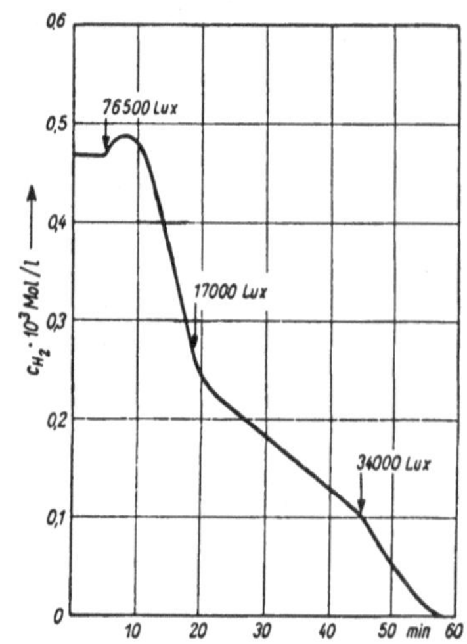

Abb. 214. H_2-Aufnahme im Licht in Abhängigkeit von der Lichtintensität (nach *K. Damaschke*, Z. Naturforsch. 1957)

können 2 Mol H_2 oder 2 Mol Milchsäure entstehen. Aus den von uns angewendeten Glukosekonzentrationen von $0{,}3 \cdot 10^{-3}$ Mol/l Glukose können $0{,}6 \cdot 10^{-3}$ Mol/l H_2 bzw. Milchsäure oder ein beliebiges Gemisch davon entstehen. Durch gleichzeitige Milchsäurebestimmung während der ersten vier Tage konnte von uns in mehreren Versuchsreihen etwa die theoretische Gesamtmenge (Milchsäure + H_2) gefunden werden. Abbildung 211 zeigt die Ausbildung der Wasserstoffgärung in den ersten vier Tagen. Wurde mit der Glukose gleichzeitig Milchsäure zugegeben, so verschob sich die Reaktion in Richtung der H_2-Bildung. Eine Hemmung der H_2-Entwicklung aus Glukose trat dagegen ein, wenn man vorher H_2 in die Zellsuspension einleitete. Bei Anwesenheit von z. B. 36% H_2 trat eine 60%ige Hemmung ein. Um zu sehen, ob der CO_2-Gehalt einen Einfluß auf die H_2-Produktion hat, wurden Versuche mit steigenden Mengen CO_2 bis zu einem Gehalt von 50 Vol.% durchgeführt, wobei sich zeigte, daß die Konzentration der Kohlensäure ohne Einfluß war.

Im Gegensatz zu *Gaffron* und *Rubin* konnten wir an Chlorella bei Zugabe steigender Mengen Glukose eine Proportionalität zur H_2-Produktion feststellen (Abb. 212). Dies gilt nur bis zu der von uns verwendeten Menge von $0{,}3 \cdot 10^{-3}$ Mol/l Glukose, weil nur etwa bis zu dieser Menge die Gewähr besteht, daß sich der gebildete Wasserstoff im Elektrolyten löst. (Bei 25° C sind in 1 l Wasser 1,57 mg = $0{,}785 \cdot 10^{-3}$ Mol H_2 gelöst.) Mit den von uns benutzten Glukosemengen, aus denen sich maximal $0{,}6 \cdot 10^{-3}$ Mol/l H_2 entwickeln können, liegen wir also unterhalb der H_2-Sättigung.

Abbildung 213 zeigt die Abhängigkeit der H_2-Bildung von der Chlorella-Konzentration. Es ergibt sich, daß die Menge des gebildeten H_2 von der Zellkonzentration in weiten Grenzen unabhängig ist, die Bildungsgeschwindigkeit des H_2 jedoch von derselben abhängt. Bis zu einer Zellkonzentration von c = 25 besteht Proportionalität.

Im Gegensatz zu der von *Gaffron* benutzten Alge Scenedesmus konnte bei Chlorella mit den von uns benutzten Lichtstärken von 17000 bis 76500 Lux keine Photoproduktion von H_2 festgestellt werden, d. h. Chlorella liefert im Dunkeln wie im Hellen dieselbe Menge Wasserstoff.

Der bei der Gärung aus Glukose entstandene Wasserstoff wird im Dunkeln nicht verbraucht. Im Licht dagegen wird er aufgenommen, und zwar in Abhängigkeit von der Lichtintensität, wie aus Abbildung 214 und Tabelle 30 ersichtlich ist. Der gleiche Effekt wurde beobachtet, wenn man in eine auf H_2-Gärung umgestellte Chlorella-Suspension reinen Wasserstoff einleitete. Auch dieser wurde im Licht aufgenommen, während im Dunkeln keine nennenswerte Aufnahme stattfindet. Der H_2-Verbrauch ist einer Reaktion mit CO_2 nach der Formel $2\,H_2 + CO_2 \rightarrow (CH_2O) + H_2O$ zuzuschreiben, wie sie auch von *Gaffron* bei Scenedesmus nachgewiesen wurde.

Tabelle 30
Abhängigkeit der H_2-Aufnahme von der Lichtintensität

Lichtintensität [Lux]	Geschwindigkeit der H_2-Aufnahme [Mol/l/min]
76500	$26 \cdot 10^{-6}$
34000	$10 \cdot 10^{-6}$
17000	$5{,}2 \cdot 10^{-6}$

Als H-Donatoren können auch andere Zucker als Glukose wirken, wie in Versuchen mit Fruktose, Maltose, Mannose und Galaktose sowie Saccharose festgestellt werden konnte. Nicht als H-Donatoren waren Sorbose, Arabinose und Raffinose verwendbar.

Die Abhängigkeit der H_2-Bildung vom p_H-Wert zeigt Tabelle 31.

Tabelle 31
H_2-Bildung aus $300 \cdot 10^{-6}$ Mol/l Glukose an adaptierter Chlorella bei verschiedenen p_H-Werten

p_H-Wert	(Mol/l $H_2 \cdot 10^{-6}$)
9,0	Nichts
7,5	Nichts
6,4	250
5,4	600
4,7	460
3,2	Nichts

c) Einfluß von Giften auf die Wasserstoffgärung [19]

Zuletzt wurde noch der Einfluß von Na_2S, Jodessigsäure, 2,4-Dinitrophenol, o-Phenanthrolin, NH_2OH, NaN_3 und NaF auf die Wasserstoffgärung der Chlorella untersucht.

Die Zellsuspension wurde durch Einleiten von Stickstoff sauerstofffrei gemacht und so lange unter Sauerstoffausschluß im Dunkeln aufbewahrt, bis nach Zusatz einer bestimmten Glukosemenge die äquivalente Menge Wasserstoff entstand. Danach wurde das Gift zugegeben, dann eine bestimmte Glukosemenge zugesetzt ($0{,}3 \cdot 10^{-3}$ Mol/l) und die Wasserstoffproduktion registriert. Es wurde diejenige Giftkonzentration gewählt, die eine maximale Hemmung der Photosynthese hervorrufen würde.

Eine vollständige Hemmung der Wasserstoffproduktion wurde mit $3 \cdot 10^{-2}$ Mol/l NaF, $2 \cdot 10^{-2}$ Mol/l NaN_3, $3 \cdot 10^{-2}$ Mol/l o-Phenanthrolin und $5 \cdot 10^{-4}$ Mol/l 2,4-Dinitrophenol erzielt. $2 \cdot 10^{-3}$ Mol/l NH_2OH hemmen die Wasserstoffproduktion um 85%, $1 \cdot 10^{-3}$ Mol/l Jodessigsäure um 80% und $1 \cdot 10^{-3}$ Mol/l Na_2S um 70%.

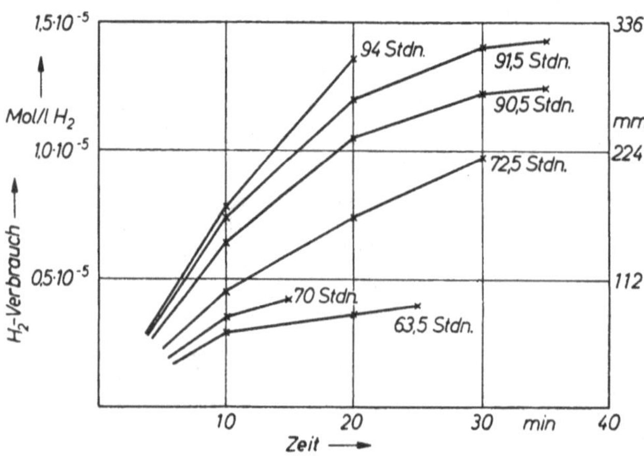

Abb. 215. Wasserstoffverbrauch bei Nitritzugabe nach verschiedenen Adaptationszeiten. Nitritmenge jeweils $2 \cdot 10^{-4}$ Mol/l KNO_2 (nach *K. Damaschke* und *M. Lübke*, Z. Naturforsch. 1958)

d) Nachweis eines Hydrogenase-Systems in Chlorella p. durch die Fähigkeit zur anaeroben Nitritreduktion

Wie schon beschrieben [17], besitzt auch Chlorella ebenso wie Scenedesmus und Ankistrodesmus [15] die Fähigkeit, nach langer Anaerobiose unter Stickstoff Glukose zu Wasserstoff zu vergären. Ferner wurde von uns eine CO_2-Reduktion bei Chlorella nachgewiesen, d. h. adaptierte Zellen haben die Fähigkeit, CO_2 mit molekularem Wasserstoff im Licht zu reduzieren. Das deutet darauf hin, daß auch Chlorella ein Hydrogenasesystem besitzt. Daß dies von anderen Autoren nicht gefunden wurde, liegt wahrscheinlich daran, daß die Adaptationszeit, d. h. die Zeit der Anaerobiose, die zur Aktivierung des Hydrogenasesystems notwendig ist, bei Chlorella sehr lang ist. Sie beträgt bei Scenedesmus nur 2 Stunden, während es bei Chlorella etwa 4 bis 5 Tage dauert, ehe die volle Aktivität erreicht ist. Um einen weiteren Beweis des Vorhandenseins eines Hydrogenasesystems in Chlorella zu erbringen, wurde die Fähigkeit der Zellen, in adaptiertem Zustand Nitrit zu reduzieren, untersucht. Wie *Keßler* [20] gefunden hat, haben Algen, die ein Hydrogenasesystem besitzen, die Fähigkeit, nach Adaptation Nitrit mit molekularem Wasserstoff zu NH_3 zu reduzieren. Die Nitritreduktion ist der Hydrogenaseaktivität proportional.

Versuche: Die Zellen wurden in Phosphatpuffer von pH 5,4 suspendiert. Die Zellkonzentration betrug 50 μl Zellen pro ml Lösung (c = 50).

Im Blindversuch wurde nachgewiesen, daß KNO_2 keinen Einfluß auf die Elektroden ausübt.

Nach einer bestimmten Adaptationszeit unter Sauerstoffausschluß wurde molekularer Wasserstoff in die Zellsuspension geleitet. Nachdem sich ein konstanter Stromwert eingestellt hatte, wurden $1 \cdot 10^{-4}$ bzw. $2 \cdot 10^{-4}$ Mol/l KNO_2 zugesetzt und der H_2-Verbrauch registriert. Die Versuche ergaben, daß die Geschwindigkeit des H_2-Verbrauchs von der Adaptationszeit abhängig ist (Abb. 215 u. 216). Bis zu einer Adaptationszeit von 50 Stunden wird das zugesetzte Nitrit nicht reduziert. Nach dieser Zeit ist das Hydrogenasesystem so weit aktiviert, daß eine schwache

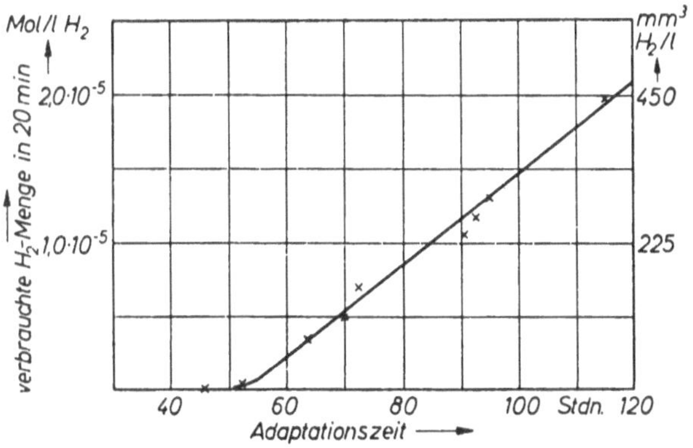

Abb. 216. Abhängigkeit der Nitritreduktion von der Adaptationszeit. Nitritmenge jeweils $2 \cdot 10^{-4}$ Mol/l KNO_2 (nach *K. Damaschke* und *M. Lübke*, Z. Naturforsch. 1958)

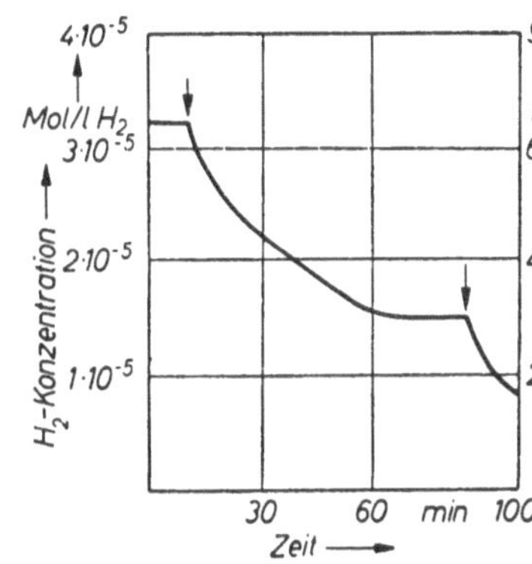

Abb. 217. Verlauf der Wasserstoffabnahme bei Nitritzusatz. Beim Pfeil jeweils Zugabe von $1 \cdot 10^{-4}$ Mol/l KNO_2. Die Adaptationszeit betrug 73 Stunden (nach *K. Damaschke*, und *M. Lübke*, Z. Naturforsch. 1958)

Nitritreduktion beobachtet werden kann. Mit längerer Adaptationszeit wird die Nitritreduktion immer stärker, wie aus den Abbildungen 215 und 216 ersichtlich ist [21].

Abbildung 217 zeigt, daß der H_2-Abfall nach der Nitritzugabe zuerst schnell ist und dann immer langsamer wird, bis er schließlich ganz aufhört. Bei erneuter Nitritzugabe setzt wieder ein kräftiger Wasserstoffverbrauch ein.

Diese Ergebnisse sowie unsere früheren Beobachtungen der Wasserstoffgärung und der CO_2-Reduktion mit molekularem Wasserstoff deuten darauf hin, daß auch Chlorella pyrenoidosa ein Hydrogenasesystem besitzt, zu dessen Aktivierung es jedoch einer Adaptationszeit von über 2 Tagen bedarf.

e) Messung von Ascorbinsäure [1, 22]

Da auch die Ascorbinsäure ein reduzierender Stoff ist, wurden Versuche unternommen, auch diese elektrochemisch mit der anodischen Messung zu erfassen. *Winkelmann* [1] deutete bereits in seiner Dissertation an, daß man Ascorbinsäure auf diesem Wege erfassen kann. Um einwandfrei messen zu können, muß eine lineare Beziehung zwischen dem Gehalt an Ascorbinsäure A und dem angezeigten Strom bestehen. Wir gaben daher zu einer 1,2%igen Phosphatpufferlösung vom pH 5,4 steigende Mengen einer A-Lösung und erhielten so die auf Abbildung 218 dargestellte Eichkurve. Da die Zugabe und Messung in wenigen Sekunden auszuführen ist, bestand keine Gefahr, daß sich die zuerst zugegebene A bereits oxydiert hat. Es ist bekannt [23], daß eine wäßrige Lösung von A bei Zimmertemperatur in 24 Stunden durch Autoxydation um 50 bis 60% absinkt. Spuren von $CuSO_4$ beschleunigen diesen Vorgang, geringe Mengen von $K_4[Fe(CN)_6]$ oder KCNS stabilisieren die A. Da in den meisten Fällen die Oxydation durch Sauerstoff verursacht wird, lag es nahe, auch diesen elektrochemisch mitzumessen. Es konnte auf diese Weise die Oxydationsgeschwindigkeit der A zu Dehydro-A in Abhängigkeit von der O_2-Konzentration und der A-Konzentration untersucht werden.

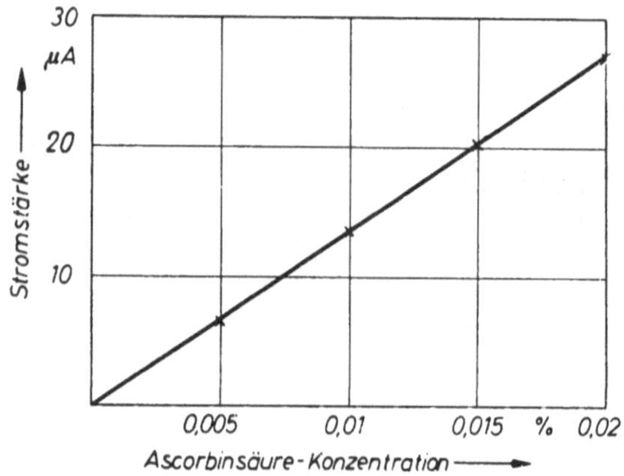

Abb. 218. Eichkurve für Ascorbinsäure in Phosphatpuffer p_H 5,4 (nach *K. Damaschke*, Z. Naturforsch. 1958)

In den folgenden Abbildungen 219 und 220 sind bei der Angabe der O_2-Konzentration in Mol/l O_2 halbe Mole gemeint, da ½ Mol O_2 mit 1 Mol A reagiert.

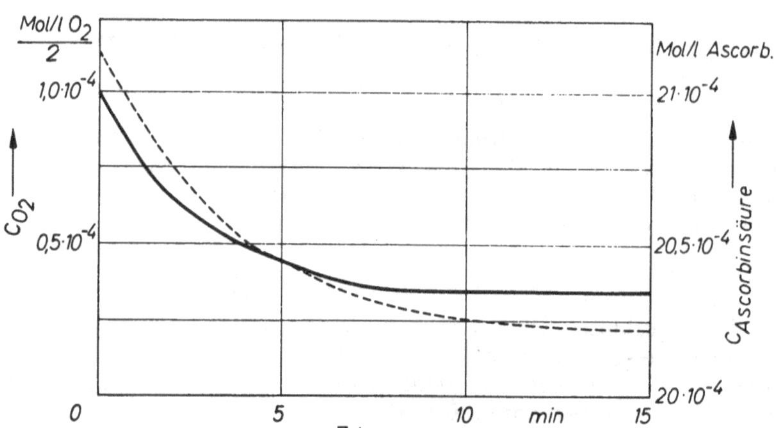

Abb. 219. Abhängigkeit der Oxydationsgeschwindigkeit der Ascorbinsäure bei einem Überschuß derselben von der O_2-Konzentration (nach *K. Damaschke*, Z. Naturforsch. 1958)

Es wurde zunächst zu einer geringen O_2-Konzentration ($\sim 3\%$ O_2) ein Überschuß an A ($21 \cdot 10^{-4}$ Mol/l) gegeben und die O_2- und A-Konzentrationsänderung laufend verfolgt. Wie aus der Abbildung 219 zu ersehen ist, wird die Oxydationsgeschwindigkeit der A in demselben Maße geringer, wie die O_2-Konzentration abnimmt. Die Kurven gehen parallel, d. h. die A-Konzentration nimmt durch die Oxydation in demselben Maße ab wie der O_2-Gehalt. Beim nächsten Versuch wurde ein O_2-Überschuß (O_2-Sättigung) vorgegeben und eine geringe Menge A ($3 \cdot 10^{-4}$ Mol/l) zugegeben und die Konzentrationsänderungen über die Zeit verfolgt. Aus Abbildung 220 ist deutlich zu ersehen, daß die Oxydationsgeschwindigkeit auch mit der A-Konzentration abnimmt.

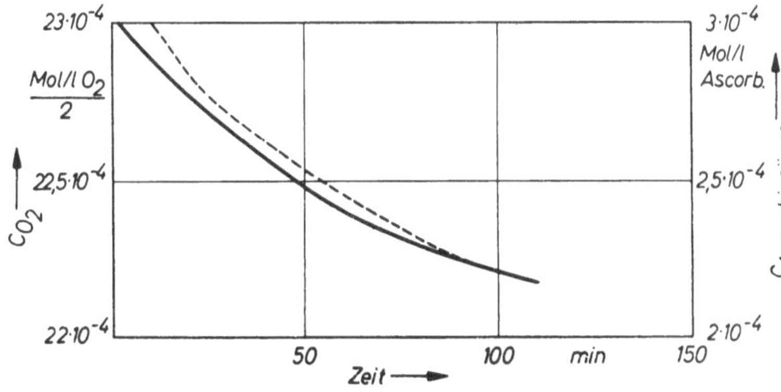

Abb. 220. Abhängigkeit der Oxydationsgeschwindigkeit der Ascorbinsäure bei einem Überschuß von O_2 von der A-Konzentration (nach *K. Damaschke*, Z. Naturforsch. 1958)

In Abbildung 221 ist die Oxydationsgeschwindigkeit (Mol/l A/10 min) gegen die A-Konzentration aufgetragen. Es wurde aus mehreren Einzelmessungen eine lineare Beziehung zwischen der Oxydationsgeschwindigkeit und der A-Konzentration erhalten. Der Sauerstoff war bei diesen Versuchen im Überschuß vorhanden und ging seine Änderung in die Versuche nicht mit ein.

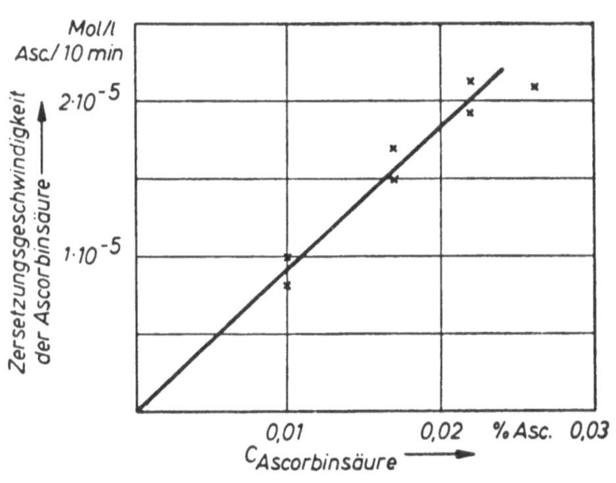

Abb. 221. Oxydationsgeschwindigkeit der Ascorbinsäure in Mol/l A/10 min in Abhängigkeit von der A-Konzentration (nach *K. Damaschke*, Z. Naturforsch. 1958)

Diese Versuche zeigen, daß man mit Hilfe der elektrochemischen O_2-Messung (Kathode als Meßelektrode) und gleichzeitiger anodischer Ascorbinsäuremessung (Anode als Meßelektrode) sehr schnell Einblick in die Zusammenhänge der A-Oxydation bekommen kann. Die Versuche werden fortgesetzt.

Literatur

[1] *D. Winkelmann*, Das elektrochemische Verhalten des Systems $O_2/H_2O_2/H_2O$ an blankem Platin und platiniertem Platin, Dissertation FU, Berlin 1955.

[2] *K. Damaschke* und *D. Winkelmann*, Elektrochemische H_2O_2-Messung und ihre Anwendung beim Zerfall von H_2O_2 durch Katalase, Z. Naturforsch. **11 b**, 85—89 (1956).

[3] *W. Schwarz*, Zur elektrochemischen Sauerstoffmessung nach *F. Tödt*, Werkstoffe u. Korrosion **11**, 527 (1955).

[4] *D. Winkelmann*, Die elektrochemische Messung der Oxydationsgeschwindigkeit von Na_2SO_3 durch gelösten Sauerstoff, Z. Elektrochem., Ber. Bunsenges. physik. Chem. **59**, 891 (1955).

[5] *W. Schwarz*, Der Potentiostat als Hilfsmittel für die Polarographie und Amperometrie, Chemie-Ing.-Techn. **6**, 423 (1956).

[6] *F. Tödt*, Anwendung der elektrochemischen Sauerstoffmessung, Angew. Chem. **9/10**, 266 (1955).

[7] *K. Damaschke*, *L. Rothbühr* und *F. Tödt*, Anwendung der elektrochemischen Sauerstoffmeßmethode für Messungen in biologischen Medien und ihre Ausführung, Biochem. Z. **326**, 424 (1955).

[8] *K. Damaschke* und *F. Tödt*, Anwendung der elektrochemischen H_2O_2-Messung auf die Verfolgung des katalysierten Zerfalls von H_2O_2 durch Blutkatalase, Z. Naturforsch. **11b**, 621 (1956).

[9] *K. Damaschke* und *F. Tödt*, Haltbarkeitskontrolle der Milch durch Messung der Keimzahl und der Katalaseaktivität mittels der elektrochemischen O_2- und H_2O_2-Meßmethode, Milchwiss. **12**, 89 (1957).

[10] *M. Rohrlich* und *R. Lenschau*, Unveröffentliche Mitteilung.

[11] K. *Damaschke*, Messung der Bildung von Wasserstoffperoxyd durch ionisierende und UV-Strahlen, Z. Naturforsch. **13 b**, (1958).

[12] *E. Bauer* und *C. Neuweiler*, Helv. Chim. Acta **X**, 901 (1927).

[13] *H. Ebert*, Angew. Chem. **6**, 169 (1955).

[14] *K. Damaschke* und *M. Lübke*, Die Wirkung verschiedener Gifte auf die Entstehung von Wasserstoff bei Belichtung anaerob inkubierter Chlorella pyrenoidosa, Z. Naturforsch. **13 b**, 172 (1958).

[15] *K. Damaschke*, Verfolgung der Bildung reduzierender Substanzen mit Hilfe der elektrochemischen H_2O_2-Meßmethode an inkubierter Chlorella pyrenoidosa im Hellen und im Dunkeln, Z. Naturforsch. **12 b**, 150 (1957).

[16] *H. Gaffron* und *J. Rubin*, J. gen. Physiol. **26**, 218 (1942).

[17] *C. J. P. Spruit*, Proc. 1st Int. Photobiological Congress, Amsterdam, 323—327 (1954).

[18] *K. Damaschke*, Die Wasserstoffgärung von Chlorella im Dunkeln nach Anaerobiose unter Stickstoff, Z. Naturforsch. **12 b**, 441 (1957).

[19] *K. Damaschke* und *M. Lübke*, Hemmung der Wasserstoffgärung von Chlorella pyrenoidosa durch Gifte, Z. Naturforsch. **13b**, 54 (1958).

[20] *E. Keßler*, Arch. Mikrobiol. **27**, 166 (1957).

[21] *K. Damaschke* und *M. Lübke*, Über die Fähigkeit der Chlorella pyrenoidosa zur anaeroben Nitritreduktion, Z. Naturforsch. **13 b**, 134 (1958).

[22] *K. Damaschke*, Messung von Ascorbinsäure auf elektrochemischem Wege, Z. Naturforsch. **13 b**, (1958).

[23] *M. Dezelic*, *J. Grujic-Vasic* und *B. Bobarevic*, Bull. Soc. Chim. Republ. popul. Bosnie Herzegovine **2**, 55—67 (1953).

VII.
Sauerstoffmessung bei konstantem Sauerstoffdruck durch eine automatisch gesteuerte Elektrolyse

(verwendbar in flüssigem oder gasförmigem Medium)

1. P. Moyat, Elektrolytische Kompensationsmessung

Den im folgenden beschriebenen Methoden liegt das Prinzip zugrunde, einen Gasverbrauch $\left(-\frac{dv}{dt}\right)$ im geschlossenen System (v_M) durch kontinuierliche Zufuhr eines durch Elektrolyse erzeugbaren Gases auf elektrolytischem Wege zu kompensieren $\left(+\frac{dv}{dt}\right)$ und aus dem Elektrolysestrom (I_{El}) über die *Faraday*schen Beziehungen

$$\frac{dv}{dt} = k \cdot I_{El} \qquad 1$$

den Gasverbrauch zu bestimmen. *J. Pagel* und *W. Schwarz* haben vorgeschlagen, Geräte, die auf diese Weise eine Verbrauchsmessung möglich machen, allgemein als „Konsumeter" zu bezeichnen.

Um das Verfahren kontinuierlich zu gestalten, bedarf es eines Reglers (bzw. Kompensators oder Transmitters), der eine vom Sollwert des Systems abweichende Druckgröße $\pm \Delta p$ (wegen $p \cdot v$ = konst. erscheint im geschlossenen System $-\Delta$ v als $-\Delta p$) in eine entsprechende Stromänderung ($\mp \Delta I$) verwandelt.

Im einfachsten Falle wird die Elektrolysezelle selbst zum Regler [1]. Abbildung 222 zeigt schematisch eine solche Anordnung. Dabei handelt es sich prinzipiell um ein U-förmiges Elektrolysegerät, dessen Anodenschenkel horizontal ausgezogen ist. Die Anode ist in Form eines Drahtes mit leichter Neigung gegen die Horizontale ausgespannt, und das geschlossene System ist mit dem Anodenschenkel pneumatisch verbunden. Der Kathodenraum ist gegen die Atmosphäre offen.

In dieser Anordnung wird die Anode selbst zum Widerstandskompensator, denn die Höhe des Elektrolyten im Anodenraum bestimmt den jeweiligen *Ohm*schen Widerstand der Zelle.

Ist bei hohem O_2-Verbrauch im System der Anodenschenkel bis zum linken Einschmelzpunkt der Anode eingetaucht, so erreicht der Quotient aus Querschnitt und Länge der wirksamen Elektrolytsäule ein Maximum. Sinkt das Niveau im Anodenschenkel, so wandert der Eintauchpunkt der Anode nach rechts, und der Weg zwischen den Elektroden wird im gleichen Maße länger, während sich gleichzeitig der Querschnitt verkleinert. Erfolgt im geschlossenen System kein Gasverbrauch, so läuft der Zellenstrom asymptotisch gegen Null, wobei die Zeitkonstante des Regelvorganges von der Neigung der Anode und der Größe des Volumens v_M abhängt. v_M spielt insofern eine Rolle, als bei Änderungen des Elektrolytniveaus während des Regelvorganges um den Betrag Δh, der sich bei $\rho El \cdot \Delta h$ als Δp in v_M auswirkt, ein Zusatzvolumen Δv_{vM} dem Regelvorgang überlagert wird. Man kann dafür schreiben

$$p_{Atm} \cdot v_M = (p_{Atm} \mp \Delta p) \cdot (v_M \pm \Delta v_{vM}). \qquad 2$$

Daraus folgt

$$\pm \Delta v_{vM} = - v_M \cdot \left(1 - \frac{p_{Atm}}{p_{Atm} \pm \Delta p}\right). \qquad 3$$

Andererseits wird das Volumen Δv_{El} zu berücksichtigen sein, das am Elektrolyten verdrängt werden muß, um den Erfolg einer Stromänderung um ΔI zu erreichen, d. h. es wirkt ebenfalls auf die Zeitkonstante ein.

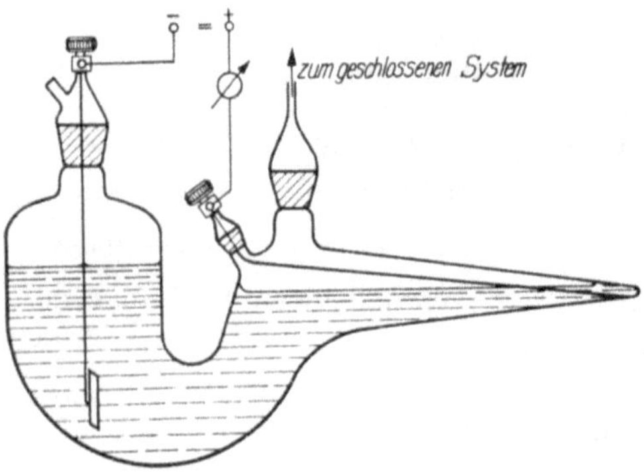

Abb. 222 Direkt regelnde Elektrolysezelle

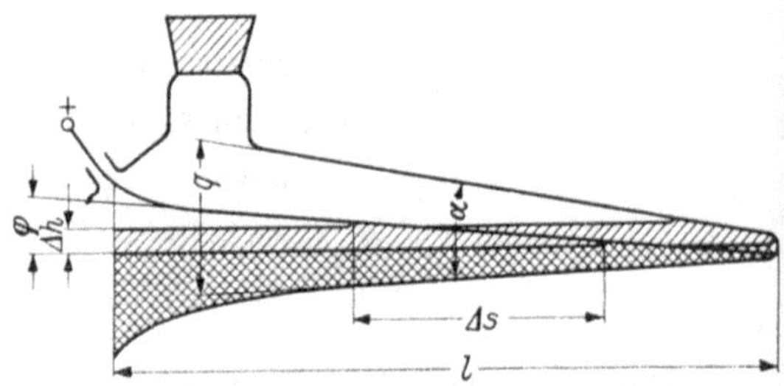

Abb. 223. Anodenschenkel der direkt regelnden Elektrolysezelle

In grober Näherung darf man den Anodenschenkel als Kegel in der Horizontalen betrachten, in dessen Achse die Anode verläuft (Abb. 223). φ bezeichnet dann den Neigungswinkel der zentralen Anode zur Waagrechten, und es ergibt sich

$$\Delta h = \Delta s \cdot \mathrm{tg}\, \varphi \qquad 4$$

Das Volumen Δv_{El} ließe sich danach in einer mittleren Elektrolythöhe als

$$\Delta v_{El} = \Delta s \cdot \mathrm{tg}\, \varphi \cdot \frac{q \cdot l}{2} \qquad 5$$

darstellen, worin q und l die Beträge des maximalen Querschnittes und der Länge des Schenkels bedeuten, oder, da man den Öffnungswinkel α des Anodenschenkels bzw. seinen tangens einführen kann, als

$$\Delta v_{El} = \Delta s \cdot \mathrm{tg}\varphi \cdot \frac{l^2}{2} \cdot \mathrm{tg}\, \alpha \qquad 6$$

Es läßt sich dabei zeigen, daß man das Volumen Δv_{El} und ebenfalls Δs beliebig verkleinern kann, sofern man nur den Winkel φ, also die Neigung der Anode verringert. Man hat es also auf diese Weise in der Hand, die Zeitkonstante eines derartigen Systems so weit zu verkleinern, wie es zweckmäßig erforderlich ist.

Bisher wurde die beschriebene Methode lediglich zur Stoffwechselmessung an kleinen Tieren angewandt. Dabei bot sie den sonst üblichen gasanalytischen Verfahren gegenüber den Vorteil, daß die CO_2-Spannung über dem Versuchsobjekt durch hohe Strömungsgeschwindigkeiten im geschlossenen System sehr klein gehalten werden konnte, was insofern von Bedeutung ist, als nennenswerte CO_2-Konzentrationen (bereits unter 1 Vol.%) vor allem im Arbeitsversuch als unphysiologisch angesehen werden müssen.

Dann erfordert die Methode wie alle Kompensationsverfahren keine Eichung und liefert, verbunden mit Registriergerät und Ampere-Stundenzähler, über beliebig lange Zeiträume exakte Stoffwechselintensitäts-Diagramme und gleichzeitig Stoffwechselzeitintegrale.

Der Anwwendungsbereich mag noch auf andere Gebiete wie z. B. auf die chemische Gasanalyse auszudehnen sein, sofern man sie intermittierend oder kontinuierlich für absorbierbare Gase einsetzt. Begrenzt ist sie jedoch praktisch in Richtung auf größere Meßobjekte durch das verhältnismäßig hohe elektrische Äquivalent von

$$1\text{ A} \triangleq 0{,}058 \text{ Nccm } O_2/\text{sec}$$

Wollte man z. B. Stoffwechselmessungen am Menschen durchführen, so käme man zu Stromstärken zwischen 50 und 100 A, die sich nicht mehr technisch-wirtschaftlich beherrschen ließen. Man könnte zwar die Spannung erhöhen und mehrere Zellen in Serie schalten, aber auch in diesem Falle würde der Aufwand den Erfolg nicht rechtfertigen. Die Grenze der Anwendbarkeit auf kleinere Objekte ist relativ schnell erreicht, da man Kompensatoren der beschriebenen Art wegen der Oberflächenspannung des Elektrolyten nicht beliebig klein ausführen kann. Für Sauerstoffäquivalente bis zu etwa 50 mA hat sich das Verfahren bewährt; darunter werden modifizierte Systeme angewandt.

Elektrolytische Mikrokompensation: Es zeigt sich, daß das Meßprinzip der elektrolytischen Kompensation bis in den Bereich von einigen μA gute Meßergebnisse liefert.

Die wesentlichen Änderungen, die hierbei erforderlich werden, beziehen sich

1. auf die Abtrennung des Reglers von der Elektrolysezelle
2. den hermetischen Abschluß des Systems gegen die Atmosphäre und damit verbunden
3. die Notwendigkeit, Kathodenvorgänge auszuwählen, die ohne Gasentwicklung ablaufen und schließlich
4. die Sorge für gut isothermen Betrieb des gesamten Systems.

Es wird zunächst die einfachste Methode der elektrolytischen Mikrokompensation beschrieben, die durch gewisse Vorkehrungen bis zu einem minimalen Meßbereich von etwa 10 μA verwendbar ist. Das entspricht z. B. im Stoffwechselversuch einer Sauerstoffaufnahme von etwa 0,05 γ O_2/min.

Abbildung 224 zeigt die elektrische sowie die pneumatische Prinzipanordnung. Regelung und O_2-Entwicklung sind elektrisch und räumlich voneinander getrennt. Als Regler arbeitet ein Fühlerpaar aus Platin-Iridium in einem Mehrkomponenten-Elektrolyten, der vor allem eine 0,2-‰-KCl-Lösung mit Netzmittelzusatz enthält. Die Regelelektroden liegen elektrisch im Wechselstromkreis eines *Grätz*-Gleichrichters und funktionieren als Regelwiderstand für die Elektrolysezelle, die in Reihe mit Registriergerät und gegebenenfalls mA-Stundenzähler im Gleichstromkreis des Gleichrichters angeordnet ist. Auf diese Weise wird bei entsprechender Dimensionierung des Fühlers erreicht, daß die Regelung frei von jeglicher elektrolytischen Gasentwicklung erfolgt. Der pneumatische Abschluß des Systems gegen die Atmosphäre erweist sich als sehr notwendig, da barometrische Druckschwankungen sich bereits bei Meßobjekten unterhalb 10 mA (entspricht etwa 35 γ O_2/min) als Fehler auswirken können, vor allem, wenn man mit hoher Meßgenauigkeit relativ kurzfristige Messungen durchführt. Hierzu wird auf der dem Meßvolumen (v_M) abgewandten Seite des Reglers ein Puffervolumen angebracht (v_P). Mit diesem Abschluß, der in den gegen Atmosphäre dichtenden Schliffen und Einschmelzungen vakuumdicht ausgeführt sein muß, geht die Forderung einher, eine kathodische H_2-Bildung im Elektrolyseraum zu unterbinden. Hierzu bietet sich eine Anzahl der verschiedensten Kathodenvorgänge an, die jedoch zum überwiegenden Teil in kleinen Meßbereichen (etwa unterhalb 100 μA entsprechend 0,5 γ O_2/min) aus verschiedenen Gründen keine genauen Meßergebnisse gewährleisten.

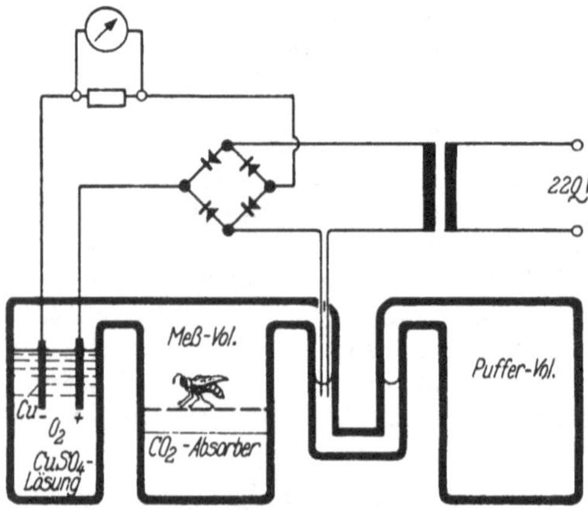

Abb. 224. Elektrolytisches Mikro-Kompensationssystem (Prinzipanordnung)

Die kathodische Kupferabscheidung aus neutraler oder leicht saurer Lösung erweist sich fast in allen Fällen als Methode der Wahl und läßt sich, wie noch gezeigt wird, unter bestimmten Voraussetzungen bis an die untere Grenze der Meßmöglichkeiten verwenden.

Isotherme Verhältnisse von Meß- und Vergleichsvolumen gehören in den Meßbereichen unterhalb 10 mA zu den wichtigsten Voraussetzungen stabiler und zuverlässigster Meßresultate.

Es ist dabei prinzipiell nicht erforderlich, eine konstante Temperatur einzuhalten. Es muß jedoch Sorge dafür getragen sein, daß sich keine veränderlichen Temperaturgradienten zwischen beiden Volumen ausbilden können.

Der Grund hierfür ist einleuchtend wegen der Isochoren $p = p_0 (1 + \alpha t)$, wonach bereits bei Änderungen der Temperatur zwischen beiden Gefäßen um 0,1° C in kleinen Meßbereichen Streuungen der Anzeige auftreten können, die in der Größenordnung des Meßeffektes liegen. Welche Vorkehrungen im Einzelfall für bestimmte Bereiche den Forderungen hinreichender Isothermie genügen, wird noch eingehender beschrieben.

Die Funktion der Mikrokompensatoren ist in den wesentlichen Grundzügen bereits bei der Abhandlung der Normalkompensatoren für große Volumina erläutert worden. Lediglich der getrennte Regler in Form der „Fühlerelektroden" arbeitet nach anderen Gesichtspunkten. Er läßt sich prinzipiell als druckabhängiger Hochohmwiderstand behandeln, und es besteht die Möglichkeit, ihn durch Bauelemente wie Membrankondensator, induktiv arbeitende Membrankapseln o. a. zu ersetzen. Die daran auftretenden Kapazitäts- bzw. Induktivitätsschwankungen müßten dann elektronisch verstärkt werden, und in den Anodenkreis der Gleichstromendstufe würde die Elektrolysezelle mit Registriergerät gelegt. Die Möglichkeiten, die sich aus dieser Technik ergeben, werden in einem gesonderten Kapitel eingehender behandelt.

Zur Behandlung theoretischer Gesichtspunkte normaler Mikrokompensatoren mit elektrolytischen Fühlelektroden und Meßbereichen zwischen 0 ... 0,1 mA bis 0 ... 100 mA werden Systeme vorausgesetzt, deren v_M und v_P je 10 ccm betragen.

Da die zu kompensierenden Druckeffekte stets aus v_M stammen, wirken sich am Fühler die zugeordneten Δv um so stärker aus, je kleiner das Verhältnis $\frac{v_M}{v_P}$ gewählt wird, und es gilt für kleine Δv, wenn als Δv die wirksame Verschiebung des Elektrolyten am Fühler und als Δv_{O_2} die O_2-Zehrung eines Meßobjektes in v_M bezeichnet wird.

$$\Delta v = \frac{\Delta v_{O_2}}{(1 + v_M/v_P)} \qquad 7$$

Dabei werden isobare Verhältnisse vorausgesetzt, die praktisch tatsächlich mit hoher Näherung dadurch gewährleistet sind, daß sich die Höhenunterschiede (Δh) der Menisci am Fühler für die kleinen Meßbereiche in der Größenordnung weniger Zehntel-mm bewegen.

Man sieht aus 7, daß $\Delta v = \Delta v_{O_2}$, wenn v_P unendlich wird, also bei gegen Atmosphäre geöffnetem v_P, wie es bei den direkt regelnden Kompensatoren für Meßbereiche bis zu einigen A Elektrolysestrom üblich ist.

Die konstruktiven Einzelheiten der Mikrokompensatoren zielen darauf ab, möglichst große ΔI am Fühler für kleine Δv bzw. Δh zu erreichen, d. h. für den Differentialquotienten $\frac{dI}{dh}$, durch den die Zeitkonstante der Regelstrecke bestimmt ist, möglichst hohe Werte zu gewinnen.

Messungen der Zeitkonstanten solcher Systeme ergeben nun erheblich kleinere, also günstigere Werte als die Rechnung. Die Gründe hierfür sind allerdings komplexer Natur und beruhen zunächst auf einem thermischen Rückkopplungseffekt des in Wahrheit zentral in v_P angeordneten Fühlers und ferner auf der extrem vom *Ohm*schen Gesetz abweichenden Leitfähigkeit der Elektrolyten vor allem in kleinen Meßbereichen.

Letztere Erscheinung bezieht sich nicht nur auf den Reglerelektrolyten, sondern tritt auch in der Elektrolysezelle auf. Zudem beteiligt sich der Gleichrichter im stark gekrümmten Anteil des Nicht-*Ohm*schen Bereiches an der Regelsteilheit. So werden beispielsweise bei Mikrokompensatoren von $v_M = v_P = 10$ ccm in einem Meßbereich von 0 ... 100 μA (entsprechend 0 ... etwa 0,5 γ O_2/min) Zeitkonstanten von wenigen Minuten gemessen, während die Rechnung um etwa den Faktor 10 höhere Werte ergibt.

Extrem kleine Meßbereiche: Meßbereiche von 0 ... 10 μA und kleiner (entsprechend etwa 0,05 γ O_2/min) lassen sich mit der normalen kathodischen Kupferabscheidung in der Elektrolysezelle nicht mehr beherrschen, da ein „Reststrom", also ein Nicht-*Faraday*scher Stromverbrauch der Zelle von etwa 5 ... 10 μA ohne Gasabscheidung zu beobachten ist.

Dieser Reststrom würde sich in unregelmäßigem Verlauf dem Meßeffekt überlagern und das System unsicher machen für kleine Bereiche.

Als Ursachen solcher „Restströme" können eine Anzahl elektrochemischer Effekte gelten.

Zuerst wirkt sich eine kathodische Oxydation durch zur Kathode diffundierendes O_2 der Lösung aus. Dann gewinnt die intermittierende Gegen-EMK der Zelle — bedingt durch den Welligkeitsanteil des Zellenstromes (wesentlich in den Spannungs-Nullpunkten) — einen deutlichen Einfluß. Schließlich muß jeder Elektrolyt auf Grund der Unmöglichkeit eines idealen Kondensators in den Ionendoppelschichten der Elektroden einen Nicht-*Faraday*schen Stromverlust aufweisen, der jedoch nur einen sehr geringen Anteil des gesamten Reststromes ausmacht, und zuletzt mag noch ein gewisser Polarisationseffekt erwähnt werden, der jedoch einem Grenzwert zustrebt und dessen Einfluß bei kleinen Stromdichten praktisch nicht mehr meßbar ist.

Es werden demnach gewisse Vorkehrungen notwendig, um einen eindeutig *Faraday*schen Verlauf des Elektrolysestromes in den kleinen Meßbereichen zu gewährleisten.

Als probates Mittel erweist sich eine Cu-Kathode mit Vorrat an festem $CuSO_4$ und elektrolytischer Kriechstrecke zum ebenfalls $CuSO_4$-gesättigten Anodenraum. Als weitere Maßnahme wird ein Kondensator (32 μF) der Zelle parallel geschaltet.
Auf diese Weise erreicht man Verhältnisse, die bei linearer Übereinstimmung mit dem *Faraday*schen Gesetz bis zu etwa 1 μA (entsprechend $5 \cdot 10^{-3}\ \gamma\ O_2$/min) saubere Meßergebnisse gewährleisten, und es ist zu erwarten, daß man noch kleinere Bereiche beherrschen wird, wenn auch darüber bisher noch keine Ergebnisse vorliegen.

Der Aufwand, der bei kleiner werdendem Meßeffekt in bezug auf Isothermie zu treiben ist, hängt zu einem gewissen Grad von der Fragestellung und dem Meßobjekt selbst ab.

Es zeigt sich nämlich, daß der thermische Fehler durch bestimmte Kunstgriffe auf Kosten der Zeitkonstanten verringert werden kann, wenn man mit Objekten arbeitet, die einen relativ gleichmäßigen Gasverbrauch zeigen, der sich allenfalls langsam ändert.

Diese Fälle sind zwar die häufigeren, doch es soll die kritische Situation beschrieben werden, in der eine schnelle Einstellung des Systems gefordert oder eine kurzfristige Änderung des O_2-Verbrauchs vom Objekt zu erwarten ist.

Bei Meßbereichen oberhalb 0 . . . 5 mA erübrigt sich die Thermostasierung. Es ist aber dafür zu sorgen, daß die frei aufgestellten Systeme gegen Raumluft-Konvektion (offene Fenster, Raumheizung u. ä.) abgeschirmt sind, etwa durch Einbringung in einen Kasten.

Für kleinere Bereiche bis etwa 500 μA wird ein Luftthermostat mit Umwälzung (etwa $\pm$ 0,2° C) erforderlich, in dem die Systeme nochmals „thermisch gepuffert" sind (beispielsweise eingesetzt in ein möglichst dickwandiges Glasgefäß).
Bis 50 μA ist die thermische Pufferung dadurch zu ergänzen, daß das Puffergefäß zusätzlich mit Wasser gefüllt wird.

Bis 5 μA bewährt sich ein doppelwandiges Glasgefäß, das zwischen den Wandungen luftgefüllt, im Innenraum mit Wasser beschickt ist.

Für nicht ortsgebundene Anlagen (z. B. für Freilanduntersuchungen) bewähren sich im allgemeinen Dewar-Gefäße, die gut verschlossen frei aufgestellt werden können.

Dabei ist für einige Stunden sogar die meist aus experimentellen Gründen erforderliche Temperaturkonstanz über dem Versuchsobjekt gewährleistet.

Elektrische Schaltung: Aus Abbildung 224 ist die Stromversorgung eines Mikrokompensators im Prinzip ersichtlich.

Die Sekundärseite des Netztransformators (allgemein als Konstantspannungsquelle $\pm$ 0,5%s/10% p) liefert eine zwischen 2 . . . 6 V einstellbare Betriebsspannung. (Für nicht ortsgebundene Anlagen ist eine Batteriespeisung möglich.)

Der Meßkreis, in dem das Registriergerät stets als Strominstrument geschaltet ist, setzt sich aus den Widerständen R_I des Instrumentes, R_E der Elektrolysezelle, R_v des Reglers und R_G des Gleichrichters zusammen. Davon sind R_I und R_G als konstant anzunehmen. (Das Instrument ist, für die einzelnen Meßbereiche umschaltbar, jeweils mittels Vor- und Parallelwiderstand auf einen konstanten Widerstand abgeglichen.) Der Gleichrichter weicht lediglich in kleinen Bereichen nennenswert vom Typenwiderstand ab. In großen Meßbereichen (etwa von 10 mA aufwärts) kann ebenfalls R_E in erster Näherung als konstant angenommen werden. R_v ist also hauptsächlich für den Strom im Gesamtkreis verantwortlich.

Allgemein gilt:

$$I = \frac{U}{R_v + R_E + R_I + R_G} \qquad 8$$

Oder, da vor allem die Änderungen ΔI für die Regelung maßgeblich sind:

$$\Delta I = \frac{U}{\Delta R_v + k_{E,I,G}}, \qquad 9$$

worin für die Summe der konstanten Widerstände zunächst allgemein k mit den entsprechenden Indices gesetzt wurde.

Man sieht aus 9, daß k gegen R_v möglichst klein gehalten werden muß, damit eine steile Regelcharakteristik erzielt werden kann. Diese Voraussetzung ist für R_I und R_G leicht zu erreichen. In den kleinen Meßbereichen beteiligt sich jedoch R_E gleichermaßen wie R_v am Regelvorgang, indem es vom *Ohm*schen Gesetz abweicht und etwa in der Form ($R_E \cdot f_{(I)}$), in 10 also als:

$$\Delta I = \frac{U}{\Delta R_v + R_E \cdot f_{(I)} + k_{I,G}} \qquad 10$$

erscheint.

Die Funktion, in der R_E von I abhängig wird, läßt sich experimentell ermitteln, hängt aber neben I noch von einer komplexen Zellenkonstanten ab, in der die jeweils von der Flächenbelastung beeinflußte O_2-Überspannung der Anode, Temperatur, kathodisches Abscheidungspotential und andere elektrochemische Parameter eingehen. Weil überdies in kleinsten Meßbereichen die erwähnten Reservekathoden verwandt werden, durch die sich im Kathodenraum neben einer pH-Verschiebung ein Diffusionsgegenpotential ausbildet, das ein erhöhtes Cu-Abscheidungspotential vortäuscht, lassen sich die wahren Zusammenhänge selbst in grober Näherung nicht mehr sinnvoll darstellen.

Dagegen ist es für die Funktion der Geräte in kleinsten Meßbereichen bedeutungsvoll, daß durch das Zusammenwirken der beschriebenen Faktoren Zeitkonstanten gemessen werden, die etwa $^1/_{10}$ der Werte aus einer geometrischen Berechnung betragen, denn diesem Umstand verdankt der Mikrokompensator seine Überlegenheit den sonst üblichen manometrischen Verfahren gegenüber.

Anwendungsgebiete: Eingangs wurde bereits erwähnt, daß Vorgänge gemessen und registriert werden können, die unter Verbrauch eines elektrolytisch erzeugbaren Gases (vorzugsweise O_2, aber auch Cl_2, H_2, CO_2 u. ä.) ablaufen. Sofern dabei eine Umsetzung unter Gasentwicklung eintritt, muß dieses Gas absorbierbar sein.

Zur Kompensation von nicht elektrolytisch erzeugbaren Gasen kann ebenfalls ein in bezug auf die Reaktion inertes „Ersatzgas" entwickelt werden, sofern man z. B. diskontinuierlich (d. h. unabhängig vom Partialdruck des Reaktionsgases) arbeitet oder die Abhängigkeit der Reaktion vom Partialdruck als Parameter untersuchen will. (Z. B. Untersuchungen über die Permeation oder Absorption von Gasen.)

Ein Anwendungsbeispiel, für das die Geräte bisher hauptsächlich eingesetzt wurden, ist die Verfolgung biologischer Oxydationsvorgänge in gasförmigem oder flüssigem Milieu. (Z. B. Atmung von Insekten u. ä., Stoffwechsel von Pilz- und Bakterienkulturen und Mikroorganismen anderer Art.)

Das dabei frei werdende CO_2 wird mittels eines der üblichen Absorptionsmittel aufgenommen und kann aus diesem, sofern es zur Bestimmung des RQ erforderlich ist, nachfolgend durch Titration ermittelt werden. Eine andere Form der RQ-Bestimmung ist möglich, wenn intermittierend die Absorption unterbrochen wird. Dabei erscheint während dieser Zeit der Wert $O_2 - CO_2$. Aus der Differenz der Werte von Absorptionszeit und Interpausen kann der RQ rechnerisch leicht ermittelt werden.

Andere Anwendungsgebiete sind beispielsweise Oxydations- bzw. Korrosionsmessungen von Metallen und anderen Stoffen. Allgemein kann das System mit jeder beliebigen Konzentration der verschiedensten Gase unter beliebigem Druck beschickt werden. Für Überdrucke wären natürlich spezielle Konstruktionen nötig. Dabei werden auf Grund der elektrolytischen Kompensation die gewählten Ausgangsbedingungen über beliebig lange Zeiträume konstant gehalten.

Da, wie bereits erwähnt, am Fühler Druckdifferenzen von etwa 10^{-2} Torr den jeweiligen Meßbereich aussteuern, wird eine eingestellte Konzentration des zu messenden Gases mit der gleichen Toleranz gehalten. Für Luft unter Atmosphärendruck und Kompensation des O_2-Verbrauchs wäre das eine Schwankungsbreite von ± 0,01 % O_2.

Positive Gasreaktionen: (Messung von Gasvolumina, die bei chemischen Reaktionen gebildet werden.)

Bisher wurden Reaktionen beschrieben, die unter Gasverbrauch ablaufen, also:

$$-\frac{dv}{dt}$$

In der Mikrogasanalyse spielen jedoch auch Vorgänge eine Rolle, in deren Verlauf durch Gasentwicklung eine Volumenzunahme im Reaktionsraum eintritt, nämlich

$$+\frac{dv}{dt}.$$

Derartige Vorgänge lassen sich nicht direkt kompensieren, da ein elektrochemischer Gasverbrauch zwar möglich ist (z. B. durch Depolarisation einer edlen Kathode durch O_2) aber auf einzelne spezielle Fälle beschränkt bleibt und deshalb hier nicht eingeführt wird.

Dagegen steht eine andere Methode zur Verfügung, die im Prinzip darauf beruht, daß der Reaktionskörper im Puffervolumen (v_P) untergebracht wird, während v_M zum Kompensationsraum wird.

An der Grundkonzeption der Methode ändert sich dabei nichts, denn es bleibt im Meßprinzip die elektrolytische Kompensation. Es ist jedoch eine Anzahl neuer Gesichtspunkte zu berücksichtigen:

1. Durch Volumenzuwachs auf Grund der Reaktion steigt der Druck in v_P an, da durch die Kompensation in v_M das Volumen von v_P konstant gehalten wird.
2. Das Verhältnis von $\frac{v_P}{v_M}$, das bisher lediglich auf die Zeitkonstante der Kompensation einen Einfluß hatte, geht nun direkt in die Rechnung ein, weil

$$\frac{\Delta v_K}{\Delta v_R} = \frac{v_M}{v_P}$$

worin Δv_K das elektrolytisch erzeugte Kompensationsvolumen und Δv_R den durch die Reaktion bedingten Volumenzuwachs bedeuten.

Das registrierte Ergebnis, nämlich die Reaktionsintensität bzw. der Differentialquotient ist nun also mit einer Volumenkonstanten zu multiplizieren, die durch Eichung für jedes System zu bestimmen ist.

Das ist zunächst ein Nachteil, der jedoch den sonst üblichen barometrischen Methoden prinzipiell anhaftet.

Andererseits ergibt sich für die Kompensationstechnik daraus ein Vorteil, weil durch die Wahl bestimmter Volumenverhältnisse z. B. $v_P \ll v_M$ $\left(\frac{v_M}{v_P} = 100\right)$ außerordentlich kleine $\frac{dv_K}{dt}$ noch mit großer Genauigkeit verfolgt werden können. Bei diesem Verhältnis läßt sich eine Gasentwicklung von

$$0{,}00035\ \text{mm}^3/\text{min}$$

unter Berücksichtigung bestimmter Voraussetzungen mit der Genauigkeit der Volumenkonstanten registrieren (etwa $\pm$ 3%).
3. Eine kontinuierliche Messung über beliebig lange Zeiträume ist nicht möglich, da der Gesamtdruck des Systems langsam ansteigt. Das wäre ein Nachteil, der jedoch nicht ins Gewicht fällt, weil er einmal bei barometrischen Verfahren ohnedies als gegeben akzeptiert wird und zum anderen, weil die positiven Gasreaktionen keinen kontinuierlichen Charakter zeigen.
4. Zur Kompensation wird ein Ersatzgas gewählt (O_2), das wegen der pneumatischen Trennung vom Reaktionsraum chemisch nicht in Erscheinung tritt.

Zur Handhabung der Kompensationsgeräte ist zu bemerken, daß auch im Routinebetrieb quantitativ eindeutige Ergebnisse erzielt werden, wenn z. B. mit 6 Meßzellen auf Mehrfarbenregistriergeräten Serienversuche durchgeführt werden.

2. H. J. Pagel und W. Schwarz, Allgemeines zur Messung des Verbrauches von Stoffen bei konstanter Konzentration

a) Problemstellung und Definition

Die in Kapitel I—VI beschriebenen Methoden zur Messung des Sauerstoffs, anderer oxydierender und auch reduzierender Substanzen bedienten sich ausschließlich der Messung der Konzentration des betreffenden Stoffes. Damit sind aber der Anwendung als Verbrauchsmessung gewisse, enge Grenzen gesetzt. Unter „Verbrauch" wollen wir verstehen, daß ein Vorgang (Reaktion, Atmung u. dgl.) während einer bestimmten Zeit eine bestimmte Substanzmenge benötigt. Der Verbrauch wird also durch Menge pro Zeit angegeben (cm³/sec; g/sec; Mol/sec usw.). Er hat damit in Analogie zur Reaktionsgeschwindigkeit $\frac{dc}{dt}$ (z. B. Mol/cm³ · sec) die Dimension einer Geschwindigkeit.

Seine Messung ist mit Hilfe der Konzentrationsmessung natürlich möglich, da er sich aus der Abnahme der Konzentration und der während der Abnahme verflossenen Zeit ergibt:

$$\frac{(c_0 - c_1) \cdot V}{t_1} = \text{Verbrauch}$$

c_0 = Konzentration bei Versuchsbeginn
c_1 = Konzentration nach der Zeit t_1
V = Volumen, in dem der Stoff enthalten ist.

Wenn der Verbrauch im Verlauf der Messung seine Größe ändert, muß die Messung von $\frac{\Delta c}{\Delta t}$ in kleinen Abständen vorgenommen werden. Eine Registrierung des Verbrauchs ist also nicht ohne weiteres möglich. Das Registriergerät für die Konzentrationsmessung (Abb. 225) zeichnet eine Kurve „Konzentration gegen Zeit" auf.

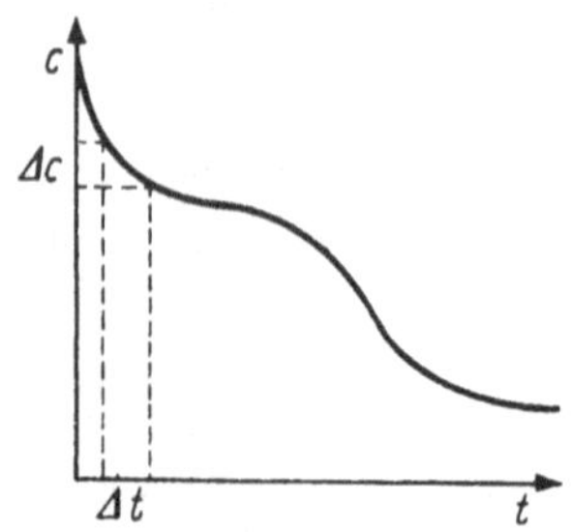

Abb. 225. Zeitlicher Verlauf einer Konzentrationsänderung

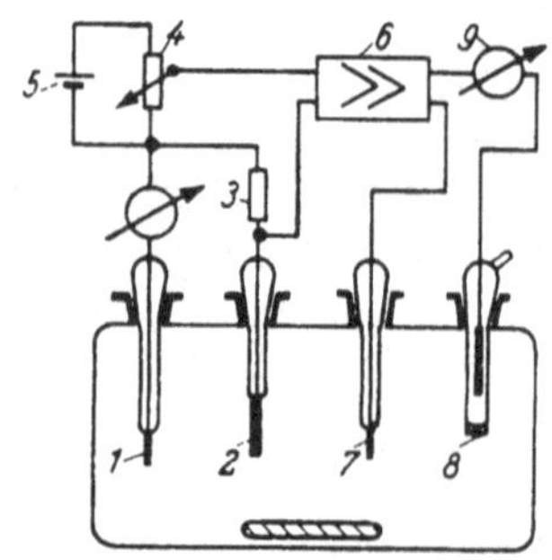

Abb. 226. Prinzip des Konsumeters mit Meßanordnung nach *F. Tödt* als Indikator. 1 Meßelektrode, 2 Gegenelektrode, 3 Widerstand, 4 Potentiometer, 5 Spannungsquelle, 6 Verstärker, 7 Elektrode zur Sauerstoffentwicklung, 8 zu 7 gehörige Gegenelektrode, 9 Strommesser

Die Neigung dieser Kurve ist $\frac{dc}{dt}$ und wäre ein exaktes Maß für den Verbrauch. Ein elektronisches Gerät, das den Differentialquotienten einer Kurve schreibt bedingt jedoch einen sehr großen Aufwand.

Hängt nun aber gar der Verbrauch des Stoffes von dessen Konzentration ab (z. B. chemische Reaktionen, Atmung bei sehr kleinen O_2-Konzentrationen), wird die Verbrauchsmessung auf diesem Wege völlig unmöglich, da ja das ganze Meßprinzip auf der Abnahme der Konzentration beruht.

Für alle diese Fälle mußte ein Weg gefunden werden, den Verbrauch bei konstant bleibender Konzentration zu messen.

b) Das Konsumeterprinzip

Das Problem der Verbrauchsmessung bei konstanter Konzentration erhob sich bei uns erstmals, als sich die Notwendigkeit ergab, die Atmung von Hefesuspensionen über längere Zeiten zu verfolgen. Es mußte also zunächst das gebildete Kohlendioxyd gebunden und dann neuer Sauerstoff zugeführt werden. Letzteres kann auf sehr einfache und elegante Weise erreicht werden, wenn der Sauerstoff elektrolytisch erzeugt wird. Hierüber liegen seit langem Erfahrungen vor und wir haben bereits bei der Beschreibung der Eichverfahren für die O_2-Messung (S. 17) darauf hingewiesen.

Größe des elektrischen Stromes und Geschwindigkeit der elektrolytisch entwickelten O_2-Menge hängen nach dem *Faraday*schen Gesetz zusammen:

$$\underset{\text{(Ampere)}}{I} = z \cdot 96400 \cdot \underset{\text{(g/sec)}}{\text{Molekulargewicht}}$$

z = Anzahl der bei der Elektrolyse ausgetauschten Elektronen; für O_2: $z = 4$

Wenn man nun dafür sorgt, daß ebensoviel O_2 entwickelt wird, wie von dem untersuchten Vorgang verbraucht wird, dann ist der elektrische Strom ein direktes Maß für den Stoffverbrauch. Man benötigt also außer der Elektrolyse einen Indikator für die Konzentration des Stoffes. Dieser Indikator muß die Elektrolysestromstärke so einregeln, daß die Konzentration konstant bleibt.

Verwendet man die Sauerstoffmessung nach *Tödt* als Indikator, so ergibt sich eine Schaltung nach Abbildung 226:

Die Meßelektrode 1 und die unpolarisierbare Gegenelektrode 2 bilden zusammen die Meßkette für die O_2-Konzentration. Am Widerstand 3 fällt eine Spannung ab, die dem Strom und damit der Sauerstoffkonzentration proportional ist. Diese Spannung wird mittels des Potentiometers 4 und der Stromquelle 5 kompensiert. Der nachgeschaltete Verstärker 6 liefert an seinem Ausgang den Strom für die Elektrolyse zwischen den Elektroden 7 und 8. An 7 wird Sauerstoff entwickelt. Da an 8 Wasserstoff abgeschieden wird, ist diese Elektrode durch ein Diaphragma von der Versuchslösung getrennt und hat zur Außenluft Verbindung. Solange die Konzentration im Versuchsraum konstant bleibt, gelangt infolge der Kompensationsschaltung keine Spannung an den Verstärker und es fließt auch kein Elektrolysestrom. Wird die Konzentration nur um weniges gesenkt und sinkt damit der Strom zwischen 1 und 2 und die Spannung an 3, ist die Kompensation nicht mehr länger im Gleichgewicht und es gelangt eine Spannung an den Verstärkereingang. Dadurch wird am Ausgang ein Elektrolysestrom abgegeben. Dieser steigt durch die sinkende Konzentration solange, bis ebensoviel Sauerstoff entwickelt wie verbraucht wird. Der Strommesser 9 zeigt den Verbrauch an Sauerstoff an, außerdem kann nun auch ein schreibendes Registriergerät verwendet werden. Da der Abfall der Konzentration durch den beinahe beliebig hohen Verstärkungsgrad des Verstärkers sehr klein bleiben kann, um dennoch einen ausreichenden Elektrolysestrom zu gewährleisten, bleibt die Konzentration des Stoffes, dessen Verbrauch gemessen werden soll, praktisch konstant.

Natürlich sind nach diesem Verfahren auch andere Stoffe als Sauerstoff meßbar, nämlich jeder elektrolytisch direkt oder indirekt herstellbare, z. B. H_2, Cl_2, J_2, CO_2 usw. Mit der Methode nach *Tödt* sind ja ebenfalls — wie wir früher gesehen haben — andere sowohl oxydierende wie reduzierende Substanzen meßbar.

Wir haben diese Anordnung, da sie der Messung des Verbrauchs dient, Konsumeter genannt. Die oben geschilderte Form ist nur ein Beispiel für viele mögliche Ausführungsformen. Bei anderen wird lediglich die Art des Indikators verändert, wobei jedoch stets auf einige altbekannte Anzeigemöglichkeiten zurückgegriffen wird.

Bei allen möglichen Abwandlungen des Konsumeterprinzipes bleibt jedoch die Elektrolyse stets das gleiche wesentliche Element. Wir wollen uns daher zunächst einer näheren Betrachtung der Voraussetzungen zuwenden, die für eine streng proportionale Beziehung zwischen elektrischem Strom und Verbrauch zu erfüllen sind.

c) Die Elektrolyse

Jeder durch einen Elektrolyten fließende Strom hat einen Stoffumsatz an den Elektroden zur Folge. Dies ist darin begründet, daß Elektrolyte stets und ausschließlich Ionenleiter sind. Jedes die Elektrode passierende Elektron muß demzufolge im stationären Elektrolysezustand ein Ion bilden oder entladen. Dadurch führt jeder Strom zu einer quantitativen Umsetzung, die streng dem *Faraday*schen Gesetz gehorcht. Sog. „Blindströme", die ohne eine Reaktion auszulösen durch den Elektrolyten fließen sollen, würden eine Elektronenleitfähigkeit desselben voraussetzen. Eine solche ist zwar bereits behauptet worden, doch sprechen die bisherigen Erfahrungen durchaus nicht dafür.

Wenn auch jeder Stromfluß zu einem quantitaven Umsatz führt, so ist es aber fraglich, ob ausschließlich der gewünschte Stoff entsteht, oder ein Teil des Stromes zur Bildung anderer Produkte verbraucht wird, was zu einer erheblichen Beeinträchtigung des Meßergebnisses führen kann. Dieses kann z. B. auftreten, wenn ein Elektrolyt verwendet wird, der unter anderem auch Cl-Ionen enthält. Bei geeigneten Stromdichten wird dann an der Anode nicht nur Sauerstoff sondern auch Chlor entwickelt. Dies führt aber dazu, daß die O_2-Konzentration allmählich sinkt und die des Chlors steigt.

Die Anode: Gerade bei Sauerstoffentwicklung liegt der Fall recht günstig. Bei Verwendung von Lösungen, die andere abscheidbare Ionen nicht enthalten, also z. B. bei Sulfatlösungen und Laugen, kann an der Anode nur O_2 gebildet werden. Nur bei sehr großen Stromdichten besteht die Gefahr einer Persulfat- oder Ozonbildung*). Mit der Wahl der Größe der Elektrodenoberfläche hat man es in der Hand, derartig hohe Stromdichten zu vermeiden, wenn einmal große Ströme erforderlich werden. Zu kleinen Stromwerten hin sind der O_2-Entwicklung keine Grenzen gesetzt. Da kein anderes abscheidbares Ion vorhanden ist, muß auch der kleinste Stromfluß zu einer O_2-Entwicklung führen. Dies bedeutet jedoch nicht, daß in jedem Fall eine sichtbare Gasentwicklung auftritt. Solange die Stromdichte nicht ausreicht, um die Anode auf das Potential zu polarisieren, das zur Entwicklung von O_2 unter dem im Versuchsgefäß herrschenden Druck notwendig ist, kann der Sauerstoff nicht gasförmig entwickelt werden. Gleichwohl entsteht er aber und diffundiert in gelöstem Zustand von der Elektrode in die Lösung. Dies tut der Versuchsdurchführung keinen Abbruch, da er auf diesem Wege ebenso in die Lösung wie in einen über der Lösung befindlichen Gasraum gelangt. Von der Anodenseite ist also im Falle der O_2-Entwicklung kaum eine Schwierigkeit zu erwarten. Selbstverständliche Voraussetzung ist natürlich, daß die Anode aus einem Material bestehen muß, das sich unter dem Einfluß des Stromes nicht auflöst. Im allgemeinen kommt also nur Platin in Frage. Bei der elektrolytischen Erzeugung anderer Substanzen muß stets eine Prüfung erfolgen, ob neben dem gewünschten Stoff etwa noch andere entstehen.

Die Kathode: Bei der als beispielhaft zu betrachtenden O_2-Entwicklung durch Elektrolyse muß ferner noch die Kathode auf Eignung geprüft werden. In Abbildung 226 wurde angenommen, daß an der Kathode eine Wasserstoffentwicklung statthaft ist. Dies ist immer der Fall, wenn der Kathodenraum mit der äußeren Atmosphäre Verbindung haben darf und zum Meßraum hin durch ein Diaphragma, U-Rohr oder ähnliche Maßnahme abgeteilt ist. Andernfalls würde der entwickelte Wasserstoff

*) Bei der Ozonbildung stört in erster Linie die hohe Reaktionsfähigkeit desselben, bzw. seine Giftigkeit bei biologischen Versuchen.

ebenfalls in den Meßraum gelangen, und da er durch den zu untersuchenden Prozeß nicht verbraucht wird, allmählich den Sauerstoff ersetzen.

Bei dem eingangs geschilderten Verfahren, das eine Messung nach *Tödt* als Indikator benutzt, ist die Verbindung des Meßraumes über den Diaphragmenraum nach außen möglich, solange bei Atmosphärendruck gearbeitet wird, da die Sauerstoffanzeige gegen kleine Druckschwankungen der Atmosphäre nicht so sehr empfindlich ist. Immerhin bleiben Luftdruckschwankungen nicht immer ohne Einfluß. Bei den später beschriebenen Indikatormethoden, die ausschließlich auf Druckänderungen ansprechen, gewinnt dieser Einfluß sehr an Bedeutung. In diesen Fällen kann eine Verbindung zur Außenluft nur bei konstantem Luftdruck oder bei großem Verbrauch, also höheren Elektrolyseströmen zugelassen werden. Steigender Luftdruck täuscht bei Verwendung druckabhängiger Indikatoren einen zu kleinen Sauerstoffverbrauch oder gar eine -entwicklung vor.

Man muß deshalb eine Elektrolysezelle benutzen, bei der die Entwicklung von Wasserstoff unterbleibt. Versuche mit Elektrodenmaterialien, die den Wasserstoff binden sollen, z.B. Braunstein, Nickeloxyd u.ä., haben nur zu geringen Erfolgen geführt. Als wesentlich besser hat sich unser Vorschlag bewährt, an der Kathode ein Metall abzuscheiden. Je edler dies Metall ist, um so vorteilhafter gestaltet sich die Ausbeute. Es hat sich gezeigt, daß Kupfersulfatlösungen bereits den meisten Anforderungen genügt. Wir wollen einige Überlegungen anstellen, welche Fehler an der Kathode auftreten können:

An jeder Kathode, die durch einen kathodischen Strom genügend weit polarisiert wird, können zwei Prozesse ablaufen. 1. Die Reduktion von Sauerstoff, 2. Die Wasserstoffentwicklung (S. 8, 10). Auch an einer Elektrode an der Metall abgeschieden wird, können beide Prozesse nebenher ablaufen. Dies ist eine Erkenntnis der neueren Korrosionbetrachtung [2]. Falls die Elektrode im stromlosen Zustand ein Ruhepotential aufweist, das bereits im Potentialgebiet der Sauerstoff-Reduktion liegt, dann tritt schon ohne Stromfluß ein Sauerstoffverbrauch durch die Kathode ein (Korrosion), der sich dem des zu untersuchenden Prozesses addiert. Mit größer werdender Stromdichte wird dieser Effekt auch immer stärker, bis sich schließlich eine Wasserstoffentwicklung hinzugesellt. Beides — Sauerstoff-Reduktion und Wasserstoffentwicklung — verfälschen die Messung des O_2-Verbrauches.

Hat man dagegen eine Kathode, die im stromlosen Zustand ein nicht durch Sauerstoff- oder Wasserstoffkorrosion bedingtes Potential aufweist, und ist diese Elektrode überdies noch weitgehend unpolarisierbar, dann hat man gerade bei kleinen Stromdichten nicht zu befürchten, daß O_2-Reduktion oder gar H_2-Entwicklung auftritt. Daher stammt die oben angegebene Forderung nach Abscheidung eines Metalls bei möglichst edlen Potentialen.

Eine Messung der kathodischen Polarisation einer Kupferelektrode in einer schwefelsauren Kupfersulfatlösung (p_H 0,25) ergab folgende Werte (E_H = Potential der Kupferkathode gegen eine Wasserstoffelektrode in der gleichen Lösung):

J (mA/cm²)	E_H (mV)
0	+ 299
50	+ 212
125	+ 130
250	— 6

Eine Stromdichte von 250 mA/cm² würde also schon zu einer erheblichen H_2-Entwicklung führen. Bei 125 mA/cm² dagegen bleibt das Kupfer 130 mV edler als eine Wasserstoffelektrode von 1 at H_2-Druck. Nach dem *Nernst*schen Gesetz hängt das Potential einer H_2-Elektrode vom Wasserstoffdruck nach

$$E_H = 59 \cdot \lg \frac{1}{p_{H_2}^{1/2}} \text{ mV}$$

ab. Bei eben genannter Stromdichte kann also Wasserstoff nur bis zu einem Partialdruck von $4 \cdot 10^{-5}$ at oder 0,4 mm Wassersäule entstehen. Danach ist keine weitere H_2-Entwicklung möglich. Dieser geringe H_2-Druck stört die Messung jedoch nicht im geringsten. Ein Fehler durch H_2-Entwicklung liegt also nicht vor. Man kann an Hand dieser Beziehung leicht prüfen, ob eine Wasserstoffentwicklung für die Messung tragbar ist oder nicht.

Diese Betrachtungen gelten ganz streng für reinen Gleichstrom, so wie er einer Batterie entnommen werden kann. Bei Verwendung von welligem Gleichstrom, wie er durch Gleichrichtung von Wechselspannung entsteht, drängt sich aber die Frage auf, inwieweit die Kapazität der Elektroden zu einem Blindstrom führen kann. Jede Welligkeit bringt eine Umladung der Doppelschicht mit sich, und dazu wird eine bestimmte Strommenge verbraucht, die nicht zu einem äquivalenten elektrochemischen Stoffumsatz führt. Jede Elektrode hat gegenüber dem Elektrolyten eine Kapazität von etwa 10 bis 20 μF/cm². Das bedeutet etwa 1000 Ohm bei 100 Hz (*Grätz*gleichrichter!). Da man im allgemeinen mit Elektroden arbeitet, die wesentlich unter 1 cm² liegen, sind also bei Klemmspannungen von einigen Volt höchstens Ströme von einigen mA zu erwarten. Dies gilt jedoch nur für einen ganz ungesiebten Gleichstrom. Da jede Gleichrichtung mit einer Siebung verbunden sein sollte, beträgt die Welligkeit nur noch wenige Prozent des gesamten Stromes. Im selben Maße sinkt aber auch der Blindstrom, der den Welligkeitsanteil des gesamten Stromes ja nicht überschreiten kann. Bei kleinen Strömen sinkt dann ferner noch die Klemmspannung, so daß man mit Blindströmen von einigen μA und darunter rechnen kann. Da wie gesagt der Blindstrom nicht den Anteil am gesamten Strom überschreiten kann, den auch die Welligkeit aufweist ist die Forderung nach einer sehr guten Siebung zu erheben, wenn man über längere Zeiten und sehr genau messen will.

Die Siebung soll jedoch stets vor der Elektrolysezelle und vor dem Meßinstrument liegen. Kondensatoren für die Siebung sollen nie parallel zu den Elektrolysierelektroden bzw. hinter dem Meßinstrument liegen, da sie eine weitere Kapazität für das Auftreten der Blindströme darstellen.

Noch kritischer werden die Verhältnisse, wenn Wechselspannungen höherer Frequenz — wie sie bei manchen Indikatorsystemen auftreten — nach der Gleichrichtung ungenügend gesiebt werden.

Mit diesen allgemeinen Betrachtungen, die sinngemäß auch auf die Darstellung anderer Substanzen als O_2 angewendet werden müssen, wollen wir schließen und uns im folgenden der Beschreibung weiterer Indikatortypen zuwenden.

d) Verschiedene Ausführungsformen der Indikatoren (Geber, Fühler)

Die Indikatoren werden dem Gebrauch in der Regeltechnik folgend meist als Fühler oder Geber bezeichnet.

Elektrochemische Geber: Die Elektrochemie liefert drei grundlegende Beziehungen zur Ermittlung einer Konzentration:

1. Die Potentialmessung. Der Zusammenhang zwischen Potential und Konzentration eines Stoffes wird durch das *Nernst*sche Gesetz angegeben: $\varepsilon = \frac{RT}{zF} \ln c$.

2. Die Leitfähigkeitsmessung. Für diese Messung gilt allgemein die Beziehung: $\Lambda = \frac{\varkappa}{c} \cdot 1000$

Λ = molare Leitfähigkeit
$\varkappa$ = spezifische Leitfähigkeit.

3. Die Grenzstrommessung. Diese ist bereits oben ausführlich beschrieben worden.

Abbildung 227 zeigt die Möglichkeit, die sich bei Verwendung einer Potentialmessung als Indikator für die Konzentration ergibt. Hier, wie in den folgenden Bildern, ist immer aus Gründen der einfachen Darstellung an der Kathode der Elektrolysierelektroden eine Wasserstoffentwicklung angenommen worden. Da es sich nur um prinzipielle

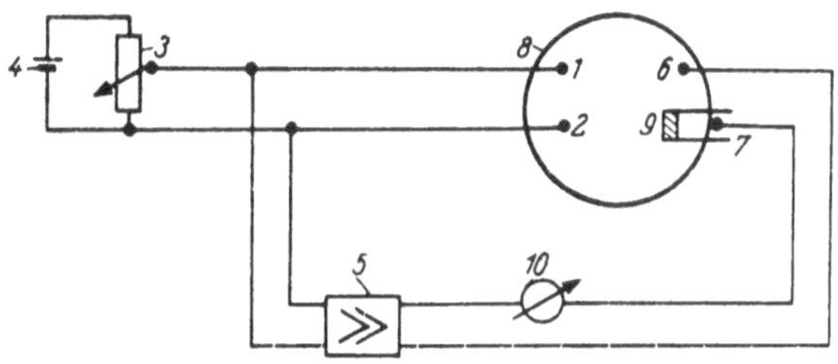

Abb. 227. Prinzip des Konsumeters, als Geber dient eine Potentialmeßelektrode. 1 Potentialmeßelektrode, 2 Vergleichselektrode, 3 Potentiometer, 4 Spannungsquelle, 5 Verstärker, 6 u. 7 Elektrolysierelektroden, 8 Meßgefäß, 9 Diaphragma, 10 Strommesser

Darstellungen handelt, wurde bei ihnen nicht die Verhinderung der H_2-Entwicklung durch Metallabscheidung berücksichtigt. Die Elektrode 1 ist die konzentrationsabhängige Meßelektrode, die Elektrode 2 ist eine Referenzelektrode. Das Potentiometer 3 und die Spannungsquelle 4 bilden einen Kompensationsstromkreis, der die zwischen Elektrode 1 und 2 herrschende Spannung kompensiert. Weicht die Konzentration des gelösten Stoffes von ihrer Ausgangskonzentration ab, dadurch daß dieser Stoff verbraucht wird, ändert sich das Potential im Meßkreis und die Brücke Meßkreis-Kompensationskreis ist aus dem Gleichgewicht gebracht worden. Dadurch gelangt an den an die Brücke angeschlossenen Eingang des Verstärkers 5 eine Spannung. Diese wird verstärkt und liefert am Verstärkerausgang eine Spannung, die über die Elektroden 6 und 7 den verbrauchten Stoff elektrochemisch nachliefert. An der Elektrode 6 entsteht der benötigte Stoff. Die Elektrode 7 an der der Stoff verbraucht werden oder ein störendes Produkt entstehen könnte, ist von dem Meßgefäß 8 durch ein Diaphragma 9 abgetrennt. Da der Verstärker beliebig empfindlich sein kann, genügen ganz geringe Abweichungen von der Ausgangskonzentration und damit vom Ausgangspotential der Meßelektrode 1, damit die verbrauchte Menge des gelösten Stoffes durch den Verstärker 5 nachgeliefert wird. Die Konzentration des gelösten Stoffes bleibt also praktisch konstant. Der Strommesser 10 im Ausgang des Verstärkers erlaubt die Messung der Geschwindigkeit, mit der der gelöste Stoff verbraucht wird.

Obwohl bei dieser Anordnung das Potential der Elektrode 1 konstant gehalten wird, darf man sie doch nicht mit einem Potentiostaten (S. 20) verwechseln. Bei einem Potentiostaten wird das Potential einer Elektrode mittels eines elektronischen Regelmechanismus auf elektrischem Wege konstant gehalten. Hier wird das Potential auch mit einer elektronischen Einrichtung jedoch auf chemischem Wege konstant gehalten.

Abbildung 228 zeigt die Verwendung einer Leitfähigkeitsmessung als Indikator. Die Elektroden 1 und 2 im Meßgefäß 3 sind platinierte Platinelektroden. Sie liegen in einem Zweig der Brücke 4, die aus einer Wechselspannungsquelle 5 gespeist wird. Die Elektroden 1 und 2 messen die Leitfähigkeit der Lösung, die ausschließlich aus der Konzentration des gelösten Stoffes resultiert. An der Brücke liegt der Eingang des Verstärkers 6. Am Ausgang desselben liegen die Elektroden 7 und 8, letztere hinter Diaphragma 9. 10 ist ein Strommesser. Bei Abnahme der Konzentration des gelösten Stoffes ändert sich die Leitfähigkeit der Lösung, dadurch wird die Brücke

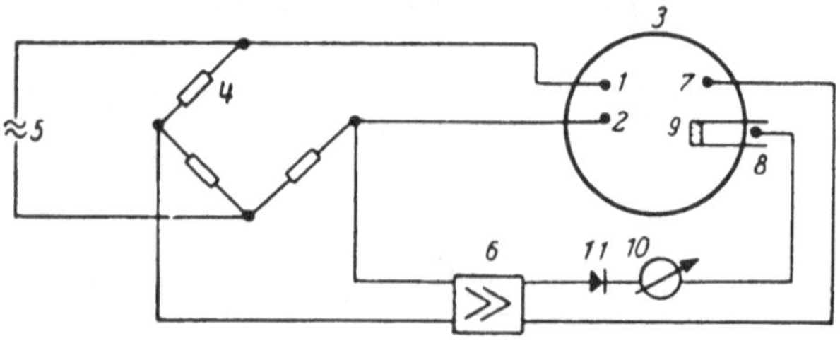

Abb. 228. Prinzip des Konsumeters, als Geber dient eine Leitfähigkeitsmessung
1 u. 2 Platinierte Platinelektroden, 2 Meßgefäß, 4 Brücke, 5 Wechselspannungsquelle, 6 Verstärker, 7 u. 8 Elektrolysierelektroden, 9 Diaphragma, 10 Strommesser, 11 Gleichrichter

aus dem Gleichgewicht gebracht und ein zu 1. und 2. analoger Vorgang setzt ein. Da der Verstärker mit Wechselspannung gespeist wird, muß sich in seinem Ausgang ein Gleichrichter 11 befinden.

Elektromechanische Geber: Sofern es sich bei dem gelösten Stoff um einen gasförmigen handelt und über der Meßlösung eine Gasphase existiert, kommt noch ein anderes Verfahren zur Messung der Konzentration des gelösten Gases in Betracht. Das Gesetz von *Henry-Dalton*

$$\frac{c_{\text{gelöst}}}{c_{\text{Gas}}} = \text{const.}$$

besagt, daß eine Konzentrationsänderung des gelösten Gases eine Konzentrations-, d. h. also Volumenänderung, in der Gasphase bedingt. Beim Vorliegen einer Gasphase kann also eine in dieser stattfindende Volumenänderung benutzt werden, um analog zu den elektrochemischen Gebern über einen Verstärker die Konzentration des gelösten Gase konstant zu halten (Abb. 229). Das Meßgefäß 1 enthält die Meßlösung 2 mit darin gelöstem Gas und in der Gasphase 3 ebenfalls das in 2 gelöste und auch andere Gase. Weiterhin einen Geber 4, der die Volumenänderung an den Verstärker 5 signalisiert, und die Elektrode 6, an der das Gas erzeugt wird, und hinter dem Diaphragma 7 die Elektrode 8. Im Ausgangsstromkreis des Verstärkers liegt ein Strommesser 9. Eine Abnahme der Konzentration des gelösten Gases bewirkt eine Volumenänderung in 3. Diese veranlaßt den Verstärker, das Gas an 6 zu bilden, in dem Maße wie es verschwindet.

Damit ist im Gegensatz zu den elektrochemischen Indikatoren auch ein einfaches und sicheres Arbeiten möglich, wenn jeder Elektrolyt fehlt, also nur eine Gasphase vorliegt, aus der der Verbrauch stattfindet.

Um die Volumenänderung an den Verstärker zu signalisieren, müssen möglichst rückstellkraftlose Anordnungen benutzt werden. Im folgenden seien einige mögliche Ausführungsformen beschrieben:

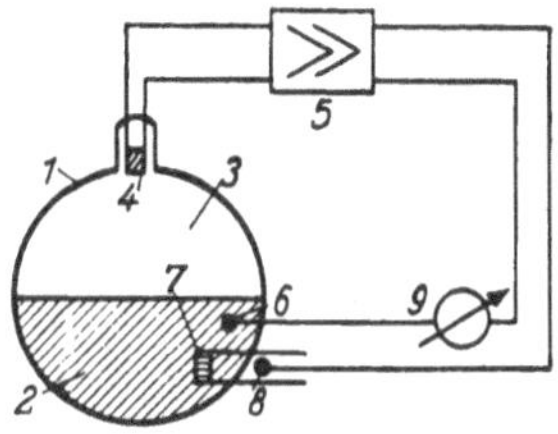

Abb. 229. Prinzip des Konsumeters mit elektromechanischem Geber. 1 Meßgefäß, 2 Meßlösung, 3 Gasphase, 4 elektromechanischer Geber, 5 Verstärker, 6 u. 8 Elektrolysierelektroden, 7 Diaphragma, 9 Strommesser

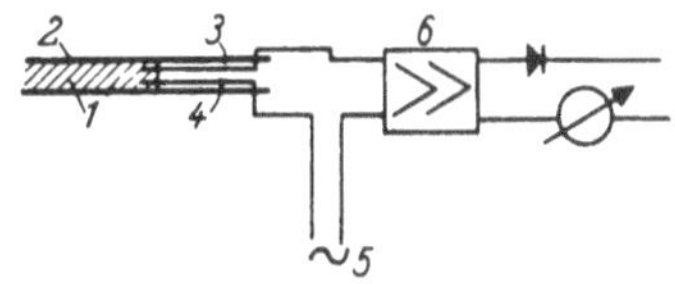

Abb. 230. Geber, veränderlicher Widerstand zwischen 2 Innenelektroden. 1 Flüssigkeitssäule, 2 Rohr, 3 u. 4 Elektroden, 5 Wechselspannungsquelle, 6 Verstärker

1. Abbildung 230: Eine Flüssigkeitssäule 1 wird in einem Rohr 2 verschoben. Dabei bedeckt sie mehr oder weniger zwei metallische Leiter 3 und 4. An diesen liegt eine Wechselspannung 5. Durch den Widerstand der Flüssigkeit 1 wird dem Verstärker 6 eine mehr oder minder große Spannung zugeführt. Um ein Gasen der Leiter 2 und 3 zu verhindern, werden sie aus entsprechendem Material (z. B. Kupfer) in einer Lösung seiner Ionen (z. B. Kupfersulfatlösung) verwendet oder eine Wechselspannung mit einer höheren Frequenz (etwa 500 Hz) benutzt.

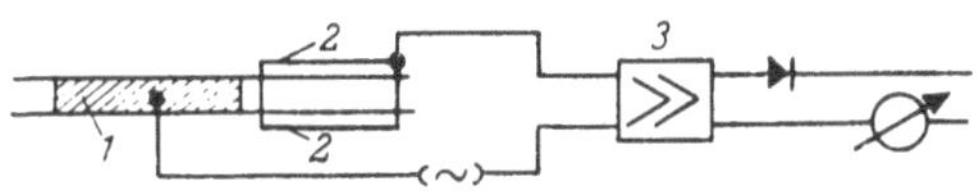

Abb. 231. Geber, Kapazitätsänderung 1 Flüssigkeit, 2 Metallbelag, 3 Verstärker

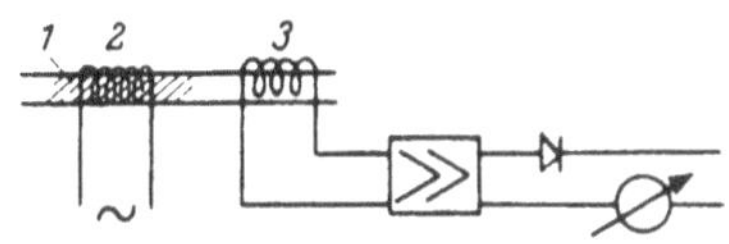

Abb. 232. Geber, veränderlicher Kopplungsgrad zwischen 2 Induktivitäten 1 Flüssigkeitssäule, 2 u. 3 Induktionsspulen

2. Abbildung 231: Eine Flüssigkeit 1 bewegt sich in einem Rohr, dessen Material eine gute Dielektrizitätskonstante haben soll und das außen mit einem Metallbelag 2 überzogen ist. Dieser Belag bildet die eine Hälfte und die Flüssigkeit die andere Hälfte eines Kondensators. Die verschiebliche Flüssigkeitssäule 1 ändert die Kapazität des Kondensators und damit die Größe der auf den Verstärker 3 signalisierten Spannung. Diese Anordnung wird verbessert durch die Möglichkeit, den Metallbelag kurvenförmig auftragen zu können und damit jede gewünschte Kennlinie der Regelung zu erreichen.

3. Entsprechend 2. wird die induktive Wirkung einer Flüssigkeitssäule ausgenutzt.

4. Abbildung 232: Die Flüssigkeitssäule 1 ändert den Koppelungsgrad zwischen zwei Spulen 2 und 3 bzw. zwischen zwei Schwingkreisen.

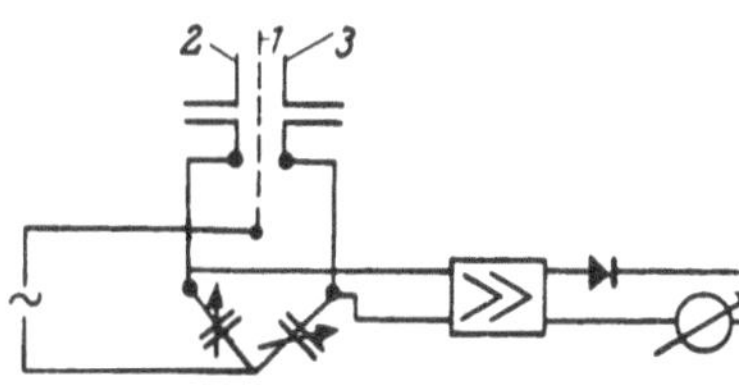

Abb. 233. Geber, Änderung von Kapazitäten durch bewegliche Membran 1 Membran, 2 u. 3 Metallplatten

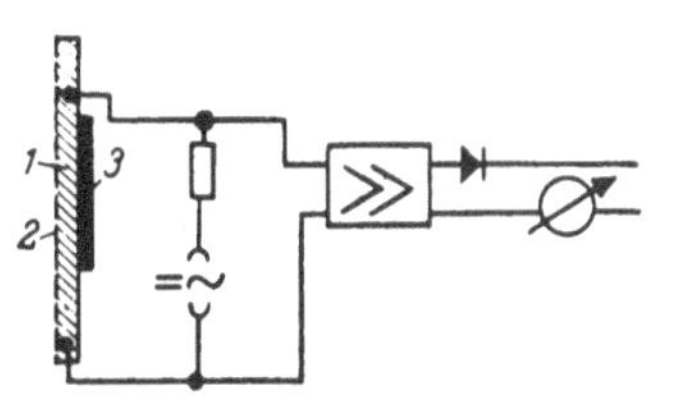

Abb. 234. Geber, Veränderung eines *Ohm*schen Widerstandes durch bewegliche Membran 1 Widerstandsmasse, 2 Membran, 3 Metallplatte

5. Abbildung 233: Eine dünne mit Metall überzogene Folie 1 ist in sehr kleinem Abstand vor einer bzw. zwei von ihr isolierten Metallplatten 2 und 3 befestigt. Eine Volumenänderung nähert die Folie der einen Platte und ändert damit die Kapazität zwischen den Platten. Dadurch wird dem Verstärker eine Spannung signalisiert.

6. Abbildung 234: Eine mit einer Widerstandsmasse 1 bedeckte Folie ist auf eine Metallplatte 3 gelegt. Dadurch ist der Widerstand der Folie kurzgeschlossen. Eine durch Volumenänderung bedingte Verschiebung der Folie hebt den Kurzschluß mehr oder weniger auf, wodurch dem Verstärker eine steigende Spannung zugeführt wird.

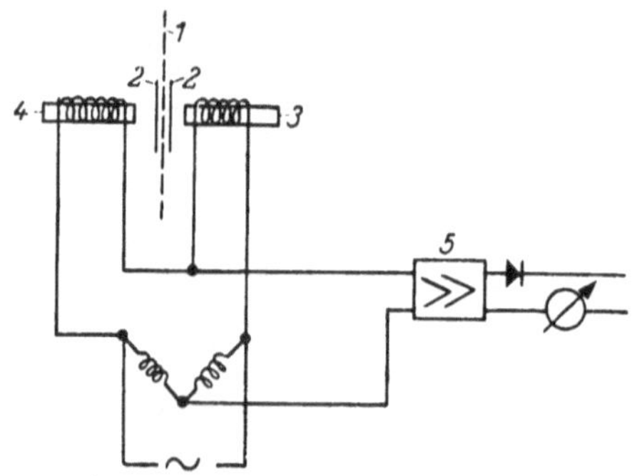

Abb. 235. Geber, Veränderung von Induktivitäten durch bewegliche Membran. 1 Membran, 2 magnetischer Werkstoff, 3 u. 4 Topfmagnetspulen, 5 Verstärker

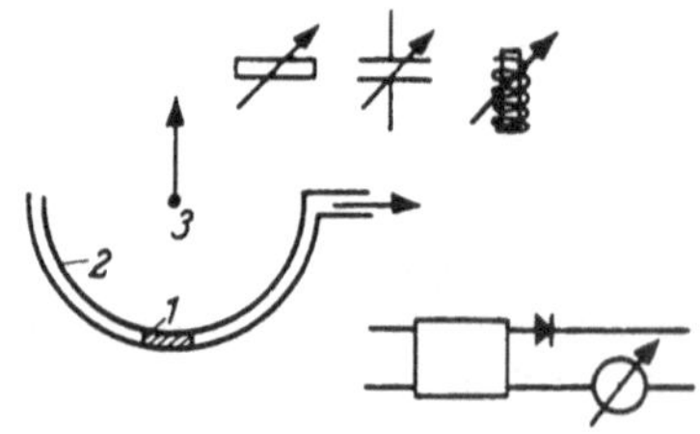

Abb. 236. Geber, nach dem Prinzip einer Ringwaage. 1 Flüssigkeitstropfen, 2 Rohr, 3 Drehlager

7. Abbildung 235: Eine dünne Folie 1, die mit einem magnetischen Werkstoff 2 belegt ist, befindet sich zwischen zwei Topfmagnetspulen 3 und 4. Diese liegen in Brückenschaltung im Eingang des Verstärkers 5. Eine Verschiebung der Folie 1 durch Volumenänderung hebt das Brückengleichgewicht auf, und dem Verstärker wird Spannung zugeführt.

8. Abbildung 236 zeigt das Prinzip einer Ringwaage. Eine Volumenänderung verschiebt einen Flüssigkeitstropfen 1 in dem Rohr 2. Dieses ist bei 3 drehbar gelagert und reagiert auf die Verschiebung von 1 mit einer Drehung. Diese Drehung kann eine Kapazität, Induktivität oder einen *Ohm*schen Widerstand ändern und dadurch den Verstärker aussteuern. Diese Anordnung kann absolut rückstellkraftlos sein, insbesondere wenn das Drehrohr 2 in einer Flüssigkeit schwimmend gelagert wird.

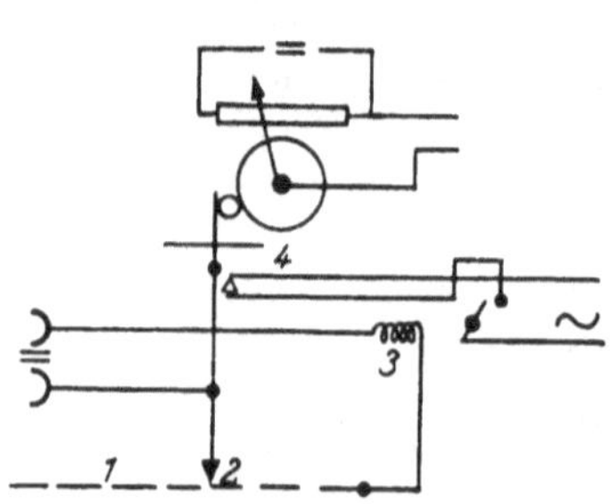

Abb. 237. Geber, mechanische Abtastung der Membranstellung. 1 Membran, 2 Taststift, 3 Relais, 4 Bimetallstreifen

9. Abbildung 237: Die Verschiebung einer Folie 1 durch eine Volumenänderung wird von einem Stift 2 abgetastet. Die Abstastung erfolgt folgendermaßen: Stift 1 gibt auf Folie 2 Kontakt und schaltet das Relais 3. Wenn die Folie sich vom Stift entfernt, schaltet das Relais um, und einem Bimetallstreifen 4 wird Strom zugeführt. Dadurch erwärmt sich dieser und führt durch seine Biegung den Stift wieder an die Folie. Die Abstastung der Lage der Folie ist kraftlos.

Die entsprechende, durch Hebel vergrößerte Auslenkung eines Bimetallstreifens besitzt dagegen Kraft genug, ein Regelglied, z. B. Widerstand, zu betätigen und damit direkt den Strom zu regeln, der an den Elektroden das Gas erzeugt. In diesem Fall ist ein Verstärker nicht nötig.

e) Zusammenfassung und Anwendungsmöglichkeiten

Es wurden Methoden der Verbrauchsmessung beschrieben, die gegenüber der Konzentrationsmessung nach *Tödt* den Vorteil haben, daß der Stoff, dessen Verbrauch interessiert, stets in konstanter Konzentration vorliegt. Das Prinzip der Messung benötigt eine Elektrolysezelle und einen Indikator (Geber). Wird ein elektromechanischer Geber verwendet, so wird die Methode auch überall dort anwendbar, wo die elektrochemischen Konzentrationsmessungen nicht mehr durchführbar sind. Hierzu gehören alle Fälle, in denen die Meßelektrode vergiftet wird, sich edlere Metalle, Calciumcarbonat abscheiden und störende Prozesse nebenher ablaufen können. Unter diesen Bedingungen ist die Konsumermethode der elektrochemischen Messung weit überlegen. An Empfindlichkeit ist jedoch gerade die elektrochemische Methode nach *Tödt* unübertreffbar. Die empfindlichsten Konsumetermessungen sind deshalb auch bei Verwendung eines Indikators nach *Tödt* zu erzielen, gestattet doch diese Methode, die Konzentrationsänderungen von Sauerstoff zu messen, die außerhalb des Anzeigenbereiches jeder manometrischen Methode liegen. Hierzu eine kurze zahlenmäßige Betrachtung:

Der Sauerstoff verbrauchende Stoff arbeite in einem Flüssigkeitsvolumen von 10 cm^3. In dieser Menge sind nach der Methode von *Tödt* noch ohne besonderen Aufwand $8 \times 10^{-2} \gamma$ O_2 meßbar. Das entspricht einem Strom von etwa 0,5 μ A/cm^2. Dieser Strom kann bei Verwendung eines Potentiostaten einen Spannungsabfall von einigen Volt hervorrufen. Zum Aussteuern eines Verstärkers genügen jedoch bereits einige mV. Wir wollen annehmen, daß zur sicheren Steuerung des Verstärkers eine Änderung der O_2-Konzentration von 1 % pro Minute erforderlich wäre. Das bedeutet dann, daß noch ein Sauerstoffverbrauch von $8 \times 10^{-4} \gamma$ O_2/min meßbar ist. Über diese Anwendung liegen bisher keine praktischen Erfahrungen vor, es ist jedoch möglich, daß die wahren Verhältnisse günstiger sind, als in dieser Rechnung angenommen wurde.

Durch die Möglichkeit, den Verbrauch aller elektrolytisch direkt oder indirekt herstellbaren Stoffe im Konsumeter messen und registrieren zu können, hat man es mit einer sehr universellen Methode zu tun. Sie kann für die Untersuchung von chemischen Reaktionen, von Korrosions-, Oxydations- und Trockenvorgängen (Anstrichforschung), für Atmungsmessungen in Biologie und Medizin gleicherweise verwendet werden.

Wir haben das Verfahren bisher an folgenden Beispielen erprobt:

Es wurde die Atmung von Hefe über die Dauer von 3 bis 10 Tagen untersucht. Zur Bearbeitung von Korrosionsproblemen wurden zwei Fälle untersucht: Einmal wurde der bei der Korrosion von Blei in strömender Standardacetatlösung auftretende Sauerstoffverbrauch gemessen und in bester Übereinstimmung mit den nach anderen Methoden erhaltenen Werten gefunden. Zum anderen wurde demonstriert, daß der Sauerstoffverbrauch bei der Korrosion in feuchter Luft, der sonst nur sehr schwer und ungenau einer Messung zugänglich ist, mit dem Konsumeter erfaßt werden kann. Als korrodierendes Metall haben wir Eisen verwendet. Die Atmosphäre war Luft von 100% relativer Feuchte. Die erhaltenen Kurven zeigten das typische Abklingen, das Korrosionsreaktionen bei Ausbildung einer Deckschicht eigen ist. Aus dem Sauerstoffverbrauch und dem Gewichtszuwachs der Probe lassen sich gewisse Rückschlüsse auf die Art der Deckschicht ziehen, da außer Sauerstoff auch noch Wasser an der Bildung der Rostschichten beteiligt ist.

Da das Konsumeter bei elektromechanischen Indikatoren keine flüssige Phase benötigt, sind auch Messungen des Verbrauches direkt im Gasraum möglich. Dies wurde durch Messung der Atmung einzelner Insekten und Blumenblätter demonstriert.

Schließlich muß noch erwähnt werden, daß alle hier beschriebenen elektromechanischen Geber auch als Manometer mit elektrischer Anzeige- und Registriermöglichkeit benutzt werden können.

Damit sind jedoch noch längst nicht alle Möglichkeiten dieses neuen Verfahrens erschöpft. Da es jedoch noch nicht allzu lange im Gebrauch ist, konnten nur die wenigen bisher vorliegenden Anwendungen beschrieben werden.

Literatur

[1] *P. Moyat*, Über den Einfluß von Licht und Aktivität auf endogene Stoffwechselrhythmen bei Kleinsäugern und Vögeln. Physiologie **40**, 397—414 (1957).

[2] *W. Schwarz*, Unsere heutige Vorstellung vom elektrochemischen Mechanismus der Korrosion, Metall **10**, 513 und 921 (1956).

Autorenverzeichnis

Sachverzeichnis

MIX
Papier | Fördert gute Waldnutzung
FSC® C083411

Zeitfracht Medien GmbH
Ferdinand-Jühlke-Straße 7
99095 Erfurt, Deutschland
produktsicherheit@kolibri360.de